工程數學

蔡繁仁、張太山、陳昆助　編著

全華圖書股份有限公司

編輯部序
Contents

一、本書編寫方向，不刻意去探討論的完整性而著重於內容的深入淺出，使修習完微積分課程的學習者易於明瞭一般工程上問題的數學模式解題方法。

二、本書每一章節均對各單元內容作有系統的精簡解說，每一觀念與技巧亦有例證，初學者不會感受到「工程數學」是又厚又重又艱深，複習者不必花費很多時間就很容易抓住重點，而對全盤內容能夠綜合連串。

三、本書內容共分八章。不同工程科組或二年制各工程科組可依課程標準選擇所需章節講授。

四、教師可視時間情況，在課堂上彈性選擇例題與習題的解說。

五、編者雖多年教學經驗，祈盡力求內容簡潔精要，為學淺，疏漏之處在所難免，尚求不吝指正。

相關叢書介紹

書號：06292
書名：工程數學
編著：曾彥魁
16K/576 頁/600 元

書號：0589901/0590001
書名：高等工程數學(上)/(下)
　　　(第十版)
英譯：江大成、江昭皚、黃柏文 /
　　　陳常侃、江大成、江昭皚、
　　　黃柏文
16K/744 頁/820 元 /
16K/496 頁/700 元

書號：0386005
書名：基礎工程數學(第六版)
編著：黃學亮
20K/400 頁/420 元

書號：06362007
書名：線性代數
編著：姚賀騰
16K/384 頁/550 元

書號：0565705
書名：基礎工程數學(第六版)
編著：沈昭元
16K/448 頁/450 元

◎上列書價若有變動，請
　以最新定價為準。

流程圖

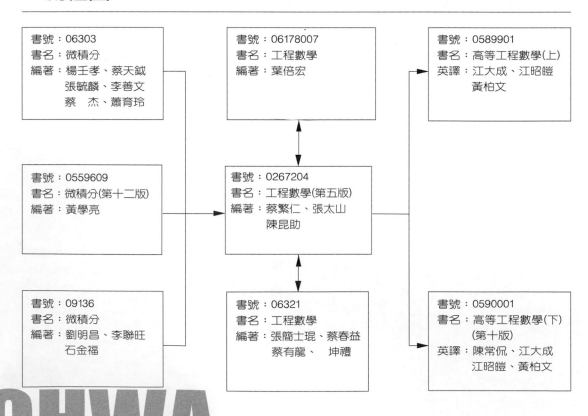

書號：06303
書名：微積分
編著：楊壬孝、蔡天鉞
　　　張毓麟、李善文
　　　蔡　杰、蕭育玲

書號：06178007
書名：工程數學
編著：葉倍宏

書號：0589901
書名：高等工程數學(上)
英譯：江大成、江昭皚
　　　黃柏文

書號：0559609
書名：微積分(第十二版)
編著：黃學亮

書號：0267204
書名：工程數學(第五版)
編著：蔡繁仁、張太山
　　　陳昆助

書號：09136
書名：微積分
編著：劉明昌、李聯旺
　　　石金福

書號：06321
書名：工程數學
編著：張簡士琨、蔡春益
　　　蔡有龍、　坤禮

書號：0590001
書名：高等工程數學(下)
　　　(第十版)
英譯：陳常侃、江大成
　　　江昭皚、黃柏文

目錄
Contents

第 3 章   傅立葉分析   3-1

第 4 章   向量分析   4-1

1

微分方程式

本章大綱

1-1 基本觀念與名詞之介紹

凡表示自變數與應變數之間具等式關係的數學式稱為方程式，若方程式中包含有微分或導數者稱為微分方程式(Differential equation)，今分別敘述如下：

1. 分類

(1) 常微分方程式(Ordinary differential equation)

微分方程式中僅包含一個自變數，且其中之導數為全導數者，例如

① $2\dfrac{dy}{dx}+3y=5x$

② $\dfrac{d^2y}{dx^2}+2\dfrac{dy}{dx}+y=\cos x$

(2) 偏微分方程式(Partial differential equation)

微分方程式中包含兩個或兩個以上之自變數，且其中之導數為偏導數者，例如

① $x\dfrac{\partial u}{\partial x}+y\dfrac{\partial u}{\partial y}=5$

② $\dfrac{\partial^2 u}{\partial x^2}+\dfrac{\partial^2 u}{\partial y^2}=y$

其中 x,y 為自變數，u 為應變數。

(3) 全微分方程式(Total differential equation)

微分方程式中包含有兩個或多個變數，且其中之微分為全微分者，例如

$$y^2dx+zdy-ydz=0$$

(4) 聯立微分方程式(Simultaneous differential equation)

微分方程式組中，自變數僅一個，而應變數兩個或兩個以上，且方程式之數目與應變數之數目相同者，稱為聯立微分方程式，例如

$$\begin{cases} \dfrac{dx}{dt}+x+2\dfrac{dy}{dt}=t \\ 3\dfrac{dx}{dt}+4\dfrac{dy}{dt}+y=e^{-t} \end{cases}$$

其中 t 為自變數，x,y 為應變數。

2. 階與次

(1) 階(Order)

以微分方程式中之最高導數名之。

(2) 次(Degree)

微分方程式化成有理整式後，以最高階導數之次方名之。例如

① $\dfrac{dy}{dx} + \sqrt{y} = 0$ 　　　　　　一階二次常微分方程式

② $(y''')^2 + (y'')^3 + 5y = x^2$ 　　三階二次常微分方程式

③ $\left(\dfrac{\partial u}{\partial x}\right)^2 + 5\dfrac{\partial u}{\partial x} + \dfrac{\partial u}{\partial y} = 0$ 　　一階二次偏微分方程式

3. 線性與非線性

(1) 非線性微分方程式(Non-linear differential equation)

微分方程式中具有下列任一情況者均屬之。

① 應變數非一次方，例如 $y'' + 5\sqrt{y} = \sin x$ ，或 $y'' + 2y' + y^3 = e^x$ 。

② 導數非一次方，例如 $(y'')^{\frac{1}{3}} + y' + 2y = 0$ ，或 $y'' + (y')^2 + y = x$ 。

③ 含有導數和應變數之相乘積項者，例如 $y'' + 2yy' + 5x = 0$ 。

④ 含有應變數之非線性函數者，例如 $y'' + y' + \sin y = x^2$ 。

(2) 線性微分方程式(Linear differential equation)

微分方程式中所有應變數及導數均為一次方，且無導數與應變數相乘積之項，亦無應變數之非線性函數者。

4. 解(Solution)

由微分方程式中求出原應變數與自變數間之函數關係式，即為微分方程式之解。

(1) 通解(General solution)

含有任意常數之解稱為通解，n 階微分方程式之解含有 n 個常數。如 $y' = \sin x$ 之通解為 $y = -\cos x + c$ 。

(2) 特解(Particular solution)

由初始條件或邊界條件求出通解中之任意常數值即可得特解。如 $y' = \sin x$ 之特解為 $y = -\cos x + 2$ 。

(3) 奇異解(Singular solution)

　　凡不可能包含於通解內之解稱為奇異解，如 $(y')^2 + xy' - y = 0$ 之通解為 $y = cx + c^2$，但 $y = -x^2/4$ 亦為此微分方程式之解，但它無法由通解內之常數 C 求得，故 $y = -x^2/4$ 為奇異解，奇異解在應用問題上甚少見。

5. 解之形式

(1) 顯函數形式　$y = f(x)$。

(2) 隱函數形式　$F(x, y) = 0$。

 **1-1　習題**

說明下列微分方程式之階、次、線性或非線性。

1.　$y'' + (3 + 2\cos 2x)y = 0$

2.　$y' + \sqrt[3]{y} = x$

3.　$y'' + 5(y')^3 + y = 0$

4.　$xy'' + x^2 + \sin x = 0$

5.　$y''' + x^2 y' + (\cos^3 x)y = x^2$

6.　$(1 + x^2)y'' + xy' + 2y = e^x$

7.　$x\dfrac{\partial^2 u}{\partial x^2} + y\dfrac{\partial^2 u}{\partial y^2} = 2\dfrac{\partial^2 u}{\partial t^2}$

8.　$y''' + x^2 y'' + 3y(y')^2 + xy = 0$

9.　$\left(\dfrac{d^2 y}{dx^2}\right)^3 + (y')^4 + xy = 0$

10.　$xdy + (xy + \cos x)dx = 0$

11.　$(x^2 - y^2)dx + 2xydy = 0$

12.　$\dfrac{\partial u}{\partial t} - \dfrac{\partial^3 u}{\partial t \partial^2 x} + u\dfrac{\partial u}{\partial x} = 0$

1-2 分離變數法

1. 解法

一階微分方程式具有下列形式：

$$y' = f(x, y) \tag{1-1}$$

或　　　　$$F(x, y, y') = 0 \tag{1-2}$$

若可化成

$$M(x)dx + N(y)dy = 0 \tag{1-3}$$

即 M 僅爲 x 之函數，N 僅爲 y 之函數，則只需將(1-3)式兩邊積分即可求得通解

$$\int M(x)dx + \int N(y)dy = C \tag{1-4}$$

此種解法稱爲分離變數法。

範例 1　　EXAMPLE

解 $3x(y^2 + 2)dx + y(x^2 + 3)dy = 0$

 由分解變數法，原式除以 $(y^2 + 2)(x^2 + 3)$ 得

$$\frac{3x}{x^2 + 3}dx + \frac{y}{y^2 + 2}dy = 0$$

積分之

$$\frac{3}{2}\ln(x^2 + 3) + \frac{1}{2}\ln(y^2 + 2) = c_1$$

$$3\ln(x^2 + 3) + \ln(y^2 + 2) = 2c_1 = k$$

取反對數

$$(x^2 + 3)^3(y^2 + 2) = e^k$$

通解爲

$$(x^2 + 3)^3(y^2 + 2) = c$$

範例 2　EXAMPLE

解 $x\dfrac{dy}{dx} - y = y^3$

解 原式化為

$$xdy - y(1+y^2)dx = 0$$

除以 $xy(1+y^2)$ 可分離變數為

$$\frac{1}{y(1+y^2)}dy - \frac{1}{x}dx = 0$$

分解為部份分式

$$\left(\frac{1}{y} - \frac{y}{1+y^2}\right)dy - \frac{1}{x}dx = 0$$

積分之

$$\ln|y| - \frac{1}{2}\ln(1+y^2) - \ln|x| = k$$

$$\ln\frac{|y|}{|x|\sqrt{1+y^2}} = k$$

通解為

$$\frac{y}{x\sqrt{1+y^2}} = c$$

或 $\qquad y = cx\sqrt{1+y^2}$

範例 3　EXAMPLE

求 $yy' + x = 0$ 之通解，若 $y(1) = \sqrt{3}$ ，求其特解。

解 $y\dfrac{dy}{dx} + x = 0$

分離變數

$$ydy + xdx = 0$$

積分之

$$\frac{1}{2}y^2 + \frac{1}{2}x^2 = c_1$$

故通解為

$$x^2 + y^2 = c$$

上式為一組圓曲線

將 $y(1) = \sqrt{3}$ 代入得

$$1^2 + (\sqrt{3})^2 = c$$

$$c = 4$$

故特解為

$$x^2 + y^2 = 4$$

2. 齊次型微分方程式

若一階微分方程式

$$M(x, y)dx + N(x, y)dy = 0 \tag{1-5}$$

無法分離變數，但 $M(x, y)$ 和 $N(x, y)$ 均為 x, y 之相同次方，例如 $(3x^2 + xy)dx + y^2dy = 0$，此種微分方程式稱為齊次型微分方程式(Homogeneous differential equation)，可經由變數變換再行分離變數，其過程如下：

先將(1-5)式化為

$$\frac{dy}{dx} = f\left(\frac{y}{x}\right) \tag{1-6}$$

次令　　$\frac{y}{x} = u$，即　$y = xu$

而　　$\frac{dy}{dx} = u + x\frac{du}{dx}$

代入(1-6)式中得

$$u + x\frac{du}{dx} = f(u)$$

再分離變數

$$\frac{du}{f(u) - u} = \frac{dx}{x}$$

積分之

$$\int \frac{du}{f(u)-u} = \int \frac{dx}{x} + c \quad , \quad f(u) \neq u \tag{1-7}$$

再將 $u = \dfrac{y}{x}$ 代回，即可得(1-5)式之通解。

範例 4　　EXAMPLE

求 $xyy' = 3y^2 + 2x^2$ 之通解，如 $y(1) = 2$，求特解。

解　原式除以 x^2 得

$$\left(\frac{y}{x}\right) y' = 3\left(\frac{y}{x}\right)^2 + 2$$

令　　　$\dfrac{y}{x} = u$

則　　　$y = xu$

$$y' = u + xu'$$

代入得

$$u(u + xu') = 3u^2 + 2$$

$$xuu' = 2u^2 + 2$$

再分離變數

$$\frac{udu}{2(u^2+1)} = \frac{dx}{x}$$

積分之

$$\frac{1}{4}\ln(u^2+1) = \ln|x| + c_1$$

$$u^2 + 1 = cx^4$$

將 $u = \dfrac{y}{x}$ 代入得通解

$$\left(\frac{y}{x}\right)^2 + 1 = cx^4$$

或　　　$x^2 + y^2 = cx^6$

又 $y(1) = 2$ 代入得

$$1^2 + 2^2 = c \cdot 1^6$$

故　　　$c = 5$

特解爲　　$x^2 + y^2 = 5x^6$

1-2 習題

解下列微分方程式

1. $y' = y \tan x$

2. $xy' = 3y$

3. $y' + 2y + 5 = 0$

4. $y' = \dfrac{y}{x \ln|x|}$

5. $y' = x^5(1 + y^2)$

6. $xy' + 3y = 2x$

7. $xy' = (y-3)^3$

8. $xy' = y^2 + y$

9. $xy' = y + x^4 \cos^2\left(\dfrac{y}{x}\right)$

10. $xy' = y + \dfrac{x^5 e^x}{y^3}$

11. $y\,dx + (x^3 y^2 + x^3)\,dy = 0$

12. $yy' = \cos^2 x$，而 $y(0) = \sqrt{3}$

13. $\sin\theta\,dr = r\cos\theta\,d\theta$，而 $r\left(\dfrac{\pi}{2}\right) = 2$

14. $\sin^3 y\,dx + \cos^2 x\,dy = 0$，而 $y\left(\dfrac{\pi}{4}\right) = \dfrac{\pi}{4}$

15. $y' - y^2 = 0$，而 $y(1) = 2$

16. $(1 + x^3)dy - x^2 y\,dx = 0$，而 $y(1) = 4$

17. $(x + y)y' = x - y$

18. $x^2 y' = xy + y^2$

19. $xy^3 y' = x^4 + 3y^4$

20. $(1 + e^{\frac{y}{x}})dy + e^{\frac{y}{x}}\left(1 - \dfrac{y}{x}\right)dx = 0$

1-3 一階正合微分方程式

設一階微分方程式

$$M(x, y)dx + N(x, y)dy = 0 \tag{1-8}$$

恰為某函數 $F(x, y) = C$ 之全微分或正合微分，則 $F(x, y) = C$ 為(1-8)式之通解，而(1-8)式稱為正合微分方程式或恰當微分方程式(Exact differential equation)。

1. 判別法

函數 $F(x, y) = C$ 之全微分為

$$dF = \frac{\partial F}{\partial x}dx + \frac{\partial F}{\partial y}dy = dC = 0 \tag{1-9}$$

與(1-8)式比較知

$$\begin{cases} M(x, y) = \dfrac{\partial F}{\partial x} & \text{(1-10)} \\[2mm] N(x, y) = \dfrac{\partial F}{\partial y} & \text{(1-11)} \end{cases}$$

又

$$\begin{cases} \dfrac{\partial M}{\partial y} = \dfrac{\partial^2 F}{\partial y \partial x} & \text{(1-12)} \\[2mm] \dfrac{\partial N}{\partial x} = \dfrac{\partial^2 F}{\partial x \partial y} & \text{(1-13)} \end{cases}$$

設 M, N 有連續一階偏導數，而 $F(x, y)$ 之二階偏導數相等，即

$$\frac{\partial^2 F}{\partial y \partial x} = \frac{\partial^2 F}{\partial x \partial y}$$

故

$$\frac{\partial M}{\partial y} = \frac{\partial N}{\partial x} \tag{1-14}$$

(1-14)式為正合微分方程式之充要條件，此式用以判別微分方程式是否為正合。

2. 解法

解一：由(1-10)式知

$$M(x, y) = \frac{\partial F}{\partial x}$$

積分之

$$F = \int M(x, y)dx + k(y) \tag{1-15}$$

在此積分中，y 被視為常數，次求出 $k(y)$，上式對 y 微分得

$$\frac{\partial F}{\partial y} = \frac{\partial}{\partial y} \int M(x, y)dx + \frac{dk(y)}{dy} \tag{1-16}$$

又由(1-11)式

$$N(x, y) = \frac{\partial F}{\partial y}$$

代入上式

$$N(x, y) = \frac{\partial}{\partial y} \int M(x, y)dx + \frac{dk(y)}{dy}$$

移項得

$$\frac{dk(y)}{dy} = N - \frac{\partial}{\partial y} \int Mdx$$

積分之

$$k(y) = \int \left[N - \frac{\partial}{\partial y} \int Mdx \right] dy \tag{1-17}$$

代入(1-15)式

$$F(x, y) = \int Mdx + \int \left[N - \frac{\partial}{\partial y} \int Mdx \right] dy$$

因 $F(x, y) = C$ 為正合微分方程式之通解，故通解表之如下：

$$\int M dx + \int \left[N - \frac{\partial}{\partial y} \int M dx \right] dy = C \tag{1-18}$$

解二：將原式展開並作適當之重組，每組配成全微分，再分別積分之，即可求得通解。

範例 1　EXAMPLE

解 $\dfrac{dy}{dx} = \dfrac{x - y\cos x}{\sin x + y}$

解 原式化為

$$(x - y\cos x)dx - (\sin x + y)dy = 0$$

$$\begin{cases} M = x - y\cos x \\ N = -(\sin x + y) \end{cases}$$

$$\begin{cases} \dfrac{\partial M}{\partial y} = -\cos x \\ \dfrac{\partial N}{\partial x} = -\cos x \end{cases}$$

因 $\dfrac{\partial M}{\partial y} = \dfrac{\partial N}{\partial x}$，故為正合微分方程式

又　　$M(x, y) = \dfrac{\partial F}{\partial x}$

故　　$F = \displaystyle\int M(x, y)dx + k(y)$

$$= \int (x - y\cos x)dx + k(y)$$

$$= \frac{1}{2}x^2 - y\sin x + k(y) \tag{1-19}$$

上式對 y 微分

$$\frac{\partial F}{\partial y} = -\sin x + k'(y)$$

又　　$N = -(\sin x + y) = \dfrac{\partial F}{\partial y}$

代入上式得

$$-(\sin x + y) = -\sin x + k'(y)$$

則　　$k'(y) = -y$

積分之

$$k(y) = -\frac{1}{2}y^2$$

代入(1-19)式

$$F(x, y) = \frac{1}{2}x^2 - y\sin x - \frac{1}{2}y^2$$

通解爲

$$\frac{1}{2}x^2 - y\sin x - \frac{1}{2}y^2 = C$$

另解：原式化爲

$$(x - y\cos x)dx - (\sin x + y)dy = 0$$

展開爲

$$xdx - y\cos xdx - \sin xdy - ydy = 0$$

重組之

$$xdx - (y\cos xdx + \sin xdy) - ydy = 0$$

$$xdx - d(y\sin x) - ydy = 0$$

積分之得通解爲

$$\frac{1}{2}x^2 - y\sin x - \frac{1}{2}y^2 = C$$

範例 2　EXAMPLE

解 $(3x^3 - xy^2 - 2y + 4)dx - (x^2y + 2x)dy = 0$

 解

$$\begin{cases} M(x, y) = 3x^3 - xy^2 - 2y + 4 \\ N(x, y) = -(x^2y + 2x) \end{cases}$$

$$\begin{cases} \dfrac{\partial M}{\partial y} = -2xy - 2 \\ \dfrac{\partial N}{\partial x} = -2xy - 2 \end{cases}$$

因 $\dfrac{\partial M}{\partial y} = \dfrac{\partial N}{\partial x}$，故爲正合微分方程式

原式展開爲

$$3x^3dx - xy^2dx - 2ydx + 4dx - x^2ydy - 2xdy = 0$$

重組之

$$3x^3 dx - (xy^2 dx + x^2 ydy) - (2ydx + 2xdy) + 4dx = 0$$

$$3x^3 dx - d\left(\frac{1}{2}x^2 y^2\right) - d(2xy) + 4dx = 0$$

積分之得通解為

$$\frac{3}{4}x^4 - \frac{1}{2}x^2 y^2 - 2xy + 4x = C$$

範例 3　EXAMPLE

解 $(-y\sin x + 2xe^y) + (\cos x + x^2 e^y + 3)y' = 0$

解 原式化為

$$(-y\sin x + 2xe^y)dx + (\cos x + x^2 e^y + 3)dy = 0$$

則

$$\begin{cases} M(x, y) = -y\sin x + 2xe^y \\ N(x, y) = \cos x + x^2 e^y + 3 \end{cases}$$

$$\begin{cases} \dfrac{\partial M}{\partial y} = -\sin x + 2xe^y \\ \dfrac{\partial N}{\partial x} = -\sin x + 2xe^y \end{cases}$$

因 $\dfrac{\partial M}{\partial y} = \dfrac{\partial N}{\partial x}$，故為正合微分方程式

展開為

$$-y\sin xdx + 2xe^y dx + \cos xdy + x^2 e^y dy + 3dy = 0$$

重組之

$$(-y\sin xdx + \cos xdy) + (2xe^y dx + x^2 e^y dy) + 3dy = 0$$

$$d(y\cos x) + d(x^2 e^y) + 3dy = 0$$

積分之得通解為

$$y\cos x + x^2 e^y + 3y = C$$

Problem 1-3　習題

解下列微分方程式(1.至 18.題)

1.　$(y^2 e^{xy^2} + 2x^2)dx + (2xye^{xy^2} - y)dy = 0$

2. $(2xy+\sin x)dx+(x^2+\cos y)dy=0$

3. $\dfrac{dr}{d\theta}=\dfrac{r^2\sin\theta}{2r\cos\theta-1}$

4. $(2x\ln|y|+x^2)dx+\dfrac{x^2}{y}dy=0$

5. $(x+y^2+3x^2y)dx+(x^3+2xy-y)dy=0$

6. $(x\sqrt{x^2+y^2}+y)dx+(y\sqrt{x^2+y^2}+x)dy=0$

7. $\left(x^3+\dfrac{y}{x}\right)dx+(\ln|x|+2y^2)dy=0$

8. $y(y-e^x)dx-(e^x-2xy)dy=0$

9. $\dfrac{x+y}{x^2+y^2}dx-\dfrac{x-y}{x^2+y^2}dy=0$

10. $(\cos y+y\cos x)dx+(\sin x-x\sin y)dy=0$

11. $(2x+\dfrac{x}{\sqrt{x^2+y^2}}+2)\,dx+(2y+\dfrac{y}{\sqrt{x^2+y^2}}+2)\,dy=0$

12. $(2yx^{2y-1}+y^x\ln y+3x^2)dx+(2x^{2y}\ln x+xy^{x-1}+2y)dy=0$

13. $[e^x\cos y+3(x-y)]dx=[e^x\sin y+3(x-y)]dy$，$y(0)=\pi$

14. $(y^3-y^2\sin x-x^2)dx+(3xy^2+2y\cos x)dy=0$，$y(0)=2$

15. $[-y\sin(xy)+3x]dx+[2y-x\sin(xy)]dy=0$，$y(0)=1$

16. $\dfrac{dy}{dx}=\dfrac{e^y}{2-xe^y}$，$y(0)=5$

17. $(3x^2y+y)\,dx+(x^3+4y^3+x+5)\,dy=0$，$y(0)=1$

18. $(2xy+e^x\cos y+6x)\,dx+(x^2-e^x\sin y+2)\,dy=0$，$y(1)=0$

19. 求 $M(x,y)$ 使微分方程式

　　$M(x,y)dx+(2xy^2+y\sin x)dy=0$

　　為一恰當微分方程式。

20. 求 $N(x,y)$ 使微分方程式

　　$(y\cos x+xy-x\sec y)dx+N(x,y)dy=0$

　　為一恰當微分方程式。

1-4 積分因子

1. 定義

設一階微分方程式

$$M(x, y)dx + N(x, y)dy = 0 \tag{1-20}$$

不是正合微分方程式，但乘入某因子 $\mu(x, y)$ 後，

$$\mu M(x, y)dx + \mu N(x, y)dy = 0 \tag{1-21}$$

可變為正合微分方程式，滿足

$$\frac{\partial(\mu M)}{\partial y} = \frac{\partial(\mu N)}{\partial x} \tag{1-22}$$

則 $\mu(x, y)$ 稱為(1-20)式之積分因子(Integration factor)。

2. 積分因子之求法

A. 觀察法

(1) 若微分方程式含有 $xdy + ydx$，其積分因子為 $\mu = \dfrac{1}{xy}$，$\dfrac{1}{x^2 y^2}$，$\dfrac{1}{x^3 y^3}$...，說明

如下：

① $\mu = \dfrac{1}{xy}$，則 $\dfrac{xdy + ydx}{xy} = \dfrac{d(xy)}{xy} = d(\ln xy)$

② $\mu = \dfrac{1}{x^2 y^2}$，則 $\dfrac{xdy + ydx}{x^2 y^2} = \dfrac{d(xy)}{(xy)^2} = -d\left(\dfrac{1}{xy}\right)$

③ $\mu = \dfrac{1}{x^3 y^3}$，則 $\dfrac{xdy + ydx}{x^3 y^3} = \dfrac{d(xy)}{(xy)^3} = -\dfrac{1}{2}d\left(\dfrac{1}{x^2 y^2}\right)$

(2) 若微分方程式含有 $xdx + ydy$，其積分因子為 $\mu = \dfrac{1}{x^2 + y^2}$，$\dfrac{1}{(x^2 + y^2)^2}$，

$\dfrac{1}{(x^2 + y^2)^3}$...，說明如下：

① $\mu = \dfrac{1}{x^2 + y^2}$，則 $\dfrac{xdx + ydy}{x^2 + y^2} = \dfrac{\frac{1}{2}d(x^2 + y^2)}{x^2 + y^2} = \dfrac{1}{2}d[\ln(x^2 + y^2)]$

② $\mu = \dfrac{1}{(x^2+y^2)^2}$，則 $\dfrac{xdx+ydy}{(x^2+y^2)^2} = \dfrac{\frac{1}{2}d(x^2+y^2)}{(x^2+y^2)^2} = -\dfrac{1}{2}d\left(\dfrac{1}{x^2+y^2}\right)$

(3) 若微分方程式含有 $xdy - ydx$，其積分因子為 $\mu = \dfrac{1}{x^2}$，$\dfrac{1}{y^2}$，$\dfrac{1}{xy}$，$\dfrac{1}{x^2+y^2}$，

$\dfrac{1}{x^2-y^2}$，$\dfrac{1}{(x-y)^2}$，$\dfrac{1}{x\sqrt{x^2-y^2}}$，說明如下：

① $\mu = \dfrac{1}{x^2}$，則 $\dfrac{xdy-ydx}{x^2} = d\left(\dfrac{y}{x}\right)$

② $\mu = \dfrac{1}{y^2}$，則 $\dfrac{xdy-ydx}{y^2} = -d\left(\dfrac{x}{y}\right)$

③ $\mu = \dfrac{1}{xy}$，則 $\dfrac{xdy-ydx}{xy} = d\left(\ln\dfrac{y}{x}\right)$

④ $\mu = \dfrac{1}{x^2+y^2}$，則 $\dfrac{xdy-ydx}{x^2+y^2} = d\left(\tan^{-1}\dfrac{y}{x}\right)$

⑤ $\mu = \dfrac{1}{x^2-y^2}$，則 $\dfrac{xdy-ydx}{x^2-y^2} = \dfrac{1}{2}d\left(\ln\dfrac{x+y}{x-y}\right)$

⑥ $\mu = \dfrac{1}{(x-y)^2}$，則 $\dfrac{xdy-ydx}{(x-y)^2} = \dfrac{1}{2}d\left(\dfrac{x+y}{x-y}\right)$

⑦ $\mu = \dfrac{1}{x\sqrt{x^2-y^2}}$，則 $\dfrac{xdy-ydx}{x\sqrt{x^2-y^2}} = d\left(\sin^{-1}\dfrac{y}{x}\right)$

B. 測試法

(1) 若 $\dfrac{\dfrac{\partial M}{\partial y}-\dfrac{\partial N}{\partial x}}{N} = f(x)$，則積分因子為 $\mu(x) = e^{\int f(x)dx}$。

(2) 若 $\dfrac{\dfrac{\partial M}{\partial y}-\dfrac{\partial N}{\partial x}}{M} = \phi(y)$，則積分因子為 $\mu(y) = e^{-\int \phi(y)dy}$

推導如下：

設 $\mu(x, y)$ 為 $M(x, y)dx + N(x, y)dy = 0$ 之積分因子，

則 $\dfrac{\partial(\mu M)}{\partial y} = \dfrac{\partial(\mu N)}{\partial x}$

$$\mu\dfrac{\partial M}{\partial y} + M\dfrac{\partial \mu}{\partial y} = \mu\dfrac{\partial N}{\partial x} + N\dfrac{\partial \mu}{\partial x} \qquad (1\text{-}23)$$

① 若 $\mu(x, y) = \mu(x)$，即僅為 x 之函數，則 $\dfrac{\partial \mu}{\partial y} = 0$，代入(1-23)式得

$$\mu \frac{\partial M}{\partial y} = \mu \frac{\partial N}{\partial x} + N \frac{d\mu}{dx}$$

$$\frac{\dfrac{\partial M}{\partial y} - \dfrac{\partial N}{\partial x}}{N} = \frac{1}{\mu} \frac{d\mu}{dx} \tag{1-24}$$

因右邊僅為 x 之函數，故左邊亦僅為 x 之函數，令

$$\frac{\dfrac{\partial M}{\partial y} - \dfrac{\partial N}{\partial x}}{N} = f(x)$$

則(1-24)式變為

$$f(x) = \frac{1}{\mu} \frac{d\mu}{dx}$$

分離變數再積分之可得積分因子為

$$\mu(x) = e^{\int f(x)dx}$$

② 若 $\mu(x, y) = \mu(y)$，即僅為 y 之函數，則 $\dfrac{\partial \mu}{\partial x} = 0$，代入(1-23)式得

$$\mu \frac{\partial M}{\partial y} + M \frac{d\mu}{dy} = \mu \frac{\partial N}{\partial x}$$

$$\frac{\dfrac{\partial M}{\partial y} - \dfrac{\partial N}{\partial x}}{M} = -\frac{1}{\mu} \frac{d\mu}{dy} \tag{1-25}$$

因右邊僅為 y 之函數，故左邊亦僅為 y 之函數，令

$$\frac{\dfrac{\partial M}{\partial y} - \dfrac{\partial N}{\partial x}}{M} = \phi(y)$$

則(1-25)式變為

$$\phi(y) = -\frac{1}{\mu} \frac{d\mu}{dy}$$

分離變數再積分之可得積分因子為

$$\mu(y) = e^{-\int \phi(y)dy}$$

範例 1 EXAMPLE

解 $ydx + (2x^2y^3 + x)dy = 0$

解 原式展開重組為

$$(xdy + ydx) + 2x^2y^3dy = 0$$

由觀察法知積分因子為 $\mu = \dfrac{1}{x^2y^2}$ ，乘入上式得

$$\frac{xdy + ydx}{x^2y^2} + 2ydy = 0$$

$$\frac{d(xy)}{(xy)^2} + 2ydy = 0$$

積分之得通解為

$$-\frac{1}{xy} + y^2 = c$$

範例 2 EXAMPLE

解 $ydx + (9x^2 + y^2 - x)dy = 0$

解 原式展開重組為

$$xdy - ydx = (9x^2 + y^2)dy$$

由觀察法知積分因子為 $\mu = \dfrac{1}{x^2}$ ，乘入上式得

$$\frac{xdy - ydx}{x^2} = \left(9 + \frac{y^2}{x^2}\right)dy$$

$$d\left(\frac{y}{x}\right) = \left[3^2 + \left(\frac{y}{x}\right)^2\right]dy$$

$$\frac{d\left(\dfrac{y}{x}\right)}{3^2 + \left(\dfrac{y}{x}\right)^2} = dy$$

由積分公式

$$\int \frac{dv}{a^2 + v^2} = \frac{1}{a} \tan^{-1}\left(\frac{v}{a}\right) + c$$

將上式積分之得通解為

$$\frac{1}{3} \tan^{-1} \frac{y}{3x} = y + c$$

或　　　$$y - \frac{1}{3} \tan^{-1} \frac{y}{3x} + c = 0$$

範例 3　　EXAMPLE

解 $(x + x^4 + 2x^2 y^2 + y^4)dx + ydy = 0$

解 原式展開重組為

$$(xdx + ydy) + (x^2 + y^2)^2 dx = 0$$

積分因子為 $\mu = \dfrac{1}{(x^2 + y^2)^2}$，乘入上式得

$$\frac{xdx + ydy}{(x^2 + y^2)^2} + dx = 0$$

$$\frac{\frac{1}{2} d(x^2 + y^2)}{(x^2 + y^2)^2} + dx = 0$$

積分之得通解為

$$-\frac{1}{2} \frac{1}{x^2 + y^2} + x = c$$

範例 4　　EXAMPLE

解 $y' = \dfrac{y}{2x} + \dfrac{x^2}{2y}$

解 原式化為

$$\frac{dy}{dx} = \frac{y^2 + x^3}{2xy}$$

$$(y^2 + x^3)dx - 2xydy = 0 \tag{1-26}$$

$$\begin{cases} \dfrac{\partial M}{\partial y}=2y \\[2mm] \dfrac{\partial N}{\partial x}=-2y \end{cases}$$

而　　$\dfrac{\dfrac{\partial M}{\partial y}-\dfrac{\partial N}{\partial x}}{N}=\dfrac{4y}{-2xy}=-\dfrac{2}{x}=f(x)$

故積分因子為

$$\mu(x)=e^{-\int \frac{2}{x}dx}=\dfrac{1}{x^2}$$

乘入(1-26)式變為正合微分方程式

$$\left(\dfrac{y^2}{x^2}+x\right)dx-\dfrac{2y}{x}dy=0$$

展開後重組之

$$\left(\dfrac{y^2}{x^2}dx-\dfrac{2y}{x}dy\right)+xdx=0$$

$$d\left(-\dfrac{y^2}{x}\right)+xdx=0$$

積分之得通解為

$$-\dfrac{y^2}{x}+\dfrac{x^2}{2}=c$$

範例5　EXAMPLE

解 $y^2dx+(1+xy)dy=0$

解

$$\begin{cases} \dfrac{\partial M}{\partial y}=2y \\[2mm] \dfrac{\partial N}{\partial x}=y \end{cases}$$

$$\dfrac{\dfrac{\partial M}{\partial y}-\dfrac{\partial N}{\partial x}}{M}=\dfrac{y}{y^2}=\dfrac{1}{y}=\phi(y)$$

故積分因子為

$$\mu(y)=e^{-\int \frac{1}{y}dy}=\dfrac{1}{y}$$

乘入原式變爲正合微分方程式

$$ydx+\left(\frac{1}{y}+x\right)dy=0$$

展開後重組之

$$(xdy+ydx)+\frac{1}{y}dy=0$$

$$d(xy)+\frac{1}{y}dy=0$$

積分之

$$xy+\ln|y|=C$$

$$|y|=e^c e^{-xy}$$

通解爲

$$ye^{xy}=k$$

1-4　習題

解下列微分方程式

1. $\dfrac{dy}{dx}=\dfrac{x^2+y^2+y}{x}$

2. $(y+1-x^2)dx-xdy=0$

3. $\dfrac{dy}{dx}=\dfrac{x}{\sqrt{x^2+y^2}-y}$

4. $(y^2+xy+1)dx+(x^2+xy+1)dy=0$

5. $ydx+(y^4-x)dy=0$

6. $y'=\dfrac{y}{x-2x^2y}$

7. $y'=\dfrac{y-xy^2-x^3}{x+x^2y+y^3}$

8. $(x^2+y^2+y)dx+(x^2+y^2-x)dy=0$

9. $\dfrac{dy}{dx}=\dfrac{x^2y+y^3-x}{y-x^3-xy^2}$

10. $\dfrac{dy}{dx}=\dfrac{y^2-x}{y(1+x)}$

11. $(y^2 \cos x - y)dx + (x + y^2)dy = 0$

12. $ydx + (3x - y^3)dy = 0$

13. $xdx - (x^2 y + y^3)dy = 0$

14. $\dfrac{dy}{dx} = x - \dfrac{4y}{x}$

15. $(3x + 2y)\,dx + 2x \ln x\,dy = 0$

16. $(2e^{3x} + \cos y)\,dx + \sin y\,dy = 0$

17. $x\,dx + (x^2 y + y)\,dy = 0$

18. $3xy\,dx + (2x^2 + 10y^2 + 4)\,dy = 0$

19. $(2xy - 2y - 3x^4 e^{-x})\,dx + 2x\,dy = 0$

20. $y^2\,dx + (2xy + 3x)\,dy = 0$

1-5 一階線性微分方程式

一階線性微分方程式可化為如下之標準式：

$$y' + p(x)y = q(x) \tag{1-27}$$

即 $\qquad \dfrac{dy}{dx} + p(x)y = q(x) \tag{1-28}$

或 $\qquad dy + p(x)ydx = q(x)dx$

重組為 $\qquad [p(x)y - q(x)]dx + dy = 0$

則 $\qquad \begin{cases} M = p(x)y - q(x) \\ N = 1 \end{cases}$

而 $\qquad \begin{cases} \dfrac{\partial M}{\partial y} = p(x) \\[2mm] \dfrac{\partial N}{\partial x} = 0 \end{cases}$

因 $\qquad \dfrac{\partial M}{\partial y} \neq \dfrac{\partial N}{\partial x}$

故不是正合微分方程式

但 $\qquad \dfrac{\dfrac{\partial M}{\partial y} - \dfrac{\partial N}{\partial x}}{N} = p(x)$

故知積分因子為

$$\mu(x) = e^{\int p(x)dx} \tag{1-29}$$

乘入(1-28)式得

$$e^{\int p(x)dx}\frac{dy}{dx} + e^{\int p(x)dx}p(x)y = e^{\int p(x)dx}q(x)$$

化為

$$\frac{d}{dx}\Big[e^{\int p(x)dx}y\Big] = e^{\int p(x)dx}q(x)$$

積分之得通解為

$$e^{\int p(x)dx}y = \int e^{\int p(x)dx}q(x)dx + c$$

或　　　　$$\mu y = \int \mu q(x)dx + c$$

歸納如下：

　　一階線性微分方程式可化標準式

$$y' + p(x)y = q(x)$$

則其積分因子為

$$\mu(x) = e^{\int p(x)dx}$$

通解為

$$\mu y = \int \mu q(x)dx + c \tag{1-30}$$

或　　　　$$y = \mu^{-1}\int \mu q(x)dx + c\mu^{-1} \tag{1-31}$$

範例 1　　EXAMPLE

解 $xy' + y = 3x$

解 原式除以 x 化為一階線性微分方程式之標準式

$$y' + \frac{1}{x}y = 3$$

積分因子為

$$\mu(x) = e^{\int \frac{1}{x}dx} = e^{\ln|x|} = x$$

通解為

$$xy = \int x \cdot 3 dx + c$$

即　　　　$xy = \dfrac{3}{2}x^2 + c$

或　　　　$y = \dfrac{3}{2}x + \dfrac{c}{x}$

範例 2　　EXAMPLE

解 $xy' - (x+1)y - x^2 + x^3 = 0$

解 原式除以 x 化為一階線性微分方程式之標準式

$$\frac{dy}{dx} - \left(1 + \frac{1}{x}\right)y = x - x^2$$

積分因子為

$$\mu(x) = e^{-\int\left(1+\frac{1}{x}\right)dx} = e^{-(x+\ln|x|)} = e^{-x}\frac{1}{x}$$

通解為

$$\frac{1}{x}e^{-x}y = \int \frac{1}{x}e^{-x}(x - x^2)dx + c = \int e^{-x}(1-x)dx + c = xe^{-x} + c$$

或　　　　$y = x^2 + cxe^x$

範例 3　　EXAMPLE

解 $y' + y = \sin x$ ，已知 $y(0) = 2$

解 原式為一階線性微分方程式之標準式

積分因子為

$$\mu(x) = e^{\int dx} = e^x$$

通解為

$$e^x y = \int e^x \sin x dx + c = \frac{1}{2}e^x(\sin x - \cos x) + c$$

或　　　　$y = \dfrac{1}{2}(\sin x - \cos x) + ce^{-x}$

又 $y(0) = 2$ 代入上式得

$$2 = \frac{1}{2}(0-1) + c$$

$$c = \frac{5}{2}$$

特解為

$$y = \frac{1}{2}(\sin x - \cos x) + \frac{5}{2}e^{-x}$$

1-5 習題

解下列微分方程式

1. $\cos x \dfrac{dy}{dx} + (\sin x)y = 0$

2. $x\dfrac{dy}{dx} - 3y = x^5 e^x$

3. $ydx - (3x + y^4)dy = 0$

4. $y' + (\cot x)y = \sec^2 x$

5. $y' + 2(\tan x)y = \sin x$

6. $y^2 + (1 + xy)y' = 0$

7. $y' - \dfrac{2x}{1-x^2}y = 1$

8. $y' - 5y = 3e^x - 2x + 1$

9. $xy' + 2y = e^{-x^2}$

10. $\dfrac{dy}{dx} = \dfrac{1}{x + y^2}$, $y(-1) = 0$

11. $y' + y\cot x = 4e^{\cos x}$, $y\left(\dfrac{\pi}{2}\right) = -4$

12. $\dfrac{dx}{dt} + 3t^2 x = t^2$, $x(0) = 2$

13. $\dfrac{dr}{d\theta} + r\tan\theta = \cos^2\theta$, $r\left(\dfrac{\pi}{4}\right) = 0$

14. $(x^2 + 1)\dfrac{dy}{dx} + 4xy = x$, $y(0) = 1$

15. $\sin x \dfrac{dy}{dx} + (\cos x)y = 1$, $y\left(\dfrac{\pi}{2}\right) = 1$

16.　$(x^2+1)\dfrac{dy}{dx}-2xy+4x=0$，$y(0)=1$

17.　$y'=\dfrac{3y}{x}-x^5$，$y(1)=1$

18.　$\cos^2 x\sin x\,dy+(y\cos^3 x+1)\,dx=0$，$y\left(\dfrac{\pi}{4}\right)=0$

19.　$x\ln x\,dy+y\,dx=\ln x\,dx$，$y(e)=1$

20.　$(x+1)\dfrac{dy}{dx}+(2x+3)y=xe^{-x}$，$y(1)=\dfrac{1}{2}$

1-6 ┃ 柏努利方程式(Bernoulli equation)

若一階微分方程式能化為如下之形式：

$$y'+p(x)y=q(x)y^{\alpha} \tag{1-32}$$

其中 α 為常數(不一定為整數)，則稱為柏努利方程式。

1.　$\alpha=0$ 時，

$$y'+p(x)y=q(x)\qquad 為一階線性微分方程式$$

2.　$\alpha=1$ 時，

$$y'+p(x)y=q(x)y\quad 化為\quad y'+[p(x)-q(x)]y=0\quad 可分離變數$$

3.　$\alpha=$常數時，

可經變數轉換化為一階線性微分方程式，再求解，其過程如下：
原式除以 y^{α} 得

$$y^{-\alpha}y'+p(x)y^{1-\alpha}=q(x) \tag{1-33}$$

令　　　　$v=y^{1-\alpha}$

則　　　　$\dfrac{dv}{dx}=(1-\alpha)y^{-\alpha}\dfrac{dy}{dx}$

即　　　　$y^{-\alpha}\dfrac{dy}{dx}=\dfrac{1}{1-\alpha}\dfrac{dv}{dx}$

代入(1-33)式得

$$\frac{1}{1-\alpha}\frac{dv}{dx} + p(x)v = q(x)$$

兩邊乘以$(1-\alpha)$

$$\frac{dv}{dx} + (1-\alpha)p(x)v = (1-\alpha)q(x) \tag{1-34}$$

此為一階線性微分方程式之標準式，積分因子為

$$\mu(x) = e^{\int(1-\alpha)p(x)dx} \tag{1-35}$$

其解為

$$\mu(x)v = \int \mu(x)(1-\alpha)q(x)dx + c \tag{1-36}$$

或 $\qquad v = \mu^{-1}\int \mu(1-\alpha)q(x)dx + c\mu^{-1} \tag{1-37}$

再將$v = y^{1-\alpha}$代回上式即可得通解

$$y^{1-\alpha} = \mu^{-1}\int \mu(1-\alpha)q(x)dx + c\mu^{-1} \tag{1-38}$$

歸納如下：

　　柏努利方程式標準式為

$$y' + p(x)y = q(x)y^{\alpha}$$

令$v = y^{1-\alpha}$可化為

$$\frac{dv}{dx} + (1-\alpha)p(x)v = (1-\alpha)q(x)$$

積分因子為

$$\mu(x) = e^{\int(1-\alpha)p(x)dx}$$

解為

$$\mu v = \int \mu(1-\alpha)q(x)dx + c$$

通解為

$$\mu y^{1-\alpha} = \int \mu(1-\alpha)q(x)dx + c$$

範例 1　EXAMPLE

解 $y' + xy = xy^4$

 原式為柏努利方程式，$\alpha = 4$

原式除以 y^4 得

$$y^{-4}y' + xy^{-3} = x$$

令　　　$v = y^{-3}$

則　　　$\dfrac{dv}{dx} = -3y^{-4}\dfrac{dy}{dx}$

即　　　$y^{-4}\dfrac{dy}{dx} = -\dfrac{1}{3}\dfrac{dv}{dx}$

代入得

$$-\dfrac{1}{3}\dfrac{dv}{dx} + xv = x$$

即　　　$\dfrac{dv}{dx} - 3xv = -3x$

積分因子為

$$\mu(x) = e^{\int(-3x)dx} = e^{-\frac{3}{2}x^2}$$

解為

$$e^{-\frac{3}{2}x^2}v = \int e^{-\frac{3}{2}x^2}(-3x)dx + c = \int e^{-\frac{3}{2}x^2}d\left(-\dfrac{3}{2}x^2\right) + c = e^{-\frac{3}{2}x^2} + c$$

$$v = 1 + ce^{\frac{3}{2}x^2}$$

將 $v = y^{-3}$ 代入得通解

$$y^{-3} = 1 + ce^{\frac{3}{2}x^2}$$

範例 2　EXAMPLE

解 $(1+x^2)y' + 2xy = xy^3$

解 原式除以 $1+x^2$ 得

$$y' + \dfrac{2x}{1+x^2}y = \dfrac{x}{1+x^2}y^3$$

此為 $\alpha = 3$ 之柏努利方程式，令 $v = y^{1-\alpha} = y^{-2}$

積分因子為

$$\mu(x) = e^{\int (1-\alpha)p(x)dx} = e^{\int \frac{-4x}{1+x^2}dx} = e^{-2\ln(1+x^2)}$$

$$= e^{\ln(1+x^2)^{-2}} = (1+x^2)^{-2}$$

解為

$$\mu v = \int \mu(1-\alpha)q(x)dx + c$$

$$(1+x^2)^{-2}v = \int (1+x^2)^{-2}(-2)\frac{x}{1+x^2}dx + c$$

$$= \int \frac{-2x}{(1+x^2)^3}dx + c = \frac{1}{2}\frac{1}{(1+x^2)^2} + c$$

$$v = \frac{1}{2} + c(1+x^2)^2$$

又 $v = y^{-2}$ 代入得通解

$$y^{-2} = \frac{1}{2} + c(1+x^2)^2$$

1-6 習題

解下列微分方程式

1. $y' + y = (xy)^2$

2. $2xy' - y - 10x^3y^5 = 0$

3. $xy' + y = y^2$

4. $y(6y^2 - x - 1)dx + 2xdy = 0$

5. $\dfrac{dy}{dx} + \dfrac{1}{x}y = xy^2$

6. $y' = y + xy^5$

7. $y^{\frac{1}{2}}y' + y^{\frac{3}{2}} = 1$

8. $x^2\dfrac{dy}{dx} - 2xy = 5y^4$

9. $6y^2dx - x(2x^3 + y)dy = 0$

10. $\dfrac{dy}{dx} = y + e^xy^3$

11. $(e^x + 2y^2)\, dx + 2xy\, dy = 0$

12. $y' = y + xe^{-2x}y^3$

13. $xy' = 3y + x^3 y^{\frac{1}{3}}$

14. $y' = y(xy^3 + 1)$

15. $xy' + y + x^5 y^4 = 0$

16. $y' + \dfrac{2x+1}{3x}y - \dfrac{x+1}{xy^2} = 0$

17. $dx + (x + x^2)y^2 dy = 0$

18. $xy' - y - x^3 y^4 - x^2 y^4 \ln x = 0$

1-7 其他型式之一階常微分方程式

很多一階微分方程式甚難用前面之特定方法求解,可另行尋找其他較易之解法,茲分述如下:

1. 變數變換法

某些微分方程式,將變數作適當之變換後甚易求解,如前面之齊次型微分方程式及柏努利方程式,本節將討論一些變換法。

(1) 平移座標軸變換法

若一階微分方程式之型式為

$$(a_1 x + b_1 y + c_1)dx + (a_2 x + b_2 y + c_2)dy = 0 \qquad (1\text{-}39)$$

或 $$\frac{dy}{dx} = f\left(\frac{a_1 x + b_1 y + c_1}{a_2 x + b_2 y + c_2}\right) \qquad (1\text{-}40)$$

利用座標軸平移,令

$$\begin{cases} x = X + h \\ y = Y + k \end{cases}$$

其中 X, Y 為新變數,h, k 為常數。

代入原式可化為齊次型微分方程式

$$\frac{dY}{dX} = f\left(\frac{a_1 X + b_1 Y}{a_2 X + b_2 Y}\right) \qquad (1\text{-}41)$$

今說明如下：

令　　$\begin{cases} x = X + h \\ y = Y + k \end{cases}$

則　　$\begin{cases} dx = dX \\ dy = dY \end{cases}$

故　　$\dfrac{dy}{dx} = \dfrac{dY}{dX}$

代入(1-40)式中得

$$\frac{dY}{dX} = f\left(\frac{a_1(X+h)+b_1(Y+k)+c_1}{a_2(X+h)+b_2(Y+k)+c_2}\right) = f\left(\frac{a_1X+b_1Y+a_1h+b_1k+c_1}{a_2X+b_2Y+a_2h+b_2k+c_2}\right)$$

再令　$\begin{cases} a_1h+b_1k+c_1 = 0 & \text{(1-42)} \\ a_2h+b_2k+c_2 = 0 & \text{(1-43)} \end{cases}$

得　　$\dfrac{dY}{dX} = f\left(\dfrac{a_1X+b_1Y}{a_2X+b_2Y}\right)$ 　　爲齊次型微分方程式

由(1-42)及(1-43)式聯立求得

$$h = \frac{\begin{vmatrix} -c_1 & b_1 \\ -c_2 & b_2 \end{vmatrix}}{\begin{vmatrix} a_1 & b_1 \\ a_2 & b_2 \end{vmatrix}} = \frac{b_1c_2 - b_2c_1}{a_1b_2 - a_2b_1} \qquad (a_1b_2 - a_2b_1 \neq 0)$$

$$k = \frac{\begin{vmatrix} a_1 & -c_1 \\ a_2 & -c_2 \end{vmatrix}}{\begin{vmatrix} a_1 & b_1 \\ a_2 & b_2 \end{vmatrix}} = \frac{a_2c_1 - a_1c_2}{a_1b_2 - a_2b_1} \qquad (a_1b_2 - a_2b_1 \neq 0)$$

① 若 $a_1b_2 - a_2b_1 = 0$, 且 $\dfrac{a_2}{a_1} = \dfrac{b_2}{b_1} \neq \dfrac{c_2}{c_1}$

則可設 $\dfrac{a_2}{a_1} = \dfrac{b_2}{b_1} = k$, 即 $a_2 = ka_1$, $b_2 = kb_1$, 代入(1-40)式得

$$\frac{dy}{dx} = f\left(\frac{a_1x+b_1y+c_1}{k(a_1x+b_1y)+c_2}\right)$$

令 $a_1x+b_1y = v$, 代入上式再分離變數。

② 若 $a_1b_2 - a_2b_1 = 0$，且 $\dfrac{a_2}{a_1} = \dfrac{b_2}{b_1} = \dfrac{c_2}{c_1} = k$

即 $a_2 = ka_1$，$b_2 = kb_1$，$c_2 = kc_1$，代入(1-40)式得

$$\frac{dy}{dx} = f\left(\frac{a_1x + b_1y + c_1}{k(a_1x + b_1y + c_1)} \right)$$

如 $a_1x + b_1y + c_1 \neq 0$，則 $\dfrac{dy}{dx} = f\left(\dfrac{1}{k} \right)$，可求通解。

如 $a_1x + b_1y + c_1 = 0$，則為一特解。

範例 1　　EXAMPLE

解 $\dfrac{dy}{dx} = \dfrac{2x - 5y + 3}{2x + 4y - 6}$

解 因 　　$a_1b_2 - a_2b_1 = 2 \times 4 - (-5) \times 2 = 18 \neq 0$

令 　　$\begin{cases} x = X + h \\ y = Y + k \end{cases}$

代入得

$$\frac{dY}{dX} = \frac{2X - 5Y + (2h - 5k + 3)}{2X + 4Y + (2h + 4k - 6)}$$

令 　　$\begin{cases} 2h - 5k + 3 = 0 \\ 2h + 4k - 6 = 0 \end{cases}$

解之得 　　$h = 1$，$k = 1$

即 　　$\begin{cases} x = X + 1 \\ y = Y + 1 \end{cases}$

原微分方程式變為齊次型微分方程式

$$\frac{dY}{dX} = \frac{2X - 5Y}{2X + 4Y} = \frac{2 - 5\dfrac{Y}{X}}{2 + 4\dfrac{Y}{X}}$$

令 　　$\dfrac{Y}{X} = u$

則 　　$Y = Xu$

$$\frac{dY}{dX} = u + X\frac{du}{dX}$$

代入得

$$u + X\frac{du}{dX} = \frac{2-5u}{2+4u}$$

分離變數得

$$\frac{dX}{X} + \frac{2+4u}{4u^2+7u-2}du = 0$$

$$\frac{dX}{X} + \frac{2+4u}{(4u-1)(u+2)}du = 0$$

$$\frac{dX}{X} + \left(\frac{\frac{4}{3}}{4u-1} + \frac{\frac{2}{3}}{u+2}\right)du = 0$$

積分之

$$\ln|X| + \frac{1}{3}\ln|(4u-1)| + \frac{2}{3}\ln|(u+2)| = c$$

即

$$X^3(4u-1)(u+2)^2 = K$$

將 $X = x-1$，$u = \frac{Y}{X} = \frac{y-1}{x-1}$ 代入上式

得

$$(4y-x-3)(y+2x-3)^2 = K$$

範例 2　EXAMPLE

解 $\dfrac{dy}{dx} = \dfrac{2x+4y+3}{x+2y+1}$

解 因

$$\frac{2}{1} = \frac{4}{2} \neq \frac{3}{1}$$

令 $x+2y = v$，則 $\dfrac{dy}{dx} = \dfrac{1}{2}\left(\dfrac{dv}{dx}-1\right)$

代入原式

$$\frac{1}{2}\left(\frac{dv}{dx}-1\right) = \frac{2v+3}{v+1}$$

經移項，再積分可得

$$\int \frac{v+1}{5v+7}\,dv = \int dx$$

又

$$\int \frac{v+1}{5v+7}\,dv = \int \left(\frac{1}{5} + \frac{-\dfrac{2}{5}}{5v+7} \right) dv = \frac{v}{5} - \frac{2}{5}\int \frac{1}{5v+7}\left(\frac{1}{5}\right)d(5v+7)$$

$$= \frac{v}{5} - \frac{2}{25}\ln\left|5v+7\right| + c$$

因此通解爲

$$x = \frac{x+2y}{5} - \frac{2}{25}\ln\left|5x+10y+7\right| + c$$

範例 3　　EXAMPLE

解 $(x+2y+3)dx+(2x+4y+6)dy=0$

解 原式化爲

$$(x+2y+3)dx+2(x+2y+3)dy=0$$

$$(x+2y+3)(dx+2dy)=0$$

故　　　$x+2y+3=0$　　　爲特解

而　　　$dx+2dy=0$　　　經積分得通解

$$x+2y=c$$

2. 極座標變換法

令　　$\begin{cases} x = r\cos\theta \\ y = r\sin\theta \end{cases}$

又　　$\begin{cases} x^2 + y^2 = r^2 \\ \theta = \tan^{-1}\dfrac{y}{x} \end{cases}$

微分之

$$\begin{cases} xdx + ydy = rdr \\ d\theta = d\left(\tan^{-1}\dfrac{y}{x}\right) = \dfrac{d\left(\dfrac{y}{x}\right)}{1+\left(\dfrac{y}{x}\right)^2} = \dfrac{\dfrac{xdy-ydx}{x^2}}{\dfrac{x^2+y^2}{x^2}} = \dfrac{xdy-ydx}{x^2+y^2} = \dfrac{xdy-ydx}{r^2} \end{cases} \tag{1-44}$$

即　　　$xdy - ydx = r^2 d\theta$ (1-45)

如果微分方程式中，同時含有 $xdx + ydy$ 與 $xdy - ydx$ 時，可利用極座標變換法解之。

範例 4　　　EXAMPLE

解 $3y^2(xdx + ydy) + x(ydx - xdy) = 0$

解　應用極座標轉換解之

令　　　$\begin{cases} x = r\cos\theta \\ y = r\sin\theta \\ \theta = \tan^{-1}\dfrac{y}{x} \end{cases}$

由(1-44)與(1-45)式

$$\begin{cases} xdx + ydy = rdr \\ xdy - ydx = r^2 d\theta \end{cases}$$

代入原式得

$$3r^2\sin^2\theta(rdr) - r\cos\theta(r^2 d\theta) = 0$$

除以 $r^3\sin^2\theta$ 得

$$3dr - \frac{\cos\theta}{\sin^2\theta}d\theta = 0$$

$$3dr - \frac{d(\sin\theta)}{\sin^2\theta} = 0$$

積分之

$$3r + \frac{1}{\sin\theta} = c$$

$$3r\sin\theta + 1 = c\sin\theta$$

$$3y + 1 = c\frac{y}{\sqrt{x^2 + y^2}}$$

$$(3y + 1)\sqrt{x^2 + y^2} = cy$$

3. 不定型式之變換

(1) 自變數、應變數角色互換

範例 5　EXAMPLE

解 $(x+y^3)y'-y=0$

解 原式寫為

$$\frac{dy}{dx}=\frac{y}{x+y^3}$$

視 y 為自變數，x 為應變數，改寫為

$$\frac{dx}{dy}=\frac{x+y^3}{y}$$

即

$$\frac{dx}{dy}-\frac{1}{y}x=y^2$$

上式為一階線性微分方程式之標準式，其積分因子為

$$\mu(y)=e^{\int\left(-\frac{1}{y}\right)dy}=e^{-\ln y}=e^{\ln y^{-1}}=\frac{1}{y}$$

通解為

$$\mu x=\int \mu y^2 dy+c$$
$$\frac{1}{y}x=\int \frac{1}{y}y^2 dy+c$$
$$\frac{x}{y}=\frac{1}{2}y^2+c$$
$$x=\frac{1}{2}y^3+cy$$

(2) 變數變換

範例 6　EXAMPLE

解 $xdy+ydx=(xy+3)dx$

解 應用變數變換，令 $v=xy$，而 $xdy+ydx=d(xy)=dv$

代入原式得

$$dv=(v+3)dx$$

$$\frac{dv}{v+3} = dx$$

積分之

$$\ln|v+3| = x + c_1$$

$$|v+3| = e^{x+c_1}$$

$$v+3 = ce^x$$

將 $v = xy$ 代入得通解

$$xy + 3 = ce^x$$

1-7 習題

解下列微分方程式

1. $(5x + 3y - 2)dx + (3x + 2y - 1)dy = 0$

2. $\dfrac{dy}{dx} = \dfrac{x - 2y + 3}{2x + y - 5}$

3. $(2x + 4y + 1)dx + (4x + 8y - 2)dy = 0$

4. $(2x + y)dx - (4x + 2y - 3)dy = 0$

5. $(3x + y + 1)dx - (6x + 2y + 1)dy = 0$

6. $(x + y + 1)dx + (3x + 3y + 2)dy = 0$

7. $(x + y + 1)dx + (3x + 3y + 3)dy = 0$

8. $(2x + 3y + 1)\, dx - (4x + 6y + 2)\, dy = 0$

9. $(2x - y)dx + (x - 2y - 5)dy = 0$

10. $\dfrac{dy}{dx} = \dfrac{2x - 5y + 3}{2x + 4y - 6}$

11. $(x - y + 8)\, dx + (3x - y - 2)\, dy = 0$

12. $(x^2 + y^2 + x)(xdy - ydx) = (x^2 + y^2)(xdx + ydy)$

13. $\sqrt{x^2 + y^2 + 1}(ydx - xdy) + (x^2 + y^2)(xdx + ydy) = 0$

14. $\sqrt{x^2 + y^2}(x\, dy - y\, dx) + \dfrac{y}{x}(x\, dx + y\, dy) = 0$

15. $(2x + y^2)y' = 1$

16. $(6x^3 - xy - 2x)y' + 2y = 0$

17. $\cos x(\cos y - \sin^2 x)dx = \sin y dy$, $(\cos y = v)$

18. $y' = (y-x)^2$, $(y-x=v)$

19. $y' = \cot(y+x) - 1$, $(y+x=v)$

20. $xy' = e^{-xy} - y$, $(xy=v)$

1-8 一階常微分方程式之應用

1. 幾何上之應用——正交軌跡

(1) 曲線族

某隱函數表之如下：

$$F(x, y, c) = 0$$

當 c 變動時，此方程式代表無窮多之曲線，這些曲線稱為某參數之曲線族，而 c 為該曲線族之參數，如

$$F(x, y, c) = x - y + c = 0$$

表一組平行線族，如圖 1-1 所示。

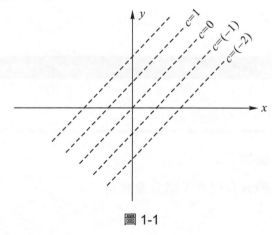

圖 1-1

(2) 正交軌跡(Orthogonal trajectory)

若有一組曲線族與 $F(x, y, c) = 0$ 之曲線族之間任一相交點之夾角皆為 90º，則此曲線族稱為正交軌跡，如地球之經線與緯線，靜電場中之電力線與等位線 (圖 1-2)。

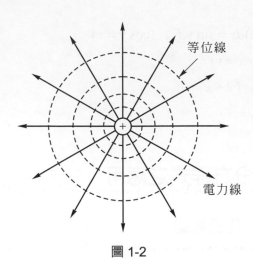

等位線

電力線

圖 1-2

(3) 正交軌跡之求法

曲線族 $F(x, y, c) = 0$ 之微分方程式為

$$y' = f(x, y) \tag{1-46}$$

因此正交軌跡之微分方程式為

$$y' = -\frac{1}{f(x, y)} \tag{1-47}$$

解此新微分方程式即可得正交軌跡。

範例 1　EXAMPLE

求曲線族 $y = cx^{\frac{3}{2}}$ 之正交軌跡。

解　求正交軌跡之步驟如下：

①先求曲線族之微分方程式，微分原式得

$$y' = \frac{3}{2} cx^{\frac{1}{2}}$$

②消去參數 c

由原式得

$$c = yx^{-\frac{3}{2}}$$

代入上式得

$$y' = \frac{3}{2}yx^{-1} = \frac{3}{2}\frac{y}{x}$$

③正交軌跡之微分方程式為

$$y' = -\frac{2}{3}\frac{x}{y}$$

④解此微分方程式得正交軌跡為橢圓(圖 1-3)

$$2x^2 + 3y^2 = k$$

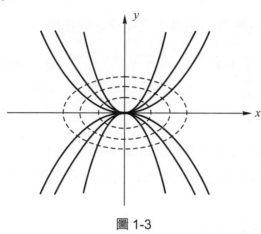

圖 1-3

2. 在電學上之應用

在工程上，一般將物理系統利用相關之定律或公式，寫出微分方程式，求其通解，再由初始條件或邊界條件求出特解。茲說明其在電學上之應用，電路上三個最重要元件為電阻器、電感器及電容器，其符號如圖 1-4 所示，分述如下：

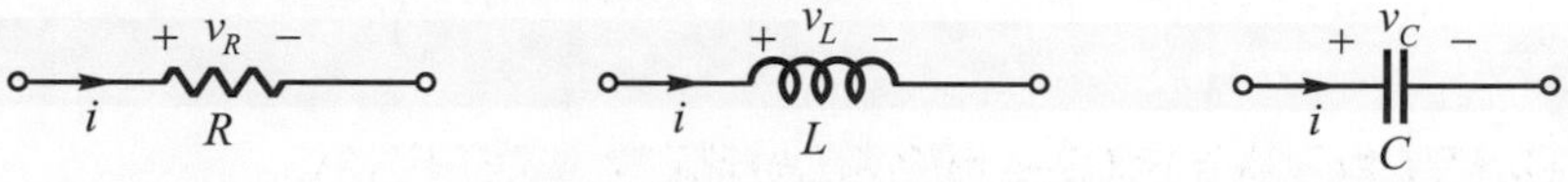

圖 1-4

(1) 電阻器

電阻器兩端之電壓降 v_R 與流經其上之電流 i 成正比，即

$$v_R = Ri \tag{1-48}$$

其中 R 為電阻器之電阻，單位為歐姆(Ohm, Ω)，i 之單位為安培(Ampere)，v_R 之單位為伏特(Voltage, v)。

(2) 電感器

電感器兩端之電壓降 v_L 與流經其上之電流時變率成正比,即

$$v_L = L\frac{di}{dt} \tag{1-49}$$

其中 L 為電感器之電感,單位為亨利(Henry, H)。

(3) 電容器

電容器兩端之電壓降 v_C 與其上之電荷 q 成正比,

即 $$v_C = \frac{1}{C}q = \frac{1}{C}\int i\,dt \tag{1-50}$$

或 $$i = \frac{dq}{dt} = C\frac{dv_C}{dt} \tag{1-51}$$

其中 C 為電容器之電容,單位為法拉(Farad, F)。

電路上兩個基本定律為克希荷夫電壓定律與克希荷夫電流定律,分述如下:

① 克希荷夫電壓定律

在電路上任一迴路內之電壓代數和為零,或壓升之和等於壓降之和。

② 克希荷夫電流定律

在電路上任一節點之電流代數和為零,或流進節點電流之和等於流出節點電流之和。

範例2 EXAMPLE

如圖 1-5 所示之 RL 電路,其外加之直流電源為 E,在時間 $t = 0$ 時開關 s 閉合,且 $t \le 0$ 時,電路上無電流存在,求此電路之電流 $i(t)$。

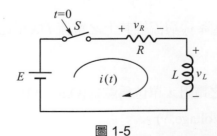

圖 1-5

解 由克希荷夫電壓定律知

$$v_R + v_L = E$$

即

$$Ri + L\frac{di}{dt} = E$$

$$\frac{di}{dt} + \frac{R}{L}i = \frac{E}{L}$$

上式為一階線性微分方程式，其積分因子為

$$\mu = e^{\int \frac{R}{L}dt} = e^{\frac{R}{L}t}$$

通解為

$$e^{\frac{R}{L}t}i = \int e^{\frac{R}{L}t}\frac{E}{L}dt + k = \frac{E}{R}e^{\frac{R}{L}t} + k$$

故

$$i(t) = \frac{E}{R} + ke^{-\frac{R}{L}t}$$

由初始條件 $i(0) = 0$ 代入上式得

$$i(0) = \frac{E}{R} + k$$

$$0 = \frac{E}{R} + k$$

故

$$k = -\frac{E}{R}$$

特解為

$$i(t) = \frac{E}{R} - \frac{E}{R}e^{-\frac{R}{L}t} = \frac{E}{R}(1 - e^{-\frac{R}{L}t}) \tag{1-52}$$

上式第一項代表穩態電流，第二項代表暫態電流，其波形如圖 1-6 所示，由圖可知當 $t \to \infty$ 時，$i(t) = \frac{E}{R}$。

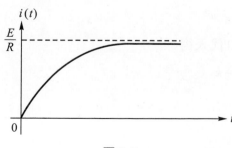

圖 1-6

範例 3   EXAMPLE

如圖 1-7 所示之 RC 電路，其外加之直流電源為 E，在時間 $t = 0$ 時開關 s 閉合，且電容器原先無電荷存在，求此電路之電流 $i(t)$。

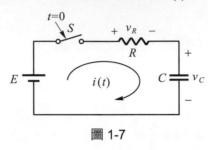

圖 1-7

解 由克希荷夫電壓定律知

$$v_R + v_C = E$$

即 $$Ri + \frac{1}{C}q = E$$

$$R\frac{dq}{dt} + \frac{1}{C}q = E$$

$$\frac{dq}{dt} + \frac{1}{RC}q = \frac{E}{R}$$

上式為一階線性微分方程式，其積分因子為

$$\mu = e^{\int \frac{1}{RC}dt} = e^{\frac{1}{RC}t}$$

通解為

$$e^{\frac{1}{RC}t}q = \int e^{\frac{1}{RC}t}\frac{E}{R}dt + k = ECe^{\frac{1}{RC}t} + k$$

$$q = EC + ke^{-\frac{1}{RC}t}$$

由初始條件 $q(0) = 0$ 代入得

$$q(0) = EC + k$$

$$0 = EC + k$$

$$k = -EC$$

則 $$q = EC(1 - e^{-\frac{1}{RC}t}) \tag{1-53}$$

其波形如圖 1-8 所示，由圖可知當 $t \to \infty$ 時，$q = EC$。

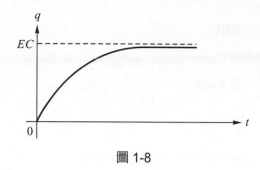

圖 1-8

又由　　$i = \dfrac{dq}{dt}$

得　　$i(t) = \dfrac{E}{R} e^{-\frac{1}{RC}t}$　　　　　　　　　　　　　　　　(1-54)

其波形示於圖 1-9

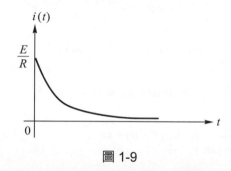

圖 1-9

範例 4　　EXAMPLE

　　如圖 1-10 所示之 RL 電路，其外加之交流電源為 $E(t) = E_0 \sin \omega t$，在時間 $t = 0$ 時開關 s 閉合，且此電路無初能，求電流 $i(t)$。

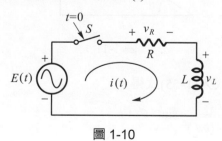

圖 1-10

解 由克希荷夫電壓定律知

$$v_R + v_L = E(t)$$

即 $$Ri + L\frac{di}{dt} = E_0 \sin \omega t$$

$$\frac{di}{dt} + \frac{R}{L}i = \frac{E_0}{L}\sin \omega t$$

上式為一階線性微分方程式，其積分因子為

$$\mu = e^{\int \frac{R}{L}dt} = e^{\frac{R}{L}t}$$

通解為

$$e^{\frac{R}{L}t}i = \int e^{\frac{R}{L}t}\frac{E_0}{L}\sin \omega t\, dt + k$$

$$(應用公式\ \int e^{at}\sin bt\, dt = \frac{a\sin bt - b\cos bt}{a^2 + b^2}e^{at})$$

$$= \frac{E_0}{R_0 + (\omega L)^2}e^{\frac{R}{L}t}(R\sin \omega t - \omega L\cos \omega t) + k$$

$$i(t) = \frac{E_0}{R^2 + (\omega L)^2}(R\sin \omega t - \omega L\cos \omega t) + ke^{-\frac{R}{L}t}$$

$$= \frac{E_0}{\sqrt{R^2 + (\omega L)^2}}\sin(\omega t - \theta) + ke^{-\frac{R}{L}t} \tag{1-55}$$

其中 $\theta = \tan^{-1}\left(\dfrac{\omega L}{R}\right)$，如圖 1-11 所示

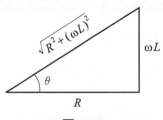

圖 1-11

由初始條件 $i(0) = 0$ 代入(1-55)式得

$$i(0) = \frac{E_0}{\sqrt{R^2 + (\omega L)^2}}\sin(-\theta) + k$$

$$0 = -\frac{E_0}{\sqrt{R^2 + (\omega L)^2}}\sin \theta + k$$

$$k = \frac{E_0}{\sqrt{R^2 + (\omega L)^2}}\sin \theta = \frac{E_0}{\sqrt{R^2 + (\omega L)^2}}\frac{\omega L}{\sqrt{R^2 + (\omega L)^2}} = \frac{\omega L E_0}{R^2 + (\omega L)^2}$$

代入(1-55)式得

$$i(t) = \frac{E_0}{\sqrt{R^2 + (\omega L)^2}} \sin(\omega t - \theta) + \frac{\omega L E_0}{R^2 + (\omega L)^2} e^{-\frac{R}{L}t}$$

1-8 習題

求下列曲線族之正交軌跡,並繪其圖。

1. $x^2 - 4y^2 = c$

2. $x^2 + 3y^2 = c$

3. $x^2 + (y - c)^2 = c^2$

4. $y = cx^2$

5. $xy = c$

6. $x^2 + (y - c)^2 = 1 + c^2$

解下列電路問題

7. 如圖所示之 RC 串聯電路,$R = 1\ \text{k}\Omega$、$C = 1\ \mu\text{F} = 10^{-6}\ \text{F}$,由直流電源 $E = 10\text{V}$ 充電,初始條件為 $q(0) = 0$,求電路之電流 $i(t)$ 及電容器上之電壓 $v_C(t)$。

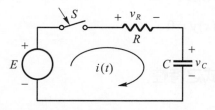

8. 如圖所示之 RL 串聯電路,$R = 100\ \Omega$、$L = 4\ \text{H}$,外加直流電壓 $E = 100\text{V}$, $t = 0$ 時開關閉合,初始條件為 $i(0) = 0$,求電路之電流 $i(t)$ 及電感器上之電壓 $v_L(t)$。

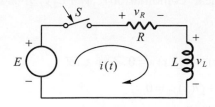

9. 在 RL 串聯電路中,電源為 $E = E_0 \cos \omega t$,且初始條件為 $i(0) = 0$,求電路之電流 $i(t)$。

10. 在 RC 串聯電路中，$R = 400\ \Omega$, $C = 10^{-4}\ \mathrm{F}$, $E(t) = 1 - e^{-2t}$，初始條件爲 $q(0) = 0$，求電容器上之電荷 $q(t)$ 及電路之電流 $i(t)$。

11. 在 RC 串聯電路中，$R = 100\ \Omega$, $C = 10^{-5}\ \mathrm{F}$, 且 $E(t) = 1 - \cos 2t$，初始條件爲 $q(0) = 0$，求電路之電流 $i(t)$。

1-9 ┃ 二階線性微分方程式概論

1. 齊性與非齊性

二階微分方程式表之如下：

$$F(x, y, y', y'') = 0$$

若二階微分方程式可寫成如下之形式

$$y'' + P(x)y' + Q(x)y = R(x) \tag{1-56}$$

便稱爲二階線性微分方程式，其中 $P(x)$、$Q(x)$ 及 $R(x)$ 均爲自變數 x 之函數，若 $R(x) = 0$ 則稱爲齊性(Homogeneous)微分方程式，若 $R(x) \neq 0$ 則稱爲非齊性(Nonhomogeneous)微分方程式，齊性微分方程式寫爲

$$y'' + P(x)y' + Q(x)y = 0 \tag{1-57}$$

2. 二階線性微分方程式之特性

❖ 定理 1

設 $y_1(x)$ 與 $y_2(x)$ 爲齊性微分方程式 $y'' + P(x)y' + Q(x)y = 0$ 之二解，則 $y_1(x)$ 與 $y_2(x)$ 之線性組合(Linear combination) $c_1 y_1 + c_2 y_2$ 亦必爲其解，其中 c_1, c_2 爲任意常數。

(證) 因 y_1 與 y_2 爲 $y'' + P(x)y' + Q(x)y = 0$ 之解，故

$$y_1'' + P(x)y_1' + Q(x)y_1 = 0$$
$$y_2'' + P(x)y_2' + Q(x)y_2 = 0$$

將 $y = c_1 y_1 + c_2 y_2$ 代入 $y'' + P(x)y' + Q(x)y$ 得

$$(c_1 y_1'' + c_2 y_2'') + P(x)(c_1 y_1' + c_2 y_2') + Q(x)(c_1 y_1 + c_2 y_2)$$

$$= c_1[y_1'' + P(x)y_1' + Q(x)y_1] + c_2[y_2'' + P(x)y_2' + Q(x)y_2]$$

$$= c_1 \cdot 0 + c_2 \cdot 0$$

$$= 0$$

得證　$c_1 y_1 + c_2 y_2$ 為 $y'' + P(x)y' + Q(x)y = 0$ 之解。

❖ **定理 2**

設 $y_1(x)$ 與 $y_2(x)$ 為齊性方程式 $y'' + P(x)y' + Q(x)y = 0$ 之二解，且郎斯基行列式(Wronskian determinant)。

$$W(y_1, y_2) = \begin{vmatrix} y_1 & y_2 \\ y_1' & y_2' \end{vmatrix} = y_1 y_2' - y_1' y_2 \neq 0$$

則 $y_1(x)$ 與 $y_2(x)$ 為線性獨立(Linearly independent)，反之，若 $W(y_1, y_2) = 0$，則 $y_1(x)$ 與 $y_2(x)$ 為線性相依(Linearly dependent)。

說明：①當 $\dfrac{y_1}{y_2} =$ 常數時，y_1 與 y_2 為線性相依。

②當 $\dfrac{y_1}{y_2} = x$ 之函數時，y_1 與 y_2 為線性獨立。

❖ **定理 3**

設 $y_1(x)$ 與 $y_2(x)$ 為齊性方程式 $y'' + P(x)y' + Q(x)y = 0$ 之兩個線性獨立解，則 y_1 與 y_2 之線性組合。

$$y = c_1 y_1 + c_2 y_2 \tag{1-58}$$

稱為 $y'' + P(x)y' + Q(x)y = 0$ 之通解，而 y_1 與 y_2 稱為基解(Basis)。

1-10 二階常係數齊性微分方程式

二階常係數齊性微分方程式之標準式為

$$y'' + ay' + by = 0 \tag{1-59}$$

其中 a, b 為常數，欲求解可設其解為一指數函數

$$y = e^{\lambda x} \tag{1-60}$$

其中 λ 為所欲決定之常數，則

$$y' = \lambda e^{\lambda x}$$
$$y'' = \lambda^2 e^{\lambda x}$$

代入(1-59)式可得

$$e^{\lambda x}(\lambda^2 + a\lambda + b) = 0$$

因 $e^{\lambda x} \neq 0$，故

$$\lambda^2 + a\lambda + b = 0 \tag{1-61}$$

上式稱為(1-59)式之特性方程式(Characteristic equation)或輔助方程式，由(1-61)式求得兩根為

$$\lambda = \frac{-a \pm \sqrt{a^2 - 4b}}{2} \tag{1-62}$$

其根依判別式 $a^2 - 4b$ 有下列三種狀況：

①　$a^2 - 4b > 0$，兩根為不相等實根

$$\begin{cases} \lambda_1 = \dfrac{-a + \sqrt{a^2 - 4b}}{2} \\ \lambda_2 = \dfrac{-a - \sqrt{a^2 - 4b}}{2} \end{cases}$$

兩解為

$$\begin{cases} y_1 = e^{\lambda_1 x} \\ y_2 = e^{\lambda_2 x} \end{cases}$$

通解為

$$y = c_1 e^{\lambda_1 x} + c_2 e^{\lambda_2 x} \tag{1-63}$$

②　$a^2 - 4b < 0$，兩根為共軛複數根

$$\begin{cases} \lambda_1 = \dfrac{-a + i\sqrt{4b - a^2}}{2} = p + iq \\ \lambda_2 = \dfrac{-a - i\sqrt{4b - a^2}}{2} = p - iq \end{cases}$$

其中

$$p = -\frac{a}{2} \;,\; q = \frac{\sqrt{4b - a^2}}{2}$$

兩解為

$$\begin{cases} y_1 = e^{(p+iq)x} \\ y_2 = e^{(p-iq)x} \end{cases}$$

通解為

$$y = c_1 e^{(p+iq)x} + c_2 e^{(p-iq)x} = e^{px}(c_1 e^{iqx} + c_2 e^{-iqx})$$

應用尤拉公式(Euler formula)

$$\begin{cases} e^{i\theta} = \cos\theta + i\sin\theta \\ e^{-i\theta} = \cos\theta - i\sin\theta \end{cases}$$

$$\begin{aligned} y &= e^{px}[c_1(\cos qx + i\sin qx) + c_2(\cos qx - i\sin qx)] \\ &= e^{px}[(c_1 + c_2)\cos qx + i(c_1 - c_2)\sin qx] \\ &= e^{px}(A\cos qx + B\sin qx) \end{aligned} \tag{1-64}$$

其中 $A = c_1 + c_2$ ， $B = i(c_1 - c_2)$

③ $a^2 - 4b = 0$，兩根為相等實根

$$\lambda = \lambda_1 = \lambda_2 = -\frac{a}{2}$$

兩解為線性相依，故僅得一解

$$y_1 = e^{\lambda x} = e^{-\frac{a}{2}x}$$

另一解 $y_2(x)$ 可應用參數變化法求之，設

$$y_2(x) = u(x)y_1(x)$$

則　　　$y_2' = u'y_1 + uy_1'$

$$y_2'' = u''y_1 + 2u'y_1' + uy''$$

代入(1-59)式

$$y'' + ay' + by = 0 \tag{1-59}$$

得 $\qquad u(y_1'' + ay_1' + by_1) + u'(2y_1' + ay_1) + u''y_1 = 0$ (1-65)

因 y_1 為(1-59)式之一解，故

$$y_1'' + ay_1' + by_1 = 0$$

又因 $\quad 2y_1' + ay_1 = 2\dfrac{d}{dx}e^{-\frac{a}{2}x} + ae^{-\frac{a}{2}x} = 0$

故(1-65)式變為

$$u''y_1 = 0$$

即 $\qquad u'' = 0$

解之得

$$u(x) = k_1 x + k_2$$

選 $k_1 = 1$，$k_2 = 0$ 得

$$u(x) = x$$

故另一解 $y_2(x)$ 為

$$y_2(x) = u(x)y_1(x) = xy_1 = xe^{\lambda x} = xe^{-\frac{a}{2}x}$$

通解為

$$y = c_1 y_1 + c_2 y_2 = c_1 e^{\lambda x} + c_2 xe^{\lambda x} = (c_1 + c_2 x)e^{-\frac{a}{2}x}$$ (1-66)

將前述之結果歸納於表 1-1。

表 1-1

	微分方程式 $y'' + ay' + by = 0$ 特性方程式 $\lambda^2 + a\lambda + b = 0$		
判別式	$a^2 - 4b > 0$	$a^2 - 4b < 0$	$a^2 - 4b = 0$
根之特性	兩不相等實根 $\lambda = \dfrac{-a \pm \sqrt{a^2 - 4b}}{2}$	兩共軛複數根 $\lambda = \dfrac{-a \pm i\sqrt{4b - a^2}}{2} = p \pm iq$	兩相等實根 $\lambda = \lambda_1 = \lambda_2 = -\dfrac{a}{2}$
通解	$y = c_1 e^{\lambda_1 x} + c_2 e^{\lambda_2 x}$	$y = e^{px}(A\cos qx + B\sin qx)$	$y = c_1 e^{\lambda x} + c_2 xe^{\lambda x}$

範例 1 EXAMPLE

求 $y'' - y' - 12y = 0$ 之特解，已知初始條件為 $y(0) = 2$，$y'(0) = 1$。

解 令 $y = e^{\lambda x}$ 得特性方程式為

$$\lambda^2 - \lambda - 12 = 0$$

因式分解得

$$(\lambda - 4)(\lambda + 3) = 0$$

$$\lambda = 4, \ -3$$

通解為

$$y = c_1 e^{4x} + c_2 e^{-3x}$$

將 $y(0) = 2$ 代入上式得

$$2 = c_1 + c_2$$

又 $\qquad y' = 4c_1 e^{4x} - 3c_2 e^{-3x}$

將 $y'(0) = 1$ 代入上式得

$$1 = 4c_1 - 3c_2$$

解聯立方程式

$$\begin{cases} c_1 + c_2 = 2 \\ 4c_1 - 3c_2 = 1 \end{cases}$$

得 $\qquad c_1 = 1 \ 、 \ c_2 = 1$

特解為

$$y = e^{4x} + e^{-3x}$$

範例 2 EXAMPLE

求 $y'' - 4y' + 13y = 0$ 之通解。

解 特性方程式為

$$\lambda^2 - 4\lambda + 13 = 0$$

根為

$$\lambda = \frac{4 \pm \sqrt{(-4)^2 - 4 \cdot 13}}{2} = 2 \pm 3i$$

通解為

$$y = e^{2x}(A\cos 3x + B\sin 3x)$$

範例 3　EXAMPLE

求 $y'' + 4y' + 4y = 0$ 之通解。

解 特性方程式為

$$\lambda^2 + 4\lambda + 4 = 0$$

$$(\lambda + 2)^2 = 0$$

$$\lambda = -2 \quad (雙重根)$$

通解為

$$y = c_1 e^{-2x} + c_2 x e^{-2x}$$

1-10　習題

解下列微分方程式

1.　$y'' + 12y = 0$

2.　$y'' + 5y' + 6y = 0$

3.　$y'' - 2y' + 2y = 0$

4.　$y'' - y' - 6y = 0$

5.　$y'' - 6y' + 10y = 0$

6.　$y'' + 6y' + 9y = 0$

7.　$y'' + 2y' + 5y = 0$

8.　$y'' + 4y' + 4y = 0$

9.　$y'' + 3y' + 2y = 0$

10.　$y'' - 5y' + 4y = 0$

11.　$y'' - 2y' + 10 = 0$

12.　$y'' - 2y' + 5y = 0$ ， $y(0) = 0$ ， $y'(0) = 2$

13. $y'' + 2y' + y = 0$，$y(0) = 3$，$y'(0) = 0$
14. $y'' + 3y = 0$，$y(0) = 1$，$y'(0) = 3\sqrt{3}$
15. $y'' + 2y' + 2y = 0$，$y(0) = 1$，$y'(0) = -2$
16. $y'' + 2y' + 10y = 0$，$y(0) = 0$，$y'(0) = 1$
17. $y'' - y' - 2y = 0$，$y(0) = 2$，$y'(0) = 1$
18. $y'' - 4y' + 4y = 0$，$y(0) = 1$，$y'(0) = 4$
19. $y'' + 4y = 0$，$y(0) = 1$，$y'(0) = 0$
20. $y'' - 2y' + 17y = 0$，$y(0) = 1$，$y'(0) = 9$

1-11 二階常係數非齊性微分方程式

1. 二階非齊性線性微分方程式之全解

❖ 定理 4

設 $y_h(x) = c_1 y_1(x) + c_2 y_2(x)$ 為二階齊性線性微分方程式 $y'' + P(x)y' + Q(x)y = 0$ 之通解，而 $y_p(x)$ 為二階非齊性線性微分方程式 $y'' + p(x)y' + Q(x)y = R(x)$ 之特解(Particular solution)，則非齊性線性微分方程式之全解為

$$y(x) = y_h(x) + y_p(x) = c_1 y_1(x) + c_2 y_2(x) + y_p(x) \tag{1-67}$$

其中 c_1，c_2 為任意常數。

2. 二階常係數非齊性微分方程式之特解

二階常係數非齊性微分方程式表為

$$y'' + ay' + by = R(x) \tag{1-68}$$

其中 a, b 為常數，欲求其全解時，先求齊性微分方程式 $y'' + ay' + by = 0$ 之通解 $y_h = c_1 y_1 + c_2 y_2$，次求非齊性微分方程式之特解 y_p，則其全解為

$$y = c_1 y_1 + c_2 y_2 + y_p \tag{1-69}$$

特解 y_p 之求法有未定係數法，參數變化法與微分運號法，本節僅討論未定係數法及參數變化法，而微分運號法將於 1-14 節中討論之。

(1) 未定係數法(Method of undetermined coefficients)

本法僅適用於 $R(x)$ 為五種基本函數：常數 C、x^n (n 為正整數)、e^{px}、$\sin qx$、$\cos qx$ 及其組合者，茲分述如下：

① $R(x)$ 與 $y_h(x)$ 無相同之項時，$y_p(x)$ 可假設為 $R(x)$ 與其導函數之線性組合，此結果列於表 1-2。

表 1-2

	$R(x)$ 之型式	$y_p(x)$ 之型式
1	C(常數)	K
2	x^n (n 為正整數)	$K_0 x^n + K_1 x^{n-1} + \cdots + K_{n-1}x + K_n$
3	e^{px}	Ke^{px}
4	$\sin qx$	$K_1 \sin qx + K_2 \cos qx$
5	$\cos qx$	
6	$x^n e^{px} \sin qx$	$(K_0 x^n + K_1 x^{n-1} + \cdots + K_{n-1}x + K_n)e^{px} \sin qx$
7	$x^n e^{px} \cos qx$	$+(M_0 x^n + M_1 x^{n-1} + \cdots + M_{n-1}x + M_n)e^{px} \cos qx$

② $R(x)$ 與 $y_h(x)$ 有相同之項時，設 $R(x)$ 含有 $x^n u(x)$，其中 $u(x)$ 為 $y_h(x)$ 中已擁有之項，則 $y_p(x)$ 可假設為 $x^{n+1}u(x)$ 與其導函數之線性組合。

③ 若特性方程式中有 m 個重根，而 $R(x)$ 含有 $x^n u(x)$，其中 $u(x)$ 為 $y_h(x)$ 中已擁有之項，則 $y_p(x)$ 可假設為 $x^{n+m}u(x)$ 與其導函數之線性組合。

範例 1 EXAMPLE

求 $y'' + 3y' + 2y = 2x + e^{3x}$ 之全解。

解 ①先求齊性微分方程式 $y'' + 3y' + 2y = 0$ 之通解 y_h，由特性方程式

$$\lambda^2 + 3\lambda + 2 = 0$$

得 $\quad \lambda = -1, -2$

故 $\quad y_h = c_1 e^{-x} + c_2 e^{-2x}$

②次求非齊性微分方程式 $y'' + 3y' + 2y = 2x + e^{3x}$ 之特解 y_p，

設　　$y_p = K_0 x + K_1 + K_2 e^{3x}$

則　　$y_p' = K_0 + 3K_2 e^{3x}$

$\quad\quad y_p'' = 9K_2 e^{3x}$

代入原微分方程式得

$\quad\quad 9K_2 e^{3x} + 3(K_0 + 3K_2 e^{3x}) + 2(K_0 x + K_1 + K_2 e^{3x}) = 2x + e^{3x}$

$\quad\quad 2K_0 x + (3K_0 + 2K_1) + 20K_2 e^{3x} = 2x + e^{3x}$

比較左右兩邊之係數

$\quad\quad 2K_0 = 2$

$\quad\quad 3K_0 + 2K_1 = 0$

$\quad\quad 20K_2 = 1$

得　　$K_0 = 1 , \quad K_1 = -\dfrac{3}{2} , \quad K_2 = \dfrac{1}{20}$

$\quad\quad y_p = x - \dfrac{3}{2} + \dfrac{1}{20} e^{3x}$

③全解為

$\quad\quad y = y_h + y_p = c_1 e^{-x} + c_2 e^{-2x} + x - \dfrac{3}{2} + \dfrac{1}{20} e^{3x}$

範例 2　EXAMPLE

求 $y'' - 3y' + 2y = e^{2x} + e^{-3x}$ 之全解。

解　①先求齊性微分方程式之通解 y_h，由特性方程式

$\quad\quad \lambda^2 - 3\lambda + 2 = 0$

得　　$\lambda = 1, 2$

故　　$y_h = c_1 e^x + c_2 e^{2x}$

②次求非齊性微分方程式之特解 y_p，因 $R(x)$ 與 y_h 有相同之項 e^{2x}，故 y_p 可假設

為 $x^{0+1} e^{2x}$、e^{-3x} 與其導函數 xe^{2x}、e^{2x}、e^{-3x} 之線性組合，但因 e^{2x} 在 y_h 中已有，

則 y_p 可設為

$\quad\quad y_p = K_0 x e^{2x} + K_1 e^{-3x}$

$\quad\quad y_p' = K_0 e^{2x} + 2K_0 x e^{2x} + (-3K_1 e^{-3x})$

$$y_p'' = 2K_0 e^{2x} + 2K_0 e^{2x} + 4K_0 x e^{2x} + 9K_1 e^{-3x} = 4K_0 e^{2x} + 4K_0 x e^{2x} + 9K_1 e^{-3x}$$

代入原微分方程式

$$(4K_0 e^{2x} + 4K_0 x e^{2x} + 9K_1 e^{-3x}) - 3(K_0 e^{2x} + 2K_0 x e^{2x} - 3K_1 e^{-3x}) + 2(K_0 x e^{2x} + K_1 e^{-3x})$$

$$= e^{2x} + e^{-3x}$$

$$K_0 e^{2x} + 20K_1 e^{-3x} = e^{2x} + e^{-3x}$$

比較左右兩邊之係數得

$$K_0 = 1$$

$$K_1 = \frac{1}{20}$$

$$y_p = x e^{2x} + \frac{1}{20} e^{-3x}$$

③全解為

$$y = y_h + y_p = c_1 e^x + c_2 e^{2x} + x e^{2x} + \frac{1}{20} e^{-3x}$$

範例 3　EXAMPLE

求 $y'' - 2y' + y = x e^x$ 之全解。

解　①先求齊性微分方程式之通解 y_h，由特性方程式

$$\lambda^2 - 2\lambda + 1 = 0$$

得　　$\lambda = 1, 1$　(雙重根)

故　　$y_h = c_1 e^x + c_2 x e^x$

②次求非齊性微分方程式之特解 y_p，因 $R(x)$ 與 y_h 有相同之項 e^x，且特性方程中

有兩重根，則 y_p 可假設為 $x^{1+2} e^x$ 與其導函數 $x^3 e^x$，$x^2 e^x$，$x e^x$，e^x，之線性組合，

但因 $x e^x$，e^x 在 y_h 中已有，則 y_p 可設為

$$y_p = K_0 x^3 e^x + K_1 x^2 e^x$$

$$y_p' = [K_0 x^3 + (3K_0 + K_1)x^2 + 2K_1 x] e^x$$

$$y_p'' = [K_0 x^3 + (6K_0 + K_1)x^2 + (6K_0 + 4K_1)x + 2K_1] e^x$$

代入原微分方程式得

$$6K_0 x e^x + 2K_1 e^x = x e^x$$

比較左右兩邊之係數得

$$K_0 = \frac{1}{6} \ , \ K_1 = 0$$

$$y_p = \frac{1}{6}x^3 e^x$$

③全解爲

$$y = y_h + y_p = c_1 e^x + c_2 x e^x + \frac{1}{6}x^3 e^x$$

(2)　參數變化法(Variation of parameters)

本法之特點爲 $R(x)$ 可爲任意函數如 $\tan x$ 、 $\sec x \cdots$ 等，參數變化法不僅適用於常係數微分方程式，亦適用於變係數線性微分方程式，本法係利用積分技巧求解，茲說明如下：

二階非齊性線性微分方程式表之爲

$$y'' + P(x)y' + Q(x)y = R(x) \tag{1-70}$$

欲求其全解時，應先求齊性微分方程式

$$y'' + P(x)y' + Q(x)y = 0$$

之通解

$$y_h = c_1 y_1(x) + c_2 y_2(x)$$

次求非齊性微分方程式之特解 y_p，茲應用參數變化法求之，設

$$y_p = u_1(x)y_1(x) + u_2(x)y_2(x)$$

則 $\quad y_p' = (u_1 y_1' + u_2 y_2') + (u_1' y_1 + u_2' y_2)$

$\quad\quad y_p'' = (u_1 y_1'' + u_2 y_2'') + (u_1' y_1' + u_2' y_2') + (u_1' y_1 + u_2' y_2)'$

代入(1-70)式經整理得

$$u_1[y_1'' + P(x)y_1' + Q(x)y_1] + u_2[y_2'' + P(x)y_2' + Q(x)y_2]$$
$$+ (u_1' y_1' + u_2' y_2') + (u_1' y_1 + u_2' y_2)' + P(x)(u_1' y_1 + u_2' y_2)$$
$$= R(x) \tag{1-71}$$

又因 y_1 及 y_2 爲齊性微分方程之解，故

$$\begin{cases} y_1'' + P(x)y_1' + Q(x)y_1 = 0 \\ y_2'' + P(x)y_2' + Q(x)y_2 = 0 \end{cases}$$

選 u_1，u_2 使滿足

$$u_1'y_1 + u_2'y_2 = 0 \tag{1-72}$$

(1-71)式化為

$$u_1'y_1' + u_2'y_2' = R(x) \tag{1-73}$$

(1-72)與(1-73)聯立，利用克立瑪(Cramer)法則，求得

$$u_1' = \frac{\begin{vmatrix} 0 & y_2 \\ R(x) & y_2' \end{vmatrix}}{\begin{vmatrix} y_1 & y_2 \\ y_1' & y_2' \end{vmatrix}} = \frac{-y_2 R(x)}{y_1 y_2' - y_2 y_1'} \tag{1-74}$$

$$u_2' = \frac{\begin{vmatrix} y_1 & 0 \\ y' & R(x) \end{vmatrix}}{\begin{vmatrix} y_1 & y_2 \\ y_1' & y_2' \end{vmatrix}} = \frac{y_1 R(x)}{y_1 y_2' - y_2 y_1'} \tag{1-75}$$

再積分求出 u_1 與 u_2，即可得特解為

$$y_p = u_1 y_1 + u_2 y_2$$

全解為

$$y = c_1 y_1 + c_2 y_2 + u_1 y_1 + u_2 y_2 \tag{1-76}$$

範例 4 EXAMPLE

求 $y'' + y = \tan x$ 之解。

解 本題無法用未定係數法求之，需用參數變化法。

①先求齊性微分方程式之通解 y_h，由特性方程式

$$\lambda^2 + 1 = 0$$

得 $\lambda = \pm i$

故 $y_h = c_1 \cos x + c_2 \sin x$

②次求非齊性微分方程式之特解 y_p，應用參數變化法，設

$$y_p = u_1 y_1 + u_2 y_2$$

由(1-72)與(1-73)式得

$$\begin{cases} u_1' y_1 + u_2' y_2 = 0 \\ u_1' y_1' + u_2' y_2' = \tan x \end{cases}$$

選 $y_1 = \cos x$，　$y_2 = \sin x$ 代入上兩式得

$$\begin{cases} u_1' \cos x + u_2' \sin x = 0 \\ -u_1' \sin x + u_2' \cos x = \tan x \end{cases}$$

解之

$$u_1' = \frac{\begin{vmatrix} 0 & \sin x \\ \tan x & \cos x \end{vmatrix}}{\begin{vmatrix} \cos x & \sin x \\ -\sin x & \cos x \end{vmatrix}} = -\sin x \tan x$$

$$u_2' = \frac{\begin{vmatrix} \cos x & 0 \\ -\sin x & \tan x \end{vmatrix}}{\begin{vmatrix} \cos x & \sin x \\ -\sin x & \cos x \end{vmatrix}} = \sin x$$

積分之

$$u_1 = \int(-\sin x \tan x)dx = -\int \frac{\sin^2 x}{\cos x}dx = \int \frac{(\cos^2 x - 1)}{\cos x}dx = \int(\cos x - \sec x)dx$$

$$= \sin x - \ln|\sec x + \tan x|$$

$$u_2 = \int \sin x dx = -\cos x$$

即　　$y_p = u_1 y_1 + u_2 y_2 = -\cos x \ln|\sec x + \tan x|$

③全解為

$$y = y_h + y_p = c_1 \cos x + c_2 \sin x - \cos x \ln|\sec x + \tan x|$$

1-11 習題

解下列微分方程式

1.　$y'' - y' - 6y = 3\cos 2x$

2.　$y'' + 4y' + 3y = 2e^x$

3.　$y'' + y' - 2y = e^{2x} \sin x$

4. $y'' - y = x - x^2$

5. $y'' + 16y = 3\sin x$

6. $y'' - 2y' + 2y = e^x \cos x$

7. $y'' + y = 2x + 3\sin x$

8. $y'' - 4y' + 4y = 3xe^{2x} + 2e^{2x}$

9. $y'' - y' + 2y = x^2 e^{2x} - \dfrac{1}{8}e^{2x}$

10. $y'' - 2y' + y = x^{\frac{4}{3}}e^x$

11. $y'' - 4y' + 5y = e^{2x} / \sin x$

12. $y'' + 4y' + 4y = e^{-2x} / x^3$

13. $y'' - 2y' + y = e^x / x^2$

14. $y'' + 4y = \sec 2x$

15. $y'' + 2y' + 2y = 2e^{-x} / \cos^3 x$

16. $y'' - 3y' + 2y = -\dfrac{e^{2x}}{e^x + 1}$

17. $y'' + 9y = \sin^2 3x$

18. $y'' + 9y = \csc 3x$

19. $y'' + 4y' + 4y = e^{-2x} \ln x$

20. $y'' - 4y' + 4y = \dfrac{e^{2x}}{x}$

1-12 尤拉-柯西方程式(Euler-Cauchy equation)

二階尤拉-柯西方程式表之如下：

$$x^2 y'' + axy' + by = 0 \tag{1-77}$$

其中 a, b 為常數，欲求其解，可設

$$y = x^m$$

則 $y' = mx^{m-1}$

$$y'' = m(m-1)x^{m-2}$$

代入(1-77)式可得

$$m(m-1)x^m + amx^m + bx^m = 0$$
$$x^m[m(m-1)+am+b] = 0$$

因 $x^m \neq 0$，可得特性方程式

$$m(m-1)+am+b = 0$$

或 $\qquad m^2 + (a-1)m + b = 0 \qquad\qquad\qquad\qquad\qquad (1\text{-}78)$

求出兩根爲

$$m = \frac{-(a-1) \pm \sqrt{(a-1)^2 - 4b}}{2} \qquad\qquad\qquad\qquad (1\text{-}79)$$

其根依判別式 $(a-1)^2 - 4b$ 有下列三種狀況：

(1) $(a-1)^2 - 4b > 0$，兩根爲不相等實根

$$m_1 = \frac{-(a-1) + \sqrt{(a-1)^2 - 4b}}{2}$$
$$m_2 = \frac{-(a-1) - \sqrt{(a-1)^2 - 4b}}{2}$$

兩解爲

$$\begin{cases} y_1 = x^{m_1} \\ y_2 = x^{m_2} \end{cases}$$

通解爲

$$y = c_1 x^{m_1} + c_2 x^{m_2} \qquad\qquad\qquad\qquad\qquad (1\text{-}80)$$

(2) $(a-1)^2 - 4b < 0$，兩根爲共軛複數根

$$\begin{cases} m_1 = \dfrac{-(a-1) + i\sqrt{4b-(a-1)^2}}{2} = p + iq \\[3mm] m_2 = \dfrac{-(a-1) - i\sqrt{4b-(a-1)^2}}{2} = p - iq \end{cases}$$

其中 $\quad p = \dfrac{-(a-1)}{2}$, $\quad q = \dfrac{\sqrt{4b-(a-1)^2}}{2}$

兩解為

$$\begin{cases} y_1 = x^{p+iq} \\ y_2 = x^{p-iq} \end{cases}$$

通解為

$$\begin{aligned} y &= c_1 x^{p+iq} + c_2 x^{p-iq} = x^p(c_1 x^{iq} + c_2 x^{-iq}) \\ &= x^p(c_1 e^{\ln x^{iq}} + c_2 e^{\ln x^{-iq}}) = x^p(c_1 e^{iq \ln x} + c_2 e^{-iq \ln x}) \\ &= x^p\{c_1[\cos(q \ln x) + i\sin(q \ln x)] + c_2[\cos(q \ln x) - i\sin(q \ln x)]\} \\ &= x^p[(c_1 + c_2)\cos(q \ln x) + (ic_1 - ic_2)\sin(q \ln x)] \\ &= x^p[A\cos(q \ln x) + B\sin(q \ln x)] \end{aligned} \tag{1-81}$$

其中 $A = c_1 + c_2$，$B = i(c_1 - c_2)$。

(3)　$(a-1)^2 - 4b = 0$，兩根為相等實根

$$m = m_1 = m_2 = \frac{-(a-1)}{2}$$

兩解為線性相依，故僅得一解

$$y_1 = x^m = x^{-\frac{(a-1)}{2}}$$

另一解 y_2 可應用參數變化法求之，設

$$y_2(x) = u(x)y_1(x)$$

則　　$y_2' = u'y_1 + uy_1'$

$$y_2'' = u''y_1 + 2u'y_1' + uy_1''$$

代入　$x^2 y'' + axy' + by = 0$

依 1-10 節之類似程序可得

$$u(x) = \ln x$$

故另一解 $y_2(x)$ 為

$$y_2(x) = u(x)y_1(x) = (\ln x)x^m$$

通解為

$$y = c_1 x^m + c_2(\ln x)x^m = (c_1 + c_2 \ln x)x^m \tag{1-82}$$

將前述之結果歸納於表 1-3。

表 1-3

	尤拉方程式 $x^2y'' + axy' + by = 0$ 特性方程式 $m^2 + (a-1)m + b = 0$		
判別式	$(a-1)^2 - 4b > 0$	$(a-1)^2 - 4b < 0$	$(a-1)^2 - 4b = 0$
根之 特性	不相等實根 $m = \dfrac{-(a-1) \pm \sqrt{(a-1)^2 - 4b}}{2}$	共軛複數根 $m = \dfrac{-(a-1) \pm i\sqrt{4b-(a-1)^2}}{2}$ $= p \pm iq$	相等實根 $m = m_1 = m_2 = \dfrac{-(a-1)}{2}$
通解	$y = c_1 x^{m_1} + c_2 x^{m_2}$	$y = x^p[A\cos(q\ln x) + B\sin(q\ln x)]$	$y = (c_1 + c_2 \ln x)x^m$

範例 1　EXAMPLE

求 $x^2y'' + 3xy' - 3y = 0$ 之解。

解　由特性方程式

$$m^2 + 2m - 3 = 0$$
$$(m+3)(m-1) = 0$$
$$m = -3, 1$$

通解為　$y = c_1 x^{-3} + c_2 x$

範例 2　EXAMPLE

求 $x^2y'' + 5xy' + 4y = 0$ 之解。

解　由特性方程式

$$m^2 + 4m + 4 = 0$$
$$(m+2)^2 = 0$$
$$m = -2, -2 \quad (重根)$$

通解為

$$y = (c_1 + c_2 \ln x)x^{-2}$$

範例 3 EXAMPLE

求 $x^2 y'' + 3xy' + 4y = 0$ 之解。

解 由特性方程式

$$m^2 + 2m + 4 = 0$$

$$m = \frac{-2 \pm \sqrt{2^2 - 4 \cdot 4}}{2} = \frac{-2 \pm \sqrt{-12}}{2} = -1 \pm \sqrt{3}i$$

通解為

$$y = x^{-1}[A\cos(\sqrt{3}\ln x) + B\sin(\sqrt{3}\ln x)]$$

範例 4 EXAMPLE

解非齊性尤拉-柯西方程式 $x^2 y'' - 4xy' + 6y = \dfrac{1}{x^4}$ 。

解 ① 先求齊性方程式

$$x^2 y'' - 4xy' + 6y = 0$$

之通解 y_h

由特性方程式

$$m^2 - 5m + 6 = 0$$

得 $m = 2, 3$

$$y_h = c_1 x^2 + c_2 x^3$$

② 次求非齊性方程式

$$x^2 y'' - 4xy' + 6y = \frac{1}{x^4}$$

之特解 y_p，原式除以 x^2 化為標準式

$$y'' - \frac{4}{x}y' + \frac{6}{x^2}y = \frac{1}{x^6}$$

應用參數變化法，設

$$y_p = u_1 y_1 + u_2 y_2$$

由(1-72)與(1-73)式得

$$\begin{cases} u_1'y_1 + u_2'y_2 = 0 \\ u_1'y_1' + u_2'y_2' = \dfrac{1}{x^6} \end{cases}$$

選 $y_1 = x^2$，$y_2 = x^3$ 代入上兩式得

$$\begin{cases} u_1'x^2 + u_2'x^3 = 0 \\ 2u_1'x + 3u_2'x^2 = \dfrac{1}{x^6} \end{cases}$$

解之

$$u_1' = \frac{\begin{vmatrix} 0 & x^3 \\ \dfrac{1}{x^6} & 3x^2 \end{vmatrix}}{\begin{vmatrix} x^2 & x^3 \\ 2x & 3x^2 \end{vmatrix}} = \frac{-1/x^3}{x^4} = -\frac{1}{x^7}$$

$$u_2' = \frac{\begin{vmatrix} x^2 & 0 \\ 2x & \dfrac{1}{x^6} \end{vmatrix}}{\begin{vmatrix} x^2 & x^3 \\ 2x & 3x^2 \end{vmatrix}} = \frac{1/x^4}{x^4} = \frac{1}{x^8}$$

積分之

$$u_1 = \int \left(-\frac{1}{x^7} \right) dx = \frac{1}{6} x^{-6}$$

$$u_2 = \int \frac{1}{x^8} dx = -\frac{1}{7} x^{-7}$$

特解

$$y_p = u_1 y_1 + u_2 y_2 = \frac{1}{6} x^{-6} \cdot x^2 + \left(-\frac{1}{7} x^{-7} \right) x^3 = \frac{1}{42} x^{-4}$$

③全解為

$$y = y_h + y_p = c_1 x^2 + c_2 x^3 + \frac{1}{42} x^{-4}$$

Problem 1-12 習題

解下列微分方程式

1. $x^2 y'' + 3xy' + 3y = 0$

2. $x^2 y'' - 4xy' - 2y = 0$

3. $x^2 y'' - 10y = 0$

4. $x^2 y'' + 4xy' + 4y = 0$

5. $x^2 y'' + xy' + y = 0$

6. $x^2 y'' - xy' + 10y = 0$

7. $x^2 y'' - 2y = 0$

8. $x^2 y'' + 3xy' + 17y = 0$

9. $x^2 y'' - 4xy' + 6y = x^4 \sin x$

10. $x^2 y'' + xy' - y = 2x^3$

11. $x^2 y'' - 2xy' + 2y = x^3 \cos x$

12. $x^2 y'' - 2xy' + 2y = x^2 e^{-x}$

13. $x^2 y'' - 4xy' + 6y = \dfrac{1}{x^2}$

14. $x^2 y'' + xy' + 0.25y = \dfrac{2}{x^3}$

15. $x^2 y'' - 3xy' + 3y = 2x^4 \sin x$

16. $x^2 y'' - 6y = x^4 e^x$

17. $x^2 y'' - xy' + y = x^2$

18. $x^2 y'' - 3xy' + 4y = x^4$

19. $x^2 y'' + xy' + y = 5x^2$

20. $x^2 y'' + xy' + y = 2\sin \ln x$

1-13 高階線性微分方程式

1. 齊性與非齊性

n 階線性微分方程式可表之如下：

$$y^{(n)} + P_{n-1}(x)y^{(n-1)} + \cdots + P_1(x)y' + P_0(x)y = R(x) \tag{1-83}$$

其中 $P_{n-1}(x) \cdots P_1(x)$, $P_0(x)$, $R(x)$ 均爲自變數 x 之函數，若 $R(x) = 0$ 稱爲齊性微分方程式，若 $R(x) \neq 0$ 則稱爲非齊性微分方程式。

2. 高階線性微分方程式之特性

❖ **定理 5**

設 $y_1(x),\, y_2(x)\cdots y_n(x)$ 為齊性微分方程式

$$y^{(n)} + P_{n-1}(x)y^{(n-1)} + \cdots + P_1(x)y' + P_0(x)y = 0 \tag{1-84}$$

之 n 個解,則其線性組合

$$c_1 y_1 + c_2 y_2 + \cdots + c_n y_n$$

亦必為解,其中 $c_1,\, c_2, \cdots, c_n$ 為任意常數。

❖ **定理 6**

設 $y_1(x),\, y_2(x), \cdots, y_n(x)$ 為齊性微分方程式

$$y^{(n)} + P_{n-1}(x)y^{(n-1)} + \cdots + P_1(x)y' + P_0(x)y = 0$$

之 n 個解,且郎斯基行列式

$$W(y_1, y_2 \cdots y_n) = \begin{vmatrix} y_1 & y_2 & \cdots & y_n \\ y_1' & y_2' & \cdots & y_n' \\ \vdots & \vdots & \cdots & \vdots \\ y_1^{(n-1)} & y_2^{(n-1)} & \cdots & y_n^{(n-1)} \end{vmatrix} \neq 0$$

則 $y_1,\, y_2 \cdots y_n$ 為線性獨立,反之,若 $W(y_1,\, y_2 \cdots y_n) = 0$,則為線性相依。

❖ **定理 7**

設 $y_1(x),\, y_2(x)\cdots y_n(x)$ 為齊性微分方程式

$$y^{(n)} + P_{n-1}(x)y^{(n-1)} + \cdots + P_1(x)y' + P_0(x)y = 0$$

之 n 個線性獨立解,則其線性組合

$$y = c_1 y_1 + c_2 y_2 + \cdots + c_n y_n$$

解為 n 階齊性線性微分方程式之通解,而 $y_1,\, y_2 \cdots y_n$ 稱為基解(Basis)。

3. 高階常係數齊性微分方程式

n 階常係數齊性微分方程式表之如下：

$$y^{(n)} + a_{n-1}y^{(n-1)} + \cdots + a_1 y' + a_0 y = 0 \qquad (1\text{-}85)$$

欲求其解可設 $y = e^{\lambda x}$ 代入上式得特性方程式為

$$\lambda^n + a_{n-1}\lambda^{n-1} + \cdots + a_1\lambda + a_0 = 0 \qquad (1\text{-}86)$$

則 λ 之 n 個根為 $\lambda_1, \lambda_2, \cdots, \lambda_n$，依根之性質分別敘述如下：

(1) λ 為 n 個不相等實根，則通解為

$$y = c_1 e^{\lambda_1 x} + c_2 e^{\lambda_2 x} + \cdots + c_n e^{\lambda_n x} \qquad (1\text{-}87)$$

(2) λ 有 m 個相等實根，$\lambda_1 = \lambda_2 = \cdots = \lambda_n$, $(n-m)$ 個不相等實根，則通解為

$$y = c_1 e^{\lambda_1 x} + c_2 x e^{\lambda_1 x} + \cdots + c_m x^{m-1} e^{\lambda_1 x} + c_{m+1} e^{\lambda_{m+1} x} + \cdots + c_n e^{\lambda_n x} \qquad (1\text{-}88)$$

(3) λ 有 m 個共軛複數根，$\lambda_1 = p_1 + iq_1, \lambda_2 = p_1 - iq_1, \lambda_3 = p_2 + iq_2, \lambda_4 = p_2 - iq_2, \cdots$，且有 $(n-m)$ 個不相等實根，則通解為

$$y = e^{p_1 x}(A_1 \cos q_1 x + B_1 \sin q_1 x) + e^{p_2 x}(A_2 \cos q_2 x + B_2 \sin q_2 x)$$
$$+ \cdots + c_{m+1} e^{\lambda_{m+1} x} + \cdots + c_n e^{\lambda_n x} \qquad (1\text{-}89)$$

(4) λ 有 m 個複數多重根 $p \pm iq$ 及 $(n-m)$ 個不相等實根，則通解為

$$y = e^{px}(A_1 \cos qx + B_1 \sin qx) + x e^{px}(A_2 \cos qx + B_2 \sin qx)$$
$$+ x^2 e^{px}(A_3 \cos qx + B_3 \sin qx) + \cdots + c_{m+1} e^{\lambda_{m+1} x} + \cdots + c_n e^{\lambda_n x} \qquad (1\text{-}90)$$

範例 1 EXAMPLE

求 $y^{(5)} - 6y^{(4)} + 12y''' - 8y'' = 0$ 之解

解 由特性方程式

$$\lambda^5 - 6\lambda^4 + 12\lambda^3 - 8\lambda^2 = 0$$
$$\lambda^2(\lambda^3 - 6\lambda^2 + 12\lambda - 8) = 0$$
$$\lambda^2(\lambda - 2)^3 = 0$$
$$\lambda = 0, 0, 2, 2, 2$$

通解為 $y = c_1 + c_2 x + c_3 e^{2x} + c_4 x e^{2x} + c_5 x^2 e^{2x}$

4. 高階常係數非齊性微分方程式

(1) 高階非齊性線性微分方程式之全解

> ❖ **定理 8**
>
> 　　設 $y_h = c_1 y_1(x) + c_2 y_2(x) + \cdots + c_n y_n(x)$ 為 n 階齊性線性微分方程式
>
> $$y^{(n)} + P_{n-1}(x)y^{(n-1)} + \cdots + P_1(x)y' + P_0(x)y = 0$$
>
> 之通解，而 $y_p(x)$ 為 n 階非齊性線性微分方程式
>
> $$y^{(n)} + P_{n-1}(x)y^{(n-1)} + \cdots + P_1(x)y' + P_0(x)y = R(x)$$
>
> 之特解，則非齊性線性微分方程式之全解為
>
> $$y(x) = y_h(x) + y_p(x) = c_1 y_1 + c_2 y_2 + \cdots + c_n y_n + y_p$$
>
> 其中 $c_1, c_2 \cdots c_n$ 為任意常數。

(2) 高階常係數非齊性微分方程式之特解

　　n 階常係數非齊性微分方程式表之如下：

$$y^{(n)} + a_{n-1}y^{(n-1)} + \cdots + a_1 y' + a_0 y = R(x)$$

欲求特解 y_p 時，其方法與 1-11 節所討論之情形類似，有未定係數法，參數變化法與微分運號法，微分運號法於 1-14 節說明之。

① 未定係數法

本法僅適用於 $R(x)$ 為五種基本函數：常數 C、x^n(n 為正整數)、e^{px}、$\sin qx$、$\cos qx$ 及其組合者，可參考 1-11 節之敘述，茲舉例說明之。

範例 2 EXAMPLE

求 $y''' - y'' - 8y' + 12y = e^{2x}$ 之解

解 ①先求齊性方程式

$$y''' - y'' - 8y' + 12y = 0$$

之通解 y_h，由特性方程式

$$\lambda^3 - \lambda^2 - 8\lambda + 12 = 0$$

$$(\lambda - 2)^2(\lambda + 3) = 0$$

$$\lambda = 2, 2, -3$$

$$y_h = c_1 e^{2x} + c_2 x e^{2x} + c_3 e^{-3x}$$

②次求非齊性微分方程式

$$y''' - y'' - 8y' + 12y = e^{2x}$$

之特解 y_p，因 $R(x)$ 與 y_h 有相同之項 e^{2x}，且特性方程式中有兩重根，則 y_p 可假設為 $x^2 e^{2x}$ 與其導函數 xe^{2x}, e^{2x} 之線性組合，但因 xe^{2x}, e^{2x} 在 y_h 中已有，則 y_p 可設為

$$y_p = Kx^2 e^{2x}$$

$$y_p' = 2Kx^2 e^{2x} + 2Kx e^{2x}$$

$$y_p'' = 4Kx^2 e^{2x} + 8Kx e^{2x} + 2K e^{2x}$$

$$y_p''' = 8Kx^2 e^{2x} + 24Kx e^{2x} + 12K e^{2x}$$

代入原微分方程式

$$(8K - 4K - 16K + 12K)x^2 e^{2x} + (24K - 8K - 16K)x e^{2x} + (12K - 2K)e^{2x} = e^{2x}$$

$$10K e^{2x} = e^{2x}$$

比較左右兩邊係數得

$$K = \frac{1}{10}$$

$$y_p = \frac{1}{10} x^2 e^{2x}$$

③全解為

$$y = y_h + y_p = c_1 e^{2x} + c_2 x e^{2x} + c_3 e^{-3x} + \frac{1}{10} x^2 e^{2x}$$

② 參數變化法

欲求 n 階非齊性線性微分方程式

$$y^{(n)} + P_{n-1}(x)y^{(n-1)} + \cdots + P_1(x)y' + P_0(x)y = R(x)$$

之全解時，先求齊性微分方程式之通解

$$y_h = c_1 y_1 + c_2 y_2 + \cdots + c_n y_n$$

次應用參數變化法求非齊性微分方程式之特解 y_p，可設

$$y_p = u_1(x)y_1(x) + u_2(x)y_2(x) + \cdots + u_n(x)y_n(x)$$

可依 1-11 節類似方法列出下列聯立方程式

$$\begin{cases}
u_1'y_1 & + u_2'y_2 & + \cdots + & u_n'y_n & = 0 \\
u_1'y_1' & + u_2'y_2' & + \cdots + & u_n'y_n' & = 0 \\
u_1'y_1'' & + u_2'y_2'' & + \cdots + & u_n'y_n'' & = 0 \\
\vdots & \vdots & \vdots & \vdots & \vdots \\
u_1'y_1^{(n-2)} & + u_2'y_2^{(n-2)} & + \cdots + & u_n'y_n^{(n-2)} & = 0 \\
u_1'y_1^{(n-1)} & + u_2'y_2^{(n-1)} & + \cdots + & u_n'y_n^{(n-1)} & = R(x)
\end{cases} \tag{1-91}$$

求出 $u_1', u_2', \cdots u_n'$，再積分求出 $u_1, u_2, \cdots u_n$，則特解為

$$y_p = u_1y_1 + u_2y_2 + \cdots + u_ny_n$$

全解為

$$y = y_h + y_p$$

1-13　習題

解下列微分方程式

1.　$y^{(4)} - 3y'' - 4y = 0$

2.　$y^{(4)} - 49y = 0$

3.　$y^{(4)} + 8y'' + 16y = 0$

4.　$y''' + 3y'' - y' - 3y = 0$

5.　$y''' - y'' - 4y' + 4y = e^x$

6.　$y''' + 2y'' - y' - 2y = x - 2$

7.　$y^{(4)} - 5y'' + 6y = 3\sin 2x$

8.　$y''' + 2y'' - y' - 2y = e^x \cos x$

9.　$y''' - 3y'' + 3y' - y = e^x / x$

10.　$y^{(4)} + 3y'' - 4y = 4e^{2x}$

11.　$y''' - y'' - y' + y = 2x^2$

12.　$y''' + 2y'' - 5y' - 6y = e^{-x}\sin x$

13. $y^{(4)} - 7y'' - 18y = 9x^2 - 2$

14. $y''' - 6y'' + 11y' - 6y = 5\cos x$

15. $y''' - 2y'' - y' + 2y = xe^x$

16. $y^{(4)} - y = \cos 2x$

17. $y''' + 6y'' + 12y' + 8y = e^{-2x}$

18. $y''' - y'' + y' - y = 2\sin^2 x$

1-14 微分運算符號法

為了方便求解線性微分方程式，今介紹一微分運算符號 D(differential operator)，其用以表示對自變數之微分運算，即

$$D = \frac{d}{dx}, \quad D^2 = \frac{d^2}{dx^2} \cdots D^n = \frac{d^n}{dx^n}$$

則

$$Dy = \frac{dy}{dx}, \quad D^2 y = \frac{d^2 y}{dx^2} \cdots D^n y = \frac{d^n y}{dx^n}$$

故 n 階常係數非齊性微分方程式

$$y^{(n)} + a_{n-1}y^{(n-1)} + \cdots + a_1 y' + a_0 y = R(x)$$

可寫為

$$(D^n + a_{n-1}D^{n-1} + \cdots + a_1 D + a_0)y = R(x) \tag{1-92}$$

或

$$F(D)y = R(x) \tag{1-93}$$

其中

$$F(D) = D^n + a_{n-1}D^{n-1} + \cdots + a_1 D + a_0 \tag{1-94}$$

欲應用微分運算符號法(簡稱微分運號法)求 n 階常係數非齊性微分方程式之特解時，$R(x)$ 需為下列五種基本函數：常數 C、x^k(k 為正整數)、e^{ax}、$\sin bx$、$\cos bx$ 及其組合者。

微分方程式之特解 y_p 滿足原微分方程式

$$(D^n + a_{n-1}D^{n-1} + \cdots + a_1 D + a_0)y_p = R(x)$$

即

$$F(D)y_p = R(x)$$

$$y_p = \frac{1}{F(D)} R(x)$$

因 $R(x)$ 之函數不同，其運算方法亦不相同，茲分述如下：

1. $R(x) = x^k$

$$y_p = \frac{1}{F(D)} x^k = \frac{1}{(D^n + a_{n-1}D^{n-1} + \cdots + a_1 D + a_0)} x^k$$

$$= \frac{1}{a_0 \left(\dfrac{1}{a_0} D^n + \dfrac{a_{n-1}}{a_0} D^{n-1} + \cdots + \dfrac{a_1}{a_0} D + 1 \right)} x^k$$

$$= \frac{1}{a_0 \left(1 + \dfrac{a_1}{a_0} D + \cdots + \dfrac{a_{n-1}}{a_0} D^{n-1} + \dfrac{1}{a_0} D^n \right)} x^k$$

(應用長除法或 $\dfrac{1}{1 \pm x} = 1 \mp x + x^2 \mp x^3 + \cdots$，並取至 D^k 項)

$$= \frac{1}{a_0} (1 + b_1 D + b_2 D^2 + \cdots + b_k D^k + \cdots) x^k \qquad (1\text{-}95)$$

範例 1　EXAMPLE

求 $y'' - 2y' + 5y = 3x^2$ 之特解 y_p。

解 原式寫爲

$$(D^2 - 2D + 5)y = 3x^2$$

y_p 滿足下式

$$(D^2 - 2D + 5)y_p = 3x^2 \Rightarrow y_p = \frac{1}{D^2 - 2D + 5} 3x^2 = \frac{1}{5 \left(1 - \dfrac{2}{5} D + \dfrac{1}{5} D^2 \right)} 3x^2$$

$$= \frac{3}{5} \left(1 + \frac{2}{5} D - \frac{1}{25} D^2 + \cdots \right) x^2 = \frac{3}{5} \left(x^2 + \frac{4}{5} x - \frac{2}{25} \right)$$

$$\begin{array}{r}
1 + \dfrac{2}{5} D - \dfrac{1}{25} D^2 \cdots \\
\hline
1 - \dfrac{2}{5} D + \dfrac{1}{5} D^2 \overline{)\, 1} \\
1 - \dfrac{2}{5} D + \dfrac{1}{5} D^2 \\
\hline
\dfrac{2}{5} D - \dfrac{1}{5} D^2 \\
\dfrac{2}{5} D - \dfrac{4}{25} D^2 + \dfrac{2}{25} D^3 \\
\hline
-\dfrac{1}{25} D^2 - \dfrac{2}{25} D^3 \\
-\dfrac{1}{25} D^2 + \dfrac{2}{125} D^3 - \dfrac{1}{125} D^4 \\
\hline
\cdots\cdots\cdots
\end{array}$$

2. $R(x) = x^k$ ，而 $F(D) = D^n + a_{n-1}D^{n-1} + \cdots + a_r D^r$

$$
\begin{aligned}
y_p &= \frac{1}{F(D)} x^k \\
&= \frac{1}{(D^n + a_{n-1}D^{n-1} + \cdots + a_r D^r)} x^k \\
&= \frac{1}{D^r [D^{n-r} + a_{n-1}D^{n-1-r} + \cdots + a_r]} x^k \\
&= \frac{1}{D^r}\left[\frac{1}{D^{n-r} + a_{n-1}D^{n-1-r} + \cdots + a_r} x^k \right]
\end{aligned}
$$ (1-96)

中括弧內之運算利用上法求之，再將結果積分 r 次($\frac{1}{D^r}$ 表積分 r 次)。

範例 2 EXAMPLE

求 $y^{(4)} - 2y''' + 3y'' = 4x^2$ 之特解 y_p。

解 原式寫爲

$$(D^4 - 2D^3 + 3D^2)y = 4x^2$$

y_p 滿足下式

$$(D^4 - 2D^3 + 3D^2)y_p = 4x^2$$

$$
\begin{aligned}
y_p &= \frac{1}{D^4 - 2D^3 + 2D^2} 4x^2 = \frac{1}{D^2(D^2 - 2D + 3)} 4x^2 \\
&= \frac{1}{D^2}\left[\frac{1}{3\left(1 - \frac{2}{3}D + \frac{1}{3}D^2\right)} 4x^2 \right] \\
&= \frac{1}{D^2}\left\{ \frac{4}{3} \frac{1}{\left[1 - \left(\frac{2}{3}D - \frac{1}{3}D^2\right)\right]} x^2 \right\} \\
&= \frac{4}{3}\frac{1}{D^2}\left\{ \left[1 + \left(\frac{2}{3}D - \frac{1}{3}D^2\right) + \left(\frac{2}{3}D - \frac{1}{3}D^2\right)^2 + \cdots \right] x^2 \right\} \\
&= \frac{4}{3}\frac{1}{D^2}\left[\left(1 + \frac{2}{3}D + \frac{1}{9}D^2 + \cdots\right) x^2 \right] \\
&= \frac{4}{3}\frac{1}{D^2}\left[\left(x^2 + \frac{4}{3}x + \frac{2}{9}\right) \right]
\end{aligned}
$$

$$= \frac{4}{3} \iint \left(x^2 + \frac{4}{3}x + \frac{2}{9} \right) dx dx$$

$$= \frac{4}{3} \int \left(\frac{1}{3}x^3 + \frac{2}{3}x^2 + \frac{2}{9}x \right) dx$$

$$= \frac{4}{3} \left(\frac{1}{12}x^4 + \frac{2}{9}x^3 + \frac{1}{9}x^2 \right)$$

$$= \frac{1}{9}x^4 + \frac{8}{27}x^3 + \frac{4}{27}x^2$$

3. $R(x) = e^{ax}$，且 $F(a) \neq 0$，則

$$y_p = \frac{1}{F(D)}e^{ax} = \frac{1}{F(a)}e^{ax} \tag{1-97}$$

(證)
$$F(D)e^{ax} = (D^n + a_{n-1}D^{n-1} + \cdots + a_1 D + a_0)e^{ax}$$

$$= (a^n + a_{n-1}a^{n-1} + \cdots + a_1 a + a_0)e^{ax}$$

$$= F(a)e^{ax}$$

兩邊同除 $F(a)$

$$F(D) \left[\frac{1}{F(a)}e^{ax} \right] = e^{ax}$$

兩邊同除 $F(D)$

$$\frac{1}{F(a)}e^{ax} = \frac{1}{F(D)}e^{ax}$$

故得
$$y_p = \frac{1}{F(D)}e^{ax} = \frac{1}{F(a)}e^{ax}$$

範例 3　EXAMPLE

求 $y'' + 4y' + 3y = 2e^{3x}$ 之特解 y_p。

(解) 原式寫為

$$(D^2 + 4D + 3)y = 2e^{3x}$$

y_p 滿足下式

$$(D^2 + 4D + 3)y_p = 2e^{3x}$$

$$y_p = \frac{1}{D^2 + 4D + 3}2e^{3x} = \frac{1}{3^2 + 4 \cdot 3 + 3}2e^{3x} = \frac{1}{12}e^{3x}$$

4. $R(x) = u(x)e^{ax}$

$$y_p = \frac{1}{F(D)}u(x)e^{ax} = e^{ax}\frac{1}{F(D+a)}u(x) \tag{1-98}$$

證 因

$$D[u(x)e^{ax}] = e^{ax}D[u(x)] + ae^{ax}u(x) = e^{ax}(D+a)u(x)$$

$$D^2[u(x)e^{ax}] = e^{ax}D^2[u(x)] + ae^{ax}D[u(x)] + ae^{ax}D[u(x)] + a^2e^{ax}u(x)$$

$$= e^{ax}(D^2 + 2aD + a^2)u(x)$$

$$= e^{ax}(D+a)^2u(x)$$

由歸納法可證得

$$D^n[u(x)e^{ax}] = e^{ax}(D+a)^n u(x)$$

故

$$F(D)[u(x)e^{ax}] = e^{ax}F(D+a)u(x)$$

即

$$\frac{1}{F(D)}u(x)e^{ax} = e^{ax}\frac{1}{F(D+a)}u(x)$$

範例 4 EXAMPLE

求 $y'' - 3y' - 4y = x^2e^x$ 之特解 y_p。

解 原式寫為

$$(D^2 - 3D - 4)y = x^2e^x$$

y_p 滿足下式

$$(D^2 - 3D - 4)y_p = x^2e^x$$

$$y_p = \frac{1}{D^2 - 3D - 4}x^2e^x = e^x\frac{1}{(D+1)^2 - 3(D+1) - 4}x^2$$

$$= e^x\frac{1}{D^2 - D - 6}x^2 = e^x\frac{1}{-6\left(1 + \frac{1}{6}D - \frac{1}{6}D^2\right)}x^2$$

$$= -\frac{e^x}{6}\left(1 - \frac{1}{6}D + \frac{7}{36}D^2\right)x^2 = -\frac{e^x}{6}\left(x^2 - \frac{1}{3}x + \frac{7}{18}\right)$$

5.　$R(x) = e^{ax}$，而 $F(a) = 0$，則

$$y_p = \frac{1}{F(D)}e^{ax} = \frac{1}{(D-a)^r \Phi(D)}e^{ax}$$

$$= \frac{1}{(D-a)^r}\left[\frac{1}{\Phi(a)}e^{ax}\right] = e^{ax}\frac{1}{(D+a-a)^r}\left[\frac{1}{\Phi(a)}\right]$$

$$= e^{ax}\frac{1}{D^r}\left[\frac{1}{\Phi(a)}\right] = e^{ax}\frac{x^r}{r!}\frac{1}{\Phi(a)} \tag{1-99}$$

範例 5　EXAMPLE

求 $(D^2 + 6D + 9)y = 3e^{-3x}$ 之特解 y_p。

解

$$y_p = \frac{1}{D^2 + 6D + 9}3e^{-3x} = \frac{1}{(D+3)^2}3e^{-3x} = e^{-3x}\frac{1}{D^2}3$$

$$= e^{-3x}\frac{x^2}{2!}3 = \frac{3}{2}x^2e^{-3x}$$

6.　$R(x) = \sin bx$ 或 $\cos bx$，有兩種解法：

(1) 由尤拉公式：$e^{ibx} = \cos bx + i\sin bx$，知 $\cos bx$ 為 e^{ibx} 之實數部份(Real part)，$\sin bx$ 為 e^{ibx} 之虛數部份(Imaginary part)，即

$$\begin{cases} \cos bx = \mathrm{Re}(e^{ibx}) & (1\text{-}100) \\ \sin bx = \mathrm{Im}(e^{ibx}) & (1\text{-}101) \end{cases}$$

再利用(1-97)式求 y_p。

(2) 若 $F(-b^2) \neq 0$，則利用下式求 y_p。

$$\begin{cases} \dfrac{1}{F(D^2)}\sin bx = \dfrac{1}{F(-b^2)}\sin bx & (1\text{-}102) \\ \dfrac{1}{F(D^2)}\cos bx = \dfrac{1}{F(-b^2)}\cos bx & (1\text{-}103) \end{cases}$$

證

$$F(D^2)\sin bx = [(D^2)^n + a_{n-1}(D^2)^{n-1} + \cdots + a_1 D^2 + a_0]\sin bx$$

$$= [(-b^2)^n + a_{n-1}(-b^2)^{n-1} + \cdots + a_1(-b^2) + a_0]\sin bx = F(-b^2)\sin bx$$

即　$\dfrac{1}{F(D^2)}\sin bx = \dfrac{1}{F(-b^2)}\sin bx$

同理可證

$$\frac{1}{F(D^2)}\cos bx = \frac{1}{F(-b^2)}\cos bx$$

範例 6　EXAMPLE

求 $y'' + 3y' + 2y = 2\sin 3x$ 之特解 y_p。

解 ①原式寫為 $(D^2 + 3D + 2)y = 2\sin 3x = 2\,\text{Im}(e^{i3x})$

y_p 滿足下式

$(D^2 + 3D + 2)y_p = 2\,\text{Im}(e^{i3x})$

$$y_p = \frac{1}{D^2 + 3D + 2}2\,\text{Im}(e^{i3x}) = 2\,\text{Im}\left[\frac{1}{D^2 + 3D + 2}e^{i3x}\right]$$

$$= 2\,\text{Im}\left[\frac{1}{(3i)^2 + 3(3i) + 2}e^{i3x}\right] = 2\,\text{Im}\left[\frac{1}{9i - 7}e^{i3x}\right]$$

$$= 2\,\text{Im}\left[\frac{9i + 7}{(9i - 7)(9i + 7)}e^{i3x}\right] = 2\,\text{Im}\left[\frac{(9i + 7)}{-130}(\cos 3x + i\sin 3x)\right]$$

$$= -\frac{1}{65}\text{Im}[(7\cos 3x - 9\sin 3x) + i(9\cos 3x + 7\sin 3x)]$$

$$= -\frac{1}{65}(9\cos 3x + 7\sin 3x)$$

②　$$y_p = \frac{1}{D^2 + 3D + 2}2\sin 3x = 2\frac{1}{(-3^2 + 3D + 2)}\sin 3x$$

$$= 2\frac{1}{3D - 7}\sin 3x = 2\frac{3D + 7}{(3D - 7)(3D + 7)}\sin 3x$$

$$= 2\frac{3D + 7}{9D^2 - 49}\sin 3x = 2\frac{3D + 7}{9(-3^2) - 49}\sin 3x$$

$$= 2\frac{3D + 7}{-130}\sin 3x = -\frac{1}{65}(9\cos 3x + 7\sin 3x)$$

7.　$F(-b^2) = 0$，則利用下式求 y_p。

$$\begin{cases} \dfrac{1}{D^2 + b^2}\sin bx = \dfrac{-x\cos bx}{2b} \\[4mm] \dfrac{1}{D^2 + b^2}\cos bx = \dfrac{x\sin bx}{2b} \end{cases}$$

$\qquad\qquad\qquad\qquad\qquad\qquad\qquad\qquad\qquad\qquad\quad$ (1-104)

$\qquad\qquad\qquad\qquad\qquad\qquad\qquad\qquad\qquad\qquad\quad$ (1-105)

證 因
$$\frac{1}{D^2+b^2}e^{ibx} = \frac{1}{D-ib}\left(\frac{1}{D+ib}e^{ibx}\right) = \frac{1}{D-ib}\left(\frac{1}{i2b}e^{ibx}\right)$$

$$= e^{ibx}\frac{1}{(D+ib)-ib}\left(\frac{1}{i2b}\right) = e^{ibx}\frac{1}{D}\left(\frac{1}{i2b}\right)$$

$$= \frac{e^{ibx}}{i2b}x = \frac{\cos bx + i\sin bx}{i2b}x$$

$$= x\left(\frac{\sin bx - i\cos bx}{2b}\right)$$

故得
$$\begin{cases} \dfrac{1}{D^2+b^2}\sin bx = \dfrac{1}{D^2+b^2}[\operatorname{Im}(e^{ibx})] = \dfrac{-x\cos bx}{2b} \\ \dfrac{1}{D^2+b^2}\cos bx = \dfrac{1}{D^2+b^2}[\operatorname{Re}(e^{ibx})] = \dfrac{x\sin bx}{2b} \end{cases}$$

範例 7　EXAMPLE

求 $(D^2 - 2D + 2)y = e^x \sin x$ 之特解 y_p。

解
$$y_p = \frac{1}{D^2-2D+2}e^x\sin x = e^x\frac{1}{(D+1)^2-2(D+1)+2}\sin x$$

$$= e^x\frac{1}{D^2+1}\sin x = e^x\frac{-x\cos x}{2} = -\frac{1}{2}xe^x\cos x$$

1-14　習題

應用微分運號法求下列微分方程式之特解 y_p

1. $y'' - 3y' + 2y = 2x^2 + 3e^{2x}$

2. $y'' - 3y' + 2y = 2xe^{3x} + 3\sin x$

3. $(D^5 - 4D^3)y = 3$

4. $(D^2 + 9)y = x\cos x$

5. $y'' + 2y' + 2y = e^{-x}\cos x$

6. $y''' - 5y'' + 8y' - 4y = e^{2x}$

7. $y'' - 4y = x^2 e^{3x}$

8. $y'' - 5y' + 6y = e^{-2x} + e^{-3x}$

9. $y'' + y = 2\cos x$

10. $y'' - 2y' = e^x \sin x$

11. $y'' + 3y' + 4y = e^{-2x} \cos 3x$

12. $y'' - y = x^2 \sin 3x$

13. $y''' - 3y'' - 6y' + 8y = xe^{-3x}$

14. $y''' - 3y' + 2y = xe^x$

15. $y'' + 4y = 2\cos x \cos 3x$

16. $y''' + 6y'' + 12y' + 8y = e^{-2x}$

17. $y'' + y = 2\sin 2x \cos x$

18. $y^{(5)} + 3y^{(4)} + 2y'' = x^3$

19. $y'' - 3y' + 2y = e^x \cos x$

20. $y'' + 5y = x^3 \cos 2x$

1-15 線性微分方程式之應用

常係數線性微分方程式在工程及物理方面之應用甚為廣泛，首先將物理系統利用相關之定律或公式建立數學模式，即寫出微分方程式，再求其解。

1. 機械振動之應用

如圖 1-12 所示為一彈簧振動系統，彈簧一端固定，另一端附上質量為 m 之物體，今拉下物體使彈簧向下伸長一距離，然後再放開，茲研究此系統之振動情形。

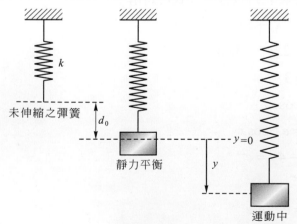

圖 1-12

選靜力平衡位置為 y 軸之原點，即 $y = 0$，向下為正，向上為負。在靜力平衡時物體受重力(向下)與彈性恢復力(向上)之作用，而重力 $F_g = mg$(g 為重力加速度)，又由虎克律知彈性恢復力與彈簧之伸縮量成正比但方向相反，故可表為 $F_e = -kd_0$，其中 k 為彈簧常數，依牛頓第一運動定律知兩者之合力為零，即

$$\Sigma \vec{F} = 0$$
$$mg - kd_0 = 0$$
$$mg = kd_0 \tag{1-106}$$

物體在運動中時，其合力為

$$\Sigma F = mg - k(d_0 + y) = mg - kd_0 - ky$$
$$= -ky \quad (\text{因 } mg = kd_0) \tag{1-107}$$

(1) 無阻尼系統(undamped system)

設此彈簧系統之阻力甚小，可忽略不計，物體所承受之總力為 $-ky$，由牛頓第二運動定律知

$$\Sigma \vec{F} = m\vec{a}$$

其中 a 為加速度，表為 $a = \dfrac{d^2 y}{dt^2}$，此無阻尼系統之微分方程式為

$$-ky = m\frac{d^2 y}{dt^2}$$

即 $\quad m\dfrac{d^2 y}{dt^2} + ky = 0$

$$\frac{d^2 y}{dt^2} + \frac{k}{m} y = 0 \tag{1-108}$$

上式為二階常係數齊性微分方程式，其特性方程式為

$$\lambda^2 + \frac{k}{m} = 0$$
$$\lambda = \pm \sqrt{\frac{k}{m}} i$$

通解為

$$y = A\cos\sqrt{\frac{k}{m}}t + B\sin\sqrt{\frac{k}{m}}t \tag{1-109}$$

$$= A\cos\omega_0 t + B\sin\omega_0 t \quad \left(\omega_0 = \sqrt{\frac{k}{m}}\right)$$

$$= \sqrt{A^2 + B^2}\left(\frac{A}{\sqrt{A^2+B^2}}\cos\omega_0 t + \frac{B}{\sqrt{A^2+B^2}}\sin\omega_0 t\right)$$

$$= Y(\sin\theta\cos\omega_0 t + \cos\theta\sin\omega_0 t)$$

$$= Y\sin(\omega_0 t + \theta) \quad \left(Y = \sqrt{A^2+B^2}, \theta = \tan^{-1}\frac{A}{B}\right) \tag{1-110}$$

此通解所表示之運動為簡諧運動(Simple Harmonic Motion)，其中 Y 為振幅，$\omega_0 = \sqrt{\frac{k}{m}}$ 為振動角頻率，θ 為相角，而週期 $T = \frac{2\pi}{\omega_0}$，如圖 1-13 所示。

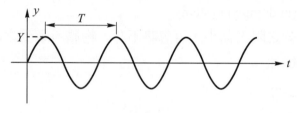

圖 1-13

(2) 有阻尼系統(damped system)

若機械振動系統在運動時有黏滯性阻力存在，此系統稱為有阻尼系統，如圖 1-14 所示，在物體下接一阻尼器，設此阻尼力與速度成正比但方向相反，可表為

$$F_k = -c\frac{dy}{dt} \quad (c \text{ 為阻尼常數，正值}) \tag{1-111}$$

此系統所受之淨力依牛頓第二運動定律可寫為

$$\Sigma\vec{F} = m\vec{a}$$

$$-ky - c\frac{dy}{dt} = m\frac{d^2y}{dt^2}$$

即 $\quad m\dfrac{d^2y}{dt^2} + c\dfrac{dy}{dt} + ky = 0 \tag{1-112}$

上式為二階常係數齊性微分方程式，其特性方程式為

$$m\lambda^2 + c\lambda + k = 0 \tag{1-113}$$

$$\lambda = \frac{-c \pm \sqrt{c^2 - 4mk}}{2m} \tag{1-114}$$

(1-112)式之通解依阻尼狀況而決定之，可分為三種情形。

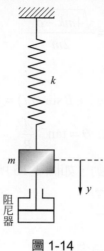

圖 1-14

① 過阻尼：$c^2 > 4mk$，λ 為兩不相等實根，即

$$\begin{cases} \lambda_1 = \dfrac{-c + \sqrt{c^2 - 4mk}}{2m} = -(\alpha - \beta) < 0 \\[4mm] \lambda_2 = \dfrac{-c - \sqrt{c^2 - 4mk}}{2m} = -(\alpha + \beta) < 0 \end{cases}$$

其中　　　$\alpha = \dfrac{c}{2m}$，$\beta = \dfrac{\sqrt{c^2 - 4mk}}{2m}$

通解為　$y = c_1 e^{-(\alpha - \beta)t} + c_2 e^{-(\alpha + \beta)t}$ $\tag{1-115}$

y 含有負指數函數，並隨時間之增加而遞減，t 趨近於無限大時，y 接近零，即經過很長時間後，物體將靜止於平衡點，如圖 1-15 所示。

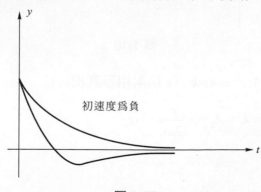

初速度為負

圖 1-15

② 低阻尼：$c^2 < 4mk$，λ 為兩共軛複數根，即

$$\lambda = \frac{-c \pm i\sqrt{4mk - c^2}}{2m} = -(\alpha \mp i\omega_d)$$

其中 $\quad \alpha = \dfrac{c}{2m}$，$\quad \omega_d = \dfrac{\sqrt{4mk - c^2}}{2m}$

通解為

$$y = e^{-\alpha t}(A\cos\omega_d t + B\sin\omega_d t) = Ye^{-\alpha t}\sin(\omega_d t + \theta) \qquad (1\text{-}116)$$

其中 $\quad Y = \sqrt{A^2 + B^2}$，$\quad \theta = \tan^{-1}\dfrac{A}{B}$

(1-116)式表一阻尼振動，如圖 1-16 所示，其角頻率為

$$\omega_d = \frac{\sqrt{4mk - c^2}}{2m}$$

如 $c = 0$(無阻尼)時，頻率為

$$\omega_0 = \sqrt{\frac{k}{m}}$$

稱為自然振動頻率。

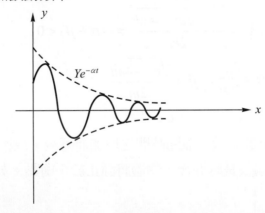

圖 1-16

③ 臨界阻尼：$c^2 = 4mk$，λ 為兩相等實根

$$\lambda = \lambda_1 = \lambda_2 = -\frac{c}{2m} = -\alpha$$

通解為

$$y = (c_1 + c_2 t)e^{-\alpha t} \qquad (1\text{-}117)$$

(1-117)式表臨界阻尼下之運動，示於圖 1-17，t 至多僅有一值使 $c_1 + c_2 t = 0$，故最多僅有一次通過平衡點。

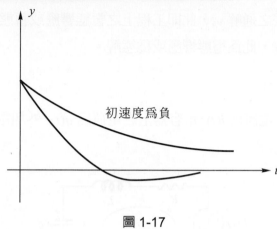

初速度爲負

圖 1-17

(3)　強制振動

設彈簧振動系統外加一可變之驅動力 $R(t)$，如圖 1-18 所示。

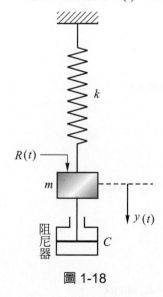

圖 1-18

此系統所受之淨力依牛頓第二運動定律知

$$\Sigma \vec{F} = m\vec{a}$$

$$-ky - c\frac{dy}{dt} + R(t) = m\frac{d^2 y}{dt^2}$$

即　　　$$m\frac{d^2 y}{dt^2} + c\frac{dy}{dt} + ky = R(t) \tag{1-118}$$

其中 $R(t)$ 稱為輸入或驅動力，解答 $y(t)$ 則稱為輸出或系統對輸入之響應，上式即為二階非齊性線性微分方程式，欲求輸出 $y(t)$ 時可依 1-11 節之方法先求齊性微分方程式之通解 y_h，此即工程上之暫態響應或暫態解，次求非齊性微分方程式之特解，此為穩態響應或穩態解。

2. 電路之應用

一 RLC 電路系統，電流為 $i(t)$，電容器上之電荷為 $q(t)$，外加電壓為 $E(t) = E_0 \sin \omega t$，如圖 1-19 所示。

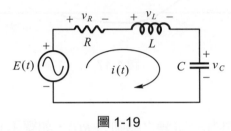

圖 1-19

由克希荷夫電壓定律知

$$v_L + v_R + v_C = E(t)$$

$$L\frac{di}{dt} + Ri + \frac{1}{C}q = E_0 \sin \omega t \tag{1-119}$$

上式對 t 微分，又由 $i = \dfrac{dq}{dt}$ 得

$$L\frac{d^2i}{dt^2} + R\frac{di}{dt} + \frac{1}{C}i = \omega E_0 \cos \omega t \tag{1-120}$$

又由 $\dfrac{di}{dt} = \dfrac{d^2q}{dt^2}$ ，(1-119)式亦可寫為

$$L\frac{d^2q}{dt^2} + R\frac{dq}{dt} + \frac{1}{C}q = E_0 \sin \omega t \tag{1-121}$$

上式為二階常係數非齊性微分方程式，欲求其解時，先求齊性微分方程式

$$L\frac{d^2q}{dt^2} + R\frac{dq}{dt} + \frac{1}{C}q = 0 \tag{1-122}$$

之通解 q_h，即為暫態電荷，(1-122)式之特性方程式為

$$L\lambda^2 + R\lambda + \frac{1}{C} = 0 \tag{1-123}$$

根為
$$\lambda = \frac{-R \pm \sqrt{R^2 - \dfrac{4L}{C}}}{2L} = -\frac{R}{2L} \pm \sqrt{\left(\frac{R}{2L}\right)^2 - \frac{1}{LC}}$$

(1-122)式之通解 q_h，可分為三種狀況：

① 過阻尼：$\left(\dfrac{R}{2L}\right)^2 > \dfrac{1}{LC}$，$\lambda$ 為兩不相等實根

$$\lambda = -\frac{R}{2L} \pm \sqrt{\left(\frac{R}{2L}\right)^2 - \frac{1}{LC}} = -(\alpha \mp \beta)$$

其中　$\alpha = \dfrac{R}{2L}$，$\beta = \sqrt{\left(\dfrac{R}{2L}\right)^2 - \dfrac{1}{LC}}$

通解為
$$q_h = c_1 e^{-(\alpha-\beta)t} + c_2 e^{-(\alpha+\beta)t} \tag{1-124}$$

② 低阻尼：$\left(\dfrac{R}{2L}\right)^2 < \dfrac{1}{LC}$，$\lambda$ 為兩共軛複數根

$$\lambda = -\frac{R}{2L} \pm i\sqrt{\frac{1}{LC} - \left(\frac{R}{2L}\right)^2} = -(\alpha \mp i\omega_d)$$

其中　$\alpha = \dfrac{R}{2L}$，$\omega_d = \sqrt{\dfrac{1}{LC} - \left(\dfrac{R}{2L}\right)^2}$

通解為
$$q_h = e^{-\alpha t}(A\cos\omega_d t + B\sin\omega_d t) \tag{1-125}$$

③ 臨界阻尼：$\left(\dfrac{R}{2L}\right)^2 = \dfrac{1}{LC}$，$\lambda$ 為兩相等實根

$$\lambda = \lambda_1 = \lambda_2 = -\frac{R}{2L} = -\alpha$$

通解為
$$q_h = (c_1 + c_2 t)e^{-\alpha t} \tag{1-126}$$

以上三種狀況在 $t \to \infty$ 時，$q_h \to 0$

次求非齊性微分方程式

$$L\frac{d^2q}{dt^2} + R\frac{dq}{dt} + \frac{1}{c}q = E_0\sin\omega t$$

之特解 q_p，即爲穩態電荷，應用未定係數法求之，設

$$q_p = K_1\sin\omega t + K_2\cos\omega t$$

微分兩次代入原式，化簡並比較係數可求得

$$\begin{cases} K_1 = -\dfrac{E_0\left(\omega L - \dfrac{1}{\omega C}\right)}{\omega\left[R^2 + \left(\omega L - \dfrac{1}{\omega C}\right)^2\right]} \\[3em] K_2 = -\dfrac{E_0 R}{\omega\left[R^2 + \left(\omega L - \dfrac{1}{\omega C}\right)^2\right]} \end{cases}$$

令 $X = \omega L - \dfrac{1}{\omega C}$ 稱爲電抗(reactance)

$$Z = \sqrt{R^2 + \left(\omega L - \frac{1}{\omega C}\right)^2} = \sqrt{R^2 + X^2} \text{ 稱爲阻抗(impedance)}$$

則 q_p 可簡寫爲

$$q_p = -\frac{E_0 X}{\omega Z^2}\sin\omega t - \frac{E_0 R}{\omega Z^2}\cos\omega t = -\frac{E_0}{\omega Z}\cos(\omega t - \theta) \tag{1-127}$$

其中 $\theta = \tan^{-1}\dfrac{X}{R}$，如圖 1-20 所示。

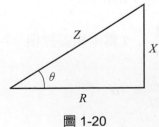

圖 1-20

欲求穩態電流，可微分(1-127)式得

$$i_p = \frac{E_0}{Z}\sin(\omega t - \theta) \tag{1-128}$$

穩態電流之振幅為 $\dfrac{E_0}{Z}$，其最大值發生於 $\omega L - \dfrac{1}{\omega C} = 0$ 時，或 $\omega = \dfrac{1}{\sqrt{LC}}$，此時穩態電流

振幅之最大值為 $\dfrac{E_0}{R}$，而 $\dfrac{1}{\sqrt{LC}}$ 稱為諧振頻率(Resonating frequency)，此種 RLC 電路可

作為調諧電路，選取所需之頻率。

範例 1　EXAMPLE

如圖 1-21 所示之 RLC 電路，$R = 2\Omega$、$L = 1\text{H}$、$C = \dfrac{1}{5}\text{F}$，在時間 $t = 0$ 之前

電容器已被充電至 8V，在 $t = 0$ 時，開關 s 閉合，且初始條件為 $i(0) = 0$，求 $t > 0$

時電路內之電流 $i(t)$。

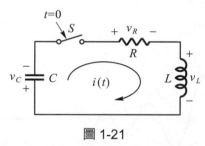

圖 1-21

解　由克希荷夫電壓定

$$v_L + v_R + v_C = 0 \ , \quad L\frac{di}{dt} + Ri + \frac{1}{C}q = 0$$

上式對 t 微分，又由 $i = \dfrac{dq}{dt}$ 得

$$L\frac{d^2i}{dt^2} + R\frac{di}{dt} + \frac{1}{C}i = 0 \Rightarrow \frac{d^2i}{dt^2} + 2\frac{di}{dt} + 5i = 0$$

上式為二階常係數齊性微分方程式，其特性方程式為

$$\lambda^2 + 2\lambda + 5 = 0 \Rightarrow \lambda = -1 \pm 2i$$

通解為

$$i(t) = e^{-t}(A\cos 2t + B\sin 2t) \tag{1-129}$$

由初始條件 $i(0) = 0$ 代入上式得

$$0 = (A + B \cdot 0)$$

即　　　　$A = 0$

故　　　　$i(t) = Be^{-t}\sin 2t$

而 $$\frac{di(t)}{dt} = 2Be^{-t}\cos 2t - Be^{-t}\sin 2t \qquad (1\text{-}130)$$

又 $i(0) = 0$ ，s 閉合之瞬間，$v_R(0) = 0$，由克希荷夫電壓定律知

$$v_C(0) = v_L(0) = 8 = L\frac{di(0)}{dt} = \frac{di(0)}{dt}$$

即 $$\frac{di(0)}{dt} = 8 \quad 代入(1\text{-}130)式$$

得 $$\frac{di(0)}{dt} = 2B - B \cdot 0$$

$$8 = 2B$$

$$B = 4$$

故 $i(t) = 4e^{-t}\sin 2t$ 即為所求。

其波形如圖 1-22 所示。

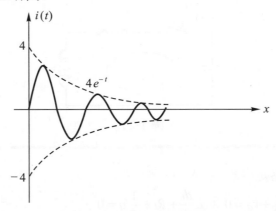

圖 1-22

如圖 1-23 所示之 RLC 電路，$R = 2\Omega$、$L = 1\text{H}$、$C = \frac{1}{4}\text{F}$、$E = 4\text{V}$，已知 $i_c(0) = 0$、$q_c(0) = 0$，求電容器上之電壓 $v_c(t)$。

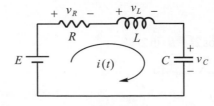

圖 1-23

解 由克希荷夫電壓定律知

$$v_L + v_R + v_C - E$$

$$L\frac{di}{dt} + Ri + v_C = E$$

又 $$q = Cv_C$$

$$\frac{dq}{dt} = C\frac{dv_C}{dt}$$

即 $$i = C\frac{dv_C}{dt}$$

又 $$\frac{di}{dt} = C\frac{d^2 v_C}{dt^2}$$

代入得 $$LC\frac{d^2 v_C}{dt^2} + RC\frac{dv_C}{dt} + v_C = E$$

$$\frac{1}{4}\frac{d^2 v_C}{dt^2} + \frac{1}{2}\frac{dv_C}{dt} + v_C = 4$$

$$\frac{d^2 v_C}{dt^2} + 2\frac{dv_C}{dt} + 4v_C = 16 \tag{1-131}$$

上式為二階常係數非齊性微分方程式，先求齊性方程式之通解，其特性方程式為

$$\lambda^2 + 2\lambda + 4 = 0$$

$$\lambda = -1 \pm \sqrt{3}i$$

通解(暫態解)為 $v_{ch}(t) = e^{-t}(A\cos\sqrt{3}t + B\sin\sqrt{3}t)$ ，次求非齊性微分方程式之特解(穩態解) $v_{cp}(t)$

設 $$v_{cp}(t) = K$$

代入(1-131)式得 $K = 4$

即 $$v_{cp}(t) = 4$$

全解為 $$v_c(t) = v_{ch}(t) + v_{cp}(t) = e^{-t}(A\cos\sqrt{3}t + B\sin\sqrt{3}t) + 4 \tag{1-132}$$

由初始條件知 $v_c(0) = \dfrac{1}{c}q(0) = 0$ 代入上式得

$$v_c(0) = (A + B\cdot 0) + 4$$

$$0 = A + 4$$

得 $$A = -4$$

又 $$\frac{dv_c(t)}{dt} = -e^{-t}(A\cos\sqrt{3}t + B\sin\sqrt{3}t) + e^{-t}(-\sqrt{3}A\sin\sqrt{3}t + \sqrt{3}B\cos\sqrt{3}t) \tag{1-133}$$

由初始條件知

$$i(0) = C\frac{dv_c(0)}{dt} = 0$$

$\dfrac{dv_c(0)}{dt} = 0$ 代入(1-133)式得

$$0 = -A + \sqrt{3}B$$

$$B = -\frac{4}{\sqrt{3}}$$

$$v_c(t) = 4\left[1 - e^{-t}\left(\cos\sqrt{3}t + \frac{1}{\sqrt{3}}\sin\sqrt{3}t\right)\right]$$

其波形如圖 1-24 所示。

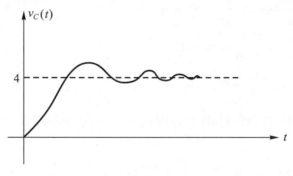

圖 1-24

1-15 習題

1. 如圖所示之彈簧自由振動系統，$m = 2$ kg、$c = 4$ kg/s、$k = 6$ N/m，設初位移為 1m，初速度為零，求此物體運動之位移 $y(t)$。

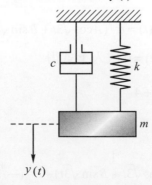

2. 如圖所示之無阻尼強制振動系統，$m = 1$ kg、$k = 25$ N/m，外加驅動力 $R(t) =$ 24sin$t$ 牛頓，初位移為 1 m，初速度為 1 m/s，求此物體運動之位移 $y(t)$。

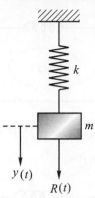

3. 如圖所示之有阻尼強制振動系統，$m = 1$kg、$c = 2$ kg/s、$k = 2$ N/m，外加驅動力 $R(t) = \cos t$ 牛頓，初位移為 1.2 m，初速度為 1.4 m/s，求此物體運動之位移 $y(t)$。

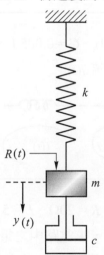

4. 如圖所示之 RLC 電路，$R = 4\Omega$、$L = 1$ H、$C = \dfrac{1}{10}$ F，在時間 $t = 0$ 之前電容器已被充電至 10V，在 $t = 0$ 時，開關 s 閉合，且初始電流 $i(0) = 0$，求 $t > 0$ 時電路內之電流 $i(t)$。

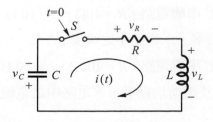

5. 如圖所示之 *LC* 電路，*L* = 10 H、*C* = 0.004 F、*E* = 250 V，且初電流及電荷均為零，求電路中之電流 $i(t)$。

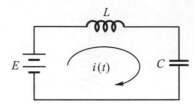

6. 如圖所示之 *LC* 電路，*L* = 1 H、*C* = 0.25 F、*E*(*t*) = 90 cos *t* 伏特，設初電流及電荷均為零，求電路中之電流 $i(t)$。

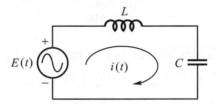

7. 如圖所示之 *LC* 電路，*L* = 2 H、*C* = 0.005 F、*E*(*t*) = 110 sin 4*t* 伏特，設初電流及電荷均為零，求電路中之電流 $i(t)$。

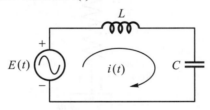

8. 如圖所示之 *RLC* 串聯電路，*R* = 20Ω、*L* = 5 H、*C* = 0.02 F、*E*(*t*) = 500 cos 5*t* 伏特，設初電流及電荷均為零，求電路中之電流 $i(t)$。

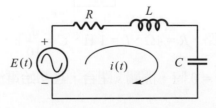

9. 如第 8.題所示之 *RLC* 串聯電路，*R* = 40Ω、*L* = 10 H、*C* = 0.04 F、*E*(*t*) = 200V，設初電流及電荷均為零，求電路中之電流 $i(t)$。

10. 如第 8.題所示之 *RLC* 串聯電路，*R* = 100Ω、*L* = 20 H、*C* = 0.02 F、*E*(*t*) = 100 sin 10*t* 伏特，設初電流及電荷均為零，求電路中之電流 $i(t)$。

1-16 聯立微分方程式及其應用

1. 聯立微分方程式之解法

在工程應用或物理問題上，常有兩個以上之應變數為同一個自變數之函數，表達各變數間相互關係之微分方程式稱為聯立微分方程式，聯立微分方程式之數目恰等於應變數之數目，解常係數聯立微分方程式，一般用消去法消去應變數之數目，最後僅剩下一個應變數與一個自變數之微分方程式再利用前面之方法求解，亦可利用微分運號法重寫各方程式再應用代數法或行列式法解此聯立方程式

考慮 n 個 n 階線性聯立方程式

$$\begin{cases} F_{11}(D)y_1 + F_{12}(D)y_2 + \cdots\cdots + F_{1n}(D)y_n = R_1(x) \\ F_{21}(D)y_1 + F_{22}(D)y_2 + \cdots\cdots + F_{2n}(D)y_n = R_2(x) \\ \ \vdots \qquad\quad\ \vdots \qquad \cdots\cdots \qquad \vdots \qquad\ \vdots \\ F_{n1}(D)y_1 + F_{n2}(D)y_2 + \cdots\cdots + F_{nn}(D)y_n = R_n(x) \end{cases} \tag{1-134}$$

利用克拉瑪(Cramer)法則求出 n 個獨立之線性微分方程式

$$\begin{cases} G_1(D)y_1 = H_1(x) \\ G_2(D)y_2 = H_2(x) \\ \ \vdots \qquad\quad \vdots \\ G_n(D)y_n = H_n(x) \end{cases} \tag{1-135}$$

再利用前述之方法求出每一個微分方程式之全解，解答中所包含之常數數目等於各應變數之運號係數行列式中所含 D 之最高次方之數目。

範例 1 EXAMPLE

解聯立微分方程式

$$\begin{cases} y_1' + y_2' + 5y_1 + 3y_2 = e^{-x} \\ 2y_1' + y_2' + y_1 + y_2 = 3 \end{cases}$$

解 聯立微分方程寫為

$$\begin{cases} (D+5)y_1 + (D+3)y_2 = e^{-x} \\ (2D+1)y_1 + (D+1)y_2 = 3 \end{cases}$$

由克拉瑪法則可得

$$y_1 = \frac{\begin{vmatrix} e^{-x} & D+3 \\ 3 & D+1 \end{vmatrix}}{\begin{vmatrix} D+5 & D+3 \\ 2D+1 & D+1 \end{vmatrix}} = \frac{9}{D^2 + D - 2}$$

$$y_2 = \frac{\begin{vmatrix} D+5 & e^{-x} \\ 2D+1 & 3 \end{vmatrix}}{\begin{vmatrix} D+5 & D+3 \\ 2D+1 & D+1 \end{vmatrix}} = \frac{-(e^{-x}+15)}{D^2 + D - 2}$$

即 $\begin{cases} (D^2 + D - 2)y_1 = 9 \\ (D^2 + D - 2)y_2 = -(e^{-x}+15) \end{cases}$

①求 y_1 之全解：

特性方程式為

$$\lambda^2 + \lambda - 2 = 0$$
$$\lambda = 1, -2$$

y_1 之通解為

$$y_{1h} = c_1 e^x + c_2 e^{-2x}$$

應用微分運號法求特解

$$y_{1p} = \frac{1}{D^2 + D - 2}9 = \frac{1}{-2}\frac{1}{\left(1 - \frac{1}{2}D - \frac{1}{2}D^2\right)}9 = -\frac{1}{2}\left(1 + \frac{1}{2}D + \cdots\right)9 = -\frac{9}{2}$$

故 $y_1 = y_{1h} + y_{1p} = c_1 e^x + c_2 e^{-2x} - \frac{9}{2}$

②求 y_2 之全解：

特性方程式為

$$\lambda^2 + \lambda - 2 = 0 \Rightarrow \lambda = 1, -2$$

y_2 之通解為

$$y_{2h} = k_1 e^x + k_2 e^{-2x}$$

應用微分運號法求特解

$$y_{2p} = \frac{1}{D^2 + D - 2}(-e^{-x} - 15) = -\frac{1}{(-1)^2 + (-1) - 2}e^{-x} + \frac{-15}{-2} = \frac{1}{2}e^{-x} + \frac{15}{2}$$

故 $y_2 = y_{2h} + y_{2p} = k_1 e^x + k_2 e^{-2x} + \frac{1}{2}e^{-x} + \frac{15}{2}$

因應變數之運號係數行列式為 $D^2 + D - 2$，而 D 之最高次方為 2，故聯立方程式之解答中僅能包含兩個任意常數，但 y_1, y_2 共有四個任意常數，需消去兩個，其方法仍將 y_1, y_2 之全解代入聯立方程式中的任一個微分方程式，將 y_1, y_2 代入

$$(2D+1)y_1 + (D+1)y_2 = 3$$

得
$$(2D+1)\left(c_1 e^x + c_2 e^{-2x} - \frac{9}{2}\right) + (D+1)$$
$$\left(k_1 e^x + k_2 e^{-2x} + \frac{1}{2}e^{-x} + \frac{15}{2}\right) = 3$$

整理之
$$(3c_1 + 2k_1)e^x + (-3c_2 - k_2)e^{-2x} = 0$$

比較係數得
$$\begin{cases} 3c_1 + 2k_1 = 0 \\ -3c_2 - k_2 = 0 \end{cases}$$

故
$$\begin{cases} k_1 = -\frac{3}{2}c_1 \\ k_2 = -3c_2 \end{cases}$$

全解為
$$\begin{cases} y_1 = c_1 e^x + c_2 e^{-2x} - \frac{9}{2} \\ y_2 = -\frac{3}{2}c_1 e^x - 3c_2 e^{-2x} + \frac{1}{2}e^{-x} + \frac{15}{2} \end{cases}$$

範例 2　EXAMPLE

解聯立微分方程式
$$\begin{cases} 2y_1' + y_2' - 4y_1 - y_2 = e^x & (1\text{-}136) \\ y_1' + 3y_1 + y_2 = 0 & (1\text{-}137) \end{cases}$$

解 由(1-137)式得
$$y_2 = -y_1' - 3y_1 \tag{1-138}$$
微分之
$$y_2' = -y_1'' - 3y_1' \tag{1-139}$$

(1-138)，(1-139)式代入(1-136)式得

$$y_1'' + y_1 = -e^x \tag{1-140}$$

解之得　$y_1 = y_{1h} + y_{1p} = c_1 \cos x + c_2 \sin x - \dfrac{1}{D^2+1}e^x = c_1 \cos x + c_2 \sin x - \dfrac{1}{2}e^x$

代入(1-138)式得

$$y_2 = -\left(-c_1 \sin x + c_2 \cos x - \frac{1}{2}e^x\right) - 3\left(c_1 \cos x + c_2 \sin x - \frac{1}{2}e^x\right)$$

$$= -(3c_1 + c_2)\cos x + (c_1 - 3c_2)\sin x + 2e^x$$

2.　在工程上之應用

聯立微分方程式在工程上之應用，如機械振動問題、電路問題等，茲舉實例說明之。

範例 3　EXAMPLE

如圖 1-25 所示之彈簧振動系統，設 $m_1 = 1\ \mathrm{kg}$、$m_2 = 2\ \mathrm{kg}$、$k_1 = 1\ \mathrm{N/m}$、$k_2 = k_3 = 2\ \mathrm{N/m}$，求兩物體之位移 $y_1(t)$ 及 $y_2(t)$。

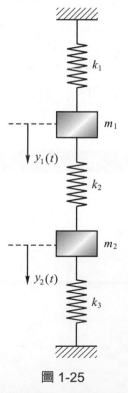

圖 1-25

解 作用於 m_1 與 m_2 之力如圖 1-26 所示，由牛頓第二運動定律知

$$\begin{cases} -k_1 y_1 - k_2(y_1 - y_2) = m_1 \dfrac{d^2 y_1}{dt^2} & \text{(1-141)} \\[2mm] -k_3 y_2 - k_2(y_2 - y_1) = m_2 \dfrac{d^2 y_2}{dt^2} & \text{(1-142)} \end{cases}$$

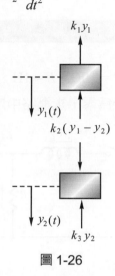

圖 1-26

將 $m_1 = 1$、$m_2 = 2$、$k_1 = 1$、$k_2 = k_3 = 2$ 代入得

$$\begin{cases} y_1'' + 3y_1 - 2y_2 = 0 & \text{(1-143)} \\ 2y'' + 4y_2 - 2y_1 = 0 & \text{(1-144)} \end{cases}$$

由(1-143)式得

$$y_2 = \frac{1}{2}(y_1'' + 3y_1) \tag{1-145}$$

微分之

$$y_2' = \frac{1}{2}(y_1''' + 3y_1') \qquad y_2'' = \frac{1}{2}(y_1^{(4)} + 3y_1'')$$

代入(1-144)式得

$$y_1^{(4)} + 5y_1'' + 4y_1 = 0 \tag{1-146}$$

特性方程式為

$$\lambda^4 + 5\lambda^2 + 4 = 0 \Rightarrow \lambda = \pm i,\ \pm 2i$$

(1-146)式之通解為

$$y_1 = c_1 \cos t + c_2 \sin t + c_3 \cos 2t + c_4 \sin 2t \tag{1-147}$$

微分兩次得

$$y_1'' = -c_1 \cos t - c_2 \sin t - 4c_3 \cos 2t - 4c_4 \sin 2t \qquad (1\text{-}148)$$

(1-147)、(1-148)式代入(1-145)式得通解

$$y_2 = c_1 \cos t + c_2 \sin t - \frac{1}{2} c_3 \cos 2t - \frac{1}{2} c_4 \sin 2t$$

範例 4　EXAMPLE

如圖 1-27 所示之網路中，$R = 10\Omega$、$L = 1\mathrm{H}$、$C = 5 \times 10^{-3}\,\mathrm{F}$、$E = 100\mathrm{V}$、$t = 0$ 時開關閉合，所有電壓與電流皆為零，求網路中之電流 $i_1(t)$ 與 $i_2(t)$。

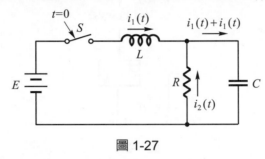

圖 1-27

解 由克希荷夫電壓定律知

$$\begin{cases} L\dfrac{di_1}{dt} - Ri_2 = E & (1\text{-}149) \\[2mm] Ri_2 + \dfrac{1}{C}\displaystyle\int (i_1 + i_2)\,dt = 0 & (1\text{-}150) \end{cases}$$

微分(1-150)式

$$Ri_2' + \frac{1}{C}(i_1 + i_2) = 0 \qquad (1\text{-}151)$$

將 $R = 10$、$L = 1$、$C = 5 \times 10^{-3}$、$E = 100$ 代入(1-149)、(1-151)式

$$\begin{cases} i_1' - 10i_2 = 100 & (1\text{-}152) \\ 10i_2' + 200i_2 + 200i_1 = 0 & (1\text{-}153) \end{cases}$$

由(1-152)式

$$i_2 = \frac{1}{10} i_1' - 10 \qquad (1\text{-}154)$$

再微分之

$$i_2' = \frac{1}{10} i_1'' \qquad (1\text{-}155)$$

代入(1-153)式得

$$i_1'' + 20i_1' + 200i_1 = 2000$$

全解為 $\quad i_1 = e^{-10t}(c_1 \cos 10t + c_2 \sin 10t) + 10$

又 $\quad i_1' = -10e^{-10t}(c_1 \cos 10t + c_2 \sin 10t) + e^{-10t}(-10c_1 \sin 10t + 10c_2 \cos 10t)$

代入(1-154)式得

$$i_2 = e^{-10t}[(c_2 - c_1)\cos 10t - (c_1 + c_2)\sin 10t] - 10$$

由初始條件

$$\begin{cases} i_1(0) = c_1 + 10 = 0 \\ i_2(0) = c_2 - c_1 - 10 = 0 \end{cases}$$

得 $\quad c_1 = -10 \ , \ c_2 = 0$

網路電流為

$$\begin{cases} i_1(t) = -10e^{-10t}\cos 10t + 10 \\ i_2(t) = 10e^{-10t}(\cos 10t + \sin 10t) - 10 \end{cases}$$

Problem 1-16 習題

解下列聯立微分方程式

1. $\begin{cases} (D+2)y_1 + 3y_2 = 0 \\ 3y_1 + (D+2)y_2 = 2e^{2x} \end{cases}$

2. $\begin{cases} (D^2-2)y_1 - 3y_2 = e^{2x} \\ (D^2+2)y_1 + y_2 = 0 \end{cases}$

3. $\begin{cases} y_1' + y_2' + 2y_1 + 6y_2 = 2e^x \\ 2y_1' + 3y_2' + 3y_1 + 8y_2 = -1 \end{cases}$

4. $\begin{cases} Dy_1 + Dy_2 = \cos x \\ Dy_1 - Dy_2 = \sin x \end{cases}$

5. $\begin{cases} (2D-1)y_1 + Dy_2 = e^x \\ 3Dy_1 + (2D+1)y_2 = x \end{cases}$

6. $\begin{cases} (D+2)y_1 + (D-1)y_2 = 0 \\ (2D+3)y_1 + (3D+1)y_2 = 5\sin 2x \end{cases}$

7. $\begin{cases} (2D+3)y_1 + (D+4)y_2 = 0 \\ (D+1)y_1 + (D+2)y_2 = 0 \end{cases}$

8. $\begin{cases} y_1' + y_2 = \cos x - \sin x \\ y_2' + y_1 = \cos x + \sin x \end{cases}$

9. $\begin{cases} (D-2)y_1 - 3y_2 = 3e^{2x} \\ -y_1 + (D-4)y_2 = 3e^{2x} \end{cases}$

   已知 $y_1(0) = -\dfrac{2}{3}$、$y_2(0) = \dfrac{1}{3}$

10. $\begin{cases} 3y_1' - 6y_1 - y_2 = 0 \\ y_2' - 2y_2 - 3y_1 = 0 \end{cases}$

    已知 $y_1(0) = -1$，$y_2(0) = 9$

11. $\begin{cases} (D^2-1)y_1 + 4y_2 = e^{3x} \\ (D^2+1)y_1 + 5y_2 = 0 \end{cases}$

12. $\begin{cases} (D+4)y_1 + 6y_2 = \sin 2x \\ -y_1 + (D-1)y_2 = 0 \end{cases}$

13. $\begin{cases} (D-2)y_1 + 2Dy_2 = e^{3x} + 1 \\ (2D-3)y_1 + (3D-1)y_2 = 0 \end{cases}$

14. $\begin{cases} (D-1)y_1 + (D+2)y_2 = e^x \\ (D-1)y_1 + (2D+1)y_2 = x \end{cases}$

15. $\begin{cases} Dy_1 + Dy_2 = e^x \\ (D-1)y_1 + (2D-1)y_2 = 3e^x \end{cases}$

    已知 $y_1(0) = 4$，$y_2(0) = 1$

解下列應用問題

16. 如圖所示之彈簧振動系統，設 $m_1 = 4$ kg、$m_2 = 2$ kg、$k_1 = 8$ N/m、$k_2 = 4$ N/m，求兩物體之位移 $y_1(t)$ 及 $y_2(t)$，已知初位移為 $y_1(0) = y_2(0) = 1$m。

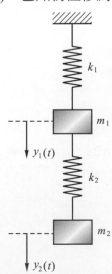

17. 如圖所示之彈簧振動系統，設 $m_1 = m_2 = 10$ kg、$k_1 = k_3 = 20$ N/m、$k_2 = 40$ N/m，求兩物體之位移 $y_1(t)$ 及 $y_2(t)$，已知初始條件為

$$\begin{cases} y_1(0) = y_2(0) = 1\text{m} \\ y_1'(0) = y_2'(0) = 0 \end{cases}$$

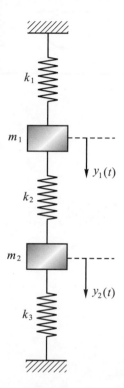

18. 如圖所示之網路，$L = 5$H、$R_1 = 30\Omega$、$R_2 = 20\Omega$、$C = 0.05$F、$E = 100$V，開關在 $t = 0$ 時閉合，設初電流及電荷均為零，求網路電流 $i_1(t)$ 及 $i_2(t)$。

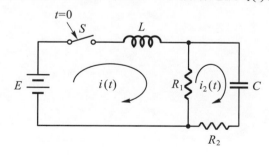

19. 如圖所示之網路，$L = 2\text{H}$、$R = 1\Omega$、$C = 0.25\text{F}$、$v_s = 4e^{-2t}$ 伏特，設初電流及電荷均爲零，求網路電流 $i_1(t)$ 及 $i_2(t)$。

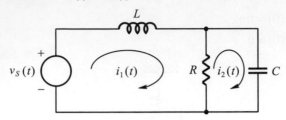

2

拉普拉斯轉換

本章大綱

2-1 ‖ 拉氏轉換與反轉換

拉普拉斯轉換(Laplace transformation)簡稱拉氏轉換，在工程上之應用相當地廣泛，它能將微分方程式的問題化為簡單的代數問題，且對物理系統特性之探討甚為實用，本章主要是說明拉氏轉換之性質及應用。

1. 拉氏轉換之定義

$f(t)$ 為 t 之函數($t \geq 0$)，則 $f(t)$ 之拉氏轉換為

$$\mathscr{L}[f(t)] = \int_0^\infty f(t)e^{-st}dt = F(s) \tag{2-1}$$

其中 s 為複變數，即 $s = \sigma + iw$，$f(t)$ 可拉氏轉換之充分條件為

$$\int_0^\infty |f(t)|e^{-\sigma t}dt < \infty \quad (\sigma \text{ 為正實數}) \tag{2-2}$$

2. 基本函數之拉氏轉換

範例 1 EXAMPLE

求單位階梯函數 $u(t)$ (unit step function)之拉氏轉換。

而 $\quad u(t) = \begin{cases} 0, t < 0 \\ 1, t \geq 0 \end{cases}$

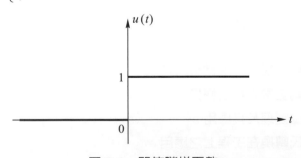

圖 2-1 單位階梯函數

解
$$\mathscr{L}[u(t)] = \int_0^\infty 1 \times e^{-st}dt = -\frac{1}{s}e^{-st}\bigg|_0^\infty$$
$$= -\frac{1}{s}\left(\lim_{t \to \infty} e^{-st} - e^{-s \cdot 0}\right)(\because s > 0) = -\frac{1}{s}[0-1] = \frac{1}{s} \tag{2-3}$$

範例 2　EXAMPLE

求指數函數 $f(t) = e^{at}$ 及 $f(t) = e^{-at}$ 之拉氏轉換。

解

$$\mathscr{L}[e^{at}] = \int_0^\infty e^{at} \times e^{-st}dt = \int_0^\infty e^{-(s-a)t}dt$$

$$= \frac{-1}{s-a}e^{-(s-a)t}\Big|_0^\infty = \frac{-1}{s-a}\left[\lim_{t \to \infty}(e^{-(s-a)t} - e^{-(s-a)\cdot 0})\right]$$

$$= \frac{-1}{s-a}[0-1] \qquad (s-a > 0, \ \text{即} \ s > a)$$

$$= \frac{1}{s-a} \tag{2-4}$$

同理 $\qquad \mathscr{L}[e^{-at}] = \dfrac{1}{s+a} \qquad (s > -a) \tag{2-5}$

❖ **定理 1　線性定理**

設 $f_1(t)$ 及 $f_2(t)$ 為時間函數，而 c_1 及 c_2 為任意常數，則

$$\mathscr{L}[c_1 f_1(t) \pm c_2 f_2(t)] = c_1 \mathscr{L}[f_1(t)] \pm c_2 \mathscr{L}[f_2(t)]$$
$$= c_1 F_1(s) \pm c_2 F_2(s) \tag{2-6}$$

證

$$\mathscr{L}[c_1 f_1(t) \pm c_2 f_2(t)] = \int_0^\infty [c_1 f_1(t) \pm c_2 f_2(t)]e^{-st}dt$$

$$= c_1 \int_0^\infty f_1(t)e^{-st} \pm c_2 \int_0^\infty f_2(t)e^{-st}dt$$

$$= c_1 \mathscr{L}[f_1(t)] \pm c_2 \mathscr{L}[f_2(t)]$$

$$= c_1 F_1(s) \pm c_2 F_2(s)$$

範例 3　EXAMPLE

求 $\mathscr{L}[\cos \omega t]$ 與 $\mathscr{L}[\sin \omega t]$

解　由尤拉公式

$$\begin{cases} e^{i\omega t} = \cos \omega t + i \sin \omega t \\ e^{-i\omega t} = \cos \omega t - i \sin \omega t \end{cases}$$

上兩式相加與相減可得

$$\begin{cases} \cos\omega t = \dfrac{e^{i\omega t} + e^{-i\omega t}}{2} \\[2mm] \sin\omega t = \dfrac{e^{i\omega t} - e^{-i\omega t}}{2i} \end{cases}$$

$$\mathscr{L}[\cos\omega t] = \frac{1}{2}\mathscr{L}[e^{i\omega t} + e^{-i\omega t}] = \frac{1}{2}\left(\frac{1}{s-i\omega} + \frac{1}{s+i\omega}\right)$$

$$= \frac{s}{s^2 + \omega^2} \qquad (s > 0) \tag{2-7}$$

$$\mathscr{L}[\sin\omega t] = \frac{1}{2i}\mathscr{L}[e^{i\omega t} - e^{-i\omega t}] = \frac{1}{2i}\left(\frac{1}{s-i\omega} - \frac{1}{s+i\omega}\right)$$

$$= \frac{\omega}{s^2 + \omega^2} \qquad (s > 0) \tag{2-8}$$

範例 4　EXAMPLE

求雙曲線函數 $\sinh\omega t$ 及 $\cosh\omega t$ 之拉氏轉換。

(解) 由雙曲線函數定義知

$$\begin{cases} \sinh\omega t = \dfrac{e^{\omega t} - e^{-\omega t}}{2} \\[2mm] \cosh\omega t = \dfrac{e^{\omega t} + e^{-\omega t}}{2} \end{cases}$$

$$\mathscr{L}[\sinh\omega t] = \frac{1}{2}\mathscr{L}[e^{\omega t} - e^{-\omega t}] = \frac{1}{2}\left(\frac{1}{s-w} - \frac{1}{s+w}\right)$$

$$= \frac{w}{s^2 - w^2} \qquad (s > w) \tag{2-9}$$

$$\mathscr{L}[\cosh\omega t] = \frac{1}{2}\mathscr{L}[e^{\omega t} + e^{-\omega t}] = \frac{1}{2}\left(\frac{1}{s-w} + \frac{1}{s+w}\right)$$

$$= \frac{s}{s^2 - w^2} \qquad (s > \omega) \tag{2-10}$$

範例 5　EXAMPLE

求 $f(t) = t^n$ 之拉氏轉換。

(解)
$$\mathscr{L}[t^n] = \int_0^\infty t^n e^{-st}\,dt$$

令 $st = x$，則 $t = \dfrac{x}{s}$，$dt = \dfrac{1}{s}dx$ 代入上式

且積分上限及下限變為

$$\begin{cases} t = \infty \\ x = \infty \end{cases} \quad \begin{cases} t = 0 \\ x = 0 \end{cases}$$

故得　　$\mathscr{L}[t^n] = \int_0^\infty \left(\dfrac{x}{s}\right)^n e^{-x} \dfrac{1}{s} dx = \dfrac{1}{s^{n+1}} \int_0^\infty x^n e^{-x} dx$

$$= \begin{cases} \dfrac{\Gamma(n+1)}{s^{n+1}} & (n > -1) \\ \\ \dfrac{n!}{s^{n+1}} & (n\text{為正整數}) \end{cases} \quad (s > 0) \tag{2-11}$$

$$\hspace{10cm} \tag{2-12}$$

其中 $\Gamma(n+1) = \int_0^\infty x^n e^{-x} dx$ 稱為珈瑪函數(Gamma function)，其值可由函數表查得。

由上得知：

$$\mathscr{L}[t] = \dfrac{1}{s^2} \qquad\qquad \mathscr{L}[t^2] = \dfrac{2!}{s^3} \qquad\qquad \mathscr{L}[t^3] = \dfrac{3!}{s^4}$$

以上各例均為基本函數之拉氏轉換，列表如下：

表 2-1　基本函數之拉氏轉換式

	$f(t)$	$F(s)$
1	$u(t)$	$\dfrac{1}{s}(s > 0)$
2	e^{at}	$\dfrac{1}{s-a}(s > a)$
3	e^{-at}	$\dfrac{1}{s+a}(s > -a)$
4	$\sin\omega t$	$\dfrac{\omega}{s^2+\omega^2}(s > 0)$
5	$\cos\omega t$	$\dfrac{s}{s^2+\omega^2}(s > 0)$
6	$\sinh\omega t$	$\dfrac{\omega}{s^2-\omega^2}(s > \omega)$
7	$\cosh\omega t$	$\dfrac{s}{s^2-\omega^2}(s > \omega)$
8	t^n	$\begin{cases} \dfrac{\Gamma(n+1)}{s^{n+1}} & (n > -1) \\ \\ \dfrac{n!}{s^{n+1}} & (n\text{為正整數}) \end{cases} \quad (s > 0)$

範例 6   EXAMPLE

設 $f(t) = 3 + 5e^{-7t} + 2t^4$, $t \geq 0$，求 $\mathscr{L}[f(t)]$。

解

$$\mathscr{L}[f(t)] = \mathscr{L}[3] + 5\mathscr{L}[e^{-7t}] + 2\mathscr{L}[t^4]$$

$$= 3 \times \frac{1}{s} + \frac{5}{s+7} + 2 \times \frac{4!}{s^{4+1}} = \frac{3}{s} + \frac{5}{s+7} + \frac{48}{s^5}$$

範例 7   EXAMPLE

求 $\mathscr{L}[\cos(3t + \theta_0)]$

解

$$\mathscr{L}[\cos(3t + \theta_0)] = \mathscr{L}[\cos 3t \times \cos\theta_0 - \sin 3t \times \sin\theta_0]$$

$$= \cos\theta_0 \mathscr{L}[\cos 3t] - \sin\theta_0 \mathscr{L}[\sin 3t]$$

$$= \cos\theta_0 \times \frac{s}{s^2+9} - \sin\theta_0 \times \frac{3}{s^2+9}$$

$$= \frac{1}{s^2+9}(s\cos\theta_0 - 3\sin\theta_0)$$

3. 反拉氏轉換

時間函數 $f(t)$ 經拉氏轉換變爲 $F(s)$，即

$$F(s) = \mathscr{L}[f(t)]$$

將 $F(s)$ 變換成 $f(t)$ 則稱爲反拉普拉斯轉換(inverse Laplace transformation，簡稱反拉氏轉換)，通常表爲

$$f(t) = \mathscr{L}^{-1}[F(s)] \tag{2-13}$$

欲求反拉氏轉換，一般只需依拉氏轉換，反轉換之基本性質，即可求得反拉氏轉換，如下列所示：

1. $\mathscr{L}^{-1}\left[\dfrac{1}{s}\right] = u(t)$

2. $\mathscr{L}^{-1}\left[\dfrac{1}{s \pm a}\right] = e^{\mp at}$

3. $\mathscr{L}^{-1}\left[\dfrac{s}{s^2+\omega^2}\right]=\cos\omega t$

4. $\mathscr{L}^{-1}\left[\dfrac{\omega}{s^2+\omega^2}\right]=\sin\omega t$

5. $\mathscr{L}^{-1}\left[\dfrac{s}{s^2-\omega^2}\right]=\cosh\omega t$

6. $\mathscr{L}^{-1}\left[\dfrac{\omega}{s^2-\omega^2}\right]=\sinh\omega t$

7. $\mathscr{L}^{-1}\left[\dfrac{1}{s^n}\right]=\dfrac{t^{n-1}}{\Gamma(n)}\quad(n>0)$

範例 8 EXAMPLE

設 $F(s)=\dfrac{6}{s^2+7}$ ，求 $\mathscr{L}^{-1}[F(s)]$ 。

解

$$\mathscr{L}^{-1}[F(s)]=\mathscr{L}^{-1}\left[\frac{6}{s^2+7}\right]=\mathscr{L}^{-1}\left[\frac{6}{\sqrt{7}}\times\frac{\sqrt{7}}{s^2+(\sqrt{7})^2}\right]=\frac{6}{\sqrt{7}}\sin\sqrt{7}t$$

範例 9 EXAMPLE

設 $F(s)=\dfrac{6}{s+2}-\dfrac{3s}{s^2+15}$ ，求 $f(t)$ 。

解

$$f(t)=\mathscr{L}^{-1}[F(s)]=\mathscr{L}^{-1}\left[\frac{6}{s+2}\right]-\mathscr{L}^{-1}\left[\frac{3s}{s^2+15}\right]$$

$$=6\mathscr{L}^{-1}\left[\frac{1}{s+2}\right]-3\mathscr{L}^{-1}\left[\frac{s}{s^2+(\sqrt{15})^2}\right]$$

$$=6e^{-2t}-3\cos\sqrt{15}t$$

範例 10 EXAMPLE

設 $F(s)=\dfrac{5}{s^3}$ ，求 $\mathscr{L}^{-1}[F(s)]$ 。

解

$$\mathscr{L}^{-1}[F(s)]=5\mathscr{L}^{-1}\left[\frac{1}{s^3}\right]=5\times\frac{t^{3-1}}{\Gamma(3)}=\frac{5}{2!}t^2=\frac{5}{2}t^2$$

範例 11　EXAMPLE

求 $\mathscr{L}^{-1}\left[\dfrac{5}{s^{3/2}}\right]$

解

$$\mathscr{L}^{-1}\left[\frac{5}{s^{3/2}}\right]=5\mathscr{L}^{-1}\left[\frac{1}{s^{3/2}}\right]=5\times\frac{t^{3/2-1}}{\Gamma(3/2)}=5\times\frac{t^{1/2}}{\Gamma(3/2)}$$

Problem 2-1　習題

求下列函數之拉氏轉換

1.　$f(t)=\left(t^2+\dfrac{1}{3}\right)^2$

2.　$f(t)=ce^{at+b}$

3.　$f(t)=\sin(\omega t+\theta_0)$

4.　$f(t)=\cos^2 3t$

5.　$f(t)=\sinh^2 5t$

6.　$f(t)=\dfrac{1}{5}\sin^3 t+t-2$

7.　$f(t)=3t^2-2t+3$

8.　$f(t)=t^3-3t^2+1$

9.　$f(t)=\sin 2t\cos 3t$

10.　$f(t)=(e^{2t}+e^{-2t})^2$

求下列函數之反拉氏轉換

11.　$F(s)=\dfrac{2s+7}{s^2+13}$

12.　$F(s)=\dfrac{3}{s}+\dfrac{2}{s^2}+\dfrac{5}{s^3}$

13.　$F(s)=\dfrac{1}{(s+2)(s+3)}$

14.　$F(s)=\dfrac{1}{s^2+2s}$

15.　$F(s)=\dfrac{1}{(s-a)(s-b)},\quad(a\neq b)$

16. $F(s) = \dfrac{1}{s(s^2 + 7)}$

17. $F(s) = \dfrac{2}{s^{7/2}}$

18. $F(s) = \dfrac{4s + 3}{2s^2 + 3s + 1}$

19. $F(s) = \dfrac{-s^2 - 4s - 3}{(s^2 + 1)(s - 2)}$

20. $F(s) = \dfrac{2s^5 + s + 1}{s^5(s + 1)}$

2-2 拉氏轉換的基本性質

1. 導數之拉氏轉換

❖ 定理 2 一階導數之拉氏轉換

設 $\mathscr{L}[f(t)] = F(s)$

則 $\mathscr{L}[f'(t)] = sF(s) - f(0)$ (2-14)

證

$$\mathscr{L}[f'(t)] = \int_0^\infty f'(t)e^{-st}dt$$

$$= \int_0^\infty e^{-st}d[f(t)]$$

$$(\text{由 } \int u\,dv = uv - \int v\,du)$$

$$= e^{-st}f(t)\Big|_0^\infty - \int_0^\infty f(t) \times (-s)e^{-st}dt$$

$$= \left[\lim_{t \to \infty} e^{-st}f(t) - e^{-s \cdot 0}f(0)\right] + s\int_0^\infty f(t)e^{-st}dt$$

$$= [0 - f(0)] + s\mathscr{L}[f(t)]$$

$$= sF(s) - f(0)$$

【推論】定理 2 可推廣至高階導數，二階時

$$\mathscr{L}[f''(t)] = \mathscr{L}\{[f'(t)]'\} = s\mathscr{L}[f'(t)] - f'(0)$$

$$= s[sF(s) - f(0)] - f'(0)$$

$$= s^2 F(s) - sf(0) - f'(0)$$ (2-15)

同理可得

$$\mathcal{L}[f'''(t)] = s^3 F(s) - s^2 f(0) - sf'(0) - f''(0) \qquad (2\text{-}16)$$

依此類推，可得一般化定理如下：

❖ 定理 3　n 階導數之拉氏轉換

$$\mathcal{L}[f^{(n)}(t)] = s^n F(s) - s^{n-1} f(0) - s^{n-2} f'(0) - s^{n-3} f''(0) - \cdots - s^2 f^{(n-3)}(0)$$
$$- sf^{(n-2)}(0) - f^{(n-1)}(0) \qquad (2\text{-}17)$$

範例 1　EXAMPLE

設 $f(t) = t \sin \omega t$，求 $\mathcal{L}[f(t)]$。

解

$$\begin{cases} f(t) = t \sin \omega t, & f(0) = 0 \\ f'(t) = \sin \omega t + \omega t \cos \omega t, & f'(0) = 0 \\ f''(t) = 2\omega \cos \omega t - \omega^2 t \sin \omega t \end{cases}$$

代入　$\mathcal{L}[f''(t)] = s^2 \mathcal{L}[f(t)] - sf(0) - f'(0)$

得　$\mathcal{L}[2\omega \cos \omega t - w^2 t \sin \omega t] = s^2 \mathcal{L}[t \sin \omega t] - s \times 0 - 0$

$$2\omega \times \frac{s}{s^2 + \omega^2} - \omega^2 \mathcal{L}[t \sin \omega t] = s^2 \mathcal{L}[t \sin \omega t]$$

$$(s^2 + \omega^2) \mathcal{L}[t \sin \omega t] = \frac{2\omega s}{s^2 + \omega^2}$$

$$\mathcal{L}[t \sin \omega t] = \frac{2\omega s}{(s^2 + \omega^2)^2}$$

2. 積分之拉氏轉換

❖ 定理 4

設 $\mathcal{L}[f(t)] = F(s)$，則

(1) $\mathcal{L}\left[\int_0^t f(\tau) d\tau \right] = \frac{F(s)}{s}$

　　或 $\mathcal{L}^{-1}\left[\frac{F(s)}{s} \right] = \int_0^t f(\tau) d\tau$ \qquad (2-18)

(2) $\mathcal{L}\left[\int_a^t f(\tau) d\tau \right] = \frac{F(s)}{s} + \frac{1}{s} \int_a^0 f(\tau) d\tau$ \qquad (2-19)

證 (1) $\mathscr{L}\left[\int_0^t f(\tau)d\tau\right] = \int_0^\infty \left[\int_0^t f(\tau)d\tau\right]e^{-st}dt$

$\qquad\qquad = \int_0^\infty \underbrace{\left[\int_0^t f(\tau)d\tau\right]}_{u}\underbrace{d\left(\dfrac{e^{-st}}{-s}\right)}_{dv}$ （由 $\int udv = uv - \int vdu$ ）

$\qquad\qquad = \left[\int_0^t f(\tau)d\tau\right]\left(\dfrac{e^{-st}}{-s}\right)\Big|_0^\infty - \int_0^\infty \dfrac{e^{-st}}{-s}\times f(t)dt$

$\qquad\qquad = 0 + \dfrac{1}{s}\int_0^\infty f(t)e^{-st}dt$

$\qquad\qquad = \dfrac{1}{s}\mathscr{L}[f(t)]$

$\qquad\qquad = \dfrac{1}{s}F(s)$

(2) $\mathscr{L}\left[\int_a^t f(\tau)d\tau\right] = \mathscr{L}\left[\int_a^0 f(\tau)d\tau + \int_0^t f(\tau)d\tau\right]$

$\qquad\qquad = \dfrac{1}{s}\int_a^0 f(\tau)d\tau + \dfrac{1}{s}F(s)$

定理 4 可推廣至 n 重積分。

❖ **定理 5　n 重積分之拉氏轉換**

$$\mathscr{L}\left[\underbrace{\int_0^t\int_0^\tau \cdots \int_0^\lambda f(\alpha)d\alpha d\lambda \cdots dud\tau}_{n\text{重積分}}\right] = \dfrac{1}{s^n}F(s) \qquad (2\text{-}20)$$

或 $\qquad \mathscr{L}^{-1}\left[\dfrac{1}{s^n}F(s)\right] = \int_0^t\int_0^\tau \cdots \int_0^\lambda f(\alpha)d\alpha d\lambda \cdots dud\tau \qquad (2\text{-}21)$

範例 2　EXAMPLE

求 $\mathscr{L}\left[\displaystyle\int_{\pi/\omega}^t \cos\omega\tau d\tau\right]$。

解　由(2-19)式知

$$\mathscr{L}\left[\int_{\pi/\omega}^t \cos\omega\tau d\tau\right] = \dfrac{1}{s}\mathscr{L}[\cos\omega t] + \dfrac{1}{s}\int_{\pi/\omega}^0 \cos\omega\tau d\tau$$

$$= \dfrac{1}{s}\dfrac{s}{s^2+\omega^2} + \dfrac{1}{s}\left(\dfrac{1}{\omega}\sin\omega\tau\right)\Big|_{\pi/\omega}^0 = \dfrac{1}{s^2+\omega^2} + \dfrac{1}{s}(0-0)$$

$$= \dfrac{1}{s^2+\omega^2}$$

範例 3 EXAMPLE

已知 $F(s) = \dfrac{5}{s^2(s^2+9)}$ ，求 $\mathscr{L}^{-1}[F(s)]$ 。

解

$$\mathscr{L}^{-1}\left[\frac{5}{s^2+9}\right] = \frac{5}{3}\sin 3t$$

由 n 重積分之拉氏轉換知

$$\mathscr{L}^{-1}\left[\frac{1}{s^2}F(s)\right] = \int_0^t\int_0^\tau f(\alpha)d\alpha d\tau$$

故

$$\mathscr{L}^{-1}\left[\frac{1}{s^2}\frac{5}{s^2+9}\right] = \int_0^t\int_0^\tau \frac{5}{3}\sin 3\alpha\, d\alpha d\tau = \int_0^t\left[-\frac{5}{9}\cos 3\alpha\right]_0^\tau d\tau$$

$$= -\frac{5}{9}\int_0^t(\cos 3\tau - 1)d\tau = -\frac{5}{9}\left[\frac{1}{3}\sin 3\tau - \tau\right]_0^t$$

$$= -\frac{5}{9}\left(\frac{1}{3}\sin 3t - t\right) = \frac{5}{9}\left(t - \frac{1}{3}\sin 3t\right)$$

3. 標度改變

❖ **定理 6 標度改變定理**

  設 $\mathscr{L}[f(t)] = F(s)$

  則 $\mathscr{L}[f(at)] = \dfrac{1}{a}F\left(\dfrac{s}{a}\right)$ $(a > 0)$ (2-22)

證

$$\mathscr{L}[f(at)] = \int_0^\infty f(at)e^{-st}dt$$

令 $at = \tau$，則 $t = \dfrac{\tau}{a}$, $dt = \dfrac{1}{a}d\tau$ 代入得

$$\mathscr{L}[f(at)] = \int_0^\infty f(\tau)e^{-\left(\frac{s}{a}\right)\tau}\times\frac{1}{a}d\tau = \frac{1}{a}\int_0^\infty f(\tau)e^{-\left(\frac{s}{a}\right)\tau}d\tau = \frac{1}{a}F\left(\frac{s}{a}\right)$$

範例 4 EXAMPLE

已知 $\mathscr{L}[f(t)] = \dfrac{1}{s(1+0.3s)}$ ，求 $\mathscr{L}[f(3t)]$ 。

解 由 $\quad\mathscr{L}[f(at)]=\dfrac{1}{a}F\left(\dfrac{s}{a}\right)$

得 $\quad\mathscr{L}[f(3t)]=\dfrac{1}{3}\dfrac{1}{(s/3)[1+0.3(s/3)]}=\dfrac{1}{s(1+0.1s)}$

4. 拉氏轉換的導數

❖ **定理 7**

設 $\quad\mathscr{L}[f(t)]=F(s)$

則 $\quad F'(s)=-\mathscr{L}[tf(t)]$ (2-23)

或 $\quad\mathscr{L}[tf(t)]=-F'(s)$

證
$$F'(s)=\frac{dF(s)}{ds}=\frac{d}{ds}\int_0^\infty f(t)\times e^{-st}dt=\int_0^\infty f(t)\times\frac{de^{-st}}{ds}dt$$
$$=-\int_0^\infty tf(t)e^{-st}dt=-\mathscr{L}[tf(t)]$$

定理 7 可推廣至 n 階導數，表之如下：

$$\frac{d^nF(s)}{ds^n}=F^{(n)}(s)=(-1)^n\mathscr{L}[t^nf(t)] \tag{2-24}$$

5. 拉氏轉換的積分

❖ **定理 8**

設 $\quad\mathscr{L}[f(t)]=F(s)$，且 $\displaystyle\lim_{t\to0}\frac{f(t)}{t}$ 存在

則 $\quad\displaystyle\int_s^\infty F(\lambda)d\lambda=\mathscr{L}\left[\frac{f(t)}{t}\right]$ (2-25)

或 $\quad\dfrac{f(t)}{t}=\mathscr{L}^{-1}\left[\displaystyle\int_s^\infty F(\lambda)d\lambda\right]$

證
$$\int_s^\infty F(\lambda)d\lambda=\int_s^\infty\left[\int_0^\infty f(t)e^{-\lambda t}dt\right]d\lambda=\int_0^\infty f(t)\left[\int_s^\infty e^{-\lambda t}d\lambda\right]dt$$
$$=\int_0^\infty f(t)\left[\frac{1}{-t}e^{-\lambda t}\right]_s^\infty dt=\int_0^\infty f(t)\left[\lim_{\lambda\to\infty}\frac{e^{-\lambda t}}{-t}-\frac{e^{-st}}{-t}\right]dt$$
$$=\int_0^\infty f(t)\left[0+\frac{e^{-st}}{t}\right]dt=\int_0^\infty\frac{f(t)}{t}e^{-st}dt=\mathscr{L}\left[\frac{f(t)}{t}\right]$$

範例 5 EXAMPLE

求 $\mathscr{L}^{-1}\left[\ln\dfrac{s^2+1}{(s-1)^2}\right]$。

解

$$F(s)=\ln\frac{s^2+1}{(s-1)^2}=\ln(s^2+1)-\ln(s-1)^2$$

$$F'(s)=\frac{dF(s)}{ds}=\frac{2s}{s^2+1}-\frac{2(s-1)}{(s-1)^2}=-\left[\frac{2}{s-1}-\frac{2s}{s^2+1}\right]$$

$$=-\mathscr{L}[2e^t-2\cos t]=-\mathscr{L}\left[t\times\frac{2e^t-2\cos t}{t}\right]=-\mathscr{L}[t\times f(t)]$$

故　　$f(t)=\dfrac{1}{t}(2e^t-2\cos t)$

範例 6 EXAMPLE

求 $\mathscr{L}\left[\dfrac{\sin\omega t}{t}\right]$。

解

$$\mathscr{L}\left[\frac{\sin\omega t}{t}\right]=\int_s^\infty\mathscr{L}[\sin\omega t]\,d\lambda=\int_s^\infty\frac{\omega}{\lambda^2+\omega^2}\,d\lambda$$

$$=\tan^{-1}\frac{\lambda}{\omega}\Big|_s^\infty=\frac{\pi}{2}-\tan^{-1}\frac{s}{\omega}=\cot^{-1}\frac{s}{\omega}$$

範例 7 EXAMPLE

證明下列公式：

① $\mathscr{L}^{-1}\left[\dfrac{1}{(s^2+\omega^2)^2}\right]=\dfrac{1}{2\omega^3}(\sin\omega t-\omega t\cos\omega t)$ (2-26)

② $\mathscr{L}^{-1}\left[\dfrac{s}{(s^2+\omega^2)^2}\right]=\dfrac{t}{2\omega}\sin\omega t$ (2-27)

③ $\mathscr{L}^{-1}\left[\dfrac{s^2}{(s^2+\omega^2)^2}\right]=\dfrac{1}{2\omega}(\sin\omega t+\omega t\cos\omega t)$ (2-28)

解　① $\mathcal{L}[t\sin\omega t]=-\dfrac{d}{ds}\mathcal{L}[\sin\omega t]=-\dfrac{d}{ds}\dfrac{\omega}{s^2+\omega^2}=\dfrac{2\omega s}{(s^2+\omega^2)^2}$　　可證(2-27)式

　　② $\mathcal{L}[t\cos\omega t]=-\dfrac{d}{ds}\mathcal{L}[\cos\omega t]=-\dfrac{d}{ds}\dfrac{s}{s^2+\omega^2}=-\dfrac{(s^2+\omega^2)-2s^2}{(s^2+\omega^2)^2}=\dfrac{s^2-\omega^2}{(s^2+\omega^2)^2}$

　　③ $\mathcal{L}\left[t\cos\omega t\pm\dfrac{1}{\omega}\sin\omega t\right]=\dfrac{s^2-\omega^2}{(s^2+\omega^2)^2}\pm\dfrac{1}{s^2+\omega^2}=\dfrac{(s^2-\omega^2)\pm(s^2+\omega^2)}{(s^2+\omega^2)^2}$

$$=\begin{cases}\dfrac{2s^2}{(s^2+\omega^2)^2}&\text{可證(2-28)式}\\[4mm]\dfrac{-2\omega^2}{(s^2+\omega^2)^2}&\text{可證(2-26)式}\end{cases}$$

Problem 2-2　習題

　求下列函數之拉氏轉換

1.　$f(t)=\sin^2 5t$

2.　$f(t)=t\cos 2t$

3.　$f(t)=t^2\sinh 3t$

4.　$f(t)=t^2\cos 4t$

5.　$f(t)=\dfrac{1-\cos t}{t}$

6.　$f(t)=\displaystyle\int_0^t\dfrac{\sin\omega\tau}{\tau}d\tau$

7.　$f(t)=t^3\sin 3t$

8.　$f(t)=\displaystyle\int_0^t\cosh 2u\,du$

9.　$f(t)=\dfrac{\sin 2t}{t}$

　求下列函數之反拉氏轉換

10.　$F(s)=\dfrac{1}{s^2}\left(\dfrac{s-1}{s^2+4}\right)$

11.　$F(s)=\dfrac{1}{s^2(s+1)}$

12.　$F(s)=\dfrac{s}{(s^2+2)^2}$

13. $F(s) = \dfrac{3s}{(s^2-9)^2}$

14. $F(s) = \ln\dfrac{s+4}{s-4}$

15. $F(s) = \ln\left(1+\dfrac{9}{s^2}\right)$

16. $F(s) = \cot^{-1}\left(\dfrac{s}{\omega}\right)$

17. $F(s) = \tan^{-1}\left(\dfrac{1}{s}\right)$

18. $F(s) = \dfrac{1}{s}\left(\dfrac{2s-3}{s^2+1}\right)$

19. $F(s) = \ln\left(a+\dfrac{b}{s}\right)$

20. $F(s) = \tan^{-1}\left(\dfrac{s}{\omega}\right)$

2-3 | s 軸上之移位、t 軸上之移位

1. s 軸上之移位

❖ 定理 9　第一移位定理

設　$\mathscr{L}[f(t)] = F(s)$

則　$\mathscr{L}[e^{-at}f(t)] = \mathscr{L}[f(t)]\big|_{s\to s+a} = F(s+a)$　　　(2-29)

$\mathscr{L}[e^{at}f(t)] = \mathscr{L}[f(t)]\big|_{s\to s-a} = F(s-a)$　　　(2-30)

(證) $\mathscr{L}[e^{\pm at}f(t)] = \int_0^\infty e^{\pm at}f(t)e^{-st}dt = \int_0^\infty f(t)e^{-(s\mp a)t}dt$

$= F(s\mp a)$　　得證

此定理之意義為某函數 $f(t)$ 乘以指數函數 $e^{\pm at}$ 後之拉氏轉換等於直接對 $f(t)$ 取拉氏轉換再以 $s\mp a$ 取代 s。

反之，若 $\mathscr{L}[f(t)] = F(s)$，則

$\mathscr{L}^{-1}[F(s\pm a)] = e^{\mp at}f(t)$

定理 9 應用至表 2-1，可得下列公式：

$$\begin{cases} ① \mathscr{L}[e^{\pm at}\sin\omega t] = \dfrac{\omega}{(s\mp a)^2+\omega^2} \\[3mm] ② \mathscr{L}[e^{\pm at}\cos\omega t] = \dfrac{s\mp a}{(s\mp a)^2+\omega^2} \\[3mm] ③ \mathscr{L}[e^{\pm at}t^n] = \dfrac{\Gamma(n+1)}{(s\mp a)^{n+1}} \end{cases}$$

範例 1　EXAMPLE

求 $\mathscr{L}[e^{-2t}\cos 6t]$。

解　因　　　$\mathscr{L}[\cos 6t] = \dfrac{s}{s^2+36}$

則　　　$\mathscr{L}[e^{-2t}\cos 6t] = \dfrac{s+2}{(s+2)^2+36}$

範例 2　EXAMPLE

求 $\mathscr{L}[e^{3t}t^2]$。

解　因　　　$\mathscr{L}[t^2] = \dfrac{2!}{s^3}$

則　　　$\mathscr{L}[e^{3t}t^2] = \dfrac{2!}{(s-3)^3}$

範例 3　EXAMPLE

$F(s) = \dfrac{2s+9}{s^2+4s+13}$ ，求 $f(t)$。

解　
$$F(s) = \dfrac{2(s+2)+5}{(s+2)^2+3^2}$$

$$= 2\left[\dfrac{s+2}{(s+2)^2+3^2}\right] + \dfrac{5}{3}\left[\dfrac{3}{(s+2)^2+3^2}\right]$$

$$f(t) = \mathscr{L}^{-1}[F(s)] = 2e^{-2t}\cos 3t + \dfrac{5}{3}e^{-2t}\sin 3t = e^{-2t}\left(2\cos 3t + \dfrac{5}{3}\sin 3t\right)$$

2. 函數圖形之平移

一函數 $f(t)$ 若將 t 以 $t-a$ 代之 $(a > 0)$，則 $f(t-a)$ 表示 $f(t)$ 之圖形向右平移 a 單位之距離，如圖 2-2 所示。

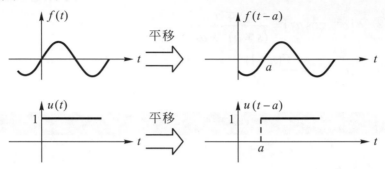

相乘：

圖 2-2

3. t 軸上之移位

❖ 定理 10　第二移位定理

設　$\mathscr{L}[f(t)] = F(s)$，則

① $\mathscr{L}[f(t-a)u(t-a)] = e^{-as}\mathscr{L}[f(t)] = e^{-as}F(s)$　　　　　(2-31)

② $\mathscr{L}[f(t)u(t-a)] = e^{-as}\mathscr{L}[f(t+a)]$　　　　　(2-32)

證　① $\mathscr{L}[f(t-a)u(t-a)] = \int_0^\infty f(t-a)u(t-a)e^{-st}dt$

$= \int_0^\infty f(t-a) \times 1 \times e^{-st}dt$　(令 $t-a = x, t = x+a, dt = dx$ 代入)

$= \int_0^\infty f(x)e^{-s(x+a)}dx = e^{-as}\int_0^\infty f(x)e^{-sx}dx$

$= e^{-as}\mathscr{L}[f(x)] = e^{-as}F(s)$

②令　$f(t) = f(\overline{t-a}+a) = g(t-a)$

$\mathscr{L}[f(t)u(t-a)] = \mathscr{L}[g(t-a)u(t-a)] = e^{-as}\mathscr{L}[g(t)] = e^{-as}\mathscr{L}[f(t+a)]$

反之，$\mathscr{L}^{-1}[e^{-as}F(s)] = f(t-s)u(t-a)$　　　　　(2-33)

範例 4 EXAMPLE

求 $f(t)$ 如圖 2-3 所示，求 $\mathscr{L}[f(t)]$。

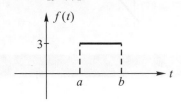

圖 2-3

解 因 $\qquad f(t) = 3u(t-a) - 3u(t-b)$

則 $\qquad \mathscr{L}[f(t)] = e^{-as}\mathscr{L}[3] - e^{-bs}\mathscr{L}[3] = e^{-as} \times \dfrac{3}{s} - e^{-bs} \times \dfrac{3}{s} = \dfrac{3}{s}(e^{-as} - e^{-bs})$

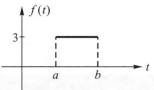 = 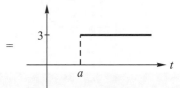 +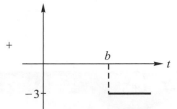

範例 5 EXAMPLE

斜波函數 $f(t)$ 如圖 2-4 所示，求 $\mathscr{L}[f(t)]$。

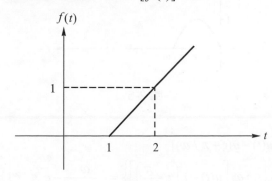

圖 2-4

解 因 $\qquad f(t) = (t-1) \times u(t-1)$

則 $\qquad \mathscr{L}[f(t)] = \mathscr{L}[(t-1)u(t-1)] = e^{-s}\mathscr{L}[t] = \dfrac{e^{-s}}{s^2}$

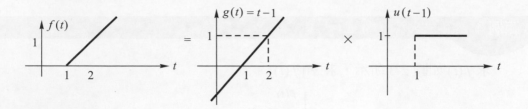

範例 6　EXAMPLE

設 $f(t) = t^2 - 2t + 3$，求 $\mathscr{L}[f(t)u(t-2)]$。

解 由(2-32)式知

$$\mathscr{L}[(t^2 - 2t + 3)u(t-2)] = e^{-2s}\mathscr{L}[(t+2)^2 - 2(t+2) + 3]$$

$$= e^{-2s}\mathscr{L}[t^2 + 2t + 3]$$

$$= e^{-2s}\left(\frac{2}{s^3} + \frac{2}{s^2} + \frac{3}{s}\right)$$

範例 7　EXAMPLE

設 $f(t) = \begin{cases} \sin \omega t & , 0 \le t \le \dfrac{\pi}{\omega} \\ 0 & , \text{其他} \end{cases}$，如圖 2-5 所示，求 $\mathscr{L}[f(t)]$。

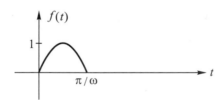

圖 2-5

解

$$f(t) = \sin \omega t[u(t) - u(t - \pi/\omega)]$$

$$\mathscr{L}[f(t)] = \mathscr{L}\left\{\sin \omega t\left[u(t) - u\left(t - \frac{\pi}{\omega}\right)\right]\right\} = \frac{\omega}{s^2 + \omega^2} - e^{-\frac{\pi}{\omega}s}\mathscr{L}\left[\sin \omega\left(t + \frac{\pi}{\omega}\right)\right]$$

$$= \frac{\omega}{s^2 + \omega^2} - e^{-\frac{\pi}{\omega}s}\mathscr{L}[\sin(\omega t + \pi)] = \frac{\omega}{s^2 + \omega^2} + e^{-\frac{\pi}{\omega}s}\mathscr{L}[\sin \omega t]$$

$$= \frac{\omega}{s^2 + \omega^2} + e^{-\frac{\pi}{\omega}s}\frac{\omega}{s^2 + \omega^2} = \left(1 + e^{-\frac{\pi}{\omega}s}\right)\frac{\omega}{s^2 + \omega^2}$$

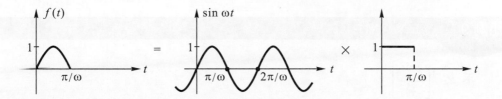

範例 8　EXAMPLE

設 $f(t)$，如圖 2-6 所示，求 $\mathscr{L}[f(t)]$。

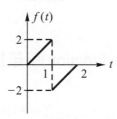

圖 2-6

解　　$f(t) = 2t[u(t) - u(t-1)] + 2(t-2)[u(t-1) - u(t-2)]$

$\qquad = 2tu(t) - 4u(t-1) - 2(t-2)u(t-2)$

$\mathscr{L}[f(t)] = \dfrac{2}{s^2} - \dfrac{4e^{-s}}{s} - \dfrac{2e^{-2s}}{s^2}$

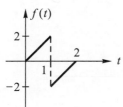 = +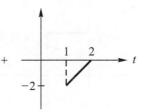

 × 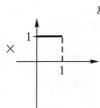 +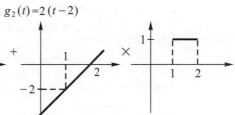

範例 9　EXAMPLE

求 $\mathscr{L}^{-1}\left[\dfrac{e^{-5s}}{s^3}\right]$ 。

解 因　　$\mathscr{L}^{-1}\left[\dfrac{1}{s^3}\right]=\dfrac{t^2}{2}$

故　　$\mathscr{L}^{-1}\left[\dfrac{e^{-5s}}{s^3}\right]=\dfrac{(t-5)^2}{2}u(t-5)$

4. 單位脈衝函數(unit impulse function)或笛拉克 δ 函數(Dirac delta function)

物理及工程中常涉及脈衝的觀念，如在甚短時間內加上甚大之力或電壓，在日常生活上像瞬間之爆炸，被擊中之棒球……等，皆涉及短脈衝之問題，如圖 2-7 及 2-8 所示，茲定義單位脈衝函數為

$$(1)\quad \delta(t)=\lim_{\varepsilon\to 0}\delta_\varepsilon(t)=\begin{cases}\dfrac{1}{\varepsilon} & ,\ 0\le t\le\varepsilon,\ \varepsilon>0\\[2mm] 0 & ,\ t<0\ 或\ t>\varepsilon\end{cases}\qquad(2\text{-}34)$$

圖 2-7

$$(2)\quad \delta(t-a)=\lim_{\varepsilon\to 0}\delta_\varepsilon(t-a)=\begin{cases}\dfrac{1}{\varepsilon} & ,\ a\le t\le a+\varepsilon,\ \varepsilon>0\\[2mm] 0 & ,\ t<a\ 或\ t>a+\varepsilon\end{cases}\qquad(2\text{-}35)$$

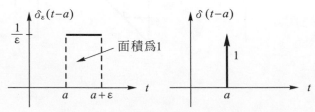

圖 2-8

由(2-34)及(2-35)式及圖 2-7 及圖 2-8 知單位脈衝函數之積分值(矩形面積)為 1，此即為單位階梯函數，可表為

(1) $\int_0^t \delta(\tau)d\tau = u(t) = \begin{cases} 1, t \ge 0 \\ 0, t < 0 \end{cases}$

(2) $\int_0^t \delta(\tau-a)d\tau = u(t-a) = \begin{cases} 1, t \ge a \\ 0, t < a \end{cases}$

反之，單位階梯函數之導數即為單位脈衝函數，表之如下：

(3) $u'(t) = \delta(t) = \begin{cases} \infty, t = 0 \\ 0, t \ne 0 \end{cases}$

(4) $u'(t-a) = \delta(t-a) = \begin{cases} \infty, t = a \\ 0, t \ne a \end{cases}$

脈衝函數圖形之箭頭高度表示脈衝之積分值(面積值)，此稱為脈衝之強度。

❖ **定理 11　單位脈衝函數之濾波性質**(filtering property)

設 $a > 0$, $f(t)$ 在 $t = a$ 為連續，則

$$\int_0^\infty f(t)\delta(t-a)dt = f(a) \qquad (2\text{-}36)$$

證 因 　　$\int_0^\infty f(t)\delta_\varepsilon(t-a)dt = \frac{1}{\varepsilon}\int_a^{a+\varepsilon} f(t)dt$

由積分之均值定理知，在 a 與 $a+\varepsilon$ 間有 t_0 存在，使

$$\int_a^{a+\varepsilon} f(t)dt = \varepsilon f(t_0)$$

因此 　　$\int_0^\infty f(t)\delta_\varepsilon(t-a)dt = f(t_0)$

上式兩邊取 $\varepsilon \to 0$ 之極限，由於 t_0 在 a 與 $a+\varepsilon$ 之間，故

$$t_0 \to a, \ f(t_0) \to f(a)$$

又 　　$\delta_\varepsilon(t-a) \to \delta(t-a)$

得 　　$\int_0^\infty f(t)\delta(t-a)dt = f(a)$

範例 10　EXAMPLE

證明① $\mathscr{L}[\delta(t-a)] = e^{-as}$, $a \ge 0$ 　　　　(2-37)

　　② $\mathscr{L}[\delta(t)] = 1$ 　　　　(2-38)

證 ①由圖 2-8 可知

$$\delta(t-a) = \lim_{\varepsilon \to 0}\left[\frac{1}{\varepsilon}u(t-a) - \frac{1}{\varepsilon}u(t-\overline{a+\varepsilon})\right]$$

$$\mathscr{L}[\delta(t-a)] = \lim_{\varepsilon \to 0}\left[\frac{1}{s\varepsilon}e^{-as} - \frac{1}{s\varepsilon}e^{-(a+\varepsilon)s}\right]$$

$$= e^{-as}\left[\lim_{\varepsilon \to 0}\frac{1-e^{-\varepsilon s}}{s\varepsilon}\right]$$

$$= e^{-as}\left[\lim_{\varepsilon \to 0}\frac{\dfrac{d}{d\varepsilon}(1-e^{-\varepsilon s})}{\dfrac{d}{d\varepsilon}s\varepsilon}\right] \qquad (\text{L' Hospital's rule})$$

$$= e^{-as}\lim_{\varepsilon \to 0}\frac{se^{-\varepsilon s}}{s}$$

$$= e^{-as}$$

②因 $\quad \mathscr{L}[\delta(t-a)] = e^{-as}$

令 $a=0$ 可得

$$\mathscr{L}[\delta(t)] = 1$$

2-3 習題

求下列函數之拉氏轉換

1. $f(t) = 3t^2 e^{-5t}$

2. $f(t) = e^t(a+bt)$

3. $f(t) = e^{-2t}(\cos 3t - 4\sin 3t)$

4. $f(t) = (\sinh \omega t)\cos \omega t$

5. $f(t) = e^{3t}\displaystyle\int_0^t e^{-2u}\sin 3u\,du$

6. $f(t) = e^{-2t}\sin(\omega t + \theta_0)$

7. $f(t) = e^{-5t}\displaystyle\int_0^t \frac{\sin 3u}{u}\,du$

8. $f(t) = e^{-4t}\displaystyle\int_0^t \frac{\sinh 3u}{u}\,du$

9. $f(t) = e^{-2t}\displaystyle\int_0^t \cosh u\,du$

求下列函數之反拉氏轉換

10. $F(s) = \dfrac{8}{(s-2)^3}$

11. $F(s) = \dfrac{5s+3}{s^2-2s+2}$

12. $F(s) = \cot^{-1}(s+1)$

13. $F(s) = \dfrac{e^{-3s}-e^{-2s}}{s}$

14. $F(s) = \dfrac{e^{-2s}}{s^2}$

15. $F(s) = \dfrac{e^{-3s}}{s^3}$

16. $F(s) = \dfrac{e^{-2s}}{s-3}$

17. $F(s) = \dfrac{e^{-3s}}{s^2+2s+5}$

18. $F(s) = \dfrac{s(1+e^{-\pi s})}{s^2+4}$

19. $F(s) = \dfrac{(1+e^{-s})^2}{s^3}$

20. $F(s) = \dfrac{s+e^{-2s}}{s^2+4s+13}$

求下列函數圖形之拉氏轉換

21.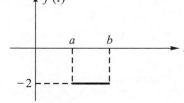

22.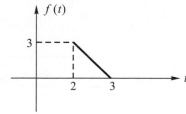

23.

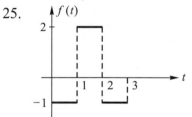

$$f(t) = \begin{cases} 4\sin \omega t & , \left(\dfrac{\pi}{\omega} \le t \le \dfrac{2\pi}{\omega} \right) \\ 0 & , \left(0 < t < \dfrac{\pi}{\omega},\ t > \dfrac{2\pi}{\omega} \right) \end{cases}$$

24.

$$f(t) = \begin{cases} 1 - e^{-t} & , (0 \le t \le 2) \\ 0 & , (t > 2) \end{cases}$$

25.

26.

$$f(t) = \begin{cases} -t^2 + 2t & , 0 \le t \le 2 \\ 0 & , 2 < t \end{cases}$$

2-4 部份分式法

在求反拉氏轉換時，部份分式法是一種非常廣泛且有效之方法，一般拉氏轉換皆能以有理函數表之如下：

$$F(s) = \frac{P(s)}{Q(s)} \tag{2-39}$$

其中　① $P(s)$ 及 $Q(s)$ 之係數皆為實數。

　　② $P(s)$ 之次方比 $Q(s)$ 為低。

將 $F(s)$ 分解如下：

$$F(s) = \frac{P(s)}{Q(s)} = \frac{P(s)}{(s-a)^k(s-b)(s-c)\cdots(s^2+ps+q)\cdots}$$

$$= \frac{A_1}{s-a} + \frac{A_2}{(s-a)^2} + \cdots + \frac{A_k}{(s-a)^k} + \frac{B}{s-b} + \frac{C}{s-c} + \cdots + \frac{ls+v}{s^2+ps+q} + \cdots$$

應用代數法決定分子之係數再求反轉換。

範例 1　　EXAMPLE

已知 $F(s) = \dfrac{2s^2+1}{s(s+1)(s+2)}$ 求 $f(t)$。

解

$$F(s) = \frac{2s^2+1}{s(s+1)(s+2)} = \frac{A}{s} + \frac{B}{s+1} + \frac{C}{s+2}$$

去分母，得

$$2s^2+1 = A(s+1)(s+2) + Bs(s+2) + Cs(s+1)$$

令 $s=0$ 得 $1=2A$, $\therefore A = \dfrac{1}{2}$

令 $s=-1$ 得 $3=-B$, 故 $B=-3$

令 $s=-2$ 得 $9=2C$, 故 $C=\dfrac{9}{2}$

$$\therefore F(s) = \frac{1/2}{s} + \frac{-3}{s+1} + \frac{9/2}{s+2}$$

$$f(t) = \mathscr{L}^{-1}[F(s)] = \frac{1}{2} - 3e^{-t} + \frac{9}{2}e^{-2t}$$

　　上例係應用代數法決定未知係數，如遇分母部份較複雜時，則甚費時，故如何迅速求出部份分式之未知係數甚為重要，下列之說明通稱為赫維賽展開定理(Heaviside expansion theorem)。

情況 1　　$Q(s)$ 包含有不重覆之因式 $(s-a)$

設　　$F(s) = \dfrac{P(s)}{Q(s)} = \dfrac{P(s)}{(s-a)(s-b)(s-c)\cdots}$

$\qquad\qquad = \dfrac{A}{s-a} + \dfrac{B}{s-b} + \dfrac{C}{s-c} + \cdots = \dfrac{A}{s-a} + M(s)$

兩邊乘 $(s-a)$

得　　$\dfrac{P(s)}{Q(s)}(s-a) = A + M(s)(s-a)$

再令 $s = a$　　$\left.\dfrac{P(s)}{Q(s)/(s-a)}\right|_{s=a} = A + 0$

故　　$A = \left.\dfrac{P(s)}{Q(s)/(s-a)}\right|_{s=a}$

同理　　$B = \left.\dfrac{P(s)}{Q(s)/(s-b)}\right|_{s=b}$

$\qquad\quad C = \left.\dfrac{P(s)}{Q(s)/(s-c)}\right|_{s=c}$

$\therefore \mathscr{L}^{-1}[F(s)]$

$\quad = Ae^{at} + Be^{bt} + Ce^{ct} + \cdots$

$\quad = \left.\dfrac{P(s)}{Q(s)/(s-a)}\right|_{s=a} e^{at} + \left.\dfrac{P(s)}{Q(s)/(s-b)}\right|_{s=b} e^{bt} + \left.\dfrac{P(s)}{Q(s)/(s-c)}\right|_{s=c} e^{ct} + \cdots$　　(2-40)

範例 2　　EXAMPLE

已知 $F(s) = \dfrac{P(s)}{Q(s)} = \dfrac{s^2+1}{s^3+s^2-6s}$，求 $\mathscr{L}^{-1}[F(s)]$。

解

$\qquad F(s) = \dfrac{s^2+1}{s^3+s^2-6s} = \dfrac{s^2+1}{s(s-2)(s+3)}$

$\qquad \mathscr{L}^{-1}[F(s)] = \left.\dfrac{s^2+1}{(s-2)(s+3)}\right|_{s=0} e^{0t} + \left.\dfrac{s^2+1}{s(s+3)}\right|_{s=2} e^{2t} + \left.\dfrac{s^2+1}{s(s-2)}\right|_{s=-3} e^{-3t}$

$\qquad\qquad\qquad = -\dfrac{1}{6} + \dfrac{1}{2}e^{2t} + \dfrac{2}{3}e^{-3t}$

情況 2　　　$Q(s)$ 包含有重覆之因式 $(s-a)^k$

設　　　$F(s) = \dfrac{P(s)}{Q(s)} = \dfrac{P(s)}{(s-a)^k(s-b)(s-c)\cdots}$

$\qquad = \dfrac{A_1}{s-a} + \dfrac{A_2}{(s-a)^2} + \dfrac{A_3}{(s-a)^3} + \cdots + \dfrac{A_k}{(s-a)^k} + \dfrac{B}{s-b} + \dfrac{C}{s-c} + \cdots$

$\qquad = \dfrac{A_1}{s-a} + \dfrac{A_2}{(s-a)^2} + \dfrac{A_3}{(s-a)^3} + \cdots + \dfrac{A_k}{(s-a)^k} + M(s)$

兩邊乘 $(s-a)^k$

得　　　$\dfrac{P(s)}{Q(s)} \times (s-a)^k = A_1(s-a)^{k-1} + A_2(s-a)^{k-2} + \cdots + A_{k-1}(s-a) + A_k + M(s)(s-a)^k$

$\qquad \dfrac{P(s)}{Q(s)/(s-a)^k} = A_1(s-a)^{k-1} + A_2(s-a)^{k-2} + \cdots + A_{k-1}(s-a) + A_k + M(s)(s-a)^k$

令 $\dfrac{P(s)}{Q(s)/(s-a)^k} = H(s)$，再將 $s=a$ 代入得

$\qquad H(a) = A_k$，即　$\boxed{A_k = \dfrac{H(a)}{0!}}$

又　　　$H'(s) = A_1(k-1)(s-a)^{k-2} + A_2(k-2)(s-a)^{k-3} + \cdots + 2A_{k-2}(s-a)$

$\qquad\qquad + 1 \cdot A_{k-1} + \dfrac{d}{ds}[M(s)(s-a)^k]$

$\qquad H'(a) = 1 \cdot A_{k-1}$，即　$\boxed{A_{k-1} = \dfrac{H'(a)}{1!}}$

$\qquad H''(s) = A_1(k-1)(k-2)(s-a)^{k-3} + A_2(k-2)(k-3)(s-a)^{k-4} + \cdots$

$\qquad\qquad + 2A_{k-2} + \dfrac{d^2}{ds^2}[M(s)(s-a)^k]$

$\qquad H''(a) = 2A_{k-2}$，即　$\boxed{A_{k-2} = \dfrac{H''(a)}{2!}}$

依此方式繼續進行，可得

$\qquad H'''(a) = 3 \cdot 2 A_{k-3}$，即　$\boxed{A_{k-3} = \dfrac{H'''(a)}{3!}}$

同理可得

$\qquad H^{(k-1)}(a) = (k-1)(k-2)\cdots 3 \cdot 2 A_1$，即　$\boxed{A_1 = \dfrac{H^{(k-1)}(a)}{(k-1)!}}$

故　　　$\mathscr{L}^{-1}[F(s)] = \mathscr{L}^{-1}\left[\dfrac{A_1}{s-a} + \dfrac{A_2}{(s-a)^2} + \dfrac{A_3}{(s-a)^3} + \cdots + \dfrac{A_{k-1}}{(s-a)^{k-1}} + \dfrac{A_k}{(s-a)^k} \right]$

$\qquad\qquad + \mathscr{L}^{-1}[M(s)]$

$$= A_1 e^{at} + A_2 \frac{t}{1!} e^{at} + A_3 \frac{t^2}{2!} e^{at} + \cdots + A_{k-1} \frac{t^{k-2}}{(k-2)!} e^{at}$$

$$+ A_k \frac{t^{k-1}}{(k-1)!} e^{at} + \mathscr{L}^{-1}[M(s)]$$

$$= \left[\frac{H^{(k-1)}(a)}{(k-1)!} \frac{t^0}{0!} + \frac{H^{(k-2)}(a)}{(k-2)!} \frac{t}{1!} + \frac{H^{(k-3)}(a)}{(k-3)!} \frac{t^2}{2!} + \cdots \right.$$

$$\left. + \frac{H'(a)}{1!} \frac{t^{k-2}}{(k-2)!} + \frac{H(a)}{0!} \frac{t^{k-1}}{(k-1)!} \right] e^{at} + \mathscr{L}^{-1}[M(s)] \qquad (2\text{-}41)$$

範例 3　　EXAMPLE

$$F(s) = \frac{s^2 + 4s - 2}{(s+1)^3 (s-2)} \text{，求 } f(t) \text{。}$$

解　先求相對於 $(s+1)^3$ 之反轉換，次求相對於 $(s-2)$ 之反轉換

因 　　　 $H(s) = \dfrac{s^2 + 4s - 2}{s - 2}$, 　 $H(-1) = \dfrac{5}{3}$

　　　　 $H'(s) = \dfrac{s^2 - 4s - 6}{(s-2)^2}$, 　 $H'(-1) = -\dfrac{1}{9}$

　　　　 $H''(s) = \dfrac{20}{(s-2)^3}$, 　 $H''(-1) = -\dfrac{20}{27}$

則 　　　 $f(t) = \mathscr{L}^{-1}[F(s)]$

$$= \left[\frac{H''(-1)}{2!} + \frac{H'(-1)}{1!} \frac{t}{1!} + \frac{H(-1)}{0!} \frac{t^2}{2!} \right] e^{-t} + \frac{s^2 + 4s - 2}{(s+1)^3} \bigg|_{s=2} e^{2t}$$

$$= \left(-\frac{10}{27} - \frac{1}{9} t + \frac{5}{6} t^2 \right) e^{-t} + \frac{10}{27} e^{2t}$$

情況 3　　 $Q(s)$ 包含有不重覆之複數因式 $[s-(a+ib)][s-(a-ib)]$，即包含有二次因式 $[(s-a)^2 + b^2]$

設 　　　 $F(s) = \dfrac{P(s)}{Q(s)} = \dfrac{P(s)}{[(s-a)^2 + b^2](s-c)(s-d)\cdots}$

$$= \frac{As + B}{(s-a)^2 + b^2} + \frac{C}{s-c} + \frac{D}{s-d} + \cdots = \frac{As + B}{(s-a)^2 + b^2} + M(s)$$

兩邊乘 $[(s-a)^2 + b^2]$ 得

$$\frac{P(s)}{Q(s)} \times [(s-a)^2 + b^2] = (As + B) + M(s)[(s-a)^2 + b^2]$$

$$\frac{P(s)}{Q(s)/[(s-a)^2+b^2]} = (As+B)+M(s)[(s-a)^2+b^2]$$

令 $\dfrac{P(s)}{Q(s)/[(s-a)^2+b^2]}=H(s)$，再將 $s=a+ib$ 代入得

$$H(s)\big|_{s=a+ib}=A(a+ib)+B+0=(aA+B)+ibA=\phi_r+i\phi_i$$

其中 $\begin{cases}\phi_r=aA+B\\ \phi_i=bA \Rightarrow A=\phi_i/b\end{cases}$

$$\begin{aligned}
\mathscr{L}^{-1}[F(s)] &= \mathscr{L}^{-1}\left[\frac{As+B}{(s-a)^2+b^2}\right]+\mathscr{L}^{-1}[M(s)]\\
&=\mathscr{L}^{-1}\left[\frac{A(s-a)+aA+B}{(s-a)^2+b^2}\right]+\mathscr{L}^{-1}[M(s)]\\
&=\mathscr{L}^{-1}\left[\frac{\frac{\phi_i}{b}(s-a)+\phi_r}{(s-a)^2+b^2}\right]+\mathscr{L}^{-1}[M(s)]\\
&=\mathscr{L}^{-1}\left[\frac{1}{b}\frac{\phi_i(s-a)+\phi_r b}{(s-a)^2+b^2}\right]+\mathscr{L}^{-1}[M(s)]\\
&=\frac{1}{b}(\phi_i e^{at}\cos bt+\phi_r e^{at}\sin bt)+\mathscr{L}^{-1}[M(s)]\\
&=\frac{e^{at}}{b}(\phi_i\cos bt+\phi_r\sin bt)+\mathscr{L}^{-1}[M(s)]
\end{aligned} \tag{2-42}$$

故相對於 $[(s-a)^2+b^2]$ 之反轉換為

$$\frac{e^{at}}{b}(\phi_i\cos bt+\phi_r\sin bt)$$

其中　ϕ_i 為 $\dfrac{P(s)}{Q(s)/[(s-a)^2+b^2]}\bigg|_{s=a+ib}$ 之虛部

ϕ_r 為 $\dfrac{P(s)}{Q(s)/[(s-a)^2+b^2]}\bigg|_{s=a+ib}$ 之實部

範例 4　EXAMPLE

$F(s)=\dfrac{s+2}{(s-1)^2(s^2+2s+2)}$，求 $\mathscr{L}^{-1}[F(s)]$。

解　①先求相對於 $(s-1)^2$ 之反轉換 $f_1(t)$

$$H(s)=\frac{s+2}{s^2+2s+2}, \quad H(1)=\frac{3}{5}$$

$$H'(s) = \frac{-s^2 - 4s - 2}{(s^2 + 2s + 2)^2} , \quad H'(1) = \frac{-7}{25}$$

故 $\quad f_1(t) = \left[\frac{H'(1)}{1!}\frac{t^0}{0!} + \frac{H(1)}{0!}\frac{t}{1!}\right]e^t = \left(-\frac{7}{25} + \frac{3}{5}t\right)e^t$

②次求相對於 $(s^2 + 2s + 2)$ 之反轉換 $f_2(t)$

又 $\quad s^2 + 2s + 2 = (s+1)^2 + 1 , \quad H(s) = \frac{s+2}{(s-1)^2}$

則 $\quad H(s)\big|_{s=-1+i} = \frac{s+2}{(s-1)^2}\bigg|_{s=-1+i} = -\frac{1}{25} + \frac{7}{25}i$

即 $\quad \begin{cases} \phi_r = -\dfrac{1}{25} \\ \phi_i = \dfrac{7}{25} \end{cases}$

故 $\quad f_2(t) = \dfrac{e^{at}}{b}(\phi_i \cos bt + \phi_r \sin bt) = e^{-t}\left(\dfrac{7}{25}\cos t - \dfrac{1}{25}\sin t\right)$

$\therefore \mathscr{L}^{-1}[F(s)] = \left(-\dfrac{7}{25} + \dfrac{3}{5}t\right)e^t + e^{-t}\left(\dfrac{7}{25}\cos t - \dfrac{1}{25}\sin t\right)$

範例 5　　EXAMPLE

$$F(s) = \frac{s^2 - 6s + 7}{(s^2 - 4s + 5)^2} , \quad 求 \mathscr{L}^{-1}[F(s)] 。$$

解

$$F(s) = \frac{s^2 - 6s + 7}{(s^2 - 4s + 5)^2} = \frac{As + B}{s^2 - 4s + 5} + \frac{Cs + D}{(s^2 - 4s + 5)^2}$$

去分母得

$$s^2 - 6s + 7 = (As + B)(s^2 - 4s + 5)(Cs + D)$$

$$= As^3 + (-4A + B)s^2 + (5A - 4B + C)s + (5B + D)$$

比較左右兩邊 s 次方之係數

$$\begin{cases} A = 0 \\ -4A + B = 1 \\ 5A - 4B + C = -6 \\ 5B + D = 7 \end{cases}$$

得 $\quad A = 0, \ B = 1, \ C = -2, \ D = 2$

$$\therefore F(s) = \frac{s^2 - 6s + 7}{(s^2 - 4s + 5)^2}$$

$$= \frac{1}{s^2 - 4s + 5} + \frac{-2s + 2}{(s^2 - 4s + 5)^2}$$

$$= \frac{1}{(s-2)^2 + 1} - \frac{2(s-2) + 2}{[(s-2)^2 + 1]^2}$$

$$= \frac{1}{(s-2)^2 + 1} - \frac{2(s-2)}{[(s-2)^2 + 1]^2} - \frac{2}{[(s-2)^2 + 1]^2}$$

應用第一移位定理及(2-26)、(2-27)式

$$\mathscr{L}^{-1}\left[\frac{1}{(s^2 + \omega^2)^2}\right] = \frac{1}{2\omega^3}(\sin\omega t - \omega t\cos\omega t) \tag{2-26}$$

$$\mathscr{L}^{-1}\left[\frac{s}{(s^2 + \omega^2)^2}\right] = \frac{1}{2\omega}t\sin\omega t \tag{2-27}$$

$$\mathscr{L}^{-1}[F(s)] = e^{2t}\sin t - e^{2t}t\sin t - e^{2t}(\sin t - t\cos t) = te^{2t}(\cos t - \sin t)$$

2-4 習題

求下列函數之反拉氏轉換

1. $F(s) = \dfrac{1}{s^3 - 6s^2 + 5s + 12}$

2. $F(s) = \dfrac{s^3}{(s+3)^2(s+2)^2}$

3. $F(s) = \dfrac{s}{s^2 + 2s + 2}$

4. $F(s) = \dfrac{s^2 + s - 4}{s^3 - 4s}$

5. $F(s) = \dfrac{3s^2 - 6s + 7}{(s^2 - 2s + 5)^2}$

6. $F(s) = \dfrac{-s^2 - 4s - 3}{(s^2 + 1)(s - 2)}$

7. $F(s) = \dfrac{5s^2 - s + 1}{s^3 - 4s^2}$

8. $F(s) = \dfrac{s^2 + s - 2}{(s+1)^3}$

9. $F(s) = \dfrac{s^4 + 3(s+1)^3}{s^4(s+1)^3}$

10. $F(s) = \dfrac{s^3 - 3s^2 + 6s - 4}{(s^2 - 2s + 2)^2}$

11. $F(s) = \dfrac{3s^2 + 14s + 17}{(s^2 + 4s + 5)^2}$

12. $F(s) = \dfrac{s^3 - 4s^2 + 3s + 2}{(s^2 - 4s + 5)^2}$

13. $F(s) = \dfrac{se^{-4s}}{s^2 + 14}$

14. $F(s) = \dfrac{(s+2)e^{-3s}}{s^2 - 4s + 8}$

15. $F(s) = \dfrac{(s^2 + 3s - 2)e^{-4s}}{(s+2)^2(s^2 - 1)}$

16. $F(s) = \dfrac{s-1}{(s+3)(s^2 + 2s + 2)}$

2-5 利用拉氏轉換解微分方程式

應用拉氏轉換解微分方程式甚為簡便有效,其特點如下:

1.   微分方程式經拉氏轉換後,變成代數式,可依代數運算法則處理。

2.   微分方程式之初始條件在轉換過程中即同時引入,僅需一次運算即可求特解。

3.   微分方程式中,具有積分形式者,亦能依相同步驟解之。

4.   拉氏轉換亦可解聯立微分程式。

5.   拉氏轉換也可用於解某些變係數之常微分方程式,尤其含有 $t^m y^{(n)}(t)$ 者較有用。

6.   拉氏轉換對於解有邊界條件之偏微分方程式亦甚有用。

範例 1　　EXAMPLE

解 $y'' - 3y' + 2y = e^{2t}$; $y(0) = 0$,$y'(0) = 4$。

解 原式取拉氏轉換得

$$\mathscr{L}[y'' - 3y' + 2y] = \mathscr{L}[e^{2t}]$$

$$\mathscr{L}[y''] - 3\mathscr{L}[y'] + 2\mathscr{L}[y] = \mathscr{L}[e^{2t}]$$

$$[s^2 Y(s) - sy(0) - y'(0)] - 3[sY(s) - y(0)] + 2Y(s) = \frac{1}{s-2}$$

$$(s^2 - 3s + 2)Y(s) = 4 + \frac{1}{s-2}$$

$$(s-1)(s-2)Y(s) = \frac{4s-7}{s-2}$$

$$Y(s) = \frac{4s-7}{(s-1)(s-2)^2} = \frac{-3}{s-1} + \frac{3}{s-2} + \frac{1}{(s-2)^2}$$

$$y(t) = \mathscr{L}^{-1}[Y(s)] = -3e^t + 3e^{2t} + te^{2t}$$

範例 2　　EXAMPLE

解下列微分方程式

$$y'' + 2y' + 2y = \delta(t-\pi) \text{；} y(0) = 0, \quad y'(0) = 0 \text{。}$$

解

$$\mathscr{L}[y''] + 2\mathscr{L}[y'] + 2\mathscr{L}[y] = \mathscr{L}[\delta(t-\pi)]$$

$$y(t) = \mathscr{L}^{-1}[Y(s)] = e^{-(t-\pi)}\sin(t-\pi)u(t-\pi)$$

範例 3　　EXAMPLE

解 $y' + 3y + 2\int_0^t y\,dt = 5u(t)$ ； $y(0) = 1$ 。

解 原式兩邊取拉氏轉換得

$$\mathscr{L}\left[y' + 3y + 2\int_0^t y\,dt \right] = \mathscr{L}[5u(t)]$$

$$\mathscr{L}[y'] + 3\mathscr{L}[y] + 2\mathscr{L}\left[\int_0^t y\,dt \right] = 5\mathscr{L}[u(t)]$$

$$[sY(s) - 1] + 3Y(s) + \frac{2}{s}Y(s) = \frac{5}{s}$$

$$(s^2 + 3s + 2)Y(s) = s + 5$$

$$Y(s) = \frac{s+5}{s^2 + 3s + 2} = \frac{4}{s+1} - \frac{3}{s+2}$$

$$y(t) = \mathscr{L}^{-1}[Y(s)] = 4e^{-t} - 3e^{-2t}$$

範例 4 EXAMPLE

解 $y'' + 4ty' - 4y = 0$; $y(0) = 0$，$y'(0) = -5$。

解
$$\mathscr{L}[y'' + 4ty' - 4y] = 0$$

$$s^2 Y(s) + 5 - 4\frac{d}{ds}[sY(s)] - 4Y(s) = 0$$

$$s^2 Y(s) + 5 - 4sY'(s) - 8Y(s) = 0$$

$$(s^2 - 8)Y(s) - 4sY'(s) = -5$$

$$Y'(s) - \left(\frac{s}{4} - \frac{2}{s}\right)Y(s) = \frac{5}{4s}$$

上式為一階線性常微分方程式，其解為

$$Y(s) = e^{\int\left(\frac{s}{4} - \frac{2}{s}\right)ds} \int \frac{5}{4s} e^{\int\left(\frac{2}{s} - \frac{s}{4}\right)ds} ds + ce^{\int\left(\frac{s}{4} - \frac{2}{s}\right)ds}$$

$$= e^{\frac{s^2}{8}} s^{-2} \int \frac{5}{4s} s^2 e^{-\frac{s^2}{8}} ds + ce^{\frac{s^2}{8}} s^{-2}$$

$$= e^{\frac{s^2}{8}} s^{-2} \int (-5)\left(-\frac{s}{4} e^{-\frac{s^2}{8}}\right) ds + ce^{\frac{s^2}{8}} s^{-2}$$

$$= \frac{-5}{s^2} + c\frac{e^{\frac{s^2}{8}}}{s^2}$$

因 $\lim_{s\to\infty} Y(s)$ 收斂，取 $c = 0$

故 $$Y(s) = \frac{-5}{s^2}$$

則 $$y(t) = -5t$$

範例 5 EXAMPLE

解下列聯立微分方程式
$$\begin{cases} x' + 3x - y = 1 \\ x' + y' + 3x = 0 \end{cases}$$

初始條件為 $x(0) = 2$，$y(0) = 0$。

解 取拉氏轉換得

$$\begin{cases} [sX(s)-2]+3X(s)-Y(s)=\dfrac{1}{s} \\ [sX(s)-2]+sY(s)+3X(s)=0 \end{cases}$$

$$\begin{cases} (s+3)X(s)-Y(s)=2+\dfrac{1}{s} \\ (s+3)X(s)+sY(s)=2 \end{cases}$$

$$X(s)=\dfrac{\begin{vmatrix} 2+\dfrac{1}{s} & -1 \\ 2 & s \end{vmatrix}}{\begin{vmatrix} s+3 & -1 \\ s+3 & s \end{vmatrix}}=\dfrac{2s+3}{(s+1)(s+3)}=\dfrac{\dfrac{1}{2}}{s+1}+\dfrac{\dfrac{3}{2}}{s+3}$$

$$Y(s)=\dfrac{\begin{vmatrix} s+3 & 2+\dfrac{1}{s} \\ s+3 & 2 \end{vmatrix}}{\begin{vmatrix} s+3 & -1 \\ s+3 & s \end{vmatrix}}=\dfrac{-1}{s(s+1)}=\dfrac{-1}{s}+\dfrac{1}{s+1}$$

$$\begin{cases} x(t)=\mathscr{L}^{-1}[X(s)]=\dfrac{1}{2}e^{-t}+\dfrac{3}{2}e^{-3t} \\ y(t)=\mathscr{L}^{-1}[Y(s)]=-1+e^{-t} \end{cases}$$

2-5 習題

求下列微分方程式

1. $y''-3y'+2y=4e^{-t}$，$y(0)=2$，$y'(0)=1$

2. $y''-2y'+5y=4\sin t-2\cos t$，$y(0)=1$，$y'(0)=2$

3. $y''+4y'+5y=\delta(t-2)$，$y(0)=0$，$y'(0)=2$

4. $y''+5y'+6y=u(t-2)+\delta(t-3)$，$y(0)=0$，$y'(0)=1$

5. $y''+3y'+2y=u(t)-u(t-1)$，$y(0)=0$，$y'(0)=0$

6. $y''+2y'+y=\sin t$，$y(0)=1$，$y'(0)=1$

7. $y''+4y=8u(t)+12u(t-2)$，$y(0)=0$，$y'(0)=0$

8. $y''+2y'+y=te^{-t}$，$y(0)=1$，$y'(0)=-2$

9. $y''+2ty'-4y=1$，$y(0)=y'(0)=0$

10. $t^2 y'' - 2y = 4$

11. $y'' + 8ty' - 16y = 5$, $y(0) = y'(0) = 0$

12. $ty'' + (t-1)y' + y = 0$, $y(0) = 0$, $y'(0) = 0$

13. $ty'' - 2y' = -1$, $y(0) = 0$

解下列聯立微分方程式

14. $\begin{cases} x' + y = \cos t \\ x + y' = 0 \end{cases}$ 且 $x(0) = 0$, $y(0) = 1$

15. $\begin{cases} x' - 2x + 3y = 0 \\ y' - y + 2x = 0 \end{cases}$ 且 $x(0) = 8$, $y(0) = 3$

16. $\begin{cases} x' - 4x + 6y' - 20y = -3t \\ x - 2y' + 8y = 1 \end{cases}$ 且 $x(0) = y(0) = 0$

17. $\begin{cases} x' - x + y' + 2y = e^{-t} \\ x' - x + 2y' + y = 0 \end{cases}$ 且 $x(0) = 0$, $y(0) = 0$

2-6 | 週期函數之拉氏轉換

某函數 $f(t)$ 能滿足下式者,即稱為週期函數(如圖 2-9 所示)。

$$f(t) = f(t + nT)$$

其中 T 稱為週期,n 為任意正整數,即 $n = 1, 2, 3, \cdots$

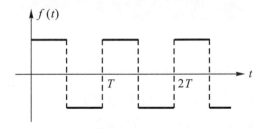

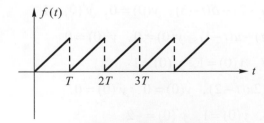

圖 2-9　週期函數波形

❖ 定理 12

設 $f(t)$ 為一週期性函數，週期為 T，則 $f(t)$ 之拉氏轉換為

$$\mathscr{L}[f(t)] = \frac{1}{1-e^{-TS}} \int_0^T f(t)e^{-st}dt \quad (s>0)$$

$$= \frac{1}{1-e^{-TS}} \mathscr{L}[f_1(t)] \tag{2-43}$$

其中 $f_1(t)$ 為 $f(t)$ 在 0 至 T 之函數。

證　　$\mathscr{L}[f(t)] = \displaystyle\int_0^\infty f(t)e^{-st}dt$

$\qquad = \displaystyle\int_0^T f(t)e^{-st}dt + \int_T^{2T} f(t)e^{-st}dt + \cdots$

$\qquad = \displaystyle\sum_{n=0}^\infty \int_{nT}^{(n+1)T} f(t)e^{-st}dt \quad$（令 $\tau = t-nT$，則 $t = \tau + nT$，$dt = d\tau$）

$\qquad = \displaystyle\sum_{n=0}^\infty \int_0^T f(\tau+nT)e^{-s(\tau+nT)}d\tau$

$\qquad = \displaystyle\sum_{n=0}^\infty \int_0^T f(\tau)e^{-s\tau}e^{-nTS}d\tau$

$\qquad = \displaystyle\sum_{n=0}^\infty e^{-nTS}\int_0^T f(\tau)e^{-s\tau}d\tau$

$\qquad = (1+e^{-TS}+e^{-2TS}+e^{-3TS}+\cdots)\mathscr{L}[f_1(t)]$

$\qquad = \dfrac{1}{1-e^{-TS}}F_1(s)$

其中 $F_1(s)$ 為 $f(t)$ 在 0 至 T 之函數的拉氏轉換。

範例 1　　EXAMPLE

求下列方波之拉氏轉換。

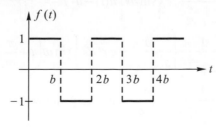

圖 2-10

解 本題週期為 $T = 2b$

$$\mathscr{L}[f(t)] = \frac{1}{1-e^{-2bs}} \mathscr{L}[f_1(t)]$$

$$= \frac{1}{1-e^{-2bs}} \mathscr{L}[u(t) - 2u(t-b) + u(t-2b)]$$

$$= \frac{1}{1-e^{-2bs}} \left[\frac{1}{s} - e^{-bs}\frac{2}{s} + e^{-2bs}\frac{1}{s} \right]$$

$$= \frac{(1-e^{-bs})^2}{s(1-e^{-2bs})} = \frac{(1-e^{-bs})^2}{s(1+e^{-bs})(1-e^{-bs})}$$

$$= \frac{1-e^{-bs}}{s(1+e^{-bs})} = \frac{1}{s} \frac{e^{-\frac{bs}{2}}\left(e^{\frac{bs}{2}} - e^{-\frac{bs}{2}}\right)}{e^{-\frac{bs}{2}}\left(e^{\frac{bs}{2}} + e^{-\frac{bs}{2}}\right)} = \frac{1}{s}\tanh\frac{bs}{2}$$

範例 2 EXAMPLE

求全波整流 $f(t) = |\sin \omega t|$ 之拉氏轉換。

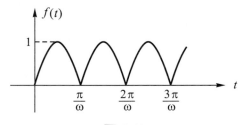

圖 2-11

解 週期為 $T = \dfrac{\pi}{\omega}$

$$\mathscr{L}[f(t)] = \frac{1}{1-e^{-\frac{\pi}{\omega}s}} \mathscr{L}[f_1(t)]$$

$$= \frac{1}{1-e^{-\frac{\pi}{\omega}s}} \mathscr{L}\left\{ \sin \omega t \left[u(t) - u\left(t - \frac{\pi}{\omega}\right) \right] \right\}$$

$$= \frac{1}{1-e^{-\frac{\pi}{\omega}s}} \left\{ \frac{\omega}{s^2+\omega^2} - e^{-\frac{\pi}{\omega}s}\mathscr{L}\left[\sin \omega \left(t + \frac{\pi}{\omega}\right) \right] \right\}$$

$$= \frac{1}{1-e^{-\frac{\pi}{\omega}s}} \left\{ \frac{\omega}{s^2+\omega^2} - e^{-\frac{\pi}{\omega}s}\mathscr{L}[-\sin \omega t] \right\}$$

$$= \frac{1}{1-e^{-\frac{\pi}{\omega}s}} \left(\frac{\omega}{s^2+\omega^2} + e^{-\frac{\pi}{\omega}s}\frac{\omega}{s^2+\omega^2} \right) = \frac{1+e^{-\frac{\pi}{\omega}s}}{1-e^{-\frac{\pi}{\omega}s}}\frac{\omega}{s^2+\omega^2}$$

範例 3　EXAMPLE

求鋸齒波之拉氏轉換。

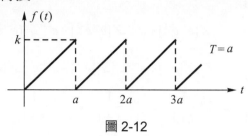

圖 2-12

解　

$$\mathscr{L}[f(t)] = \frac{1}{1-e^{-as}}\mathscr{L}[f_1(t)]$$

$$= \frac{1}{1-e^{-as}}\mathscr{L}\left\{\frac{kt}{a}[u(t)-u(t-a)]\right\}$$

$$= \frac{1}{1-e^{-as}}\left\{\frac{k}{as^2} - \frac{ke^{-as}}{a}\mathscr{L}[(t+a)]\right\}$$

$$= \frac{1}{1-e^{-as}}\left\{\frac{k}{as^2} - \frac{ke^{-as}}{a}\left(\frac{1}{s^2}+\frac{a}{s}\right)\right\}$$

$$= \frac{1}{1-e^{-as}}\left[\frac{k}{as^2}(1-e^{-as}) - \frac{ke^{-as}}{s}\right]$$

$$= \frac{k}{as^2} - \frac{k}{s}\frac{e^{-as}}{1-e^{-as}}$$

範例 4　EXAMPLE

圖 2-13 為指數式衰減之脈波，求其拉氏轉換。

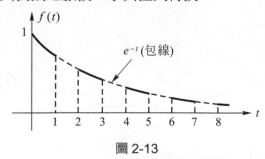

圖 2-13

解
$$f(t) = e^{-t}[u(t) - u(t-1) + u(t-2) - u(t-3) + \cdots]$$
$$= u(t)e^{-t} - u(t-1)e^{-t} + u(t-2)e^{-t} - u(t-3)e^{-t} + \cdots$$
$$\mathscr{L}[f(t)] = \frac{1}{s+1} - e^{-s}\mathscr{L}[e^{-(t+1)}] + e^{-2s}\mathscr{L}[e^{-(t+2)}] - e^{-3s}\mathscr{L}[e^{-(t+3)}] + \cdots$$
$$= \frac{1}{s+1} - e^{-s}\mathscr{L}[e^{-t}e^{-1}] + e^{-2s}\mathscr{L}[e^{-t}e^{2}] - e^{-3s}\mathscr{L}[e^{-t}e^{3}] + \cdots$$
$$= \frac{1}{s+1} - e^{-s}e^{-1}\mathscr{L}[e^{-t}] + e^{-2s}e^{2}\mathscr{L}[e^{-t}] - e^{-3s}e^{3}\mathscr{L}[e^{-t}] + \cdots$$
$$= \frac{1}{s+1} - e^{-(s+1)}\frac{1}{s+1} + e^{-2(s+1)}\frac{1}{s+1} - e^{-3(s+1)}\frac{1}{s+1} + \cdots$$
$$= \frac{1}{s+1}[1 - e^{-(s+1)} + e^{-2(s+1)} - e^{-3(s+1)} + \cdots]$$
$$= \frac{1}{s+1}\frac{1}{1+e^{-(s+1)}}$$

範例 5　EXAMPLE

求梯形波 $f(t)$ 之拉氏轉換。

$$f(t) = kn, \quad na < t < (n+1)a, \quad n = 0, 1, 2, \cdots$$

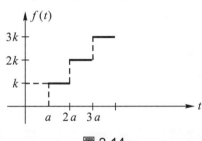

圖 2-14

解　此梯形波即為斜波與鋸齒波之差，如圖 2-15 所示。

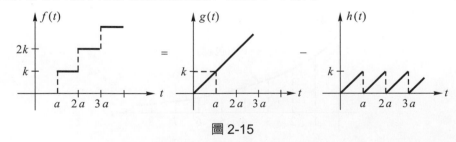

圖 2-15

$$f(t) = g(t) - h(t) = \frac{k}{a}t - h(t)$$
$$\mathscr{L}[f(t)] = \frac{k}{as^2} - \left(\frac{k}{as^2} - \frac{k}{s}\frac{e^{-as}}{1-e^{-as}}\right) = \frac{k}{s}\left(\frac{e^{-as}}{1-e^{-as}}\right)$$

範例 6 EXAMPLE

求脈衝列 $f(t)$ 之拉氏轉換。

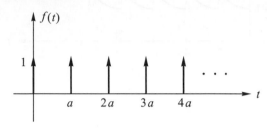

圖 2-16

解

$$f(t) = \delta(t) + \delta(t-a) + \delta(t-2a) + \cdots$$

$$\mathscr{L}[f(t)] = 1 + e^{-as} + e^{-2as} + \cdots = \frac{1}{1-e^{-as}}$$

另法：應用定理 12 之(2-43)式

$$\mathscr{L}[f(t)] = \frac{1}{1-e^{-TS}} \mathscr{L}[f_1(t)] = \frac{1}{1-e^{-as}} \mathscr{L}[\delta(t)] = \frac{1}{1-e^{-as}}$$

Problem 2-6 習題

求下列週期性函數之拉氏轉換

1.

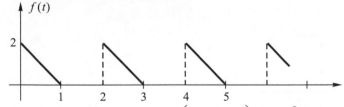

2. 半波整流 $f(t) = -3\sin \omega t$ $\left(0 \le t \le \dfrac{\pi}{\omega}\right)$, $T = \dfrac{2\pi}{\omega}$

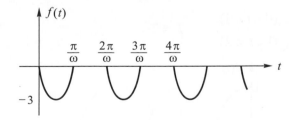

3. $f(t) = e^t \quad (0 < t < 2\pi), \ T = 2\pi$

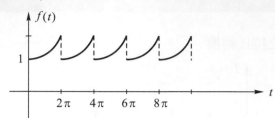

4.

5. $f(t) = \begin{cases} t & , \ 0 < t < \pi \\ \pi - t & , \ \pi < t < 2\pi \end{cases} \qquad T = 2\pi$

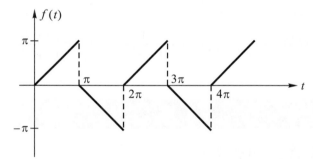

6.

7. $f(t) = \begin{cases} 1 - t^2 & , \ (0 < t < 1) \\ 0 & , \ (1 < t < 2) \end{cases} \qquad T = 2$

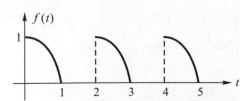

8.　$f(t) = -t^2 + 2t \quad (0 < t < 2) \quad T = 2$

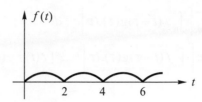

2-7 迴旋定理及其應用

❖ **定理 13　迴旋定理**

設　$\mathscr{L}[f(t)] = F(s), \quad \mathscr{L}[g(t)] = G(s),$

則　$\mathscr{L}^{-1}[F(s)G(s)] = \displaystyle\int_0^t f(t-\tau)g(\tau)d\tau = f(t) * g(t)$ 　　　(2-44)

或　$F(s)G(s) = \mathscr{L}[f(t) * g(t)]$

其中　$f(t) * g(t) = \displaystyle\int_0^t f(t-\tau)g(\tau)d\tau$ 　　　(2-45)

稱為迴旋(Convolution)或褶積、疊積，而 τ 為虛擬變數。

⊙證

$$F(s)G(s) = \left[\int_0^\infty f(y)e^{-sy}dy \right]\left[\int_0^\infty g(x)e^{-sx}dx \right]$$
$$= \int_0^\infty \int_0^\infty f(y)g(x)e^{-s(x+y)}dydx \qquad (2\text{-}46)$$

令　$x + y = t, \ x = \tau$

又　$dydx = \left| \dfrac{\partial x}{\partial t}\dfrac{\partial y}{\partial \tau} - \dfrac{\partial x}{\partial \tau}\dfrac{\partial y}{\partial t} \right| d\tau dt = d\tau dt$

因　$t = x + y = \tau + y$ ，y 之最小值為零，故 $t \geq \tau$

積分範圍如圖 2-17 所示。

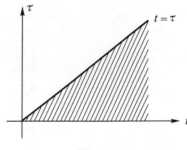

圖 2-17

(2-46)式重寫為

$$F(s)G(s) = \int_0^\infty \left[\int_0^t f(t-\tau)g(\tau)d\tau \right] e^{-st} dt$$

$$= \mathscr{L}\left[\int_0^t f(t-\tau)g(\tau)d\tau \right] = \mathscr{L}[f(t)*g(t)]$$

由迴旋定理之證明可得

$$f(t)*g(t) = \int_0^t f(t-\tau)g(\tau)d\tau = \int_0^t f(\tau)g(t-\tau)d\tau \qquad (2\text{-}47)$$

並滿足下列定律

① $f*g = g*f$ (交換律)

② $f*(g_1+g_2) = f*g_1 + f*g_2$ (分配律)

③ $(f*g)*h = f*(g*h)$ (結合律)

範例 1 EXAMPLE

設 $F(s) = \dfrac{1}{s}$，$G(s) = \dfrac{1}{s+1}$ 而 $f(t)=u(t)$，$g(t)=e^{-t}$ 利用迴旋求

$f(t)*g(t) = \displaystyle\int_0^t f(t-\tau)g(\tau)d\tau$。

解 $f(t)$ 與 $g(t)$ 之迴旋步驟為折疊、移位、相乘再積分，其過程繪於圖 2-18 中。

$$\mathscr{L}^{-1}[F(s)G(s)] = f(t)*g(t) = \int_0^t u(t-\tau)e^{-\tau}d\tau = \int_0^t e^{-\tau}d\tau = 1-e^{-t}$$

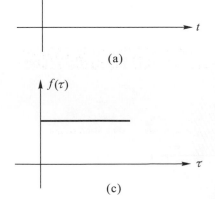

(a)

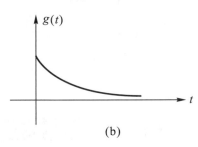

(b)

(c)

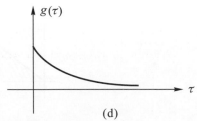

(d)

圖 2-18

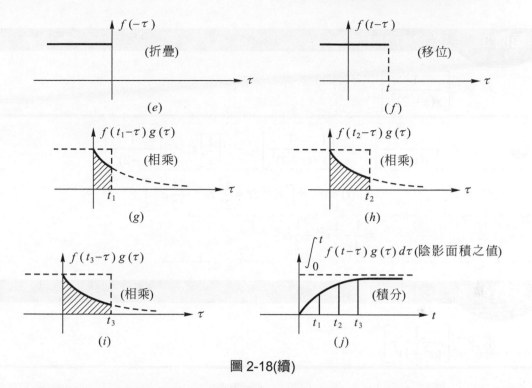

圖 2-18(續)

範例 2 EXAMPLE

求下列之迴旋

$(1)\cos \omega t * \cos \omega t$ $(2)\, t * e^{2t}$

解 $(1)\cos \omega t * \cos \omega t = \int_0^t \cos \omega(t-\tau) \cos \omega\tau \, d\tau$

$\qquad = \dfrac{1}{2}\int_0^t [\cos \omega t + \cos \omega(2\tau - t)]\, d\tau$

$\qquad = \dfrac{1}{2}\left[\tau \cos \omega t + \dfrac{1}{2\omega}\sin \omega(2\tau - t) \right]_0^t$

$\qquad = \dfrac{1}{2}\left[\left(t \cos \omega t + \dfrac{1}{2\omega}\sin \omega t \right) - \left(0 - \dfrac{1}{2\omega}\sin \omega t \right) \right]$

$\qquad = \dfrac{1}{2}\left(t \cos \omega t + \dfrac{1}{\omega}\sin \omega t \right)$

$(2)\, t * e^{2t} = \int_0^t (t-\tau)e^{2\tau}\, d\tau = t \int_0^t e^{2\tau}\, d\tau - \int_0^t \tau e^{2\tau}\, d\tau = \dfrac{t}{2}e^{2\tau}\Big|_0^t - \dfrac{1}{2}\left[\tau e^{2\tau} - \dfrac{1}{2}e^{2\tau} \right]_0^t$

$\qquad = \dfrac{t}{2}(e^{2t}-1) - \dfrac{1}{2}\left[\left(te^{2t} - \dfrac{1}{2}e^{2t} \right) - \left(0 - \dfrac{1}{2} \right) \right] = -\dfrac{t}{2} + \dfrac{1}{4}(e^{2t}-1)$

範例 3 EXAMPLE

求 $\mathscr{L}^{-1}\left[\dfrac{1}{s(s-2)^2}\right]$

解

$$\mathscr{L}^{-1}\left[\frac{1}{s(s-2)^2}\right] = \mathscr{L}^{-1}\left[\frac{1}{s}\cdot\frac{1}{(s-2)^2}\right] = \mathscr{L}^{-1}\left[\frac{1}{s}\right] * \mathscr{L}^{-1}\left[\frac{1}{(s-2)^2}\right]$$

$$= u(t) * te^{2t} = \int_0^t \tau e^{2\tau}d\tau = \frac{1}{2}\left[\tau e^{2\tau} - \frac{1}{2}e^{2\tau}\right]_0^t$$

$$= \frac{1}{4} - \frac{1}{4}e^{2t} + \frac{1}{2}te^{2t}$$

範例 4 EXAMPLE

求 $\mathscr{L}^{-1}\left[\dfrac{1}{(s^2+1)^2}\right]$

解

$$\mathscr{L}^{-1}\left[\frac{1}{(s^2+1)^2}\right] = \mathscr{L}^{-1}\left[\frac{1}{(s^2+1)}\cdot\frac{1}{(s^2+1)}\right]$$

$$= \mathscr{L}^{-1}\left[\frac{1}{s^2+1}\right] * \mathscr{L}^{-1}\left[\frac{1}{s^2+1}\right] = \sin t * \sin t$$

$$= \int_0^t \sin(t-\tau)\sin\tau d\tau = \frac{1}{2}\int_0^t[\cos(2\tau-t)-\cos t]d\tau$$

$$= \frac{1}{2}\left[\frac{1}{2}\sin(2\tau-t) - \tau\cos t\right]_0^t = \frac{1}{2}\sin t - \frac{1}{2}t\cos t$$

範例 5 EXAMPLE

求 $\mathscr{L}^{-1}\left[\dfrac{s}{(s^2+\omega^2)^2}\right]$

解

$$\mathscr{L}^{-1}\left[\frac{s}{(s^2+\omega^2)^2}\right] = \mathscr{L}^{-1}\left[\frac{1}{s^2+\omega^2}\cdot\frac{s}{s^2+\omega^2}\right]$$

$$= \mathscr{L}^{-1}\left[\frac{1}{s^2+\omega^2}\right] * \mathscr{L}^{-1}\left[\frac{s}{s^2+\omega^2}\right]$$

$$= \frac{1}{\omega}\sin\omega t * \cos\omega t = \frac{1}{\omega}\int_0^t \sin\omega(t-\tau)\cos\omega\tau d\tau$$

$$= \frac{1}{2\omega} \int_0^t [\sin \omega t + \sin \omega(t - 2\tau)] d\tau$$

$$= \frac{1}{2\omega} \left[\tau \sin \omega t + \frac{1}{2\omega} \cos \omega(t - 2\tau) \right]_0^t$$

$$= \frac{1}{2\omega} t \sin \omega t$$

範例 6　EXAMPLE

求 $\mathscr{L}^{-1} \left[\dfrac{1}{(s^2 + 4s + 13)^2} \right]$

解

$$\mathscr{L}^{-1} \left[\frac{1}{(s^2 + 4s + 13)^2} \right] = \mathscr{L}^{-1} \left[\frac{1}{(s + 2)^2 + 3^2} \cdot \frac{1}{(s + 2)^2 + 3^2} \right]$$

$$= \left(\frac{1}{3} e^{-2t} \sin 3t \right) * \left(\frac{1}{3} e^{-2t} \sin 3t \right)$$

$$= \frac{1}{9} \int_0^t e^{-2\tau} \sin 3\tau \cdot e^{-2(t-\tau)} \sin 3(t - \tau) d\tau$$

$$= \frac{1}{9} e^{-2t} \int_0^t \sin 3\tau \cdot \sin 3(t - \tau) d\tau$$

$$= \frac{1}{18} e^{-2t} \int_0^t [\cos(6\tau - 3t) - \cos 3t] d\tau$$

$$= \frac{1}{18} e^{-2t} \left[\frac{1}{6} \sin(6\tau - 3t) - \tau \cos 3t \right]_0^t$$

$$= \frac{1}{18} e^{-2t} \left(\frac{1}{3} \sin 3t - t \cos 3t \right)$$

範例 7　EXAMPLE

解下列積分方程式

$$y(t) = t^2 + \int_0^t y(\tau) \sin(t - \tau) d\tau$$

解　原式可寫為

$$y(t) = t^2 + y(t) * \sin t$$

兩邊取拉氏轉換

$$Y(s) = \frac{2}{s^3} + Y(s) \cdot \frac{1}{s^2 + 1}$$

$$Y(s) = \frac{2(s^2+1)}{s^5} = \frac{2}{s^3} + \frac{2}{s^5}$$

$$y(t) = \mathscr{L}^{-1}[Y(s)] = 2\left(\frac{t^2}{2!}\right) + 2\left(\frac{t^4}{4!}\right) = t^2 + \frac{1}{12}t^4$$

2-7 習題

求下列之迴旋

1. $t^2 * e^{3t}$

2. $u(t-2) * t$

3. $u(t-\pi) * \cos t$

4. $\sin t * \cos t$

應用迴旋定理求下列函數之反拉氏轉換

5. $F(s) = \dfrac{1}{s^2(s-a)}$

6. $F(s) = \dfrac{1}{s^2(s^2+\omega^2)}$

7. $F(s) = \dfrac{e^{-3s}}{s(s+2)}$

8. $F(s) = \dfrac{e^{-4s}}{s^2}$

9. $F(s) = \dfrac{1}{s(s^2+9)}$

解下列積分方程式

10. $y(t) + 4e^t \displaystyle\int_0^t e^{-\tau} y(\tau)d\tau = te^t$

11. $y(t) - \displaystyle\int_0^t y(\tau)\sin 2(t-\tau)d\tau = \sin 2t$

12. $y(t) - \displaystyle\int_0^t (1+\tau)y(t-\tau)d\tau = 1 - \sinh t$

13. $y(t) - t = \displaystyle\int_0^t (t+2-\tau)y(\tau)d\tau$

14. $y(t) - \dfrac{t^2}{2} = \displaystyle\int_0^t y(t-\tau)e^{-\tau}d\tau$

2-8 | 拉氏轉換在工程上之應用

拉氏轉換在機械、電機、電子、自動控制等工程上之應用相當地廣泛，其解法如下：

1. 先建立物理系統之數學模式，即列出系統之數學方程式(微分或積分方程式)。

2. 將方程式取拉氏轉換，其式子稱為輔助方程式或轉換方程式。

3. 由初始條件代入輔助方程式中。

4. 以代數法解此輔助方程式。

5. 取反拉氏轉換求解。

1. 機械上之應用

在有阻尼之強制振動系統中，如彈簧常數為 k 之彈簧一端固定，另一端附上一質量為 m 之物體，在物體下接一阻尼器，此阻尼力與速度成正比但方向相反，設鉛直位移為 $y(t)$，令其向下為正，同時又外加一驅動力 $r(t)$，如圖 2-19 所示。

此系統所受之淨力依牛頓第二運動定律可寫成

$$\Sigma \vec{F} = m\vec{a}$$

$$-ky - c\frac{dy}{dt} + r(t) = m\frac{d^2 y}{dt^2} \quad (c \text{ 為阻尼常數})$$

即
$$m\frac{d^2 y}{dt^2} + c\frac{dy}{dt} + ky = r(t) \tag{2-48}$$

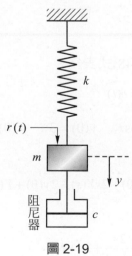

圖 2-19

上式為二階常係數非齊性微分方程式，可藉拉氏轉換求解。(2-48)式兩邊取拉氏轉換得

$$m[s^2Y(s) - sy(0) - y'(0)] + c[sY(s) - y(0)] + kY(s) = R(s)$$

$$Y(s) = \frac{(ms+c)y(0) + my'(0) + R(s)}{ms^2 + cs + k}$$

再取反拉氏轉換即可求得 $y(t)$。

範例 1 EXAMPLE

考慮有阻尼之強制振動系統如圖 2-20 所示，物體質量 $m = 1$ 仟克阻尼常數 $c = 2$ 仟克／秒，彈簧常數 $k = 1$ 牛頓／公尺外加之驅動力為 $r(t) = 2\cos t$ 牛頓，若初位移為 3 公尺，初速度為零，求此運動之位移 $y(t)$。

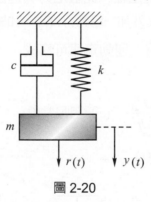

圖 2-20

解 此系統之運動方程式如(2-48)式表為

$$m\frac{d^2y}{dt^2} + c\frac{dy}{dt} + ky = r(t)$$

即 $y'' + 2y' + y = 2\cos t$，$y(0) = 3$，$y'(0) = 0$

取拉氏轉換得

$$s^2Y(s) - sy(0) - y'(0) + 2sY(s) - 2y(0) + Y(s) = \frac{2s}{s^2+1}$$

$y(0) = 3$，$y'(0) = 0$ 代入得

$$(s^2 + 2s + 1)Y(s) = \frac{2s}{s^2+1} + 3s + 6$$

$$Y(s) = \frac{3s^3 + 6s^2 + 5s + 6}{(s^2+1)(s+1)^2} = \frac{1}{s^2+1} + \frac{3}{s+1} + \frac{2}{(s+1)^2}$$

取反拉氏轉換得

$$y(t) = \mathscr{L}^{-1}[Y(s)] = \sin t + 3e^{-t} + 2te^{-t} = \sin t + (3+2t)e^{-t}$$

2. 電路上之應用

對於電路系統，利用拉氏轉換求系統之響應甚為方便，如圖 2-21 所示之 *RLC* 電路。

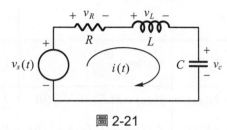

圖 2-21

由克希荷夫電壓定律知

$$v_L + v_R + v_C = v_s$$

$$L\frac{di}{dt} + Ri + \frac{1}{C}\int_{-\infty}^{t} idt = v_s \tag{2-49}$$

將上式取拉氏轉換得

$$L[sI(s) - i(0)] + RI(s) + \frac{1}{c}\left[\frac{I(s)}{s} + \frac{1}{s}\int_{-\infty}^{0} idt\right] = V_s(s)$$

$$[LsI(s) - Li(0)] + RI(s) + \left[\frac{I(s)}{cs} + \frac{q(0)}{cs}\right] = V_s(s)$$

$$I(s) = \frac{LCsi(0) - q(0) + CsV_s(s)}{LCs^2 + RCs + 1}$$

再取反拉氏轉換即可得網路電流 $i(t)$。

亦可利用電容器上之電量 $q = \int_{-\infty}^{t} idt$ 或 $i = \frac{dq}{dt}$ 代入(2-49)式化為

$$L\frac{d^2q}{dt^2} + R\frac{dq}{dt} + \frac{1}{c}q = v_s \tag{2-50}$$

也可由 $i = c\frac{dv_c}{dt}$ 代入(2-49)式化為

$$LC\frac{d^2v_c}{dt^2} + RC\frac{dv_c}{dt} + v_c = v_s \tag{2-51}$$

以上兩式皆爲二階常係數非齊性微分方程式，經拉氏轉換，代數運算，再取反轉換即可求出電路的響應。實際上，另有一條捷徑，可用於省去寫微分方程式，即將 R.L.C 元件之電壓、電流從 t 定義域經拉氏轉換變爲 s 定義域後加以處理，再經反轉換變回 t 的定義域，$R.L.C$ 之拉氏轉換列於表 2-2。

表 2-2

元件＼定義域	R	L	C
t 定義域	$v_R(t) = Ri_R(t)$	$v_L(t) = L\dfrac{di_L(t)}{dt}$	$i_c(t) = c\dfrac{dv_c(t)}{dt}$
s 定義域	$V_R(s) = RI_R(s)$ $I_R(s) = \dfrac{1}{R}V_R(s)$	$V_L(s) = SLI_L(s) - Li_L(0)$ $I_L(s) = \dfrac{1}{SL}V_L(s) + \dfrac{1}{s}i_L(0)$	$I_C(s) = SCV_C(s) - cv_c(0)$ $V_C(s) = \dfrac{1}{SC}I_C(s) + \dfrac{1}{s}v_c(0)$

RLC 經轉換後之等效電路如圖 2-22 所示。

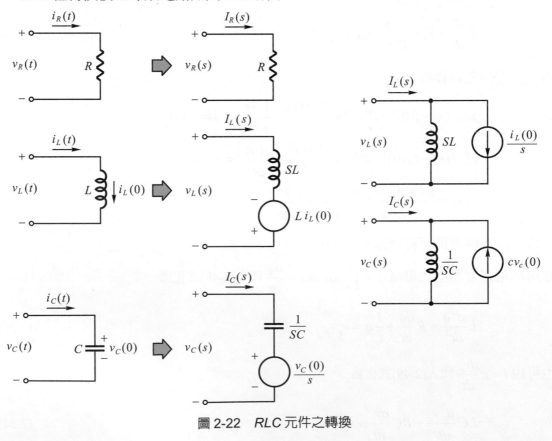

圖 2-22　RLC 元件之轉換

範例 2　EXAMPLE

在圖 2-23 之 RC 電路中，$R = 100\Omega$, $C = 0.1F$，$v_s(t) = 20(t-3)u(t-3)$ 且初始條件為 $i(0) = 0$，$q_c(0) = 0$，求電路內之電流 $i(t)$。

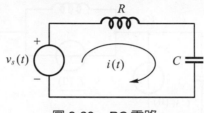

圖 2-23　RC 電路

解　由克希荷夫電壓定律知

$$Ri + \frac{1}{c}\int_0^t idt = v_s$$

$$100i + \frac{1}{0.1}\int_0^t idt = 20(t-3)u(t-3)$$

取拉氏轉換得

$$100I(s) + \frac{1}{0.1s}I(s) = \frac{20}{s^2}e^{-3s}$$

$$I(s) = \frac{0.2e^{-3s}}{s(s+0.1)} = \left(\frac{2}{s} - \frac{2}{s+0.1}\right)e^{-3s}$$

取反拉氏轉換得

$$i(t) = 2\left[1 - e^{-0.1(t-3)}\right]u(t-3)$$

範例 3　EXAMPLE

在圖 2-24 之網路中，$R = 1\Omega$、$L = \frac{1}{2}H$、$C = 1F$、$v_s = 1V$ 於 $t = 0$ 時開關打開，求節點電壓 $v_1(t)$ 與 $v_2(t)$。

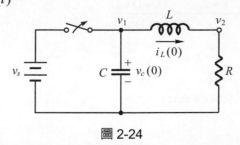

圖 2-24

解 假設開關打開前，電路已達穩定狀態，故

$$v_C(0) = 1\text{V} \ , \ i_L(0) = 1\text{A}$$

圖 2-25 為轉換後之等效電路

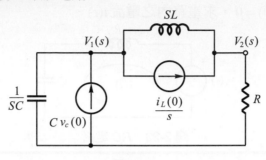

圖 2-25

應用克希荷夫電流定律於節點 1, 2 得

$$\begin{cases} -sCV_1(s) + CV_c(0) - \dfrac{1}{sL}[V_1(s) - V_2(s)] - \dfrac{i_L(0)}{s} = 0 \\ -\dfrac{1}{sL}[V_2(s) - V_1(s)] + \dfrac{i_L(0)}{s} - \dfrac{1}{R}V_2(s) = 0 \end{cases}$$

將數值代入得

$$\begin{cases} \left(s + \dfrac{2}{s}\right)V_1(s) - \dfrac{2}{s}V_2(s) = 1 - \dfrac{1}{s} \\ -\dfrac{2}{s}V_1(s) + \left(\dfrac{2}{s} + 1\right)V_1(s) = \dfrac{1}{s} \end{cases}$$

化簡得

$$\begin{cases} (s^2 + 2)V_1(s) - 2V_2(s) = s - 1 \\ -2V_1(s) + (s + 2)V_2(s) = 1 \end{cases}$$

解聯立方程式得

$$\begin{cases} V_1(s) = \dfrac{s+1}{s^2 + 2s + 2} = \dfrac{s+1}{(s+1)^2 + 1} \\ V_2(s) = \dfrac{s+2}{s^2 + 2s + 2} = \dfrac{(s+1)+1}{(s+1)^2 + 1} \end{cases}$$

反轉換為

$$\begin{cases} v_1(t) = e^{-t}\cos t \\ v_2(t) = e^{-t}(\cos t + \sin t) \end{cases}$$

範例 4　　EXAMPLE

圖 2-26 之網路中，$R_1 = 1\Omega$、$R_2 = 2\Omega$、$L = 0.1\text{H}$、$C = \dfrac{1}{2}\text{F}$、$v_s(t) = 0.1e^{-5t}$ 伏特，在 $t = 0$ 時開關閉合，且初始電流與電壓皆為零，求 R_2 上之電流 $i_2(t)$。

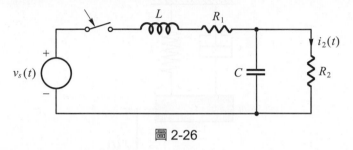

圖 2-26

解 圖 2-26 轉換後之等效電路繪於下：

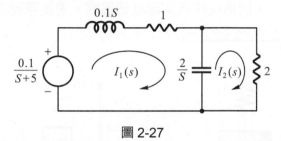

圖 2-27

應用克希荷夫電壓定律於網目中

$$\begin{cases} (1+0.1s)I_1(s) + \dfrac{2}{s}[I_1(s)-I_2(s)] = \dfrac{0.1}{s+5} \\ \dfrac{2}{s}[I_2(s)-I_1(s)] + 2I_2(s) = 0 \end{cases}$$

$$\begin{cases} \left(1+0.1s+\dfrac{2}{s}\right)I_1(s) - \dfrac{2}{s}I_1(s) = \dfrac{0.1}{s+5} \\ -\dfrac{2}{s}I_1(s) + \left(2+\dfrac{2}{s}\right)I_2(s) = 0 \end{cases}$$

解聯立方程式求出

$$I_2(s) = \frac{1}{(s^2+11s+30)(s+5)} = \frac{1}{(s+5)^2(s+6)} = \frac{1}{(s+5)^2} - \frac{1}{s+5} + \frac{1}{s+6}$$

取反轉換得

$$i_2(t) = te^{-5t} - e^{-5t} + e^{-6t}$$

Problem 2-8 習題

1. 考慮有阻尼之自由振動系統如圖所示，$m = 1\text{kg}$、$c = 4\text{kg/s}$、$k = 6\text{N/m}$，設初位移為 1m，初速度為零，求此運動之位移 $y(t)$。

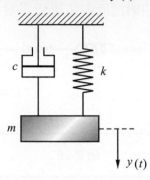

2. 考慮無阻尼之強制振動系統如圖(a)所示，$m = 2\text{kg}$，$k = 50\text{N/m}$，外加之驅動力 $f(t)$ 如圖(b)所示，而初位移及初速度皆為零，求此運動之位移。

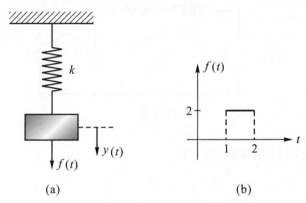

(a)   (b)

3. 如圖所示之彈簧振動系統，設 $m_1 = m_2 = 10\text{kg}$、$k_1 = k_3 = 20\text{N/m}$、$k_2 = 40\text{N/m}$，初始條件為 $y_1(0) = y_2(0) = 0$、$y_1'(0) = 1\text{m/s}$、$y_2'(0) = -1\text{m/s}$，求 m_1 與 m_2 之位移 $y_1(t)$、$y_2(t)$。

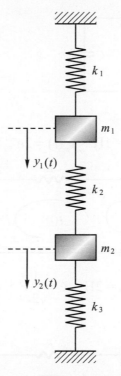

4. 如圖所示之彈簧振動系統，設 $k_1 = 1\text{N/m}$、$k_2 = 4\text{N/m}$、$m_1 = 1\text{kg}$、$m_2 = 3\text{kg}$，初始條件為 $y_1(0) = 1\text{m}$、$y_2(0) = -2\text{m}$、$y_1'(0) = y_2'(0) = 0$，求 m_1 與 m_2 之位移 $y_1(t)$、$y_2(t)$。

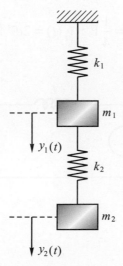

5. 如圖(a)所示之 RC 電路，$R = 1\Omega$、$C = \dfrac{1}{2}$F、$v_s(t)$ 之波形如圖(b)所示，設初始條件為零，求 $i(t)$。

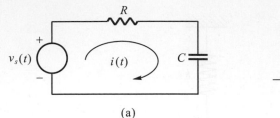

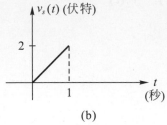

(a)

(b)

6. 如圖 RL 電路，$R = 2\Omega$、$L = 1$H、$v_s(t) = 2e^{-3t}$ 伏特，設初始條件為零，求 $i(t)$。

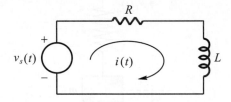

7. 如圖 RLC 電路，$R = 4\Omega$、$L = 2$H、$C = \dfrac{1}{2}$F、$v_s(t) = 5\sin 2t$ 伏特，設初始電流與電荷均為零，求 $i(t)$。

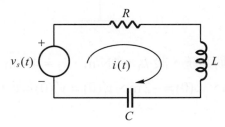

8. 如圖 LC 電路，$L = 1$H、$C = \dfrac{1}{4}$F、$v_s(t) = 2e^{-t}$ 伏特，設初始電流與電荷均為零，求 $i(t)$。

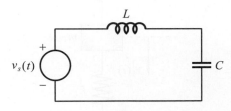

9. 如圖所示之網路，$L = 5H$、$R_1 = 10\Omega$、$R_2 = 20\Omega$、$C = 0.05F$、$v_s = 40V$，開關在 $t = 0$ 時閉合，設初電流及電荷均為零，求網路電流 $i_1(t)$ 及 $i_2(t)$。

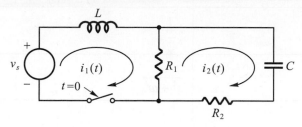

10. 如圖所示之網路，$L = 2H$、$R = 1\Omega$、$C = 0.25F$、$v_s = 4e^{-2t}$ 伏特，初電流及電荷均為零，求網路電流 $i_1(t)$ 及 $i_2(t)$。

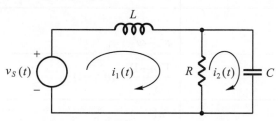

11. 如圖所示之網路，開關一直保持在 a 之位置直至達成穩態為止，在 $t = 0$ 時將開關移至 b，求網路電流 $i_1(t)$ 及 $i_2(t)$。

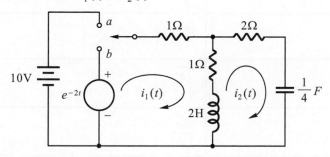

2-9 拉氏轉換常用公式表

	原函數	拉氏轉換
1.	$f(t)$	$F(s) = \mathscr{L}[f(t)] = \int_0^\infty f(t)e^{-st}\,dt$
2.	$c_1 f_1(t) + c_2 f_2(t)$	$c_1 F_1(s) \pm c_2 F_2(s)$
3.	$u(t)$	$\dfrac{1}{s}$

(續前表)

	原函數	拉氏轉換
4.	$e^{\pm at}$	$\dfrac{1}{s \mp a}$
5.	$\sin \omega t$	$\dfrac{\omega}{s^2 + \omega^2}$
6.	$\cos \omega t$	$\dfrac{s}{s^2 + \omega^2}$
7.	$\sinh \omega t$	$\dfrac{\omega}{s^2 - \omega^2}$
8.	$\cosh \omega t$	$\dfrac{s}{s^2 - \omega^2}$
9.	t^n	$\dfrac{\Gamma(n+1)}{s^{n+1}}\quad (n > -1)$
10.	t^n	$\dfrac{n!}{s^{n+1}}\quad (n=1, 2, \cdots)$
11.	t^{n-1}	$\dfrac{\Gamma(n)}{s^n}\quad (n > 0)$
12.	t^{n-1}	$\dfrac{(n-1)!}{s^n}\quad (n=1, 2, \cdots)$
13.	$t^{-\frac{1}{2}}$	$\sqrt{\dfrac{\pi}{s}}$
14.	$t^{\frac{1}{2}}$	$\dfrac{\sqrt{\pi}}{2s^{3/2}}$
15.	$f'(t)$	$sF(s) - f(0)$
16.	$f''(t)$	$s^2 F(s) - sf(0) - f'(0)$
17.	$f^{(n)}(t)$	$s^n F(s) - s^{n-1} f(0) - s^{n-2} f'(0) \cdots s f^{(n-2)}(0) - f^{(n-1)}(0)$
18.	$\displaystyle\int_0^t f(\tau)\, d\tau$	$\dfrac{F(s)}{s}$
19.	$\displaystyle\int_a^t f(\tau)\, d\tau$	$\dfrac{F(s)}{s} + \dfrac{1}{s}\displaystyle\int_a^0 f(\tau)\, d\tau$

(續前表)

	原函數	拉氏轉換
20.	$\int_0^t \int_0^\tau \cdots \int_0^\lambda f(\alpha) d\alpha d\lambda \cdots du d\tau$ (n 重積分)	$\dfrac{F(s)}{s^n}$
21.	$f(at)$	$\dfrac{1}{a} F\left(\dfrac{s}{a}\right)$
22.	$tf(t)$	$-F'(s)$
23.	$t^n f(t)$	$(-1)^n F^{(n)}(s)$
24.	$\dfrac{f(t)}{t}$	$\int_s^\infty F(\lambda) d\lambda$
25.	$\dfrac{f(t)}{t^n}$	$\int_s^\infty \int_\alpha^\infty \cdots \int_u^\infty F(\lambda) d\lambda du \cdots d\alpha$
26.	$e^{\pm at} f(t)$	$F(s \mp a)$
27.	$e^{\pm at} \sin \omega t$	$\dfrac{\omega}{(s \mp a)^2 + \omega^2}$
28.	$e^{\pm at} \cos \omega t$	$\dfrac{s \mp a}{(s \mp a)^2 + \omega^2}$
29.	$e^{\pm at} t^n$	$\dfrac{\Gamma(n+1)}{(s \mp a)^{n+1}} \quad (n > -1)$
30.	$e^{\pm at} t^n$	$\dfrac{n!}{(s \mp a)^{n+1}} \quad (n = 1, 2, \cdots)$
31.	$f(t-a)u(t-a)$	$e^{-as} F(s)$
32.	$f(t)u(t-a)$	$e^{-as} \mathscr{L}[f(t+a)]$
33.	$\delta(t)$	1
34.	$\delta(t-a)$	e^{-as}
35.	$u(t-a)$	$\dfrac{e^{-as}}{s}$
36.	$1 - \cos \omega t$	$\dfrac{\omega^2}{s(s^2 + \omega^2)}$
37.	$\omega t - \sin \omega t$	$\dfrac{\omega^3}{s^2(s^2 + \omega^2)}$

(續前表)

	原函數	拉氏轉換
38.	$\sin \omega t - \omega t \cos \omega t$	$\dfrac{2\omega^3}{(s^2+\omega^2)^2}$
39.	$t \sin \omega t$	$\dfrac{2\omega s}{(s^2+\omega^2)^2}$
40.	$\sin \omega t + \omega t \cos \omega t$	$\dfrac{2\omega s^2}{(s^2+\omega^2)^2}$
41.	$\cos at - \cos bt$	$\dfrac{(b^2-a^2)s}{(s^2+a^2)(s^2+b^2)} \quad (a^2 \neq b^2)$
42.	$f(t)$ (週期為 T)	$\dfrac{1}{1-e^{-TS}}\displaystyle\int_0^T f(t)e^{-st}dt$
43.	$f(t)*g(t) = \displaystyle\int_0^t f(t-\tau)g(\tau)d\tau$ $= \displaystyle\int_0^t f(\tau)g(t-\tau)d\tau$	$F(s)G(s)$
44.	$\dfrac{1}{t}(e^{bt}-e^{at})$	$\ln\dfrac{s-a}{s-b}$
45.	$\dfrac{2}{t}(1-\cos \omega t)$	$\ln\dfrac{s^2+\omega^2}{s^2}$
46.	$\dfrac{2}{t}(1-\cosh \omega t)$	$\ln\dfrac{s^2-\omega^2}{s^2}$
47.	$\dfrac{1}{t}\sin \omega t$	$\tan^{-1}\dfrac{\omega}{s}$
48.	$S_i(t) = \displaystyle\int_0^t \dfrac{\sin \lambda}{\lambda}d\lambda$	$\dfrac{1}{s}\cot^{-1}s$
49.	$\sin \omega t \cosh \omega t - \cos \omega t \sinh \omega t$	$\dfrac{4\omega^3}{s^4+4\omega^4}$
50.	$\sin \omega t \sinh \omega t$	$\dfrac{2\omega^2 s}{s^4+4\omega^4}$
51.	$\sinh \omega t - \sin \omega t$	$\dfrac{2\omega^3}{s^4-\omega^4}$
52.	$\cosh \omega t - \cos \omega t$	$\dfrac{2\omega^2 s}{s^4-\omega^4}$

3

傅立葉分析

本章大綱

3-1 週期函數與傅氏級數

　　在工程及物理問題上常常會遇到週期性函數，這些週期性函數可用正弦與餘弦函數的級數來表示它，此種表示法稱為傅立葉級數(Fourier series)，簡稱傅氏級數。在電子電路、機械系統及通訊理論中其用途相當廣泛。傅氏級數在某些應用上比泰勒級數(Taylor series)更普遍，因不連續之週期函數可用傅氏級數表之，但無法以泰勒級數表之。

1. 週期函數

(1) 定義

在某區域內，對任意實數 t，存在有一最小正數 T，使得函數 $f(t)$ 滿足

$$f(t + nT) = f(t) \tag{3-1}$$

則 $f(t)$ 稱週期性函數，其中 n 為整數，T 為週期，如圖 3-1 所示。

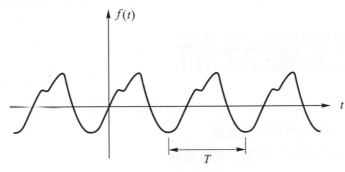

圖 3-1　週期性函數

(2) 線性性質

函數 $f(t)$ 與 $g(t)$ 之週期皆為 T，則其線性組合

$$h(t) = c_1 f(t) + c_2 g(t) \quad (c_1, c_2 \text{ 為常數})$$

之週期亦為 T。

(3) 三角函數，如正弦與餘弦函數，及常數函數皆為週期性函數。

2. 正交函數

(1) 定義

若一組函數 $\phi_n(t)$，$n = 1, 2, 3, \cdots$ 在 $a \leq t \leq b$ 內，其積分之內積

$$(\phi_n, \phi_m) = \int_a^b \phi_n(t)\phi_m(t)dt$$

$$\begin{cases} = 0, & m \neq n \\ \neq 0, & m = n \end{cases}$$

則稱此函數組在 $a \leq t \leq b$ 內為正交函數。

(2) 性質

正弦與餘弦函數為正交函數，設 t_0 為任意實數、$\omega_1 = \dfrac{2\pi}{T}$、$m$ 及 n 為整數，

其定積分具有下列性質：

① $\displaystyle\int_{t_0}^{t_0+T} \cos n\omega_1 t\, dt = 0$，$n \neq 0$

② $\displaystyle\int_{t_0}^{t_0+T} \sin n\omega_1 t\, dt = 0$，所有 n 值

③ $\displaystyle\int_{t_0}^{t_0+T} \cos m\omega_1 t \cos n\omega_1 t\, dt = 0$，$m \neq n$

④ $\displaystyle\int_{t_0}^{t_0+T} \sin m\omega_1 t \sin n\omega_1 t\, dt = 0$，$m \neq n$

⑤ $\displaystyle\int_{t_0}^{t_0+T} \sin m\omega_1 t \cos n\omega_1 t\, dt = 0$，所有 m, n

⑥ $\displaystyle\int_{t_0}^{t_0+T} \cos^2 m\omega_1 t\, dt = \dfrac{T}{2}$，$m \neq 0$

⑦ $\displaystyle\int_{t_0}^{t_0+T} \sin^2 m\omega_1 t\, dt = \dfrac{T}{2}$，$m \neq 0$

3. 傅立葉級數

(1) 條件

若週期性函數 $f(t)$ 能滿足下列三個狄里西雷條件(Dirichlet Condition)：

① 在週期 T 內，其不連續處為有限個。

② 在週期 T 內，其極大值與極小值為有限個。

③　在週期 T 內，其絕對地收斂，即

$$\int_{t_0}^{t_0+T} | f(t) | \, dt < \infty \quad (t_0 \text{爲任一實數})$$

則 $f(t)$ 可用下列無限三角級數表之：

$$f(t) = \frac{a_0}{2} + a_1 \cos \omega_1 t + a_2 \cos 2\omega_1 t + \cdots$$
$$+ b_1 \sin \omega_1 t + b_2 \sin 2\omega_1 t + \cdots$$
$$= \frac{a_0}{2} + \sum_{n=1}^{\infty} (a_n \cos n\omega_1 t + b_n \sin n\omega_1 t) \tag{3-2}$$

其中 $\omega_1 = 2\pi / T$ 爲基本頻率，此三角級數稱爲傅立葉級數。而 a_n, b_n 稱爲傅立葉係數或尤拉係數(Euler coefficient)可用簡單之積分求出。(3-2)式表示週期函數可分解爲由各次之諧波組成，如圖 3-2 所示。

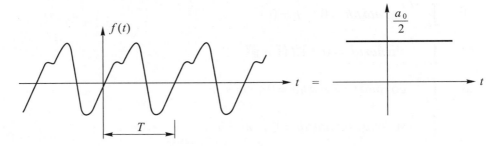

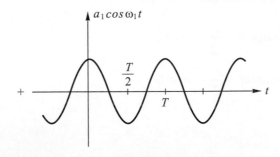

圖 3-2

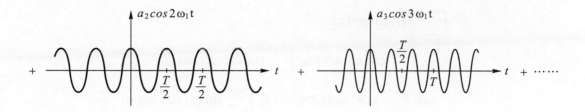

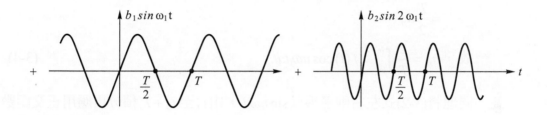

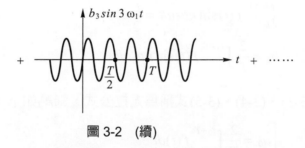

圖 3-2　(續)

(2)　求尤拉係數

① 　先求 a_0

將(3-2)式由 t_0 至 $t_0 + T$ 積分，再應用正交函數之性質①及②得

$$\int_{t_0}^{t_0+T} f(t)dt = \int_{t_0}^{t_0+T} \frac{a_0}{2} dt + \sum_{n=1}^{\infty} \left(a_n \int_{t_0}^{t_0+T} \cos n\omega_1 t dt + b_n \int_{t_0}^{t_0+T} \sin n\omega_1 t dt \right)$$

$$= \frac{T}{2} a_0$$

故　$a_0 = \frac{2}{T} \int_{t_0}^{t_0+T} f(t)dt$　　　　　　　　　　　　　　　　(3-3)

② 　次求 a_n 及 b_n

將(3-2)式左右兩邊乘以 $\cos n\omega_1 t$，由 t_0 至 $t_0 + T$ 積分，再應用正交函數之性質得

$$\int_{t_0}^{t_0+T} f(t)\cos n\omega_1 t\, dt$$

$$= \frac{a_0}{2}\int_{t_0}^{t_0+T}\cos n\omega_1 t\, dt + a_1\int_{t_0}^{t_0+T}\cos \omega_1 t\cos n\omega_1 t\, dt + \cdots$$

$$+ a_n\int_{t_0}^{t_0+T}\cos^2 n\omega_1 t\, dt + \cdots + b_1\int_{t_0}^{t_0+T}\sin \omega_1 t\cos n\omega_1 t\, dt$$

$$+ \cdots + b_n\int_{t_0}^{t_0+T}\sin n\omega_1 t\cos n\omega_1 t\, dt + \cdots$$

$$= \frac{T}{2}a_n$$

故　$a_n = \dfrac{2}{T}\displaystyle\int_{t_0}^{t_0+T} f(t)\cos n\omega_1 t\, dt$ $\hspace{3cm}$ (3-4)

同理將(3-2)式左右兩邊乘以 $\sin n\omega_1 t$，由 t_0 至 $t_0 + T$ 積分再應用正交函數之性質得

$$\int_{t_0}^{t_0+T} f(t)\sin n\omega_1 t\, dt = \frac{T}{2}b_n$$

故　$b_n = \dfrac{2}{T}\displaystyle\int_{t_0}^{t_0+T} f(t)\sin n\omega_1 t\, dt$ $\hspace{3cm}$ (3-5)

(3-3)、(3-4)、(3-5)式稱為尤拉公式，歸納如下：

$$\begin{cases} a_0 = \dfrac{2}{T}\displaystyle\int_{t_0}^{t_0+T} f(t)\, dt & \text{(3-3)}\\[3mm] a_n = \dfrac{2}{T}\displaystyle\int_{t_0}^{t_0+T} f(t)\cos n\omega_1 t\, dt,\ n = 1,\, 2,\, 3,\, \cdots & \text{(3-4)}\\[3mm] b_n = \dfrac{2}{T}\displaystyle\int_{t_0}^{t_0+T} f(t)\sin n\omega_1 t\, dt,\ n = 1,\, 2,\, 3,\, \cdots & \text{(3-5)} \end{cases}$$

在(3-4)式中，如令 $n = 0$，亦可得(3-3)式，故僅應用(3-4)及(3-5)兩式即可求得傅氏級數所有係數，此亦說明何以在(3-2)式之傅氏展開式中，首項用 $a_0/2$ 而不用 a_0 之理由。

在尤拉公式中，t_0 可為任意值，在實用上，為簡便計，均設 $t_0 = 0$ 或 $t_0 = -T/2$。

③ 若週期 $T = 2\pi$ 時，則傅氏級數可表之如下：

$$f(t) = \frac{a_0}{2} + a_1 \cos t + a_2 \cos 2t + \cdots + b_1 \sin t + b_2 \sin 2t + \cdots$$

$$= \frac{a_0}{2} + \sum_{n=1}^{\infty}(a_n \cos nt + b_n \sin nt) \tag{3-6}$$

尤拉公式為：

$$a_0 = \frac{1}{\pi} \int_d^{d+2\pi} f(t)dt \tag{3-7}$$

$$a_n = \frac{1}{\pi} \int_d^{d+2\pi} f(t)\cos nt\, dt, \, n = 1, 2, 3, \cdots \tag{3-8}$$

$$b_n = \frac{1}{\pi} \int_d^{d+2\pi} f(t)\sin nt\, dt, \, n = 1, 2, 3, \cdots \tag{3-9}$$

其中 d 為任意值，在實用上，選 $d = 0$ 或 $d = -\pi$。

範例 1　EXAMPLE

如圖 3-3 所示之函數 $f(t)$ 在一週期內之定義如下：

$$f(t) = \begin{cases} H, & 0 < t < \dfrac{T}{2} \\ 0, & \dfrac{T}{2} < t < T \end{cases}$$

求其傅立葉級數。

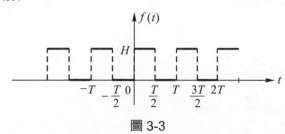

圖 3-3

解 $\omega_1 = \dfrac{2\pi}{T}$，傅氏級數為 $f(t) = \dfrac{a_0}{2} + \displaystyle\sum_{n=1}^{\infty}(a_n \cos n\omega_1 t + b_n \sin n\omega_1 t)$

在尤拉公式中選在 $t_0 = 0$，則

① $a_0 = \dfrac{2}{T}\displaystyle\int_0^T f(t)dt = \dfrac{2}{T}\left[\int_0^{T/2} Hdt + \int_{T/2}^T 0 \cdot dt\right] = H$

$a_n = \dfrac{2}{T}\displaystyle\int_0^T f(t)\cos n\omega_1 t\, dt$

$= \dfrac{2}{T}\left[\displaystyle\int_0^{T/2} H\cos\left(n\dfrac{2\pi t}{T}\right)dt + \int_{T/2}^T 0\cdot\cos\left(n\dfrac{2\pi}{T}t\right)dt\right]$

$= \dfrac{2H}{T}\dfrac{T}{2n\pi}\left(\sin\dfrac{2n\pi}{T}t\right)\Big|_0^{T/2}$

$= 0, \quad n \neq 0$

② $b_n = \dfrac{2}{T}\displaystyle\int_0^T f(t)\sin n\omega_1 t\, dt$

$= \dfrac{2}{T}\left[\displaystyle\int_0^{T/2} H\sin\left(\dfrac{2n\pi}{T}t\right)dt + \int_{T/2}^T 0\cdot\sin\left(\dfrac{2n\pi}{T}t\right)dt\right]$

$= \dfrac{2H}{T}\dfrac{T}{2n\pi}\left(-\cos\dfrac{2n\pi}{T}t\right)\Big|_0^{T/2}$

$= \dfrac{H}{n\pi}(-\cos n\pi + 1)$

$= \begin{cases} 0, & n = 偶數 \\ \dfrac{2H}{n\pi}, & n = 奇數 \end{cases}$

③ $f(t)$ 之傅立葉級數為

$f(t) = \dfrac{H}{2} + \dfrac{2H}{\pi}\left(\sin\dfrac{2\pi}{T}t + \dfrac{1}{3}\sin\dfrac{6\pi}{T}t + \dfrac{1}{5}\sin\dfrac{10\pi}{T}t + \cdots\right)$

傅氏級數前部分之和為

$S_1 = \dfrac{H}{2}$

$S_2 = \dfrac{H}{2} + \dfrac{2H}{\pi}\sin\dfrac{2\pi}{T}t$

$S_3 = \dfrac{H}{2} + \dfrac{2H}{\pi}\left(\sin\dfrac{2\pi}{T}t + \dfrac{1}{3}\sin\dfrac{6\pi}{T}t\right)$

$S_4 = \dfrac{H}{2} + \dfrac{2H}{\pi}\left(\sin\dfrac{2\pi}{T}t + \dfrac{1}{3}\sin\dfrac{6\pi}{T}t + \dfrac{1}{5}\sin\dfrac{10\pi}{T}t\right)$

其前部分和之圖形繪於圖 3-4 中，由圖可知所取級數項數愈多，愈接近原來圖形。

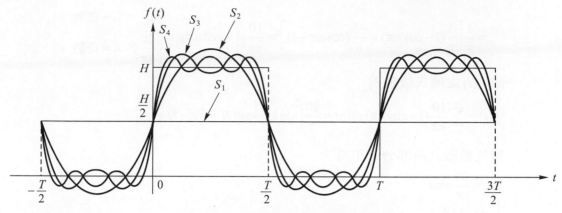

圖 3-4　傅氏級數前部分和之圖形

範例 2　EXAMPLE

一方波如圖 3-5 所示，在一週期之函數為

$$f(t) = \begin{cases} -5, & -\pi < t < 0 \\ 5, & 0 < t < \pi \end{cases}$$

求其傅立葉級數。

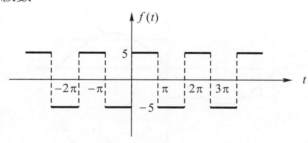

圖 3-5

解　$T = 2\pi$，傅氏級數為 $f(t) = \dfrac{a_0}{2} + \sum_{n=1}^{\infty} (a_n \cos nt + b_n \sin nt)$

在尤拉公式中選 $d = -\pi$，則

① $a_0 = \dfrac{1}{\pi} \int_{-\pi}^{0} (-5)dt + \dfrac{1}{\pi} \int_{0}^{\pi} 5dt = 0$

② $a_n = \dfrac{1}{\pi} \left[\int_{-\pi}^{0} (-5)\cos nt\, dt + \int_{0}^{\pi} 5\cos nt\, dt \right] = \dfrac{1}{\pi} \left[-5 \left(\dfrac{\sin nt}{n} \right) \Big|_{-\pi}^{0} + 5 \left(\dfrac{\sin nt}{n} \right) \Big|_{0}^{\pi} \right] = 0$

③ $b_n = \dfrac{1}{\pi} \left[\int_{-\pi}^{0} (-5)\sin nt\, dt + \int_{0}^{\pi} 5\sin nt\, dt \right] = \dfrac{1}{\pi} \left[5 \left(\dfrac{\cos nt}{n} \right) \Big|_{-\pi}^{0} + (-5) \left(\dfrac{\cos nt}{n} \right) \Big|_{0}^{\pi} \right]$

$$= \frac{1}{\pi}\left[\frac{5}{n}(1-\cos n\pi) + \frac{-5}{n}(\cos n\pi - 1)\right] = \frac{10}{n\pi}(1-\cos n\pi) = \begin{cases} 0, & n = 偶數 \\ \dfrac{20}{n\pi}, & n = 奇數 \end{cases}$$

故 $f(t)$ 之傅氏級數為

$$f(t) = \sum_{n=1}^{\infty}\frac{10}{n\pi}(1-\cos n\pi)\sin nt = \frac{20}{\pi}\left(\sin t + \frac{1}{3}\sin 3t + \frac{1}{5}\sin 5t + \cdots\right)$$

傅氏級數其前部分之和為

$$\begin{cases} S_1 = \dfrac{20}{\pi}\sin t \\[2mm] S_2 = \dfrac{20}{\pi}\left(\sin t + \dfrac{1}{3}\sin 3t\right) \\[2mm] S_3 = \dfrac{20}{\pi}\left(\sin t + \dfrac{1}{3}\sin 3t + \dfrac{1}{5}\sin 5t\right) \end{cases}$$

S_1, S_2, S_3 之圖繪於圖 3-6，由圖知當所取之項數愈多，愈接近原來之圖形。

令 $t = \dfrac{\pi}{2}$ 代入 $f(t)$，可得一無限多項級數之和。$f\left(\dfrac{\pi}{2}\right) = 5 = \dfrac{20}{\pi}\left(1 - \dfrac{1}{3} + \dfrac{1}{5} - \dfrac{1}{7} + \cdots\right)$

故 $1 - \dfrac{1}{3} + \dfrac{1}{5} - \dfrac{1}{7} + \cdots = \dfrac{\pi}{4}$ 。

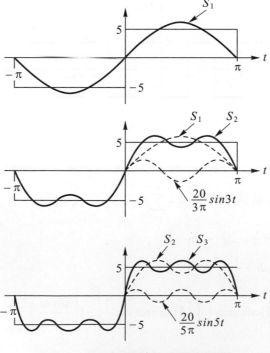

圖 3-6　傅氏級數前部分和之圖形

範例 3　EXAMPLE

週期函數表之如下：

$$f(t) = \begin{cases} 0, & -\pi < t < 0 \\ 2\sin t, & 0 < t < \pi \end{cases}$$

求其傅立葉級數。

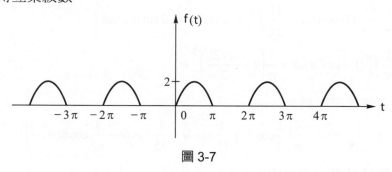

圖 3-7

解　$T = 2\pi$ ，傅氏級數為 $f(t) = \dfrac{a_0}{2} + \displaystyle\sum_{n=1}^{\infty}(a_n \cos nt + b_n \sin nt)$

在尤拉公式中選 $d = -\pi$

① $a_0 = \dfrac{1}{\pi}\displaystyle\int_{-\pi}^{\pi} f(t)dt = \dfrac{1}{\pi}\left[\int_{-\pi}^{0} 0 \cdot dt + \int_{0}^{\pi} 2\sin t\,dt\right] = \dfrac{4}{\pi}$

② $a_n = \dfrac{1}{\pi}\displaystyle\int_{-\pi}^{\pi} f(t)\cos nt\,dt = \dfrac{1}{\pi}\left[\int_{-\pi}^{0} 0 \cdot \cos nt\,dt + \int_{0}^{\pi} 2\sin t\cos nt\,dt\right]$

$= \dfrac{1}{\pi}\displaystyle\int_{0}^{\pi}\left[\sin(1+n)t + \sin(1-n)t\right]dt = \dfrac{-1}{\pi}\left[\dfrac{\cos(1+n)t}{1+n} + \dfrac{\cos(1-n)t}{1-n}\right]_{0}^{\pi}$

$= -\dfrac{1}{\pi}\left[\dfrac{\cos(\pi + n\pi)}{1+n} + \dfrac{\cos(\pi - n\pi)}{1-n} - \left(\dfrac{1}{1+n} + \dfrac{1}{1-n}\right)\right]$

$= -\dfrac{1}{\pi}\left(-\dfrac{\cos n\pi}{1+n} - \dfrac{\cos n\pi}{1-n} - \dfrac{2}{1-n^2}\right)$

$= \dfrac{1}{\pi}\left[\dfrac{(1-n)\cos n\pi + (1+n)\cos n\pi}{1-n^2} + \dfrac{2}{1-n^2}\right]$

$= \dfrac{2(\cos n\pi + 1)}{\pi(1-n^2)}$ ， $n \neq 1$

$= \begin{cases} \dfrac{4}{\pi(1-n^2)}, & n = 偶數 \\ 0, & n = 奇數 \end{cases}$

$$a_1 = \frac{1}{\pi} \int_{-\pi}^{\pi} f(t)\cos t\, dt = \frac{1}{\pi}\left[\int_{-\pi}^{0} 0\cos t\, dt + \int_{0}^{\pi} 2\sin t\cos t\, dt\right] = 0$$

③ $b_n = \frac{1}{\pi} \int_{-\pi}^{\pi} f(t)\sin nt\, dt = \frac{1}{\pi}\left[\int_{-\pi}^{0} 0\cdot\sin nt\, dt + \int_{0}^{\pi} 2\sin t\sin nt\, dt\right]$

$$= \frac{-1}{\pi}\int_{0}^{\pi}[\cos(1+n)t - \cos(1-n)t]dt = -\frac{1}{\pi}\left[\frac{\sin(1+n)t}{1+n} - \frac{\sin(1-n)t}{1-n}\right]_0^{\pi}$$

$$= 0 \text{ , } n \neq 1$$

$$b_1 = \frac{1}{\pi}\int_{-\pi}^{\pi} f(t)\sin t\, dt = \frac{1}{\pi}\left[\int_{-\pi}^{0} 0\cdot\sin t\, dt + \int_{0}^{\pi} 2\sin t\sin t\, dt\right]$$

$$= \frac{1}{\pi}\int_{0}^{\pi}(1-\cos 2t)dt = \frac{1}{\pi}\left(t - \frac{\sin 2t}{2}\right)\Big|_0^{\pi} = 1$$

故 $f(t)$ 之傅氏級數為

$$f(t) = \frac{2}{\pi} + \sin t - \frac{4}{\pi}\left(\frac{1}{3}\cos 2t + \frac{1}{15}\cos 4t + \frac{1}{35}\cos 6t + \frac{1}{63}\cos 8t + \cdots\right)$$

傅氏級數其前部分之和為

$$\begin{cases} S_1 = \dfrac{2}{\pi} \\[2mm] S_2 = \dfrac{2}{\pi} + \sin t \\[2mm] S_3 = \dfrac{2}{\pi} + \sin t - \dfrac{4}{3\pi}\cos 2t \end{cases}$$

S_1, S_2, S_3 之圖繪於圖 3-8，由圖知當所取之項數愈多愈接近原來之圖形。

利用傅氏級數可求得無限多項級數之和。

① 令 $t = \dfrac{\pi}{2}$ 代入，則

$$f\left(\frac{\pi}{2}\right) = 2 = \frac{2}{\pi} + 1 - \frac{4}{\pi}\left(-\frac{1}{3} + \frac{1}{15} - \frac{1}{35} + \frac{1}{63} - \cdots\right)$$

得 $\dfrac{1}{1\cdot 3} - \dfrac{1}{3\cdot 5} + \dfrac{1}{5\cdot 7} - \dfrac{1}{7\cdot 9} + \cdots = \dfrac{\pi-2}{4}$

② 令 $t = 0$ 代入，則

$$f(0) = 0 = \frac{2}{\pi} - \frac{4}{\pi}\left(\frac{1}{3} + \frac{1}{15} + \frac{1}{35} + \frac{1}{63} + \cdots\right)$$

得 $\dfrac{1}{1\cdot 3} + \dfrac{1}{3\cdot 5} + \dfrac{1}{5\cdot 7} + \dfrac{1}{7\cdot 9} + \cdots = \dfrac{1}{2}$

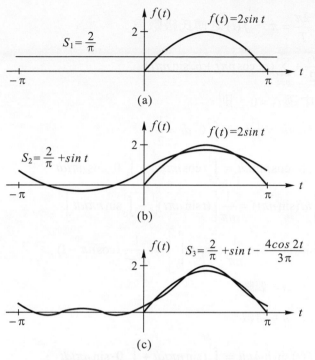

圖 3-8　傅氏級數前部分和之圖形

週期函數 $f(t)$ 如圖 3-9 所示，在一週期內之定義如下：

$$f(t) = \begin{cases} t, & 0 < t < 1 \\ 0, & 1 < t < 2 \end{cases}$$

求其傅立葉級數。

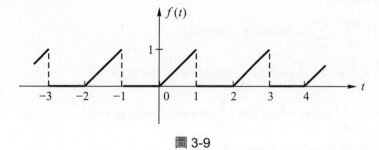

圖 3-9

解　$T = 2$、$\omega_1 = \dfrac{2\pi}{T} = \pi$、$f(t)$ 之傅氏級數為

$$f(t) = \frac{a_0}{2} + \sum_{n=1}^{\infty}(a_n \cos n\pi t + b_n \sin n\pi t)$$

在尤拉公式中選 $t_0 = 0$，則

① $a_0 = \dfrac{2}{T}\displaystyle\int_0^T f(t)dt = \int_0^1 t\,dt + \int_1^2 0 \cdot dt = \dfrac{1}{2}$

② $a_n = \dfrac{2}{T}\displaystyle\int_0^T f(t)\cos n\omega_1 t\,dt = \int_0^1 t\cos n\pi t\,dt + \int_1^2 0\cdot\cos n\pi t\,dt$

$\qquad = \dfrac{1}{n\pi}\displaystyle\int_0^1 t\,d(\sin n\pi t) = \dfrac{1}{n\pi}\left[(t\sin n\pi t)\Big|_0^1 - \int_0^1 \sin n\pi t\,dt \right]$

$\qquad = \dfrac{1}{n\pi}\left[(\sin n\pi - 0) + \dfrac{1}{n\pi}\cos n\pi t\Big|_0^1 \right] = \dfrac{1}{n^2\pi^2}(\cos n\pi - 1)$

$\qquad = \begin{cases} 0, & n = 偶數 \\[2mm] \dfrac{-2}{n^2\pi^2}, & n = 奇數 \end{cases}$

③ $b_n = \dfrac{2}{T}\displaystyle\int_0^T f(t)\sin n\omega_1 t\,dt = \int_0^1 t\sin n\pi t\,dt + \int_1^2 0\cdot\sin n\pi t\,dt$

$\qquad = \dfrac{-1}{n\pi}\displaystyle\int_0^1 t\,d(\cos n\pi t) = \dfrac{-1}{n\pi}\left[(t\cos n\pi t)\Big|_0^1 - \int_0^1 \cos n\pi t\,dt \right]$

$\qquad = \dfrac{-1}{n\pi}\left[(\cos n\pi - 0) - \dfrac{1}{n\pi}(\sin n\pi t)\Big|_0^1 \right] = \dfrac{-1}{n\pi}\left[\cos n\pi - \dfrac{1}{n\pi}(0 - 0) \right]$

$\qquad = \dfrac{-1}{n\pi}\cos n\pi = \begin{cases} \dfrac{-1}{n\pi}, & n = 偶數 \\[3mm] \dfrac{1}{n\pi}, & n = 奇數 \end{cases}$

$f(t)$ 之傅氏級數為

$$f(t) = \frac{a_0}{2} + \sum_{n=1}^{\infty}(a_n \cos n\pi t + b_n \sin n\pi t)$$

$$= \frac{1}{4} + \frac{-2}{\pi^2}\left(\frac{1}{1^2}\cos \pi t + \frac{1}{3^2}\cos 3\pi t + \frac{1}{5^2}\cos 5\pi t + \cdots \right)$$

$$+ \frac{1}{\pi}\left(\sin \pi t - \frac{1}{2}\sin 2\pi t + \frac{1}{3}\sin 3\pi t - \frac{1}{4}\sin 4\pi t + \cdots \right)$$

令 $t = 0$ 代入可得無限多項數級數之和

$$f(0) = 0 = \frac{1}{4} + \frac{-2}{\pi^2}\left(\frac{1}{1^2} + \frac{1}{3^2} + \frac{1}{5^2} + \cdots \right)$$

故　$\dfrac{1}{1^2} + \dfrac{1}{3^2} + \dfrac{1}{5^2} + \cdots = \dfrac{\pi^2}{8}$

3-1 習題

已知各週期性函數 $f(t)$ 在週期內之定義如下，試繪其圖形，並求其傅氏級數。

1. $f(t) = \begin{cases} 2, & 0 < t < 2 \\ 0, & 2 < t < 4 \end{cases}$

2. $f(t) = \begin{cases} t, & 0 < t < 1 \\ 1-t, & 1 < t < 2 \end{cases}$

3. $f(t) = \begin{cases} 1, & -1 < t < 0 \\ -t, & 0 < t < 1 \end{cases}$

4. $f(t) = \begin{cases} 3, & -2 < t < 0 \\ 3e^{-t}, & 0 < t < 2 \end{cases}$

5. $f(t) = t$ ， $0 < t < 2\pi$

6. $f(t) = \begin{cases} \cos t, & -\pi < t < 0 \\ \sin t, & 0 < t < \pi \end{cases}$

7. $f(t) = \begin{cases} -3, & 0 < t < \dfrac{\pi}{2} \\ 0, & \dfrac{\pi}{2} < t < 2\pi \end{cases}$

8. $f(t) = \begin{cases} 2, & 0 < t < \dfrac{2}{3}\pi \\ 0, & \dfrac{2}{3}\pi < t < \dfrac{4}{3}\pi \\ -2, & \dfrac{4}{3}\pi < t < 2\pi \end{cases}$

9. $f(t) = \begin{cases} 2, & -\pi < t < 0 \\ 1, & 0 < t < \pi \end{cases}$

10. $f(t) = \begin{cases} 0, & -1 < t < 0 \\ \sin \pi t, & 0 < t < 1 \end{cases}$

11. $f(t) = \begin{cases} -t, & -1 < t < 0 \\ 0, & 0 < t < 1 \end{cases}$

12. $f(t) = e^t$ ， $0 < t < 2\pi$

已知週期性函數如下圖所示,求其傅氏級數。

13.

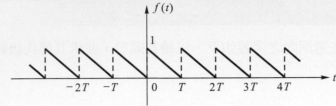

14.

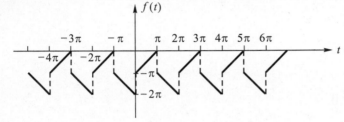

3-2 ‖ 偶函數與奇函數之傅氏級數

1. 偶函數與奇函數之定義

(1) 偶函數

若 $f(-t) = f(t)$ 時,則 $f(t)$ 稱為偶函數,其函數圖形對稱於垂直軸,如圖 3-10 所示。

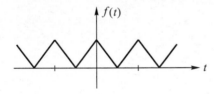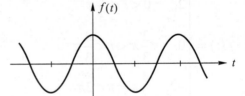

圖 3-10 偶函數

(2) 奇函數

若 $f(-t) = -f(t)$ 時,則 $f(t)$ 稱為奇函數,其函數圖形對稱於原點,如圖 3-11 所示。

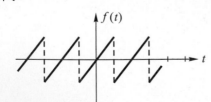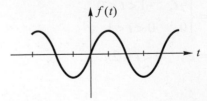

圖 3-11 奇函數

2. 推論

(1) 偶函數×偶函數=偶函數，因 $f_1(-t) \times f_2(-t) = f_1(t) \times f_2(t)$

(2) 奇函數×奇函數=偶函數，因 $f_1(-t) \times f_2(-t) = [-f_1(t)] \times [-f_2(t)] = f_1(t) \times f_2(t)$

(3) 偶函數×奇函數=奇函數，因 $f_1(-t) \times f_2(-t) = f_1(t) \times [-f_2(t)] = -f_1(t) \times f_2(t)$

(4) 若 $f(t)$ 為偶函數，則 $\int_{-T/2}^{T/2} f(t) dt = 2 \int_{0}^{T/2} f(t) dt$

(5) 若 $f(t)$ 為奇函數，則 $\int_{-T/2}^{T/2} f(t) dt = 0$

3. 偶函數與奇函數之傅氏級數

❖ 定理 1

(1) 偶函數之傅氏級數

若 $f(t)$ 為偶函數，則其傅氏級數為餘弦級數，表之如下：

$$f(t) = \frac{a_0}{2} + \sum_{n=1}^{\infty} a_n \cos n\omega_1 t, \quad \omega_1 = \frac{2\pi}{T} \tag{3-10}$$

其中 $\begin{cases} a_0 = \dfrac{4}{T} \displaystyle\int_{0}^{T/2} f(t) dt \\[3mm] a_n = \dfrac{4}{T} \displaystyle\int_{0}^{T/2} f(t) \cos n\omega_1 t\, dt \quad n = 1, 2, 3, \cdots \end{cases}$

(2) 奇函數之傅氏級數

若 $f(t)$ 為奇函數，則其傅氏級數為正弦級數，表之如下：

$$f(t) = \sum_{n=1}^{\infty} b_n \sin n\omega_1 t, \quad \omega_1 = \frac{2\pi}{T} \tag{3-11}$$

其中 $b_n = \dfrac{4}{T} \displaystyle\int_{0}^{T/2} f(t) \sin n\omega_1 t\, dt \quad n = 1, 2, 3, \cdots$

範例 1 EXAMPLE

週期函數 $f(t)$ 如圖 3-12 所示，在一週期內之定義如下：

$$f(t) = \begin{cases} 0, & -2 < t < -1 \\ H, & -1 < t < 1 \\ 0, & 1 < t < 2 \end{cases}$$

求其傅立葉級數。

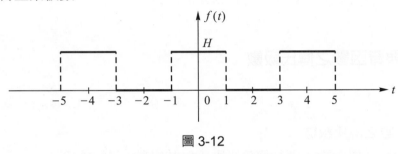

圖 3-12

解 $f(t)$ 為偶函數，其傅氏級數僅有餘弦項，即 $b_n = 0$，又

$T = 4$，$\omega_1 = \dfrac{2\pi}{T} = \dfrac{\pi}{2}$，故

① $a_0 = \dfrac{4}{T} \displaystyle\int_0^{T/2} f(t)dt = \int_0^1 Hdt + \int_1^2 0 \cdot dt = H$

② $a_n = \dfrac{4}{T} \displaystyle\int_0^{T/2} f(t)\cos n\omega_1 t dt = \int_0^1 H \cos \dfrac{n\pi}{2} t dt + \int_1^2 0 \cdot \cos \dfrac{n\pi}{2} t dt$

$$= \dfrac{2H}{n\pi}\left(\sin\dfrac{n\pi}{2}t\right)\Big|_0^1 = \dfrac{2H}{n\pi}\sin\dfrac{n\pi}{2} = \begin{cases} 0, & n = 偶數 \\ \dfrac{2H}{n\pi}, & n = 1, 5, 9, \cdots \\ -\dfrac{2H}{n\pi}, & n = 3, 7, 11, \cdots \end{cases}$$

$f(t)$ 之傅氏級數為

$$f(t) = \dfrac{a_0}{2} + \sum_{n=1}^{\infty} a_n \cos n\omega_1 t$$

$$= \dfrac{H}{2} + \dfrac{2H}{\pi}\left(\cos\dfrac{\pi}{2}t - \dfrac{1}{3}\cos\dfrac{3\pi}{2}t + \dfrac{1}{5}\cos\dfrac{5\pi}{2}t + \cdots\right)$$

$$= \dfrac{H}{2} + \dfrac{2H}{\pi}\sum_{n=1}^{\infty}(-1)^{n-1}\dfrac{1}{2n-1}\cos\dfrac{(2n-1)\pi}{2}t$$

範例 2　　EXAMPLE

週期函數 $f(t)$ 如圖 3-13 所示，在一週期內之定義如下：

$$f(t) = 2t , \quad -\pi < t < \pi$$

求其傅立葉級數。

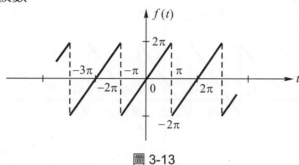

圖 3-13

解　$f(t)$ 為奇函數，其傅氏級數僅有正弦項，即 $a_n = 0$，

而 $T = 2\pi$，故

$$b_n = \frac{2}{\pi}\int_0^\pi f(t)\sin nt\,dt = \frac{2}{\pi}\int_0^\pi 2t\sin nt\,dt$$

$$= \frac{-4}{n\pi}\int_0^\pi t\,d(\cos nt) = \frac{-4}{n\pi}\left[(t\cos nt)\Big|_0^\pi - \int_0^\pi \cos nt\,dt\right]$$

$$= \frac{-4}{n\pi}\left[(\pi\cos n\pi - 0) - \frac{1}{\pi}(\sin nt)\Big|_0^\pi\right] = \frac{-4}{n\pi}\left[\pi\cos n\pi - \frac{1}{n}(0-0)\right]$$

$$= -\frac{4}{n}\cos n\pi = \begin{cases} -\dfrac{4}{n}, & n = 偶數 \\[2mm] \dfrac{4}{n}, & n = 奇數 \end{cases}$$

$f(t)$ 之傅氏級數為

$$f(t) = \sum_{n=1}^{\infty} b_n \sin nt = 4\left(\sin t - \frac{1}{2}\sin 2t + \frac{1}{3}\sin 3t - \frac{1}{4}\sin 4t + \cdots\right)$$

4.　傅氏係數之線性性質

❖ 定理 2

(1)　$f_1(t) + f_2(t)$ 之傅氏係數為 $f_1(t)$ 之傅氏係數與 $f_2(t)$ 之傅氏係數之和。

(2)　$cf(t)$ 的傅氏係數為 $f(t)$ 之傅氏係數乘以 c。

範例 3   EXAMPLE

週期函數 $f(t)$ 如圖 3-14 所示,在一週期內之定義如下:

$$f(t) = \pi + 2t \ , \ -\pi < t < \pi$$

求其傅立葉級數。

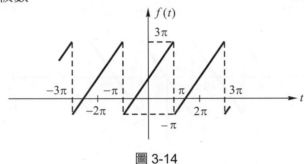

圖 3-14

解　令 $f(t) = f_1(t) + f_2(t)$,其中 $\begin{cases} f_1(t) = \pi \\ f_2(t) = 2t \end{cases}$, $-\pi < t < \pi$

$f_1(t)$ 為常數,故 $f_1(t)$ 之傅氏級數亦為 $f_1(t) = \pi$

$f_2(t)$ 之傅氏級數即為上例之形式,故 $f(t)$ 之傅氏級數為

$$f(t) = \pi + 4\left(\sin t - \frac{1}{2}\sin 2t + \frac{1}{3}\sin 3t - \frac{1}{4}\sin 4t + \cdots \right)$$

Problem

3-2　習題

已知各週期性函數 $f(t)$ 在週期內之定義如下,試繪其圖形,並求其傅氏級數。(這些函數有些為偶函數或奇函數)

1.　$f(t) = |t| \ , \ -3 < t < 3$

2.　$f(t) = |\cos t| \ , \ -\pi < t < \pi$

3.　$f(t) = \begin{cases} 2, & -2\pi < t < -\pi \\ 1, & -\pi < t < \pi \\ 2, & \pi < t < 2\pi \end{cases}$

4.　$f(t) = \begin{cases} e^{-t}, & -2\pi < t < 0 \\ e^{t}, & 0 < t < 2\pi \end{cases}$

5.　$f(t) = \begin{cases} 1+t, & -1 < t < 0 \\ 1-t, & 0 < t < 1 \end{cases}$

6. $f(t) = \begin{cases} t, & -\dfrac{\pi}{8} < t < \dfrac{\pi}{8} \\ \dfrac{\pi}{4} - t, & \dfrac{\pi}{8} < t < \dfrac{3\pi}{8} \end{cases}$

7. $f(t) = \sin \pi t$ ， $0 < t < 1$

8. $f(t) = |\sin t|$ ， $-\pi < t < \pi$

9. $f(t) = 2t^2$ ， $-1 < t < 1$

10. $f(t) = \begin{cases} 0, & -\pi < t < 0 \\ 4k, & 0 < t < \pi \end{cases}$

11. $f(t) = 3t - 2$ ， $-4 < t < 4$

3-3 ┃ 傅氏級數半幅展開式

　　在實際物理及工程應用上,欲將傅氏級數用到有限區域內之函數 $f(t)$，必須將此有限範圍內之函數作半週期，向兩方繼續延伸，使成為一無限之週期性函數，以便使用傅氏級數表示原函數，此稱為半幅展開式，如圖 3-15 所示，一般半幅展開分為下列兩種情形：

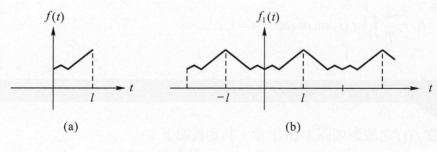

(a)　　　　　　　　　(b)

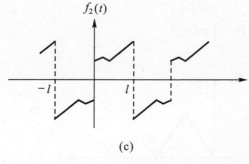

(c)

圖 3-15

1. 半幅餘弦展開

即偶函數週期展開，如圖 3-15(b)所示，週期 $T = 2l$ ，基本頻率 $\omega_1 = \dfrac{2\pi}{T} = \dfrac{\pi}{l}$ ，其

半幅餘弦展開式為

$$f(t) = \frac{a_0}{2} + \sum_{n=1}^{\infty} a_n \cos n\omega_1 t$$

其中
$$\begin{cases} a_0 = \dfrac{4}{T} \displaystyle\int_0^{\frac{T}{2}} f(t)dt \\[3mm] a_n = \dfrac{4}{T} \displaystyle\int_0^{\frac{T}{2}} f(t) \cos n\omega_1 t\, dt \quad n = 1, 2, 3, \cdots \end{cases}$$

2. 半幅正弦展開

即奇函數週期展開，如圖 3-15(c)所示，週期 $T = 2l$ ，基本頻率 $\omega_1 = \dfrac{2\pi}{T} = \dfrac{\pi}{l}$ ，其

半幅正弦展開式為

$$f(t) = \sum_{n=1}^{\infty} b_n \sin n\omega_1 t$$

其中
$$b_n = \frac{4}{T} \int_0^{\frac{T}{2}} f(t) \sin n\omega_1 t\, dt \quad n = 1, 2, 3, \cdots$$

範例 1 ▎ EXAMPLE

函數 $f(t)$ 之波形如圖 3-16 所示，其定義如下：

$$f(t) = \begin{cases} kt, & 0 < t < 1 \\ k(2-t), & 1 < t < 2 \end{cases}$$

求其半幅展開式。

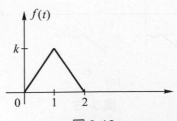

圖 3-16

解 ①半幅餘弦展開：

以 0 至 2 為半週期，擴展成偶函數，如圖 3-17 所示，週期 $T = 4$，基本頻率 $\omega_1 = \dfrac{2\pi}{T} = \dfrac{\pi}{2}$，故

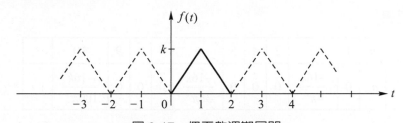

圖 3-17　偶函數週期展開

$$a_0 = \frac{4}{T}\int_0^{T/2} f(t)dt = \int_0^1 kt\,dt + \int_1^2 k(2-t)dt$$

$$= \frac{1}{2}(kt^2)\Big|_0^1 + \left(2kt - \frac{1}{2}kt^2\right)\Big|_1^2 = k$$

$$a_n = \frac{4}{T}\int_0^{T/2} f(t)\cos n\omega_1 t\,dt = \int_0^2 f(t)\cos\frac{n\pi}{2}t\,dt$$

$$= \int_0^1 kt\cos\frac{n\pi t}{2}\,dt + \int_1^2 k(2-t)\cos\frac{n\pi t}{2}\,dt$$

$$= \frac{2k}{n\pi}\int_0^1 t\,d\left(\sin\frac{n\pi t}{2}\right) + \left(\frac{4k}{n\pi}\sin\frac{n\pi t}{2}\right)\Big|_1^2 - \frac{2k}{n\pi}\int_1^2 t\,d\left(\sin\frac{n\pi t}{2}\right)$$

$$= \frac{2k}{n\pi}\left[\left(t\sin\frac{n\pi t}{2}\right)\Big|_0^1 - \int_0^1 \sin\frac{n\pi t}{2}\,dt\right]$$

$$+ \frac{4k}{n\pi}\left(\sin n\pi - \sin\frac{n\pi}{2}\right) - \frac{2k}{n\pi}\left[\left(t\sin\frac{n\pi t}{2}\right)\Big|_1^2 - \int_1^2 \sin\frac{n\pi t}{2}\,dt\right]$$

$$= \frac{2k}{n\pi}\left[\left(\sin\frac{n\pi}{2} - 0\right) + \left(\frac{2}{n\pi}\cos\frac{n\pi t}{2}\right)\Big|_0^1\right]$$

$$+ \frac{4k}{n\pi}\left(0 - \sin\frac{n\pi}{2}\right) - \frac{2k}{n\pi}\left[\left(2\sin n\pi - \sin\frac{n\pi}{2}\right) + \left(\frac{2}{n\pi}\cos\frac{n\pi t}{2}\right)\Big|_1^2\right]$$

$$= \frac{2k}{n\pi}\left[\sin\frac{n\pi}{2} + \frac{2}{n\pi}\left(\cos\frac{n\pi}{2} - 1\right)\right] - \frac{4k}{n\pi}\sin\frac{n\pi}{2}$$

$$- \frac{2k}{n\pi}\left[\left(0 - \sin\frac{n\pi}{2}\right) + \frac{2}{n\pi}\left(\cos n\pi - \cos\frac{n\pi}{2}\right)\right]$$

$$= \frac{4k}{n^2\pi^2}\left(\cos\frac{n\pi}{2}-1\right)-\frac{4k}{n^2\pi^2}\left(\cos n\pi-\cos\frac{n\pi}{2}\right)$$

$$= \frac{4k}{n^2\pi^2}\left(2\cos\frac{n\pi}{2}-\cos n\pi-1\right)$$

由是得

n	1	2	3	4	5	6	7	8	9	10	⋯
a_n	0	$\dfrac{-16k}{4\pi^2}$	0	0	0	$\dfrac{-16k}{36\pi^2}$	0	0	0	$\dfrac{-16k}{100\pi^2}$	⋯

故所得之半幅餘弦展開為

$$f(t)=\frac{k}{2}-\frac{16k}{\pi^2}\left(\frac{1}{2^2}\cos\pi t+\frac{1}{6^2}\cos 3\pi t+\frac{1}{10^2}\cos 5t+\cdots\right)$$

②半幅正弦展開：

以 0 至 2 為半週期，擴成奇函數，如圖 3-18 所示，週期 $T=4$ 基本頻率 $\omega_1=\dfrac{2\pi}{T}=\dfrac{\pi}{2}$，故

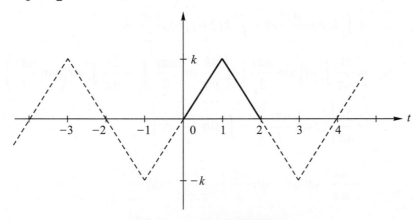

圖 3-18　奇函數週期展開

$$b_n=\frac{4}{T}\int_0^{T/2}f(t)\sin n\omega_1 t\,dt=\int_0^2 f(t)\sin\frac{n\pi}{2}t\,dt$$

$$=\int_0^1 kt\sin\frac{n\pi}{2}t\,dt+\int_1^2 k(2-t)\sin\frac{n\pi}{2}t\,dt=\frac{8k}{n^2\pi^2}\sin\frac{n\pi}{2}$$

$$=\begin{cases}0, & n=偶數\\[2mm]\dfrac{8k}{n^2\pi^2}, & n=1,5,9,\cdots\\[3mm]-\dfrac{8k}{n^2\pi^2}, & n=3,7,11\end{cases}$$

故所得之半幅餘弦展開為

$$f(t) = \frac{8k}{\pi^2}\left(\frac{1}{1^2}\sin\frac{\pi}{2}t - \frac{1}{3^2}\sin\frac{3\pi}{2}t + \frac{1}{5^2}\sin\frac{5\pi}{2}t - \cdots\right)$$

Problem 3-3 習題

試將下列函數作半幅餘弦展開，並繪其圖形。

1. $f(t) = \begin{cases} 0, & 0 < t < \dfrac{l}{2} \\ 2, & \dfrac{l}{2} < t < l \end{cases}$

2. $f(t) = 1 - t$ ，$0 < t < 1$

3. $f(t) = \sin\dfrac{\pi}{l}t$ ，$0 < t < l$

4. $f(t) = \sin\dfrac{\pi t}{2l}$ ，$0 < t < l$

5. $f(t) = 2t$ ，$0 < t < 2$

6. $f(t) = \cos t$ ，$0 < t < 1$

7. $f(t) = \begin{cases} t, & 0 < t < \dfrac{l}{2} \\ 0, & \dfrac{l}{2} < t < l \end{cases}$

試將下列函數作半幅正弦展開，並繪其圖形。

8. $f(t) = 2 - t$ ，$0 < t < 2$

9. $f(t) = \begin{cases} 1, & 0 < t < \dfrac{l}{2} \\ 2, & \dfrac{l}{2} < t < l \end{cases}$

10. $f(t) = \begin{cases} t, & 0 < t < \dfrac{l}{2} \\ \dfrac{l}{2}, & \dfrac{l}{2} < t < l \end{cases}$

11. $f(t) = \begin{cases} t, & 0 < t < \dfrac{l}{2} \\ l - t, & \dfrac{l}{2} < t < l \end{cases}$

12. $f(t) = 3t$, $0 < t < 1$

13. $f(t) = e^t$, $0 < t < l$

14. $f(t) = \begin{cases} t, & 0 < t < \dfrac{l}{2} \\ 0, & \dfrac{l}{2} < t < l \end{cases}$

3-4 ▎其他形式之傅氏級數

1. 全正弦或全餘弦形式

傅氏三角級數經整形後可變為全正弦或全餘弦形式，其過程如下：

$$f(t) = \frac{a_0}{2} + \sum_{n=1}^{\infty} (a_n \cos n\omega_1 t + b_n \sin n\omega_1 t)$$

$$= \frac{a_0}{2} + \sum_{n=1}^{\infty} \sqrt{a_n^2 + b_n^2} \left(\frac{a_n}{\sqrt{a_n^2 + b_n^2}} \cos n\omega_1 t + \frac{b_n}{\sqrt{a_n^2 + b_n^2}} \sin n\omega_1 t \right)$$

$$= A_0 + \sum_{n=1}^{\infty} A_n (\cos r_n \cos n\omega_1 t + \sin r_n \sin n\omega_1 t)$$

$$= A_0 + \sum_{n=1}^{\infty} A_n \cos(n\omega_1 t - r_n) \tag{3-12}$$

其中 $A_0 = \dfrac{a_0}{2}$、$A_n = \sqrt{a_n^2 + b_n^2}$、$r_n = \tan^{-1} \dfrac{b_n}{a_n}$，如圖 3-19 所示。

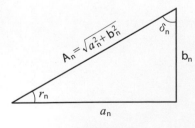

圖 3-19

或 $\qquad f(t) = A_0 + \displaystyle\sum_{n=1}^{\infty} A_n(\sin\delta_n\cos n\omega_1 t + \cos\delta_n\sin n\omega_1 t)$

$$= A_0 + \sum_{n=1}^{\infty} A_n\sin(n\omega_1 t + \delta_n) \qquad\qquad (3\text{-}13)$$

其中 $\qquad \delta_n = \tan^{-1}\dfrac{a_n}{b_n} = \dfrac{\pi}{2} - r_n$

(3-12)式為全餘弦形式，(3-13)為全正弦形式。A_n 稱為諧波之振幅，而 r_n、δ_n 稱為諧波之相角，A_n 與 n 之關係圖稱為振幅譜(amplitude spectrum)，r_n、δ_n 與 n 之關係圖稱為相角譜(phase spectrum)，此兩種譜稱為頻譜(frequency spectrum)，在週期函數中，此譜為間斷譜，如本章第 1 節例 2 中。

$$\begin{cases} a_n = 0 \\ b_n = \dfrac{10}{n\pi}(1 - \cos n\pi) = \begin{cases} 0, & n = \text{偶數} \\ \dfrac{20}{n\pi}, & n = \text{奇數} \end{cases} \end{cases}$$

而 $A_n = \sqrt{a_n^2 + b_n^2} = b_n$，其振幅譜如下圖所示。

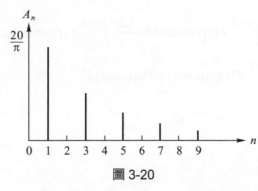

圖 3-20

2. 複指數形式

(1) T =任意值

由尤拉公式 $\begin{cases} e^{i\theta} = \cos\theta + i\sin\theta \\ e^{-i\theta} = \cos\theta - i\sin\theta \end{cases}$ ，得 $\begin{cases} \cos\theta = (e^{i\theta} + e^{-i\theta})/2 \\ \sin\theta = (e^{i\theta} - e^{-i\theta})/2i \end{cases}$

代入(3-2)式中

$$f(t) = \frac{a_0}{2} + \sum_{n=1}^{\infty} (a_n \cos n\omega_1 t + b_n \sin n\omega_1 t)$$

$$= \frac{a_0}{2} + \sum_{n=1}^{\infty} \left[a_n \left(\frac{e^{in\omega_1 t} + e^{-in\omega_1 t}}{2} \right) + b_n \left(\frac{e^{in\omega_1 t} - e^{-in\omega_1 t}}{2i} \right) \right]$$

$$= \frac{a_0}{2} + \sum_{n=1}^{\infty} \left[\left(\frac{a_n - ib_n}{2} \right) e^{in\omega_1 t} + \left(\frac{a_n + ib_n}{2} \right) e^{-in\omega_1 t} \right]$$

$$= c_0 + \sum_{n=1}^{\infty} \left(c_n e^{in\omega_1 t} + c_{-n} e^{-in\omega_1 t} \right)$$

$$= \sum_{n=-\infty}^{\infty} c_n e^{in\omega_1 t}$$

$$\left(\text{因} \sum_{n=1}^{\infty} c_{-n} e^{-in\omega_1 t} = \sum_{n=-1}^{-\infty} c_n e^{in\omega_1 t} \right)$$

其中

$$c_0 = \frac{a_0}{2} = \frac{1}{T} \int_{t_0}^{t_0+T} f(t) dt \tag{3-14}$$

$$c_n = \frac{a_n - ib_n}{2}$$

$$= \frac{1}{2} \left[\frac{2}{T} \int_{t_0}^{t_0+T} f(t) \cos n\omega_1 t \, dt - \frac{2i}{T} \int_{t_0}^{t_0+T} f(t) \sin n\omega_1 t \, dt \right]$$

$$= \frac{1}{T} \int_{t_0}^{t_0+T} f(t) [\cos n\omega_1 t - i \sin n\omega_1 t] dt$$

$$= \frac{1}{T} \int_{t_0}^{t_0+T} f(t) e^{-in\omega_1 t} dt \tag{3-15}$$

$$c_{-n} = \frac{a_n + ib_n}{2}$$

$$= \frac{1}{2} \left[\frac{2}{T} \int_{t_0}^{t_0+T} f(t) \cos n\omega_1 t \, dt + \frac{2i}{T} \int_{t_0}^{t_0+T} f(t) \sin n\omega_1 t \, dt \right]$$

$$= \frac{1}{T} \int_{t_0}^{t_0+T} f(t) e^{in\omega_1 t} dt \tag{3-16}$$

由以上各式知 n 值可為正、負及零，而(3-14)與(3-16)可包含於(3-15)式中，令 $t_0 = -T/2$，則傅氏級數之複指數形式可表為

$$f(t) = \sum_{n=-\infty}^{\infty} c_n e^{in\omega_1 t} \tag{3-17}$$

其中　$c_n = \dfrac{1}{T}\displaystyle\int_{-T/2}^{T/2} f(t)e^{-in\omega_0 t}dt$ (3-18)

此外由 c_n 及 c_{-n} 亦可求 a_n 及 b_n，

$$\begin{cases} a_n = c_n + c_{-n} \\ b_n = i(c_n - c_{-n}) \end{cases}$$
(3-19)
(3-20)

(2)　$T = 2\pi$

複指數形式之傅氏級數為

$$f(t) = \sum_{n=-\infty}^{\infty} c_n e^{\text{int}}$$ (3-21)

其中　$c_n = \dfrac{1}{2\pi}\displaystyle\int_{d}^{d+2\pi} f(t)e^{-\text{int}}dt$ (3-22)

(3)　頻譜

因 c_n 為複數，故可以極座標形式表之如下：

$$c_n = |c_n|\,e^{i\phi_n} = |c_n|\,\angle\phi_n$$

其中 $|c_n|$ 為振幅，ϕ_n 為相角，$|c_n|$ 與 n 之關係圖為振幅譜，ϕ_n 與 n 之關係圖為相角譜，兩者稱為頻譜。

範例 1　EXAMPLE

週期函數 $f(t)$ 如圖 3-21 所示，在一週期內之定義如下：

$$f(t) = \frac{5}{\pi}t \, , \quad 0 < t < 2\pi$$

求其複指數形式之傅氏級數，繪其頻譜，並由 c_n 求出 a_n 及 b_n。

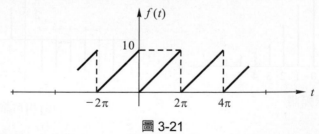

圖 3-21

解 ① $T = 2\pi$ 時，指數形式之傅氏級數可由(3-21)及(3-22)式得

$$f(t) = \sum_{n=-\infty}^{\infty} c_n e^{int}$$

而

$$c_n = \frac{1}{2\pi} \int_0^{2\pi} f(t)e^{-int} dt = \frac{1}{2\pi} \int_0^{2\pi} \left(\frac{5}{\pi} t\right) e^{-int} dt = \frac{5}{2\pi^2} \frac{1}{(-in)} \int_0^{2\pi} t\, d(e^{-int})$$

$$= \frac{5}{2\pi^2} \frac{1}{(-in)} \left[(te^{-int})\Big|_0^{2\pi} - \int_0^{2\pi} e^{-int} dt \right] = \frac{5i}{2n\pi^2} \left[(2\pi e^{-i2n\pi} - 0) + \frac{1}{in}(e^{-int})\Big|_0^{2\pi} \right]$$

$$= \frac{5i}{2n\pi^2} \left[2\pi e^{-i2n\pi} + \frac{1}{in}(e^{-i2n\pi} - 1) \right]$$

$$= \frac{5i}{2n\pi^2} \left[2\pi(\cos 2n\pi - i\sin 2n\pi) + \frac{1}{in}(\cos 2n\pi - i\sin 2n\pi - 1) \right]$$

$$= \frac{5i}{2n\pi^2} \left[2\pi(1-0) + \frac{1}{in}(1-0-1) \right] = \frac{5}{n\pi} i$$

$$= \begin{cases} \left| \dfrac{5}{n\pi} \right| \angle \dfrac{\pi}{2}, & n > 0 \\[2mm] \left| \dfrac{5}{n\pi} \right| \angle -\dfrac{\pi}{2}, & n < 0 \end{cases}$$

$$c_0 = \frac{1}{2\pi} \int_0^{2\pi} f(t) dt = \frac{1}{2\pi} \int_0^{2\pi} \left(\frac{5}{\pi} t\right) dt = 5$$

故 $f(t)$ 之傅氏級數為

$$f(t) = \cdots - i\frac{5}{2\pi} e^{-i2t} - i\frac{5}{\pi} e^{-it} + 5 + i\frac{5}{\pi} e^{it} + i\frac{5}{2\pi} e^{i2t} + \cdots = 5 + \sum_{\substack{n=-\infty \\ n \neq 0}}^{\infty} i\left(\frac{5}{n\pi}\right) e^{int}$$

②振幅譜與相角譜如圖 3-22 所示

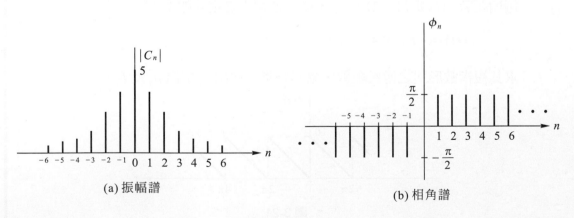

(a) 振幅譜

(b) 相角譜

圖 3-22　頻譜

③由(3-19)及(3-20)式知

$$\begin{cases} a_n = c_n + c_{-n} = \dfrac{5i}{n\pi} + \dfrac{5i}{(-n)\pi} = 0 \\[3mm] b_n = i(c_n - c_{-n}) = i\left[\dfrac{5i}{n\pi} - \dfrac{5i}{(-n)\pi}\right] = -\dfrac{10}{n\pi} \end{cases}$$

故　　$f(t) = 5 - \dfrac{10}{\pi}\left(\sin t + \dfrac{1}{2}\sin 2t + \dfrac{1}{3}\sin 3t + \cdots\right) = 5 - \dfrac{10}{\pi}\sum_{n=1}^{\infty}\dfrac{1}{n}\sin nt$

範例 2　EXAMPLE

週期函數 $f(t)$ 如圖 3-23 所示，在一週期內之定義如下：

$$f(t) = \begin{cases} \sin \pi t, & 0 < t < 1 \\ 0, & 1 < t < 2 \end{cases}$$

求其複指數形式之傅氏級數。

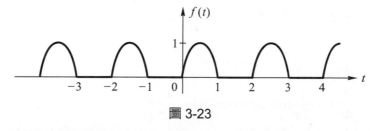

圖 3-23

解　　$T = 2$ ，$\omega_1 = \dfrac{2\pi}{T} = \pi$

複指數形式之傅氏級數為

$$f(t) = \sum_{n=-\infty}^{\infty} c_n e^{in\pi t}$$

而　　$c_n = \dfrac{1}{T}\int_{-T/2}^{T/2} f(t)e^{-in\pi t}dt = \dfrac{1}{2}\left[\int_{-1}^{0} 0 \cdot e^{-in\pi t}dt + \int_{0}^{1}(\sin \pi t)e^{-in\pi t}dt\right]$

$\qquad = \dfrac{1}{2}\int_{0}^{1}\dfrac{1}{2i}(e^{i\pi t} - e^{-i\pi t})e^{-in\pi t}dt = \dfrac{1}{4i}\int_{0}^{1}[e^{-i(n-1)\pi t} - e^{-i(n+1)\pi t}]dt$

$\qquad = \dfrac{1}{4i}\left[-\dfrac{e^{-i(n-1)\pi t}}{i(n-1)\pi} + \dfrac{e^{-i(n+1)\pi t}}{i(n+1)\pi}\right]_{0}^{1} \quad (n \neq \pm 1)$

$\qquad = \dfrac{1}{4i}\left\{\left[-\dfrac{e^{-i(n-1)\pi}}{i(n-1)\pi} + \dfrac{e^{-i(n+1)\pi}}{i(n+1)\pi}\right] - \left[-\dfrac{1}{i(n-1)\pi} + \dfrac{1}{i(n+1)\pi}\right]\right\}$

$$= \frac{1}{4i}\left\{\left[-\frac{\cos(n-1)\pi - i\sin(n-1)\pi}{i(n-1)\pi} + \frac{\cos(n+1)\pi - i\sin(n+1)\pi}{i(n+1)\pi}\right] - \left[\frac{-2}{i(n^2-1)\pi}\right]\right\}$$

$$= \frac{1}{4i}\left\{\left[\frac{\cos n\pi - i\cdot 0}{i(n-1)\pi} + \frac{-\cos n\pi + i\cdot 0}{i(n+1)\pi}\right] + \frac{2}{i(n^2-1)\pi}\right\}$$

$$= \frac{1}{4i}\left[\frac{(n+1)\cos n\pi - (n-1)\cos n\pi}{i(n^2-1)\pi} + \frac{2}{i(n^2-1)\pi}\right]$$

$$= \frac{1}{4i}\left[\frac{2\cos n\pi + 2}{i(n^2-1)\pi}\right] = \frac{\cos n\pi + 1}{2(1-n^2)\pi}$$

$$= \begin{cases} \dfrac{1}{(1-n^2)\pi}, & n = 偶數 \\ 0, & n = 奇數 \end{cases} \quad (n \neq \pm 1)$$

$n = 1$

$$c_1 = \frac{1}{2}\int_0^1 (\sin\pi t)e^{-i\pi t}dt = \frac{1}{2}\int_0^1 \frac{1}{2i}(e^{i\pi t} - e^{-i\pi t})e^{-i\pi t}dt$$

$$= \frac{1}{4i}\int_0^1 (1 - e^{-i2\pi t})dt = \frac{1}{4i}\left(t + \frac{1}{i2\pi}e^{-i2\pi t}\right)\bigg|_0^1$$

$$= \frac{1}{4i}\left[\left(1 + \frac{1}{i2\pi}e^{-i2\pi}\right) - \left(0 + \frac{1}{i2\pi}\right)\right]$$

$$= \frac{1}{4i}\left[1 + \frac{1}{i2\pi}(\cos 2\pi - i\sin 2\pi) - \frac{1}{i2\pi}\right]$$

$$= \frac{1}{4i} = -\frac{1}{4}i$$

同理，$n = -1$ 時，$c_{-1} = \frac{1}{4}i$

故傅氏級數為

$$f(t) = \frac{i}{4}e^{-i\pi t} - \frac{i}{4}e^{i\pi t} + \sum_{m=-\infty}^{\infty}\frac{1}{\pi(1-4m^2)}e^{i2m\pi t}$$

Problem 3-4 習題

週期性函數在週期內之定義如下，求其全餘弦形式之傅氏級數，並繪其頻譜。

1. $f(t) = \begin{cases} 1, & 0 < t < 1 \\ 0, & 1 < t < 2 \end{cases}$

2. $f(t) = t$，$0 < t < 2$

3.　$f(t) = \begin{cases} -t, & -1 < t < 0 \\ 0, & 0 < t < 1 \end{cases}$

週期性函數在週期內之定義如下，求其全正弦形式之傅氏級數，並繪其頻譜。

4.　$f(t) = \begin{cases} t - \pi, & 0 < t < \pi \\ -t, & \pi < t < 2\pi \end{cases}$

5.　$f(t) = \begin{cases} 1, & -1 < t < 0 \\ -t, & 0 < t < 1 \end{cases}$

6.　$f(t) = e^t, \quad 0 < t < 2\pi$

週期性函數在週期內之定義如下，求其複指數形式之傅氏級數，並繪其頻譜。

7.　$f(t) = 1 - t, \quad 0 < t < 1$

8.　$f(t) = \cos t, \quad -\dfrac{\pi}{2} < t < \dfrac{\pi}{2}$

9.　$f(t) = \begin{cases} -H, & -\dfrac{T}{2} < t < 0 \\ H, & 0 < t < \dfrac{T}{2} \end{cases}$

10.　$f(t) = e^{-t}, \quad -1 < t < 1$

3-5 傅氏積分

1.　非週期函數

在前面所探討之函數皆屬週期函數，然在實際應用上，有些函數並非週期性的，故傅氏級數並不適用，針對此問題，可將週期 T 視為無限大，則週期函數變為非週期性函數，如下列例 1 之說明，且傅氏級數將變成傅氏積分。

範例 1　　EXAMPLE

週期函數 $f_T(t)$ 如圖 3-24(a)所示，在一週期 T 內之定義如下：

$$f_T(t) = \begin{cases} t, & 0 < t < 1 \\ 0, & 1 < t < 2 \end{cases}$$

分析 $T \to \infty$ 時，$f_T(t)$ 之圖形變化。

解

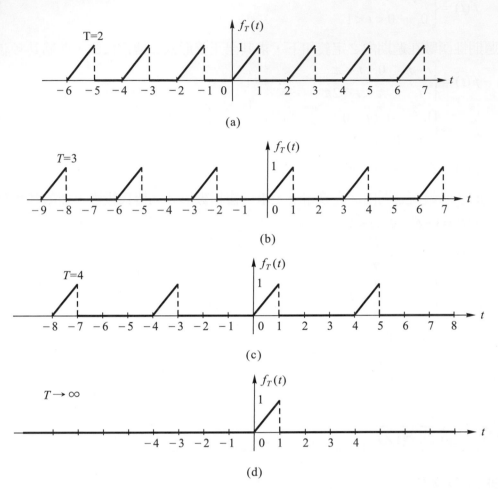

圖 3-24　週期函數變為非週期函數

圖 3-24 分別為 $T = 2, 3, 4, \infty$ 之函數圖形，由(d)圖可知，當 $T \to \infty$ 時，$f_T(t)$ 轉變

為非週期性，故

$$f(t) = \lim_{T \to \infty} f_T(t) = \begin{cases} t, & 0 < t < 1 \\ 0, & \text{其他} \end{cases}$$

2. 傅氏積分

若函數 $f(t)$ 滿足下列條件：

(1) 在任意有限區域內其不連續處為有限個。

(2) 在每一點之右導數與左導數皆存在。

(3) $\int_{-\infty}^{\infty} |f(t)| \, dt$ 存在。

則 $f(t)$ 可以傅氏積分表之為

$$f(t) = \int_0^\infty [A(\omega)\cos\omega t + B(\omega)\sin\omega t]d\omega \tag{3-23}$$

其中
$$\begin{cases} A(\omega) = \dfrac{1}{\pi}\displaystyle\int_{-\infty}^{\infty} f(\tau)\cos\omega\tau d\tau & \tag{3-24}\\[3mm] B(\omega) = \dfrac{1}{\pi}\displaystyle\int_{-\infty}^{\infty} f(\tau)\sin\omega\tau d\tau & \tag{3-25} \end{cases}$$

如函數 $f(t)$ 在某點是不連續的，則其傅氏積分收斂至 $f(t)$ 在該點之右極限值與左極限值之平均。

傅氏積分推導如下：

設　　　　$\omega_n = n\omega_1 = \dfrac{2n\pi}{T}$

週期函數 $f_T(t)$ 之傅氏級數為

$$f_T(t) = \frac{a_0}{2} + \sum_{n=1}^{\infty}(a_n\cos n\omega_1 t + b_n\sin n\omega_1 t)$$
$$= \frac{a_0}{2} + \sum_{n=1}^{\infty}(a_n\cos\omega_n t + b_n\sin\omega_n t)$$

將(3-3)、(3-4)及(3-5)式代入 a_0、a_n、b_n，取 $t_0 = -\dfrac{T}{2}$，並以 τ 代表積分變數，則 $f_T(t)$ 寫為

$$f_T(t) = \frac{1}{T}\int_{-T/2}^{T/2} f_T(\tau)d\tau + \sum_{n=1}^{\infty}\left\{\left[\frac{2}{T}\int_{-T/2}^{T/2} f_T(\tau)\cos\omega_n\tau d\tau\right]\cos\omega_n t\right.$$
$$\left. + \left[\frac{2}{T}\int_{-T/2}^{T/2} f_T(\tau)\sin\omega_n\tau d\tau\right]\sin\omega_n t\right\}$$

又因 $\Delta\omega = \omega_{n+1} - \omega_n = \dfrac{2(n+1)\pi}{T} - \dfrac{2n\pi}{T} = \dfrac{2\pi}{T}$ ，即 $\dfrac{2}{T} = \dfrac{\Delta\omega}{\pi}$ 代入上式得

$$f_T(t) = \frac{1}{T}\int_{-T/2}^{T/2} f_T(\tau)d\tau + \sum_{n=1}^{\infty}\left\{\left[\frac{1}{\pi}\int_{-T/2}^{T/2} f_T(\tau)\cos\omega_n\tau d\tau\right]\cos\omega_n t\right.$$
$$\left. + \left[\frac{1}{\pi}\int_{-T/2}^{T/2} f_T(\tau)\sin\omega_n\tau d\tau\right]\sin\omega_n t\right\}\Delta\omega$$

取 $T \to \infty$，則 $f_T(t) \to f(t)$ (非週期性函數)，$\dfrac{1}{T}\displaystyle\int_{-T/2}^{T/2} f_T(\tau)d\tau \to 0$, $\Delta\omega \to 0$，間斷頻率 ω_n 會變為連續頻率 ω，又由積分定義知 $\Delta\omega \to d\omega$, $\displaystyle\sum_{n=1}^{\infty} \to \int_0^{\infty}$

故
$$f(t) = \int_0^\infty \left\{ \left[\frac{1}{\pi} \int_{-\infty}^\infty f(\tau) \cos \omega \tau d\tau \right] \cos \omega t + \left[\frac{1}{\pi} \int_{-\infty}^\infty f(\tau) \sin \omega \tau d\tau \right] \sin \omega t \right\} d\omega$$

$$= \int_0^\infty [A(\omega) \cos \omega t + B(\omega) \sin \omega t] d\omega$$

其中 $A(\omega) = \dfrac{1}{\pi} \displaystyle\int_{-\infty}^\infty f(\tau) \cos \omega \tau d\tau$ ，$B(\omega) = \dfrac{1}{\pi} \displaystyle\int_{-\infty}^\infty f(\tau) \sin \omega \tau d\tau$

3. 傅氏餘弦積分

若 $f(t)$ 為偶函數，則

$$B(\omega) = 0 \tag{3-26}$$

$$A(\omega) = \frac{2}{\pi} \int_0^\infty f(\tau) \cos \omega \tau d\tau \tag{3-27}$$

$$f(t) = \int_0^\infty A(\omega) \cos \omega t d\omega \tag{3-28}$$

4. 傅氏正弦積分

若 $f(t)$ 為奇函數，則

$$A(\omega) = 0 \tag{3-29}$$

$$B(\omega) = \frac{2}{\pi} \int_0^\infty f(\tau) \sin \omega \tau d\tau \tag{3-30}$$

$$f(t) = \int_0^\infty B(\omega) \sin \omega t d\omega \tag{3-31}$$

範例 2　　EXAMPLE

非週期函數 $f(t)$ 如圖 3-25 所示，求其傅氏積分。

$$f(t) = \begin{cases} k, & |t| < 1 \\ 0, & |t| > 1 \end{cases}$$

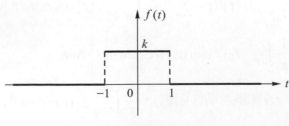

圖 3-25

解　$f(t)$ 爲偶函數，故 $B(\omega) = 0$，由(3-27)式知

$$A(\omega) = \frac{2}{\pi} \int_0^\infty f(\tau) \cos \omega \tau d\tau = \frac{2}{\pi} \int_0^1 k \cos \omega \tau d\tau = \frac{2k}{\pi} \frac{\sin \omega}{\omega}$$

$f(t)$ 之振幅譜 $A(\omega)$ 繪於圖 3-26 中。

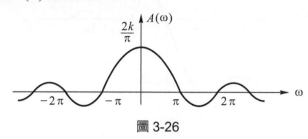

圖 3-26

$A(\omega)$ 代入(3-28)得傅氏積分式

$$f(t) = \frac{2k}{\pi} \int_0^\infty \frac{\sin \omega \cos \omega t}{\omega} d\omega \tag{3-32}$$

又 $f(t)$ 在 $t = 1$ 之左、右極限之平均值爲$(k + 0)/2$，故 $f(t)$ 在 $t = 1$ 之傅氏積分值等於 $k/2$。即

$$f(t) = \frac{2k}{\pi} \int_0^\infty \frac{\sin \omega \cos \omega t}{\omega} d\omega = \begin{cases} k, & 0 \le t < 1 \\ \dfrac{k}{2}, & t = 1 \\ 0, & t > 1 \end{cases} \tag{3-33}$$

由(3-33)式可得一特殊積分值

$$\int_0^\infty \frac{\sin \omega \cos \omega t}{\omega} d\omega = \begin{cases} \dfrac{\pi}{2}, & 0 \le t < 1 \\ \dfrac{\pi}{4}, & t = 1 \\ 0, & t > 1 \end{cases} \tag{3-34}$$

上式稱爲狄里西雷不連續因子(Dirichlet's discontinuous factor)。

在(3-33)式中，令 $t = 0$ 得

$$f(0) = \frac{2k}{\pi} \int_0^\infty \frac{\sin \omega}{\omega} d\omega = k$$

即　　　$$\int_0^\infty \frac{\sin \omega}{\omega} d\omega = \frac{\pi}{2} \tag{3-35}$$

而正弦積分爲

$$S_i(R) = \int_0^R \frac{\sin \omega}{\omega} d\omega \tag{3-36}$$

(3-35)式即爲在 $R \to \infty$ 之極限，$S_i(R)$ 之圖形如圖 3-27 所示。

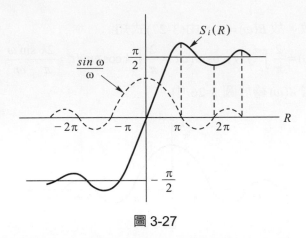

圖 3-27

範例 3　EXAMPLE

求函數 $f(t)$ 之傅氏餘弦積分

$$f(t) = \begin{cases} 2t, & 0 < t < a \\ 0, & t > a \end{cases}$$

解　由(3-27)式知

$$A(\omega) = \frac{2}{\pi}\int_0^\infty f(\tau)\cos\omega\tau\, d\tau = \frac{2}{\pi}\int_0^a 2\tau\cos\omega\tau\, d\tau$$

$$= \frac{4}{\pi}\left[\frac{\tau\sin\omega\tau}{\omega} + \frac{\cos\omega\tau}{\omega^2}\right]_0^a = \frac{4}{\pi}\left[\frac{a\sin\omega a}{\omega} + \frac{\cos\omega a - 1}{\omega^2}\right]$$

由(3-28)式知 $f(t)$ 之傅氏餘弦積分為

$$f(t) = \frac{4}{\pi}\int_0^\infty\left[\frac{a\sin\omega a}{\omega} + \frac{\cos\omega a - 1}{\omega^2}\right]\cos\omega t\, d\omega$$

範例 4　EXAMPLE

利用傅氏積分證明

① $\displaystyle\int_0^\infty \frac{\cos\omega t}{9 + \omega^2}\, d\omega = \frac{\pi}{6}e^{-3t}$ 　$(t > 0)$

② $\displaystyle\int_0^\infty \frac{\omega\sin\omega t}{9 + \omega^2}\, d\omega = \frac{\pi}{2}e^{-3t}$ 　$(t > 0)$

證 令 $f(t) = e^{-3t}$　$(t > 0)$

①如 $f(t)$ 為偶函數，$B(\omega) = 0$，而

$$A(\omega) = \frac{2}{\pi} \int_0^\infty f(\tau) \cos \omega \tau d\tau = \frac{2}{\pi} \int_0^\infty e^{-3\tau} \cos \omega \tau d\tau$$

$$= \frac{2}{\pi} \frac{1}{9 + \omega^2} \left[e^{-3\tau} (\omega \sin \omega \tau - 3 \cos \omega \tau) \right]_0^\infty = \frac{2}{\pi} \frac{3}{9 + \omega^2}$$

代入(3-28)式中得

$$f(t) = e^{-3t} = \frac{2}{\pi} \int_0^\infty \frac{3}{9 + \omega^2} \cos \omega t d\omega$$

故 $\int_0^\infty \frac{\cos \omega t}{9 + \omega^2} d\omega = \frac{\pi}{6} e^{-3t}$　$(t > 0)$

②如 $f(t)$ 為奇函數，$A(\omega) = 0$，而

$$B(\omega) = \frac{2}{\pi} \int_0^\infty f(\tau) \sin \omega \tau d\tau = \frac{2}{\pi} \int_0^\infty e^{-3\tau} \sin \omega \tau d\tau$$

$$= \frac{2}{\pi} \frac{(-\omega)}{9 + \omega^2} \left[e^{-3\tau} \left(\frac{3}{\omega} \sin \omega \tau + \cos \omega \tau \right) \right]_0^\infty = \frac{2}{\pi} \frac{\omega}{9 + \omega^2}$$

代入(3-31)式中得

$$f(t) = e^{-3t} = \frac{2}{\pi} \int_0^\infty \frac{\omega \sin \omega t}{9 + \omega^2} d\omega$$

故 $\int_0^\infty \frac{\omega \sin \omega t}{9 + \omega^2} d\omega = \frac{\pi}{2} e^{-3t}$　$(t > 0)$

 **3-5　習題**

1.　已知 $f(t) = \begin{cases} t, & 0 < t < 2 \\ 0, & t > 2 \end{cases}$，求其傅氏積分。

2.　已知 $f(t) = \begin{cases} 2, & 0 < t < 3 \\ 0, & t > 3 \end{cases}$，求其傅氏積分。

3.　已知 $f(t) = \begin{cases} 1 - t^2, & -1 \leq t \leq 1 \\ 0, & |t| > 1 \end{cases}$，求其傅氏積分。

4.　已知 $f(t) = \begin{cases} t^2, & 0 < t < 1 \\ 0, & t > 1 \end{cases}$，求其傅氏餘弦積分。

5.　已知 $f(t) = \begin{cases} t, & 0 < t < 1 \\ 2 - t, & 1 < t < 2 \\ 0, & t > 2 \end{cases}$，求其傅氏正弦積分。

6. $f(t) = \begin{cases} e^t, & 0 < t < 1 \\ 0, & t > 1 \end{cases}$，分別求其傅氏正弦與餘弦積分。

7. 證明 $f(t) = 1 (0 < t < \infty)$ 無法用傅氏積分表之。

利用傅氏積分證明下列各式

8. $\displaystyle\int_0^\infty \frac{1 - \cos \pi\omega}{\omega} \sin \omega t\, d\omega = \begin{cases} \dfrac{\pi}{2}, & 0 < t < \pi \\ 0, & t > \pi \end{cases}$

9. $\displaystyle\int_0^\infty \frac{\cos \omega t + \omega \sin \omega t}{1 + \omega^2} d\omega = \begin{cases} 0, & t < 0 \\ \dfrac{\pi}{2}, & t = 0 \\ \pi e^{-t}, & t > 0 \end{cases}$

10. $\displaystyle\int_0^\infty \frac{\sin \pi\omega \sin \omega t}{1 - \omega^2} d\omega = \begin{cases} \dfrac{\pi}{2}\sin t, & 0 \le t \le \pi \\ 0, & t > \pi \end{cases}$

11. $\displaystyle\int_0^\infty \frac{1 - \cos \omega}{\omega^2} d\omega = \frac{\pi}{2}$ (提示：令 $f(t) = \begin{cases} 1 - t, & 0 \le t \le 1 \\ 0, & t > 1 \end{cases}$，且 $f(t)$ 為偶函數)。

3-6 傅氏轉換

傅氏轉換可用以解微分方程式，積分方程式，且在通信系統，信號分析等應用甚為廣泛，利用傅氏積分式，可得下列三種轉換。

1. 傅氏餘弦轉換

由傅氏餘弦積分式之係數而得傅氏餘弦轉換為

$$\mathscr{F}_c[f(t)] = F_c(\omega) = \int_0^\infty f(t)\cos \omega t\, dt \tag{3-37}$$

而傅氏餘弦積分式即為

$$f(t) = \frac{2}{\pi}\int_0^\infty F_c(\omega)\cos \omega t\, d\omega = \mathscr{F}_c^{-1}[F_c(\omega)] \tag{3-38}$$

(3-38)式表反傅氏餘弦轉換。

2. 傅氏正弦轉換

同理，由傅氏正弦積分式之係數而得傅氏正弦轉換為

$$\mathscr{F}_s[f(t)] = F_s(\omega) = \int_0^\infty f(t)\sin\omega t\, dt \tag{3-39}$$

而傅氏正弦積分式即為

$$f(t) = \frac{2}{\pi}\int_0^\infty F_s(\omega)\sin\omega t\, d\omega = \mathscr{F}_s^{-1}[F_s(\omega)] \tag{3-40}$$

(3-40)式表反傅氏正弦轉換。

3. 傅氏轉換

由傅氏積分式

$$f(t) = \int_0^\infty [A(\omega)\cos\omega t + B(\omega)\sin\omega t]\, d\omega \tag{3-23}$$

其中
$$\begin{cases} A(\omega) = \dfrac{1}{\pi}\displaystyle\int_{-\infty}^\infty f(\tau)\cos\omega\tau\, d\tau & \text{(3-24)} \\[2mm] B(\omega) = \dfrac{1}{\pi}\displaystyle\int_{-\infty}^\infty f(\tau)\sin\omega\tau\, d\tau & \text{(3-25)} \end{cases}$$

將 $A(\omega)$ 與 $B(\omega)$ 代入(3-23)式中得

$$f(t) = \frac{1}{\pi}\int_0^\infty\int_{-\infty}^\infty f(\tau)[\cos\omega\tau\cos\omega t + \sin\omega\tau\sin\omega t]\, d\tau\, d\omega$$

$$= \frac{1}{\pi}\int_0^\infty\left[\int_{-\infty}^\infty f(\tau)\cos(\omega t - \omega\tau)\, d\tau\right]d\omega \tag{3-41}$$

在中括號內因 $\cos(\omega t - \omega\tau)$ 為 ω 之偶數，而 $f(\tau)$ 與 ω 無關，且對 τ (非對 ω)積分，故括號內之積分為 ω 之偶函數，ω 由 0 積分至 ∞ 為由 $-\infty$ 積分至 ∞ 之 1/2，因此上式可寫為

$$f(t) = \frac{1}{2\pi}\int_{-\infty}^\infty\left[\int_{-\infty}^\infty f(\tau)\cos(\omega t - \omega\tau)\, d\tau\right]d\omega \tag{3-42}$$

又因 $\sin(\omega t - \omega\tau)$ 為 ω 之奇函數，則

$$0 = \frac{i}{2\pi}\int_{-\infty}^\infty\left[\int_{-\infty}^\infty f(\tau)\sin(\omega t - \omega\tau)\, d\tau\right]d\omega \tag{3-43}$$

(3-42)式與(3-43)相加，再利用尤拉公式 $e^{i\theta} = \cos\theta + i\sin\theta$ 得

$$f(t) = \frac{1}{2\pi} \int_{-\infty}^{\infty} \int_{-\infty}^{\infty} f(\tau)e^{i\omega(t-\tau)}d\tau d\omega \tag{3-44}$$

上式為複指數形式之傅氏積分，可改寫為

$$f(t) = \frac{1}{2\pi} \int_{-\infty}^{\infty} \left[\int_{-\infty}^{\infty} f(\tau)e^{-i\omega\tau}d\tau \right] e^{i\omega t}d\omega = \frac{1}{2\pi} \int_{-\infty}^{\infty} F(\omega)e^{i\omega t}d\omega \tag{3-45}$$

其中

$$F(\omega) = \int_{-\infty}^{\infty} f(\tau)e^{-i\omega\tau}d\tau \tag{3-46}$$

令 $\tau = t$ 得

$$F(\omega) = \int_{-\infty}^{\infty} f(t)e^{-i\omega t}dt \tag{3-47}$$

$$= \mathscr{F}[f(t)]$$

上式稱為 $f(t)$ 之傅氏轉換，而(3-45)式

$$f(t) = \frac{1}{2\pi} \int_{-\infty}^{\infty} F(\omega)e^{i\omega t}d\omega \tag{3-45}$$

$$= \mathscr{F}^{-1}[F(\omega)]$$

稱之為 $F(\omega)$ 之反傅氏轉換。而(3-45)與(3-47)稱為傅氏轉換對。

因 $F(\omega)$ 為複數，可用極座標形式表之如下：

$$F(\omega) = |F(\omega)|\, e^{i\phi(\omega)} = |F(\omega)| \angle \phi(\omega) \tag{3-48}$$

其中 $|F(\omega)|$ 為振幅，$\phi(\omega)$ 為相角，$|F(\omega)|$ 之函數圖形稱為振幅譜，而 $\phi(\omega)$ 之函數圖形稱為相角譜，兩者合稱為頻譜，對於非週期性函數而言，此頻譜為連續譜。

範例 1　EXAMPLE

如圖 3-28 所示，求下列函數之傅氏餘弦及正弦轉換。

$$f(t) = \begin{cases} 5, & 0 < t < a \\ 0, & t > a \end{cases}$$

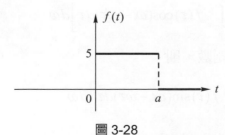

圖 3-28

解 ① $\mathscr{F}_c[f(t)] = \int_0^\infty f(t)\cos\omega t\,dt = \int_0^a 5\cos\omega t\,dt = 5\left(\dfrac{\sin a\omega}{\omega}\right)$

② $\mathscr{F}_s[f(t)] = \int_0^\infty f(t)\sin\omega t\,dt = \int_0^a 5\sin\omega t\,dt = 5\left(\dfrac{1-\cos a\omega}{\omega}\right)$

範例 2 EXAMPLE

如圖 3-29 所示,求指數函數之傅氏轉換,並繪其頻譜。

$$f(t) = 3e^{-kt} \ , \ t \geq 0 \ , \ k > 0$$

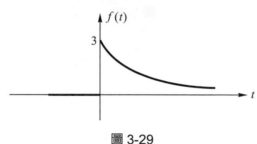

圖 3-29

解

$$\mathscr{F}[f(t)] = \int_{-\infty}^\infty f(t)e^{-i\omega t}\,dt$$

$$= \int_0^\infty 3e^{-kt} \times e^{-i\omega t}\,dt = 3\int_0^\infty e^{-(k+i\omega)t}\,dt$$

$$= \frac{3}{-(k+i\omega)}e^{-(k+i\omega)t}\Bigg|_0^\infty$$

$$= \frac{3}{-(k+i\omega)}\left[\lim_{t\to\infty}(e^{-(k+i\omega)t} - e^{-(k+i\omega)\cdot 0})\right]$$

$$= \frac{3}{-(k+i\omega)}[0-1] = \frac{3}{k+i\omega}$$

$$F(\omega) = \frac{3}{k+i\omega} = \frac{3}{\sqrt{k^2+\omega^2}\angle\tan^{-1}\dfrac{\omega}{k}}$$

$$= \frac{3}{\sqrt{k^2+\omega^2}}\angle -\tan^{-1}\frac{\omega}{k}$$

$$= |F(\omega)|\angle\phi(\omega) \qquad \begin{cases} \text{振幅:}|F(\omega)| = \dfrac{3}{\sqrt{k^2+\omega^2}} \\[3mm] \text{相角:}\phi(\omega) = \angle -\tan^{-1}\dfrac{\omega}{k} \end{cases}$$

振幅譜與相角譜如圖 3-30 所示：

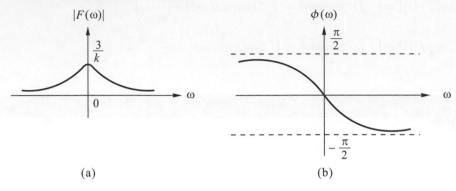

圖 3-30

4. 傳氏轉換之性質

(1) 線性性質

設 $\mathscr{F}[f_1(t)] = F_1(\omega)$ ， $\mathscr{F}[f_2(t)] = F_2(\omega)$ ，而 c_1 及 c_2 為任意常數，則

$$\mathscr{F}[c_1 f_1(t) \pm c_2 f_2(t)] = c_1 F_1(\omega) \pm c_2 F_2(\omega) \tag{3-49}$$

(證) $\mathscr{F}[c_1 f_1(t) \pm c_2 f_2(t)] = \int_{-\infty}^{\infty} [c_1 f_1(t) \pm c_2 f_2(t)] e^{-i\omega t} dt$

$$= c_1 \int_{-\infty}^{\infty} f_1(t) e^{-i\omega t} dt \pm c_2 \int_{-\infty}^{\infty} f_2(t) e^{-i\omega t} dt$$

$$= c_1 \mathscr{F}[f_1(t)] \pm c_2 \mathscr{F}[f_2(t)]$$

$$= c_1 F_1(\omega) \pm c_2 F(\omega)$$

(2) 標度改變

設 a 為實常數，且 $\mathscr{F}[f(t)] = F(\omega)$ ，則

$$\mathscr{F}[f(at)] = \frac{1}{|a|} F\left(\frac{\omega}{a}\right) \tag{3-50}$$

(證) ① $a > 0$ 時

$$\mathscr{F}[f(at)] = \int_{-\infty}^{\infty} f(at) e^{-i\omega t} dt$$

令 $at = x,\ t = \dfrac{x}{a},\ dt = \dfrac{1}{a} dx$ 代入得

$$\mathscr{F}[f(at)] = \int_{-\infty}^{\infty} f(x) e^{-i\left(\frac{\omega}{a}\right)x} \frac{1}{a} dx = \frac{1}{a} \int_{-\infty}^{\infty} f(x) e^{-i\left(\frac{\omega}{a}\right)x} dx = \frac{1}{|a|} F\left(\frac{\omega}{a}\right)$$

② $a < 0$ 時

$$\mathscr{F}[f(at)] = \int_{-\infty}^{\infty} f(at)e^{-i\omega t}dt = \frac{1}{a}\int_{\infty}^{-\infty} f(x)e^{-i\left(\frac{\omega}{a}\right)x}dx$$

$$= \frac{-1}{a}\int_{-\infty}^{\infty} f(x)e^{-i\left(\frac{\omega}{a}\right)x}dx = \frac{1}{|a|}F\left(\frac{\omega}{a}\right)$$

(3) 時間移位

設 $\mathscr{F}[f(t)] = F(\omega)$

則 $\mathscr{F}[f(t-a)] = e^{-i\omega a}F(\omega)$　　　　　　　　　　　　　(3-51)

(證)　　$\mathscr{F}[f(t-a)] = \int_{-\infty}^{\infty} f(t-a)e^{-i\omega t}dt$

令 $x = t - a,\ t = x + a,\ dt = dx$ 代入得

$$\mathscr{F}[f(t-a)] = \int_{-\infty}^{\infty} f(x)e^{-i\omega(x+a)}dx = e^{-i\omega a}\int_{-\infty}^{\infty} f(x)e^{-i\omega x}dx$$

$$= e^{-i\omega a}F(\omega)$$

(4) 頻率移位－調變(frequency shifting-modulation)

設 $\mathscr{F}[f(t)] = F(\omega)$

則 $\mathscr{F}[e^{i\omega_0 t}f(t)] = F(\omega - \omega_0)$　　　　　　　　　　　(3-52)

(證)　$\mathscr{F}[e^{i\omega_0 t}f(t)] = \int_{-\infty}^{\infty} e^{i\omega_0 t}f(t)e^{-i\omega t}dt = \int_{-\infty}^{\infty} f(t)e^{-i(\omega-\omega_0)t}dt = F(\omega - \omega_0)$

(5) 對稱性

設 $\mathscr{F}[f(t)] = F(\omega)$

則 $\mathscr{F}[F(t)] = 2\pi f(-\omega)$　　　　　　　　　　　　　　(3-53)

(證) 由反傅氏轉換知

$$f(t) = \frac{1}{2\pi}\int_{-\infty}^{\infty} F(\omega)e^{i\omega t}d\omega$$

$$2\pi f(t) = \int_{-\infty}^{\infty} F(\omega)e^{i\omega t}d\omega$$

t 以 $-t$ 取代之得

$$2\pi f(-t) = \int_{-\infty}^{\infty} F(\omega)e^{-i\omega t}d\omega$$

將 t 與 ω 互換得

$$2\pi f(-\omega) = \int_{-\infty}^{\infty} F(t)e^{-i\omega t}dt = \mathscr{F}[F(t)]$$

若 $f(t)$ 為偶函數，即 $f(-t) = f(t)$，則變為

$$\mathscr{F}[F(t)] = 2\pi f(\omega)$$

(6) 時間之微分與積分

設 $\mathscr{F}[f(t)] = F(\omega)$，則

① $\quad \mathscr{F}\left[\dfrac{d^n f(t)}{dt^n}\right] = (i\omega)^n F(\omega)$ \hfill (3-54)

② $\quad \mathscr{F}\left[\displaystyle\int_{-\infty}^{t} f(\tau)d\tau\right] = \dfrac{1}{i\omega}F(\omega) + \pi F(0)\delta(\omega)$ \hfill (3-55)

證 ①由反傅氏轉換知

$$f(t) = \frac{1}{2\pi}\int_{-\infty}^{\infty} F(\omega)e^{i\omega t}d\omega$$

$$\frac{df(t)}{dt} = \frac{1}{2\pi}\int_{-\infty}^{\infty} F(\omega)i\omega e^{i\omega t}d\omega = i\omega \times \frac{1}{2\pi}\int_{-\infty}^{\infty} F(\omega)e^{i\omega t}d\omega$$

$$= i\omega \mathscr{F}^{-1}[F(\omega)]$$

故 $\mathscr{F}\left[\dfrac{df(t)}{dt}\right] = i\omega F(\omega)$

此結果可推廣至 n 階導數

$$\mathscr{F}\left[\frac{d^n f(t)}{dt^n}\right] = (i\omega)^n F(\omega)$$

②令 $g(t) = \displaystyle\int_{-\infty}^{t} f(\tau)d\tau$，設 $\mathscr{F}[g(t)] = G(\omega)$

而 $\dfrac{dg(t)}{dt} = f(t)$

又 $\mathscr{F}\left[\dfrac{dg(t)}{dt}\right] = i\omega G(\omega) = F(\omega)$

$$G(\omega) = \frac{1}{i\omega}F(\omega)$$

即 $\mathscr{F}\left[\displaystyle\int_{-\infty}^{t} f(\tau)d\tau\right] = \dfrac{1}{i\omega}F(\omega)$

$g(t)$ 之傅氏轉換存在條件(比絕對可積分更限制)為 $\displaystyle\lim_{t\to\infty} g(t) = 0$，此表

示 $\displaystyle\int_{-\infty}^{\infty} f(t)dt = 0$

即 $F(\omega)\big|_{\omega=0} = \displaystyle\int_{-\infty}^{\infty} f(t)e^{-i\cdot 0 t}dt$

此相當於 $F(0) = 0$

若 $F(0) \neq 0$，$g(t)$ 之轉換包含了一個脈衝函數，即

$$\mathscr{F}\left[\int_{-\infty}^{t} f(\tau)d\tau\right] = \frac{1}{i\omega}F(\omega) + \pi F(0)\delta(\omega)$$

(參考第 3-7 節例 6)

(7)　迴旋(convolution)

設 $\mathscr{F}[f(t)] = F(\omega)$，$\mathscr{F}[g(t)] = G(\omega)$，則

①　時間迴旋 $\mathscr{F}[f(t)*g(t)] = F(\omega)G(\omega)$ ……………………………………(3-56)

②　頻率迴旋 $\mathscr{F}[f(t)g(t)] = \dfrac{1}{2\pi}F(\omega)*G(\omega)$ ………………………………(3-57)

其中 $\begin{cases} f(t)*g(t) = \displaystyle\int_{-\infty}^{\infty} f(\tau)g(t-\tau)d\tau & \text{(3-58)} \\[2mm] F(\omega)*G(\omega) = \displaystyle\int_{-\infty}^{\infty} F(\lambda)G(\omega-\lambda)d\lambda & \text{(3-59)} \end{cases}$

證 ① $\mathscr{F}[f(t)*g(t)]$

$$= \int_{-\infty}^{\infty}\left[\int_{-\infty}^{\infty} f(\tau)g(t-\tau)d\tau\right]e^{-i\omega t}dt$$

$$= \int_{-\infty}^{\infty} f(\tau)\left[\int_{-\infty}^{\infty} g(t-\tau)e^{-i\omega t}dt\right]d\tau$$

(令 $t-\tau = v$，則 $t = v+\tau$，$dt = dv$ 代入)

$$= \int_{-\infty}^{\infty} f(\tau)\left[\int_{-\infty}^{\infty} g(v)e^{-i\omega(v+\tau)}dv\right]d\tau$$

$$= \left[\int_{-\infty}^{\infty} f(\tau)e^{-i\omega\tau}d\tau\right]\left[\int_{-\infty}^{\infty} g(v)e^{-i\omega v}dv\right]$$

$$= F(\omega)G(\omega)$$

② 由反傅氏轉換知

$$\mathscr{F}^{-1}[F(\omega)*G(\omega)]$$

$$= \frac{1}{2\pi}\int_{-\infty}^{\infty}\left[\int_{-\infty}^{\infty} F(\lambda)G(\omega-\lambda)d\lambda\right]e^{i\omega t}d\omega$$

$$= \frac{1}{2\pi}\int_{-\infty}^{\infty} F(\lambda)\left[\int_{-\infty}^{\infty} G(\omega-\lambda)e^{i\omega t}d\omega\right]d\lambda$$

(令 $\omega-\lambda = u$，則 $\omega = u+\lambda$，$d\omega = du$ 代入)

$$= \frac{1}{2\pi}\int_{-\infty}^{\infty} F(\lambda)\left[\int_{-\infty}^{\infty} G(u)e^{i(u+\lambda)t}du\right]d\lambda$$

$$= \frac{1}{2\pi}\left[\int_{-\infty}^{\infty}F(\lambda)e^{i\lambda t}d\lambda\right]\left[\int_{-\infty}^{\infty}G(u)e^{iut}du\right]$$

$$= 2\pi\left[\frac{1}{2\pi}\int_{-\infty}^{\infty}F(\lambda)e^{i\lambda t}d\lambda\right]\left[\frac{1}{2\pi}\int_{-\infty}^{\infty}G(u)e^{iut}du\right]$$

$$= 2\pi\mathscr{F}^{-1}[F(\lambda)]\mathscr{F}^{-1}[G(u)]$$

$$= 2\pi f(t)g(t)$$

傅氏轉換之重要性質列於表 3-1 中：

表 3-1　傅氏轉換之性質

名稱	$f(t)$	$F(\omega)$
定義	$f(t)=\frac{1}{2\pi}\int_{-\infty}^{\infty}F(\omega)e^{i\omega t}d\omega$	$F(\omega)=\int_{-\infty}^{\infty}f(t)e^{-i\omega t}dt$
線性	$c_1 f_1(t)\pm c_2 f_2(t)$	$c_1 F_1(\omega)\pm c_2 F_2(\omega)$
標度改變	$f(at)$	$\frac{1}{|a|}F\left(\frac{\omega}{a}\right)$
時間移位	$f(t-a)$	$e^{-i\omega a}F(\omega)$
頻率調變	$e^{i\omega_0 t}f(t)$	$F(\omega-\omega_0)$
對稱性	$F(t)$	$2\pi f(-\omega)$
時間微分	$\frac{d^n f(t)}{dt^n}$	$(i\omega)^n F(\omega)$
時間積分	$\int_{-\infty}^{t}f(\tau)d\tau$	$\frac{1}{i\omega}F(\omega)+\pi F(0)\delta(\omega)$
時間迴旋	$f(t)*g(t)=\int_{-\infty}^{\infty}f(\tau)g(t-\tau)d\tau$	$F(\omega)\cdot G(\omega)$
頻率迴旋	$f(t)\cdot g(t)$	$\frac{1}{2\pi}F(\omega)*G(\omega)=\frac{1}{2\pi}\int_{-\infty}^{\infty}F(\lambda)G(\omega-\lambda)d\lambda$

3-6 習題

1. 已知函數 $f(t)$ 表之如下：

$$f(t) = \begin{cases} 3t, & 0 < t < 2 \\ 0, & t > 2 \end{cases}$$

   求其傅氏正弦轉換。

2. 已知函數 $f(t)$ 表之如下：

$$f(t) = \begin{cases} -2, & 0 < t < 1 \\ 2, & 1 < t < 2 \end{cases}$$

   求其傅氏餘弦轉換。

3. 已知函數 $f(t)$ 表之如下：

$$f(t) = \begin{cases} 1, & |t| < \dfrac{T}{2} \\ 0, & |t| > \dfrac{T}{2} \end{cases}$$

   求其傅氏轉換。

4. 已知函數 $f(t)$ 表之如下：

$$f(t) = \begin{cases} H\left(1 - \dfrac{|t|}{T}\right), & |t| < T \\ 0, & |t| > T \end{cases}$$

   求其傅氏轉換。

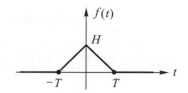

5. 求 (1) $\mathscr{F}[f(t)\cos\omega_0 t]$

   (2) $\mathscr{F}[f(t)\cos\omega_0 t \cos\omega_0 t]$

6. 已知 $f(t) = te^{-kt}u(t)$, $k > 0$，求 $\mathscr{F}[f(t)]$。

7. 求下圖之傅氏轉換。

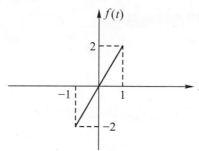

8. 已知函數 $f(t)$ 表之如下：

$$f(t) = \begin{cases} e^{it}, & |t| < 1 \\ 0, & |t| > 1 \end{cases}$$

求 $\mathscr{F}[f(t)]$。

9. 已知 $f(t) = e^{-at}$, $a > 0$, $t > 0$ 分別求 $\mathscr{F}[f(t)]$、$\mathscr{F}_c[f(t)]$、$\mathscr{F}_s[f(t)]$。

3-7 功率信號之傅氏轉換

有些函數能滿足狄里西雷條件

$$\int_{-\infty}^{\infty} |f(t)| \, dt < \infty$$

故其傅氏轉換存在，此種函數包括所有實用之能量信號，此能量信號滿足

$$\int_{-\infty}^{\infty} f^2(t) dt < \infty$$

但有些重要信號如弦波週期函數、階梯函數、斜波函數等，不滿足

$$\int_{-\infty}^{\infty} |f(t)| \, dt < \infty$$

它雖具有無限能量，$\int_{-\infty}^{\infty} f^2(t) dt$ 不存在，但其功率卻是有限的，即

$$p = \lim_{T \to \infty} \frac{1}{T} \int_{-T/2}^{T/2} f^2(t) dt < \infty$$

如允許傅氏轉換中包含脈衝函數，則可求此功率信號之傅氏轉換，以下列例子說明之。

範例 1　　EXAMPLE

證明單位脈衝函數之傅氏轉換為

① $\mathscr{F}[\delta(t - t_0)] = e^{-i\omega t_0}$ (3-60)

② $\mathscr{F}[\delta(t)] = 1$ (3-61)

解 ①利用第二章定理 11 單位脈衝函數之濾波性質，將積分範圍擴展至由 $-\infty$ 至 ∞ 得

$$\int_{-\infty}^{\infty} f(t)\delta(t-a)dt = f(a) \tag{2-36}$$

則　　　$\mathscr{F}[\delta(t-t_0)] = \int_{-\infty}^{\infty} \delta(t-t_0)e^{-i\omega t}dt = e^{-i\omega t_0} = 1\angle -\omega t_0$

振幅譜與相角譜繪圖如下：

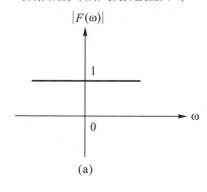

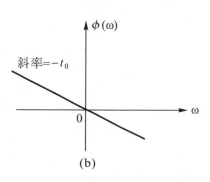

(a)　　　　　　　　　　　　　　　　(b)

圖 3-31

② 因 $\mathscr{F}[\delta(t-t_0)] = e^{-i\omega t_0}$

　令 $t_0 = 0$ 可得 $\mathscr{F}[\delta(t)] = 1$

範例 2　　EXAMPLE

證明指數函數 $f(t) = e^{-a|t|}$，$a > 0$(圖 3-32)及單位常數函數 $f(t) = 1$ 之傅氏轉換

為

① 　$\mathscr{F}[e^{-a|t|}] = \dfrac{2a}{a^2 + \omega^2}$ 　　　　　　　　　　　　　　　(3-62)

② 　$\mathscr{F}[1] = 2\pi\delta(\omega)$ 　　　　　　　　　　　　　　　　　　　(3-63)

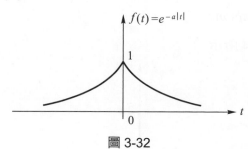

圖 3-32

(證) ① $\mathscr{F}[f(t)] = \int_{-\infty}^{\infty} f(t)e^{-i\omega t}dt = \int_{-\infty}^{\infty} e^{-a|t|}e^{-i\omega t}dt = \int_{-\infty}^{0} e^{at}e^{-i\omega t}dt + \int_{0}^{\infty} e^{-at}e^{-i\omega t}dt$

$\qquad = \int_{-\infty}^{0} e^{(a-i\omega)t}dt + \int_{0}^{\infty} e^{-(a+i\omega)t}dt = \dfrac{1}{a-i\omega} + \dfrac{1}{a+i\omega} = \dfrac{2a}{a^2+\omega^2}$

振幅譜如圖 3-33 所示：

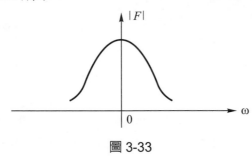

圖 3-33

② 由於 $\quad \lim\limits_{a \to 0} e^{-a|t|} = 1$

因此 $\quad \mathscr{F}[1] = \lim\limits_{a \to 0} \mathscr{F}[e^{-a|t|}] = \lim\limits_{a \to 0} \dfrac{2a}{a^2+\omega^2}$

$\qquad\qquad = \begin{cases} 0, & \omega \neq 0 \\ \infty, & \omega = 0 \end{cases}$ (利用 L'Hospital 規則)

表示在 $\omega = 0$ 為一脈衝函數，可由積分求其強度

$\qquad \int_{-\infty}^{\infty} \dfrac{2a}{a^2+\omega^2}d\omega = 2\pi$

故 $\mathscr{F}[1]$ 為強度是 2π 之脈衝，即

$\qquad \mathscr{F}[1] = 2\pi\delta(\omega)$

本例亦可應用傅氏轉換之對稱性證之

因 $\qquad \mathscr{F}[\delta(t)] = 1$

則 $\qquad \mathscr{F}[1] = 2\pi\delta(\omega)$

其振幅譜如圖 3-34 所示

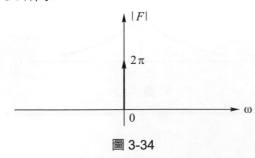

圖 3-34

證明 $\mathscr{F}[e^{i\omega_0 t}] = 2\pi\delta(\omega-\omega_0)$ (3-64)

(證) $$\mathscr{F}[e^{i\omega_0 t}] = \int_{-\infty}^{\infty} e^{i\omega_0 t} \times e^{-i\omega t} dt = \int_{-\infty}^{\infty} e^{-i(\omega-\omega_0)t} dt = \int_{-\infty}^{\infty} 1 \times e^{-i\bar{\omega}t} dt$$

$$= \mathscr{F}[1] = 2\pi\delta(\bar{\omega}) = 2\pi\delta(\omega-\omega_0)$$

本例亦可應用傅氏轉換之對稱性證之

因　　　$\mathscr{F}[\delta(t-t_0)] = e^{-i\omega t_0}$

則　　　$\mathscr{F}[e^{i\omega_0 t}] = 2\pi\delta(\omega-\omega_0)$

振幅譜如圖 3-35 所示：

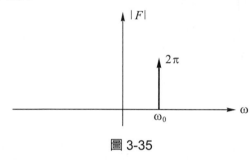

圖 3-35

證明
① $\mathscr{F}[\cos\omega_0 t] = \pi[\delta(\omega-\omega_0)+\delta(\omega+\omega_0)]$ (3-65)
② $\mathscr{F}[\sin\omega_0 t] = -i\pi[\delta(\omega-\omega_0)-\delta(\omega+\omega_0)]$ (3-66)

(證) ① $\mathscr{F}[\cos\omega_0 t] = \mathscr{F}\left[\dfrac{e^{i\omega_0 t}+e^{-i\omega_0 t}}{2}\right] = \dfrac{1}{2}\{\mathscr{F}[e^{i\omega_0 t}]+\mathscr{F}[e^{-i\omega_0 t}]\}$

$= \dfrac{1}{2}[2\pi\delta(\omega-\omega_0)+2\pi\delta(\omega+\omega_0)] = \pi[\delta(\omega-\omega_0)+\delta(\omega+\omega_0)]$

② $\mathscr{F}[\sin\omega_0 t] = \mathscr{F}\left[\dfrac{e^{i\omega_0 t}-e^{-i\omega_0 t}}{2i}\right] = -\dfrac{i}{2}\{\mathscr{F}[e^{i\omega_0 t}]-\mathscr{F}[e^{-i\omega_0 t}]\}$

$= -\dfrac{i}{2}[2\pi\delta(\omega-\omega_0)-2\pi\delta(\omega+\omega_0)] = -i\pi[\delta(\omega-\omega_0)-\delta(\omega+\omega_0)]$

振幅譜如圖 3-36 所示

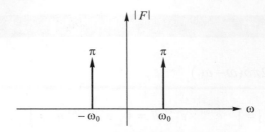

圖 3-36　正弦與餘弦函數之振幅譜

範例 5　EXAMPLE

符號函數(signum function) $\text{sgn}(t)$ 及單位階梯函數 $u(t)$ (圖 3-37)之定義如下：

$$\text{sgn}(t) = \begin{cases} 1, & t > 0 \\ 0, & t = 0 \\ -1, & t < 0 \end{cases}$$

$$u(t) = \begin{cases} 1, & t \geq 0 \\ 0, & t < 0 \end{cases}$$

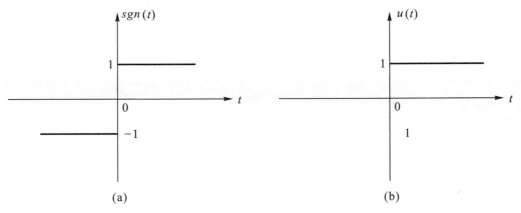

(a)　　　　　　　(b)

圖 3-37

證明此兩種函數之傅氏轉換為

① $\quad \mathscr{F}[\text{sgn}(t)] = \dfrac{2}{i\omega}$ $\hspace{4cm}$ (3-67)

② $\quad \mathscr{F}[u(t)] = \pi\delta(\omega) + \dfrac{1}{i\omega}$ $\hspace{3.5cm}$ (3-68)

證 ① 因 $\text{sgn}(t)$ 之積分式為發散，無法直接求傅氏轉換，可先乘一收斂因子 $e^{-a|t|}$ 再取極限求之，即

$$\mathscr{F}[\text{sgn}(t)] = \lim_{a \to 0} \int_{-\infty}^{\infty} e^{-a|t|} \times \text{sgn}(t) \times e^{-i\omega t} dt$$

$$= \lim_{a \to 0} \left[\int_{-\infty}^{0} e^{at} \times (-1) \times e^{-i\omega t} dt + \int_{0}^{\infty} e^{-at} \times 1 \times e^{-i\omega t} dt \right]$$

$$= \lim_{a \to 0} \left[\int_{-\infty}^{0} (-1) e^{(a-i\omega)t} dt + \int_{0}^{\infty} e^{-(a+i\omega)t} dt \right]$$

$$= \lim_{a \to 0} \left[\frac{-1}{a - i\omega} + \frac{1}{a + i\omega} \right]$$

$$= \frac{2}{i\omega}$$

$$= -i \frac{2}{\omega}$$

$$= \begin{cases} \left| \dfrac{2}{\omega} \right| \angle -\dfrac{\pi}{2}, & \omega > 0 \\[3mm] \left| \dfrac{2}{\omega} \right| \angle \dfrac{\pi}{2}, & \omega < 0 \end{cases}$$

頻譜如圖 3-38 所示：

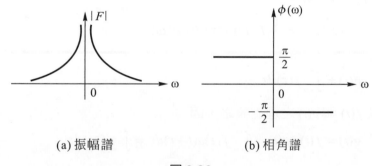

(a) 振幅譜　　　　　(b) 相角譜

圖 3-38

本例亦可應用時間微分性質證之：

若　　$\mathscr{F}[f(t)] = F(\omega)$

則　　$\mathscr{F}\left[\dfrac{df(t)}{dt} \right] = i\omega F(\omega)$

又　　$\dfrac{d}{dt}\text{sgn}(t) = 2\delta(t)$

故　　$\mathscr{F}\left[\dfrac{d}{dt}\text{sgn}(t) \right] = i\omega\mathscr{F}[\text{sgn}(t)] = \mathscr{F}[2\delta(t)]$

即　　$i\omega\mathscr{F}[\text{sgn}(t)] = 2$

得證　$\mathscr{F}[\text{sgn}(t)] = \dfrac{2}{i\omega}$

② 因 $\quad u(t) = \dfrac{1}{2} + \dfrac{1}{2}\mathrm{sgn}(t)$

故 $\quad \mathscr{F}[u(t)] = \mathscr{F}\left[\dfrac{1}{2}\right] + \dfrac{1}{2}\mathscr{F}[\mathrm{sgn}(t)] = \pi\delta(\omega) + \dfrac{1}{i\omega}$

振幅譜如圖 3-39 所示：

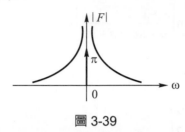

圖 3-39

範例 6　EXAMPLE

證明傅氏轉換之時間積分性質：

如 $\mathscr{F}[f(t)] = F(\omega)$，

則 $\mathscr{F}\left[\displaystyle\int_{-\infty}^{t} f(\tau)d\tau\right] = \dfrac{1}{i\omega}F(\omega) + \pi F(0)\delta(\omega)$　　　　　(3-55)

證 令 $\quad g(t) = \displaystyle\int_{-\infty}^{t} f(\tau)d\tau$

$g(t)$ 可以 $f(t)$ 與 $u(t)$ 之迴旋表之，因

$$g(t) = f(t) * u(t) = \int_{-\infty}^{\infty} f(\tau)u(t-\tau)d\tau = \int_{-\infty}^{t} f(\tau)d\tau$$

應用時間迴旋定理

$$\mathscr{F}[g(t)] = \mathscr{F}[f(t) * u(t)] = \mathscr{F}[f(t)] \cdot \mathscr{F}[u(t)]$$

$$= F(\omega) \cdot \left[\pi\delta(\omega) + \dfrac{1}{i\omega}\right] = \pi F(\omega)\delta(\omega) + \dfrac{1}{i\omega}F(\omega)$$

$$= \pi F(0)\delta(\omega) + \dfrac{1}{i\omega}F(\omega)$$

範例 7　EXAMPLE

已知 $f(t) = \cos\omega_0 t \cdot u(t)$ 如圖 3-40 所示，求其傅氏轉換

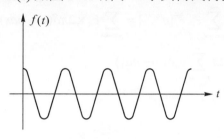

圖 3-40

解　應用頻率迴旋定理得

$$\mathscr{F}[f(t)] = \mathscr{F}[\cos\omega_0 t \cdot u(t)] = \frac{1}{2\pi}\mathscr{F}[\cos\omega_0 t] * \mathscr{F}[u(t)]$$

$$= \frac{1}{2\pi}[\pi\delta(\omega-\omega_0) + \pi\delta(\omega+\omega_0)] * \left[\pi\delta(\omega) + \frac{1}{i\omega}\right]$$

由脈衝函數之迴旋性質知

$$g(t) * \delta(t-a) = g(t-a)$$

得　　$$\mathscr{F}[f(t)] = \frac{\pi}{2}[\delta(\omega-\omega_0) + \delta(\omega+\omega_0)] + \frac{1}{2}\left[\frac{1}{i(\omega-\omega_0)} + \frac{1}{i(\omega+\omega_0)}\right]$$

$$= \frac{\pi}{2}[\delta(\omega-\omega_0) + \delta(\omega+\omega_0)] + \frac{i\omega}{\omega_0^2 - \omega^2}$$

振幅譜如圖 3-41 所示：

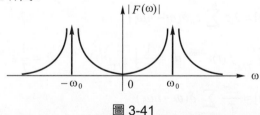

圖 3-41

範例 8　EXAMPLE

求週期性函數之傅氏轉換。

解　任何週期性函數皆不可能滿足狄里西雷條件

$$\int_{-\infty}^{\infty} |f(t)| \, dt < \infty$$

故其傅氏轉換中會含有脈衝函數

週期函數 $f(t)$ 以複指數形式之傅氏級數表之爲

$$f(t) = \sum_{n=-\infty}^{\infty} c_n e^{in\omega_1 t}$$

則

$$\mathscr{F}[f(t)] = \sum_{n=-\infty}^{\infty} c_n \mathscr{F}[e^{in\omega_1 t}] = \sum_{n=-\infty}^{\infty} c_n \times 2\pi\delta(\omega - n\omega_1)$$

$$= 2\pi \sum_{n=-\infty}^{\infty} c_n \delta(\omega - n\omega_1) \tag{3-69}$$

其中

$$c_n = \frac{1}{T}\int_{-T/2}^{T/2} f(t)e^{-in\omega_1 t}dt$$

範例 9　　EXAMPLE

已知單位脈衝列 $f(t) = \sum\limits_{n=-\infty}^{\infty} \delta(t - nT)$ 如圖 3-42 所示，求其傅氏轉換。

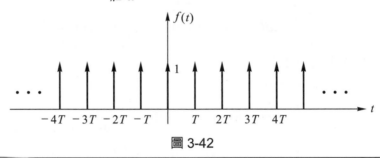

圖 3-42

解 週期函數之傅氏轉換表之爲

$$\mathscr{F}[f(t)] = 2\pi \sum_{n=-\infty}^{\infty} c_n \delta(\omega - n\omega_1)$$

其中

$$c_n = \frac{1}{T}\int_{-T/2}^{T/2} f(t)e^{-in\omega_1 t}dt = \frac{1}{T}\int_{-T/2}^{T/2} \delta(t)e^{-in\omega_1 t}dt = \frac{1}{T}e^{-in\omega_1 \cdot 0} = \frac{1}{T}$$

則

$$\mathscr{F}[f(t)] = \frac{2\pi}{T} \sum_{n=-\infty}^{\infty} \delta(\omega - n\omega_1) \tag{3-70}$$

其振幅譜如圖 3-43 所示：

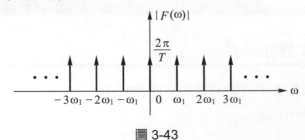

圖 3-43

範例 10　EXAMPLE

鋸齒波(圖 3-44) $f(t)$ 在週期 T 內之函數表之如下：

$$f(t) = \frac{3}{T}t \text{，} 0 < t < T$$

求其傅氏轉換。

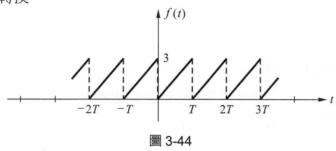

圖 3-44

解　由(3-69)式知週期函數之傅氏轉換爲

$$\mathscr{F}[f(t)] = 2\pi \sum_{n=-\infty}^{\infty} c_n \delta(\omega - n\omega_1)$$

其中　　$c_n = \frac{1}{T} \int_0^T f(t)e^{-in\omega_1 t}dt = \frac{1}{T}\int_0^T \left(\frac{3}{T}t\right)e^{-in\omega_1 t}dt$

$$= \frac{3}{T^2}\frac{1}{(-in\omega_1)}\int_0^T td(e^{-in\omega_1 t}) \text{，} \quad n \neq 0 \quad (\text{利用} \int u dv = uv - \int v du)$$

$$= \frac{3}{T^2}\frac{1}{(-in\omega_1)}\left[te^{-in\omega_1 t} + \frac{1}{in\omega_1}e^{-in\omega_1 t}\right]_0^T$$

$$= \frac{3}{T^2}\frac{1}{(-in\omega_1)}\left[Te^{-in\omega_1 T} + \frac{1}{in\omega_1}e^{-in\omega_1 T} - \left(0 + \frac{1}{in\omega_1}\right)\right]$$

$$(e^{-in\omega_1 T} = e^{-i2n\pi} = \cos 2n\pi - i\sin 2n\pi = 1)$$

$$= \frac{3}{T^2}\frac{i}{n\frac{2\pi}{T}}T = \frac{3}{2n\pi}i \text{，} \quad n \neq 0$$

$$c_0 = \frac{1}{T}\int_0^T f(t)dt = \frac{1}{T}\int_0^T \frac{3}{T}tdt = \frac{3}{2}$$

故　　　$\mathscr{F}[f(t)] = \begin{cases} i\sum_{n=-\infty}^{\infty} \frac{3}{n}\delta(\omega - n\omega_1), & n \neq 0 \\ 3\pi\delta(\omega), & n = 0 \end{cases}$

振幅譜如圖 3-45 所示：

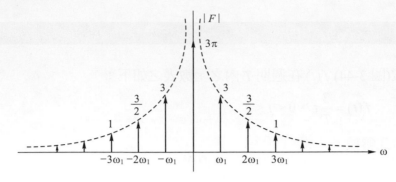

圖 3-45

功率信號之傅氏轉換對列於表 3-2 中：

表 3-2 功率信號之傅氏轉換對

	$f(t)$	$F(\omega)$
1.	$\delta(t)$	1
2.	$\delta(t-t_0)$	$e^{-i\omega t_0}$
3.	1	$2\pi\delta(\omega)$
4.	$e^{i\omega_0 t}$	$2\pi\delta(\omega-\omega_0)$
5.	$\cos\omega_0 t$	$\pi[\delta(\omega-\omega_0)+\delta(\omega+\omega_0)]$
6.	$\sin\omega_0 t$	$-i\pi[\delta(\omega-\omega_0)-\delta(\omega+\omega_0)]$
7.	$\mathrm{sgn}(t)$	$\dfrac{2}{i\omega}$
8.	$u(t)$	$\pi\delta(\omega)+\dfrac{1}{i\omega}$
9.	$\displaystyle\sum_{n=-\infty}^{\infty} c_n e^{in\omega_1 t}$	$\displaystyle 2\pi\sum_{n=-\infty}^{\infty} c_n\delta(\omega-n\omega_1)$
10.	$\displaystyle\sum_{n=-\infty}^{\infty}\delta(t-nT)$	$\displaystyle\dfrac{2\pi}{T}\sum_{n=-\infty}^{\infty}\delta(\omega-n\omega_1)$
11.	$\lvert t\rvert$	$\dfrac{-2}{\omega^2}$
12.	$\cos\omega_0 t\ u(t)$	$\dfrac{\pi}{2}[\delta(\omega-\omega_0)+\delta(\omega+\omega_0)]+\dfrac{i\omega}{\omega_0^2-\omega^2}$
13.	$\sin\omega_0 t\ u(t)$	$\dfrac{\pi}{2i}[\delta(\omega-\omega_0)-\delta(\omega+\omega_0)]+\dfrac{\omega_0}{\omega_0^2-\omega^2}$

Problem 3-7 習題

1. 證明 $\mathscr{F}[|t|] = -\dfrac{2}{\omega^2}$

2. 證明 $\mathscr{F}[\sin\omega_0 t\, u(t)] = \dfrac{\pi}{2i}[\delta(\omega-\omega_0)-\delta(\omega+\omega_0)]+\dfrac{\omega_0}{\omega_0^2-\omega^2}$

已知週期性函數如圖所示,求其傅氏轉換。

3.

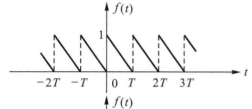

4.

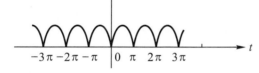

$f(t) = |\sin t|, \quad -\pi < t < \pi$

5.

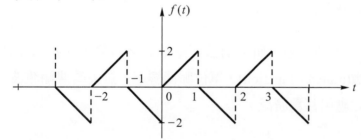

6.

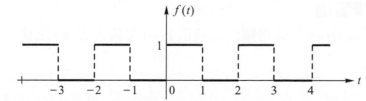

應用時間微分性質,時間移位性質及轉換表 3-2,求下列函數之傅氏轉換。

7.

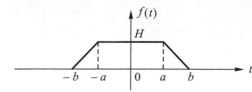

8.

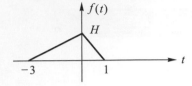

9.

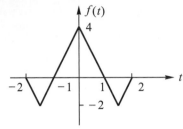

10.

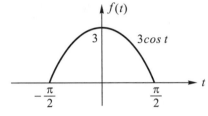

3-8 傅氏轉換之應用

　　傅氏轉換除了作信號分析外,亦可研究信號與系統間之關係,並探討系統之性質,尤其在系統之轉移函數(transfer function),單位脈衝響應,無失真傳輸濾波作用,信號抽樣原理及通訊系統之應用甚為廣泛。

1. 轉移函數與單位脈衝響應

　　一線性系統之轉移函數 $H(\omega)$ 定義為頻域之輸出 $Y(\omega)$ 與輸入 $X(\omega)$ 之比,如圖 3-46 所示,即

$$H(\omega) = \frac{Y(\omega)}{X(\omega)} \tag{3-71}$$

$$X(\omega) \longrightarrow \boxed{\begin{array}{c} 線性系統 \\ H(\omega) \end{array}} \longrightarrow Y(\omega)$$

圖 3-46

故輸出、輸入與轉移函數之關係為

$$Y(\omega) = H(\omega)X(\omega) \tag{3-72}$$

上式兩邊取反傅氏轉換，由迴旋性質知

$$y(t) = h(t) * x(t) \tag{3-73}$$

其中 $x(t)$ 為輸入信號，$y(t)$ 為輸出信號，而 $h(t)$ 為轉移函數 $H(\omega)$ 之反轉換稱為單位脈衝響應，如圖 3-47 所示。

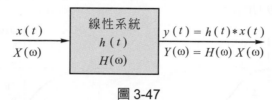

圖 3-47

當輸入 $x(t)$ 為單位脈衝 $\delta(t)$ 時，由於 $X(\omega) = \mathscr{F}[\delta(t)] = 1$，則

$$y(t) = \mathscr{F}^{-1}[H(\omega)X(\omega)] = \mathscr{F}^{-1}[H(\omega) \times 1] = h(t)$$

故 $h(t)$ 被稱為單位脈衝響應。

範例 1　EXAMPLE

圖 3-48 為一 RC 串聯電路，其中 $v_i(t)$ 為輸入信號，$v_0(t)$ 為輸出信號，求其轉移函數，單位脈衝響應，並討論此電路之性質。

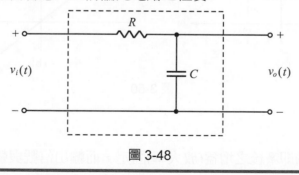

圖 3-48

解　①由轉移函數之定義知

$$H(\omega) = \frac{V_o(\omega)}{V_i(\omega)} = \frac{\dfrac{1}{i\omega C}}{R + \dfrac{1}{i\omega C}} = \frac{1}{1 + iRC\omega} = \frac{1}{RC} \frac{1}{i\omega + \dfrac{1}{RC}}$$

②RC 電路之單位脈衝響應為

$$h(t) = \mathscr{F}^{-1}[H(\omega)] = \frac{1}{RC} e^{-\frac{1}{RC}t} u(t)$$

③ $H(\omega) = \dfrac{1}{1+iRC\omega} = \dfrac{1}{\sqrt{1+R^2C^2\omega^2} \angle \tan^{-1} RC\omega} = \dfrac{1}{\sqrt{1+R^2C^2\omega^2}} \angle - \tan^{-1} RC\omega$

其中 $\begin{cases} 振幅 \, |H(\omega)| = \dfrac{1}{\sqrt{1+R^2C^2\omega^2}} \\ 相角 \phi(\omega) = -\tan^{-1} RC\omega \end{cases}$

頻譜如圖 3-49 所示。

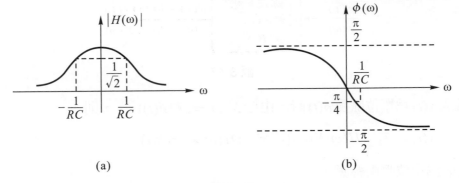

(a) (b)

圖 3-49

由圖可知此為低通濾波器,但非理想低通濾波器,理想低通濾波器其頻譜應如圖 3-50 所示。

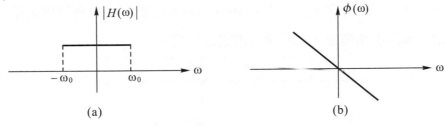

(a) (b)

圖 3-50

2. 無失真傳輸

所謂無失真傳輸即系統之增益(放大率)固定,而輸出信號與輸入信號形狀相同,僅有時間延遲,如輸入為 $x(t)$,則無失真系統之輸出為

$$y(t) = kx(t-t_0)$$

其中 k 為增益,t_0 為時間延遲,如圖 3-51 所示。

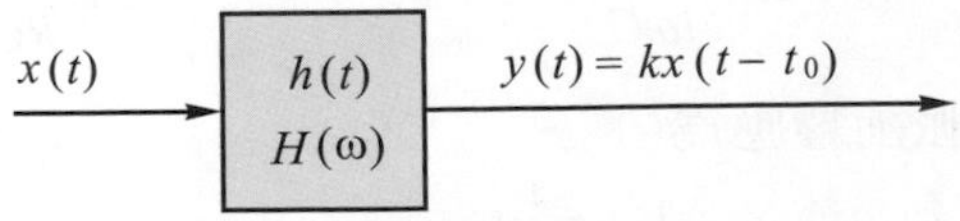

$$x(t) \longrightarrow \boxed{\begin{array}{c} h(t) \\ H(\omega) \end{array}} \xrightarrow{\;y(t) = kx(t-t_0)\;}$$

圖 3-51

現推導無失真系統之頻率特性，對 $y(t)$ 取傅氏轉換並應用時間移位性質得

$$\mathscr{F}[y(t)] = \mathscr{F}[kx(t-t_0)]$$

即

$$Y(\omega) = ke^{-i\omega t_0} X(\omega)$$

由轉移函數定義知

$$H(\omega) = \frac{Y(\omega)}{X(\omega)} = ke^{-i\omega t_0} = k\angle -\omega t_0$$

其頻譜如圖 3-52 所示。

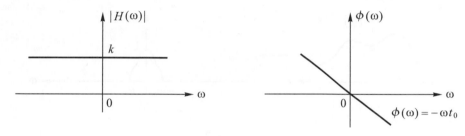

圖 3-52

3. 信號抽樣原理

抽樣過程在資料傳輸是一件甚為重要之工件,在抽樣過程中,將類比信號變為數位形態，再經處理後，要能夠完整準確地恢復其原來波形才可。

設原始信號 $f(t)$ 經抽樣後，信號 $f_s(t)$ 可用 $f(t)$ 乘上單位脈衝串表之，如圖 3-53 所示：

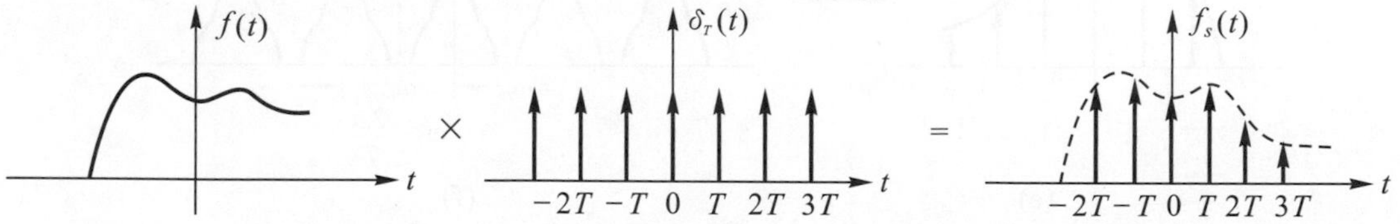

圖 3-53

即

$$f_s(t) = f(t) \cdot \sum_{n=-\infty}^{\infty} \delta(t-nT) \tag{3-74}$$

其中 T 為脈衝串之週期，即為抽樣間隔。

上式取傅氏轉換，再應用頻率迴旋定理得

$$F_s(\omega) = \frac{1}{2\pi} F(\omega) * \frac{2\pi}{T} \sum_{n=-\infty}^{\infty} \delta(\omega - n\omega_1) , \quad \omega_1 = \frac{2\pi}{T}$$

$$= \frac{1}{T} \sum_{n=-\infty}^{\infty} [F(\omega) * \delta(\omega - n\omega_1)]$$

$$= \frac{1}{T} \sum_{n=-\infty}^{\infty} F(\omega - n\omega_1) \tag{3-75}$$

上式等號右邊表示函數 $F(\omega)$ 每隔 ω_1 重複一次。設 $f(t)$ 之振幅譜如圖 3-54(b)所示，其中 ω_m 為 $f(t)$ 之最大頻率。

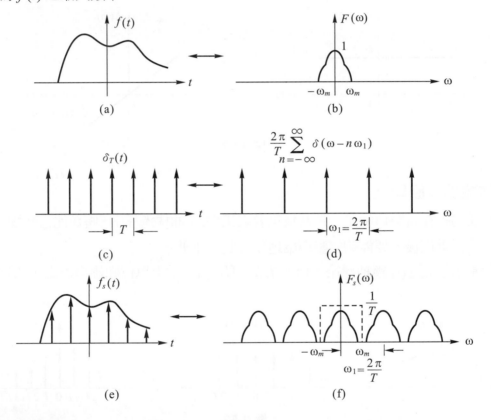

圖 3-54

如抽樣頻率 ω_1 大於 $2\omega_m$，即

$$\omega_1 \geq 2\omega_m \cdot \frac{2\pi}{T} \geq 2 \times 2\pi f_m \cdot T \leq \frac{1}{2 f_m}$$

則 $F(\omega)$ 在頻域中會週期地出現而不會重疊，只要抽樣間隔不超過 $1/2 f_m$，則 $F_s(\omega)$ 為 $F(\omega)$ 之週期複製，此結果示於圖 3-54(f)。

$F_s(\omega)$ 可輕易地恢復爲 $F(\omega)$ 及 $f(t)$，其方法係把 $F_s(\omega)$ 中所有高於 ω_m 之頻率濾掉即可，其過程爲將信號通過截止頻率爲 ω_m 之低通濾波器即可，此種濾波器特性用虛線示於圖 3-54(f)中。

4. 調變(Modulation)

通訊系統原理如信號處理、調變、解調、抑制雜訊等大都由頻譜分析來推導，在此僅就類比信號之振幅調變(Amplitude Modulation, AM)及解調作說明，其他方面可參考通訊工程之書籍。

調變係信號頻譜移動之過程，通訊系統使用調變使傳輸過程更有效率，由頻率迴旋定理可瞭解調變之原理，設

$$\mathscr{F}[f(t)] = F(\omega)$$

則

$$\mathscr{F}[f(t)]\cos\omega_c t = \frac{F(\omega+\omega_c)+F(\omega-\omega_c)}{2}$$

$f(t)$ 稱爲調變(modulating)信號，$\cos\omega_c t$ 稱爲載波(carrier)，$\cos\omega_c t$ 乘上 $f(t)$ 會改變載波信號之振幅；此調變過程稱爲調幅，其過程示於圖 3-55。

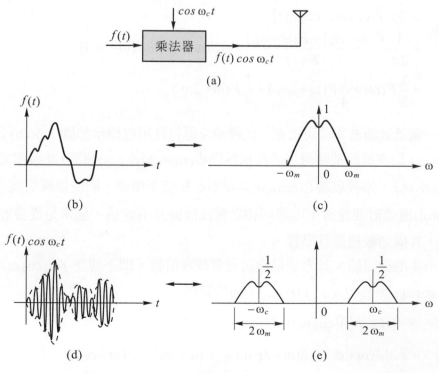

圖 3-55

至於恢復為原來信號 $f(t)$ 之過程稱為解調(demodulation)或檢波(detection)，其解調過程可將 $f(t)\cos\omega_c t$ 乘上 $\cos\omega_c t$，然後通過低通濾波器，如圖 3-56(a)所示。

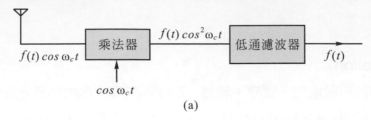

(a)

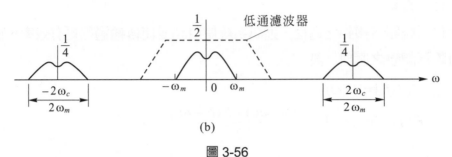

(b)

圖 3-56

$f(t)\cos\omega_c t \cdot \cos\omega_c t$ 之頻譜為 $f(t)\cos\omega_c t$ 之頻譜與 $\cos\omega_c t$ 頻譜之迴旋，即

$$\mathscr{F}[f(t)\cos\omega_c t \cdot \cos\omega_c t]$$

$$= \frac{1}{2\pi}\frac{F(\omega+\omega_c)+F(\omega-\omega_c)}{2} * \pi[\delta(\omega+\omega_c)+\delta(\omega-\omega_c)]$$

$$= \frac{1}{2}F(\omega) + \frac{1}{4}F(\omega+2\omega_c) + \frac{1}{4}F(\omega-2\omega_c)$$

再經一個低通濾波器即可復原，此種濾波器特性用虛線示於圖 3-56(b)中。在接收端乘上 $\cos\omega_c t$ 以恢復原來頻譜之過程稱為同步(snynchronous)解調，此過程需要能夠正確地產生 $\cos\omega_c t$，如接收端之 $\cos\omega_c t$ 其頻率及相位不準確，則恢復原信號會有誤差，但本地(local)振盪器要能產生同頻同相之載波信號並不容易，通常是從接收之調變信號中取得，其構造較複雜且昂貴。

如不用本地振盪器，其方法是傳送大量載波信號，即不傳送 $f(t)\cos\omega_c t$ 而是傳送 $[A+f(t)]\cos\omega_c t$，其中 $A > |f(t)|_{\max}$，而頻譜為

$$\mathscr{F}\{[A+f(t)]\cos\omega_c t\}$$

$$= \pi A[\delta(\omega+\omega_c)+\delta(\omega-\omega_c)] + \frac{1}{2}[F(\omega+\omega_c)+F(\omega-\omega_c)]$$

調幅信號與其頻譜示於圖 3-57 中，欲恢復 $f(t)$ 可使用波封檢波器即可。

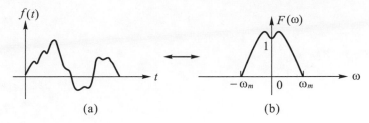

(a)   (b)

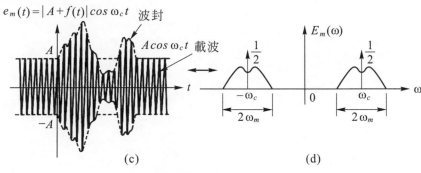

(c)   (d)

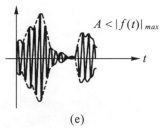

(e)

圖 3-57

4

向量分析

本章大綱

4-1 向量代數

1. 純量與向量

(1) 純量：僅具有大小及單位之物理量，如質量、溫度、熱量，……等。

(2) 向量：凡具有大小、方向及單位之物理量，如力、速度、加速度、磁場強度，……等。

2. 向量之基本概念

(1) 向量之表示法

① 圖形：如圖 4-1 所示之向量圖，長度表大小，箭號表方向。

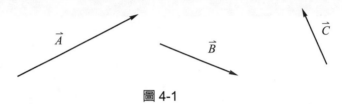

圖 4-1

② 文字：以粗體表之，如 **A**、**B**、**C**、……或以細體字上加一箭號表之，如 $\vec{A}$、$\vec{B}$、$\vec{C}$、……。

(2) 向量之大小(絕對值)

向量 $\vec{A}$ 之大小(絕對值)表之 $|\vec{A}|$ 或 A。

(3) 單位向量

大小為 1 之向量稱為單位向量，係向量 $\vec{A}$ 除以本身之大小，表之如下：

$$\vec{u} = \frac{\vec{A}}{|\vec{A}|} = \frac{\vec{A}}{A} \tag{4-1}$$

$\vec{u}$ 之方向與 $\vec{A}$ 相同，而 $|\vec{u}| = 1$

(4) 等向量

若兩向量 $\vec{A}$ 與 $\vec{B}$ 大小及方向均相同，則稱為等向量，即

$$\vec{A} = \vec{B}$$

(5) 向量之加減法

任何三向量 $\vec{A}$、$\vec{B}$、$\vec{C}$ 具有加、減法交換律及結合律之性質，即

$$\vec{A}+\vec{B}=\vec{B}+\vec{A}$$

$$\vec{A}-\vec{B}=\vec{A}+(-\vec{B})$$

$$\vec{A}+(\vec{B}+\vec{C})=(\vec{A}+\vec{B})+\vec{C}$$

上列性質示於圖 4-2 中，其結果使向量和與各向量圍成一封閉多邊形。

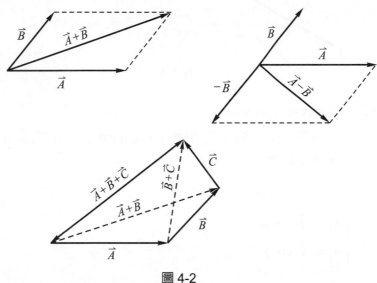

圖 4-2

3. 向量之分量

(1) 分量

在空間中以直角座標系表示向量 $\vec{A}$，如圖 4-3 所示，$\vec{A}$ 在各座標軸之投影 A_1, A_2, A_3 即為 $\vec{A}$ 之分量，$\vec{A}$ 表之如下：

$$\vec{A}=A_1\vec{i}+A_2\vec{j}+A_3\vec{k}=<A_1,A_2,A_3> \tag{4-2}$$

其中 $\begin{cases} \vec{i}\ \text{為正}\ x\ \text{軸方向之單位向量} \\ \vec{j}\ \text{為正}\ y\ \text{軸方向之單位向量} \\ \vec{k}\ \text{為正}\ z\ \text{軸方向之單位向量} \end{cases}$

由畢氏定理知 $\vec{A}$ 之絕對值為

$$|\vec{A}|=A=\sqrt{A_1^2+A_2^2+A_3^2} \tag{4-3}$$

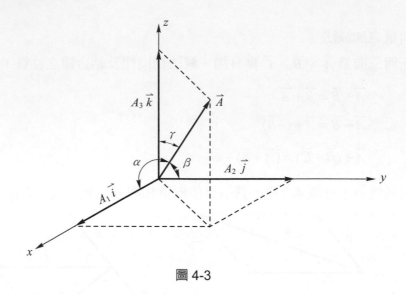

圖 4-3

(2) 方向餘弦(Direction consines)

設 α, β, γ 表 $\vec{A}$ 與 x, y, z 軸之夾角，而 $\cos\alpha, \cos\beta, \cos\gamma$ 稱為 $\vec{A}$ 在 x, y, z 軸之方向餘弦，如圖 4-3 所示。

$$\begin{cases} A_1 = |\vec{A}| \cos\alpha \\ A_2 = |\vec{A}| \cos\beta \\ A_3 = |\vec{A}| \cos\gamma \end{cases} \tag{4-4}$$

或 $$\begin{cases} \cos\alpha = \dfrac{A_1}{|\vec{A}|} \\ \cos\beta = \dfrac{A_2}{|\vec{A}|} \\ \cos\gamma = \dfrac{A_3}{|\vec{A}|} \end{cases}$$

又 $\quad A^2 = A_1^2 + A_2^2 + A_3^2 = A^2\cos^2\alpha + A^2\cos^2\beta + A^2\cos^2\gamma$

故 $\quad \cos^2\alpha + \cos^2\beta + \cos^2\gamma = 1 \tag{4-5}$

(3) 分量相加減

設 $\quad \vec{A} = A_1\vec{i} + A_2\vec{j} + A_3\vec{k}$

$\qquad \vec{B} = B_1\vec{i} + B_2\vec{j} + B_3\vec{k}$

則① $\vec{A} + \vec{B} = (A_1 + B_1)\vec{i} + (A_2 + B_2)\vec{j} + (A_3 + B_3)\vec{k}$

② $\vec{A} - \vec{B} = (A_1 - B_1)\vec{i} + (A_2 - B_2)\vec{j} + (A_3 - B_3)\vec{k}$

③ $c\vec{A} = cA_1\vec{i} + cA_2\vec{j} + cA_3\vec{k}$，$c \in R$

4. 純量積或點積(Scalar product or Dot product)

(1) 定義

向量 $\vec{A}$ 與 $\vec{B}$ 之純量積定義為

$$\vec{A} \cdot \vec{B} = |\vec{A}||\vec{B}|\cos\theta \quad (0 \le \theta \le \pi) \tag{4-6}$$

其中 θ 為兩向量之夾角，如圖 4-4 所示，而 $|\vec{A}|\cos\theta$ 為 $\vec{A}$ 在 $\vec{B}$ 上之投影量。

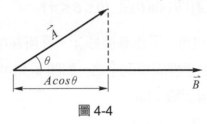

圖 4-4

(2) 兩向量垂直

若 $\vec{A}$ 與 $\vec{B}$ 均為非零之向量，如 $\vec{A} \cdot \vec{B} = 0$，則兩向量必互相垂直，即 $\vec{A} \perp \vec{B}$，反之，若 $\vec{A} \perp \vec{B}$ 時，$\cos\theta = 0$，則 $\vec{A} \cdot \vec{B} = 0$，由此可推得

$$\vec{i} \cdot \vec{j} = \vec{j} \cdot \vec{k} = \vec{k} \cdot \vec{i} = 0$$

$$\vec{i} \cdot \vec{i} = \vec{j} \cdot \vec{j} = \vec{k} \cdot \vec{k} = 1$$

(3) 性質

純量積具有下列性質：

① $\vec{A} \cdot \vec{B} = \vec{B} \cdot \vec{A}$

② $\vec{A} \cdot (\vec{B} + \vec{C}) = \vec{A} \cdot \vec{B} + \vec{A} \cdot \vec{C}$

③ $m(\vec{A} \cdot \vec{B}) = (m\vec{A}) \cdot \vec{B} = \vec{A} \cdot (m\vec{B})$，$m \in R$

(4) 公式

設　$\vec{A} = A_1\vec{i} + A_2\vec{j} + A_3\vec{k}$

　　$\vec{B} = B_1\vec{i} + B_2\vec{j} + B_3\vec{k}$

則　$\vec{A} \cdot \vec{B} = A_1B_1 + A_2B_2 + A_3B_3$ \tag{4-7}

如 $\vec{A} \perp \vec{B}$，可得

$$A_1B_1 + A_2B_2 + A_3B_3 = 0$$

又　$\vec{A} \cdot \vec{B} = |\vec{A}||\vec{B}|\cos\theta$

故　$\cos\theta = \dfrac{\vec{A} \cdot \vec{B}}{|\vec{A}||\vec{B}|} = \dfrac{A_1B_1 + A_2B_2 + A_3B_3}{\sqrt{A_1^2 + A_2^2 + A_3^2}\sqrt{B_1^2 + B_2^2 + B_3^2}}$　　　　(4-8)

5. 向量積或叉積(Vector product or Cross product)

(1) 定義

向量 $\vec{A}$ 與 $\vec{B}$ 之向量積定義為

$$\vec{A} \times \vec{B} = (|\vec{A}||\vec{B}|\sin\theta)\vec{n} \quad (0 \le \theta \le \pi)$$　　　　(4-9)

其中 θ 為兩向量夾角，$\vec{n}$ 為垂直於 $\vec{A}$、$\vec{B}$ 所在平面之單位向量，如圖 4-5(a) 所示，其方向依右手螺旋規則定之，如圖 4-5(b)所示，$\vec{A} \times \vec{B}$ 之大小為 $\vec{A}$、$\vec{B}$ 所圍之平行四邊形面積，即

$$|\vec{A} \times \vec{B}| = |\vec{A}||\vec{B}|\sin\theta$$

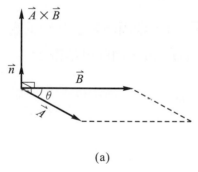
(a)

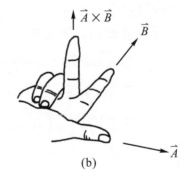
(b)

圖 4-5

(2) 兩向量平行

若 $\vec{A}$ 與 $\vec{B}$ 均為非零之向量，$\vec{A} \times \vec{B} = 0$，則兩向量必互相平行，即 $\vec{A} // \vec{B}$，反之，若 $\vec{A} // \vec{B}$ 時，$\sin\theta = 0$，$\vec{A} \times \vec{B} = 0$，由此可推得

$$\vec{i} \times \vec{i} = 0 \text{、} \vec{j} \times \vec{j} = 0 \text{、} \vec{k} \times \vec{k} = 0$$

又由向量積之定義可得

$$\begin{cases} \vec{i} \times \vec{j} = \vec{k}, & \vec{j} \times \vec{k} = \vec{i}, & \vec{k} \times \vec{i} = \vec{j} \\ \vec{j} \times \vec{i} = -\vec{k}, & \vec{k} \times \vec{j} = -\vec{i}, & \vec{i} \times \vec{k} = -\vec{j} \end{cases}$$

上面之關係可以圖 4-6 表之。

圖 4-6

(3) 性質

向量積具下列性質：

① $\vec{A} \times \vec{B} = -\vec{B} \times \vec{A}$

② $\vec{A} \times (\vec{B} + \vec{C}) = \vec{A} \times \vec{B} + \vec{A} \times \vec{C}$

③ $(\vec{A} \times \vec{B}) \times \vec{C} \neq \vec{A} \times (\vec{B} \times \vec{C})$

(4) 公式

設 　　$\vec{A} = A_1\vec{i} + A_2\vec{j} + A_3\vec{k}$

　　　$\vec{B} = B_1\vec{i} + B_2\vec{j} + B_3\vec{k}$

則 　　$\vec{A} \times \vec{B} = (A_1\vec{i} + A_2\vec{j} + A_3\vec{k}) \times (B_1\vec{i} + B_2\vec{j} + B_3\vec{k})$

$$= A_1B_1\vec{i} \times \vec{i} + A_1B_2\vec{i} \times \vec{j} + A_1B_3\vec{i} \times \vec{k}$$

$$+ A_2B_1\vec{j} \times \vec{i} + A_2B_2\vec{j} \times \vec{j} + A_2B_3\vec{j} \times \vec{k}$$

$$+ A_3B_1\vec{k} \times \vec{i} + A_3B_2\vec{k} \times \vec{j} + A_3B_3\vec{k} \times \vec{k}$$

$$= A_1B_2\vec{k} + A_1B_3(-\vec{j}) + A_2B_1(-\vec{k}) + A_2B_3\vec{i}$$

$$+ A_3B_1\vec{j} + A_3B_2(-\vec{i})$$

$$= (A_2B_3 - A_3B_2)\vec{i} + (A_3B_1 - A_1B_3)\vec{j} + (A_1B_2 - A_2B_1)\vec{k}$$

$$= \begin{vmatrix} \vec{i} & \vec{j} & \vec{k} \\ A_1 & A_2 & A_3 \\ B_1 & B_2 & B_3 \end{vmatrix} \tag{4-10}$$

6. 純量三重積(Scalar triple product)

(1) 公式

設 $\vec{A} = A_1\vec{i} + A_2\vec{j} + A_3\vec{k}$

$\vec{B} = B_1\vec{i} + B_2\vec{j} + B_3\vec{k}$

$\vec{C} = C_1\vec{i} + C_2\vec{j} + C_3\vec{k}$

則 $\vec{A}$、$\vec{B}$、$\vec{C}$ 之純量三重積為

$$\vec{A} \cdot (\vec{B} \times \vec{C}) = (A_1\vec{i} + A_2\vec{j} + A_3\vec{k}) \cdot \begin{vmatrix} \vec{i} & \vec{j} & \vec{k} \\ B_1 & B_2 & B_3 \\ C_1 & C_2 & C_3 \end{vmatrix}$$

$$= A_1\begin{vmatrix} B_2 & B_3 \\ C_2 & C_3 \end{vmatrix} - A_2\begin{vmatrix} B_1 & B_3 \\ C_1 & C_3 \end{vmatrix} + A_3\begin{vmatrix} B_1 & B_2 \\ C_1 & C_2 \end{vmatrix}$$

$$= \begin{vmatrix} A_1 & A_2 & A_3 \\ B_1 & B_2 & B_3 \\ C_1 & C_2 & C_3 \end{vmatrix} \qquad (4\text{-}11)$$

此純量三重積常以 $(\vec{A}\ \vec{B}\ \vec{C})$ 表之。

(2) 幾何意義

$\vec{A} \cdot (\vec{B} \times \vec{C})$ 之絕對值為 $\vec{A}, \vec{B}, \vec{C}$ 所圍之平行六面體體積，如圖 4-7 所示。

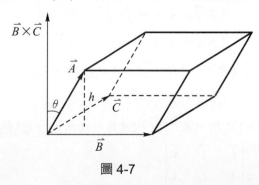

圖 4-7

因 $|\vec{B} \times \vec{C}|$ 為底面積，且 $|\vec{A}|\cos\theta$ 等於高 h，故 $|\vec{A} \cdot \vec{B} \times \vec{C}|$ 恰為平行六面體之體積，即

$$\vec{A} \cdot \vec{B} \times \vec{C} = |\vec{A}||\vec{B} \times \vec{C}|\cos\theta$$

由圖 4-7 及(4-11)式之行列式性質知，$\vec{A}, \vec{B}, \vec{C}$ 純量三重積只要依順序乘積，其結果必相同，即

$$(\vec{A}\ \vec{B}\ \vec{C}) = \vec{A}\cdot(\vec{B}\times\vec{C}) = \vec{B}\cdot(\vec{C}\times\vec{A}) = \vec{C}\cdot(\vec{A}\times\vec{B}) = (\vec{B}\ \vec{C}\ \vec{A}) = (\vec{C}\ \vec{A}\ \vec{B})$$

純量三重積之順序相反時會差一個負號，即

$$(\vec{A}\ \vec{B}\ \vec{C}) = -(\vec{B}\ \vec{A}\ \vec{C})$$

如向量 $\vec{A}, \vec{B}, \vec{C}$ 係在同一平面或平行於同一平面，則平行六面體之體積為零，故

$$(\vec{A}\ \vec{B}\ \vec{C}) = 0$$

上式為 $\vec{A}, \vec{B}, \vec{C}$ 在同一平面或平行於同一平面之充要條件。

7.　向量三重種(Vector triple product)

$\vec{A}, \vec{B}, \vec{C}$ 之向量三重積表為 $\vec{A}\times(\vec{B}\times\vec{C})$ 或 $(\vec{A}\times\vec{B})\times\vec{C}$，而

$$\vec{A}\times(\vec{B}\times\vec{C}) = \vec{B}(\vec{A}\cdot\vec{C}) - \vec{C}(\vec{A}\cdot\vec{B}) \tag{4-12}$$
$$(\vec{A}\times\vec{B})\times\vec{C} = \vec{B}(\vec{A}\cdot\vec{C}) - \vec{A}(\vec{B}\cdot\vec{C}) \tag{4-13}$$

範例 1　　EXAMPLE

向量 $\vec{A}$ 之起點座標為(0,1,2)，終點座標為(1,−2,1)，求 $\vec{A}$, $|\vec{A}|$ 及 $\vec{A}$ 之單位向量 $\vec{u}$。

解

① $\vec{A} = (1-0)\vec{i} + (-2-1)\vec{j} + (1-2)\vec{k} = \vec{i} - 3\vec{j} - \vec{k}$

② $|\vec{A}| = \sqrt{1^2 + (-3)^2 + (-1)^2} = \sqrt{11}$

③ $\vec{u} = \dfrac{\vec{A}}{|\vec{A}|} = \dfrac{1}{\sqrt{11}}\vec{i} - \dfrac{3}{\sqrt{11}}\vec{j} - \dfrac{1}{\sqrt{11}}\vec{k}$

範例 2　　EXAMPLE

若 $\vec{A} = 2\vec{i} - 3\vec{j} + 4\vec{k}$，$\vec{B} = \vec{i} + 2\vec{j} + 2\vec{k}$　求 $\vec{A}$ 在 $\vec{B}$ 之投影量。

解　$\vec{B}$ 之單位向量為

$$\vec{u} = \frac{\vec{B}}{|\vec{B}|} = \frac{\vec{i} + 2\vec{j} + 2\vec{k}}{\sqrt{1^2 + 2^2 + 2^2}} = \frac{1}{3}\vec{i} + \frac{2}{3}\vec{j} + \frac{2}{3}\vec{k}$$

$\vec{A}$ 在 $\vec{B}$ 之投影量爲

$$\vec{A} \cdot \vec{u} = (2\vec{i} - 3\vec{j} + 4\vec{k}) \cdot (\frac{1}{3}\vec{i} + \frac{2}{3}\vec{j} + \frac{2}{3}\vec{k}) = 2 \times \frac{1}{3} + (-3) \times \frac{2}{3} + 4 \times \frac{2}{3} = \frac{4}{3}$$

範例 3　EXAMPLE

若 $\vec{A} = \vec{i} - 3\vec{j} + \vec{k}$ ，$\vec{B} = 2\vec{i} - \vec{j} + \vec{k}$ ，$\vec{C} = 3\vec{i} + \vec{j} - \vec{k}$

求 ① $\vec{A} \cdot \vec{B}$　② $\vec{A} \times \vec{B}$　③ $\vec{A} \cdot (\vec{B} \times \vec{C})$　④ $\vec{A} \times (\vec{B} \times \vec{C})$

解 ① $\vec{A} \cdot \vec{B} = (\vec{i} - 3\vec{j} + \vec{k}) \cdot (2\vec{i} - \vec{j} + \vec{k}) = 1 \times 2 + (-3) \times (-1) + 1 \times 1 = 6$

② $\vec{A} \times \vec{B} = \begin{vmatrix} \vec{i} & \vec{i} & \vec{k} \\ 1 & -3 & 1 \\ 2 & -1 & 1 \end{vmatrix} = -2\vec{i} + \vec{j} + 5\vec{k}$

③ $\vec{A} \cdot (\vec{B} \times \vec{C}) = \begin{vmatrix} 1 & -3 & 1 \\ 2 & -1 & 1 \\ 3 & 1 & -1 \end{vmatrix} = -10$

④ $\vec{A} \times (\vec{B} \times \vec{C}) = \vec{B}(\vec{A} \cdot \vec{C}) - \vec{C}(\vec{A} \cdot \vec{B})$

$= (2\vec{i} - \vec{j} + \vec{k})[(\vec{i} - 3\vec{j} + \vec{k}) \cdot (3\vec{i} + \vec{j} - \vec{k})] - (3\vec{i} + \vec{j} - \vec{k})[(2\vec{i} - \vec{j} + \vec{k}) \cdot (\vec{i} - 3\vec{j} + \vec{k})]$

$= (2\vec{i} - \vec{j} + \vec{k})(-1) - (3\vec{i} + \vec{j} - \vec{k})(6)$

$= -20\vec{i} - 5\vec{j} + 5\vec{k}$

範例 4　EXAMPLE

三角形之三頂點座標爲 $A(0, 0, 0)$ ，$B(1, 2, 1)$ ，$C(2, 3, 2)$ 求此三角形之面積。

解 $\overrightarrow{AB} = (1-0)\vec{i} + (2-0)\vec{j} + (1-0)\vec{k} = \vec{i} + 2\vec{j} + \vec{k}$

$\overrightarrow{AC} = (2-0)\vec{i} + (3-0)\vec{j} + (2-0)\vec{k} = 2\vec{i} + 3\vec{j} + 2\vec{k}$

$\triangle ABC$ 之面積 $= \frac{1}{2}$ 平行四邊形面積 $= \frac{1}{2} |\overrightarrow{AB} \times \overrightarrow{AC}|$

又　　　　$\overrightarrow{AB} \times \overrightarrow{AC} = \begin{vmatrix} \vec{i} & \vec{j} & \vec{k} \\ 1 & 2 & 1 \\ 2 & 3 & 2 \end{vmatrix} = \vec{i} - \vec{k}$

$\triangle ABC$ 之面積 $= \frac{1}{2} |\vec{i} - \vec{k}| = \frac{1}{2}\sqrt{1^2 + (-1)^2} = \frac{\sqrt{2}}{2}$

範例 5　EXAMPLE

若 $\vec{A}=\vec{i}+\vec{j}+2\vec{k}$，$\vec{B}=2\vec{i}+3\vec{k}$，$\vec{C}=\vec{i}-\vec{j}-2\vec{k}$，求以 $\vec{A}$，$\vec{B}$，$\vec{C}$ 為邊之平行六面體，三角柱及三角錐(四面體)之體積。

解 ①平行六面體之體積 $=\left|(\vec{A}\ \vec{B}\ \vec{C})\right|=\begin{Vmatrix} 1 & 1 & 2 \\ 2 & 0 & 3 \\ 1 & -1 & -2 \end{Vmatrix}=|6|=6$

②三角柱之體積 $=\dfrac{1}{2}$ 平行六面體之體積 $=3$

③三角錐之體積 $=\dfrac{1}{3}$ 三角柱之體積 $=\dfrac{1}{6}$ 平行六面體之體積 $=1$

Problem 4-1 習題

1. 寫出下列各題中以 $P(x_1,y_1,z_1)$ 為起點及 $Q(x_2,y_2,z_2)$ 為終點之向量，並求其大小。
   (a) $P(0,0,0)$，$Q(2,1,4)$
   (b) $P(-1,-2,3)$，$Q(0,-1,2)$
   (c) $P(0,-1,1)$，$Q(1,2,3)$

2. 在下列各題中，已知向量 $\vec{A}$ 及其起點 $P(x,y,z)$，求其終點 Q 及 $\vec{A}$ 之大小。
   (a) $\vec{A}=2\vec{i}-\vec{j}+5\vec{k}$，$P(1,0,0)$
   (b) $\vec{A}=4\vec{i}+\vec{j}-2\vec{k}$，$P(-1,-2,-3)$
   (c) $\vec{A}=-3\vec{i}-2\vec{j}+\vec{k}$，$P(0,4,5)$

3. 在下列各題中求出已知向量 $\vec{A}$ 之單位向量。
   (a) $\vec{A}=5\vec{j}-2\vec{k}$
   (b) $\vec{A}=\vec{i}-4\vec{j}+\vec{k}$
   (c) $\vec{A}=-2\vec{i}+\vec{j}+3\vec{k}$

4. 若 $\vec{A}=3\vec{i}-\vec{j}-\vec{k}$，$\vec{B}=-\vec{i}+\vec{j}-\vec{k}$，求
   (a) $\vec{A}\cdot\vec{B}$
   (b) $\vec{A}\times\vec{B}$
   (c) $\vec{A}$ 與 $\vec{B}$ 之夾角
   (d) $\vec{A}$ 在 $\vec{B}$ 投影量

5. 作用於一質點之力為 $\vec{F} = 2\vec{i} - 3\vec{j} - 4\vec{k}$，求由 A 點$(0, 1, 1)$沿直線至 B 點$(-2, 1, -3)$所作之功。

6. 試證過點 $P(x_0, y_0, z_0)$ 且與向量 $\vec{n} = a\vec{i} + b\vec{j} + c\vec{k}$ 垂直之平面方程式為 $ax + by + cz = d$，其中 $d = ax_0 + by_0 + cz_0$，$\vec{n}$ 稱為所求平面之法向量。

7. 試證點 $P(x_0, y_0, z_0)$ 到平面 $E : ax + by + cz + d = 0$ 的距離為

$$D = \frac{|ax_0 + by_0 + cz_0 + d|}{\sqrt{a^2 + b^2 + c^2}} \; 。$$

8. 試證通過點 $P(x_0, y_0, z_0)$ 且與向量 $\vec{m} = a\vec{i} + b\vec{j} + c\vec{k}$ 平行之直線 L 的方程式為

$$\begin{cases} x = x_0 + ta \\ y = y_0 + tb \\ z = z_0 + tc \end{cases}, \; t \in \mathbb{R}，此式稱為 L 之參數方程式，或 \frac{x - x_0}{a} = \frac{y - y_0}{b} = \frac{z - z_0}{c}$$

此式稱為 L 之對稱方程式。

9. 求原點至"通過 P 點$(1, 3, 6)$且與向量 $\vec{n} = 3\vec{i} - 2\vec{j} + \vec{k}$ 垂直之平面"的距離。

10. 證明

(a) $\vec{A} \times (\vec{B} \times \vec{C}) = \vec{B}(\vec{A} \cdot \vec{C}) - \vec{C}(\vec{A} \cdot \vec{B})$

(b) $(\vec{A} \times \vec{B}) \times \vec{C} = \vec{B}(\vec{A} \cdot \vec{C}) - \vec{A}(\vec{B} \cdot \vec{C})$

11. 試求由 $P(1, 1, 1)$ 及 $Q(2, 1, 3)$ 及 $R(-1, -2, 4)$ 三點所決定之平面方程式。

12. 若一三角形以 $A(1, 3, 5)$、$B(2, 4, -1)$、$C(-2, 1, 1)$為頂點，求其面積。.

13. 若六面體三邊為 $\vec{A} = \vec{j} - 2\vec{k}$、$\vec{B} = 4\vec{i} - 2\vec{j} + 3\vec{k}$、$\vec{C} = \vec{i} + 5\vec{j} - 4\vec{k}$，求其體積。

14. 在空間中有四點 $P(2, 0, 1)$、$Q(2, 1, -2)$、$R(2, y, 4)$、$S(0, 0, 2)$，若此四點在同一平面上，求 y 值。

15. 決定下列四點是否共平面：$A(4, -2, 1)$、$B(5, 1, 6)$、$C(2, 2, -5)$、$D(3, 5, 0)$。

16. 若 $\vec{A} = -5\vec{i} + \vec{k}$、$\vec{B} = -3\vec{i} + \vec{j} - 4\vec{k}$、$\vec{C} = \vec{i} - \vec{j} + \vec{k}$，求(a) $\vec{A} \cdot (\vec{B} \times \vec{C})$，(b) $(\vec{A} \times \vec{B}) \times \vec{C}$。

17. 求空間中以 $A(1, 0, 1)$、$B(1, 1, 1)$、$C(0, 1, 2)$、$D(1, 2, 1)$為頂點之四面體體積。

18. 若 $\vec{A} = -\vec{i} - \vec{j} - \vec{k}$、$\vec{B} = \vec{j} + \vec{k}$、$\vec{C} = -3\vec{i} - \vec{j} + \vec{k}$，求以 $\vec{A}$, $\vec{B}$, $\vec{C}$ 為邊之平行六面體，三角柱及三角錐之體積。

19. 上一題相當於求點 $O(0, 0, 0)$、$A(-1, -1, -1)$、$B(0, 1, 1)$、$C(-3, -1, 1)$四點之各種體積，現求：(a)過 A，B，C 三點之平面 E 的方程式　(b)以 A，B，C 為三頂點之三角形面積　(c)利用習題 7.之距離公式求點 O 到平面 E 的距離　(d)利用上一題求出之三角錐體積與(b)中求出三角形面積之關係求點 O 到平面 E 之距離，並驗證與(c)求出之距離是否相同。

4-2 向量之微分

1. 純量函數

　　某函數在空間中各點之值為純量，則此函數稱為純量函數(Scalar function)，而此空間由該函數決定了一個純量場(Scalar field)。

2. 向量函數

　　某函數在空間中各點之值為向量，則此函數稱為向量函數(Vector function)，而此空間由該函數決定了一個向量場(Vector field)。

3. 向量函數之微分

　　某向量函數 $\vec{F}(t) = F_1(t)\vec{i} + F_2(t)\vec{j} + F_3(t)\vec{k}$ ，對 t 之導數為

$$\vec{F'}(t) = \frac{d\vec{F}(t)}{dt} = \lim_{\Delta t \to 0} \frac{\vec{F}(t+\Delta t) - \vec{F}(t)}{\Delta t} = \lim_{\Delta t \to 0} \frac{\Delta F_1}{\Delta t}\vec{i} + \lim_{\Delta t \to 0} \frac{\Delta F_2}{\Delta t}\vec{j} + \lim_{\Delta t \to 0} \frac{\Delta F_3}{\Delta t}\vec{k}$$

$$= \frac{dF_1}{dt}\vec{i} + \frac{dF_2}{dt}\vec{j} + \frac{dF_3}{dt}\vec{k} \tag{4-14}$$

如圖 4-8 所示，若(4-14)中之各極限值都存在，則 $\vec{F'}(t)$ 稱為 $\vec{F}(t)$ 之導數，即 $\vec{F}(t)$ 在點 t 為可微分的，而 $\vec{F'}(t)$ 為 $\vec{F}(t)$ 之切線向量。

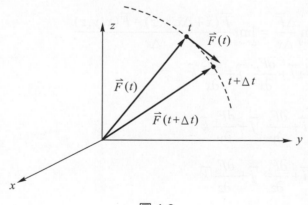

圖 4-8

4. **向量函數之微分公式**

設 $\vec{F}(t)$, $\vec{G}(t)$, $\vec{H}(t)$ 均爲 t 之向量函數，而 $\Phi(t)$ 爲 t 之純量函數，則

(1) $\dfrac{d}{dt}(\vec{F} \pm \vec{G}) = \dfrac{d\vec{F}}{dt} \pm \dfrac{d\vec{G}}{dt}$

(2) $\dfrac{d}{dt}(\Phi\vec{F}) = \Phi\dfrac{d\vec{F}}{dt} + \dfrac{d\Phi}{dt}\vec{F}$

(3) $\dfrac{d}{dt}(\vec{F} \cdot \vec{G}) = \vec{F} \cdot \dfrac{d\vec{G}}{dt} + \dfrac{d\vec{F}}{dt} \cdot \vec{G}$

(4) $\dfrac{d}{dt}(\vec{F} \times \vec{G}) = \vec{F} \times \dfrac{d\vec{G}}{dt} + \dfrac{d\vec{F}}{dt} \times \vec{G}$

(5) $\dfrac{d}{dt}(\vec{F}\,\vec{G}\,\vec{H}) = (\vec{F}'\,\vec{G}\,\vec{H}) + (\vec{F}\,\vec{G}'\,\vec{H}) + (\vec{F}\,\vec{G}\,\vec{H}')$

(6) $\dfrac{d}{dt}[\vec{F} \times (\vec{G} \times \vec{H})] = \vec{F}' \times (\vec{G} \times \vec{H}) + \vec{F} \times (\vec{G}' \times \vec{H}) + \vec{F} \times (\vec{G} \times \vec{H}')$

5. **向量函數之偏微分**

設某向量函數 $\vec{F}$ 爲 x, y, z 之函數，表之如下：

$$\vec{F}(x, y, z) = F_1(x, y, z)\vec{i} + F_2(x, y, z)\vec{j} + F_3(x, y, z)\vec{k}$$

則 $\vec{F}$ 對 x 之偏導數爲

$$\frac{\partial \vec{F}}{\partial x} = \lim_{\Delta x \to 0} \frac{\Delta \vec{F}}{\Delta x} = \lim_{\Delta x \to 0} \frac{\vec{F}(x + \Delta x, y, z) - \vec{F}(x, y, z)}{\Delta x}$$

$$= \frac{\partial F_1}{\partial x}\vec{i} + \frac{\partial F_2}{\partial x}\vec{j} + \frac{\partial F_3}{\partial x}\vec{k} \tag{4-15}$$

同理 $\qquad \dfrac{\partial \vec{F}}{\partial y} = \dfrac{\partial F_1}{\partial y}\vec{i} + \dfrac{\partial F_2}{\partial y}\vec{j} + \dfrac{\partial F_3}{\partial y}\vec{k} \tag{4-16}$

$$\frac{\partial \vec{F}}{\partial z} = \frac{\partial F_1}{\partial z}\vec{i} + \frac{\partial F_2}{\partial z}\vec{j} + \frac{\partial F_3}{\partial z}\vec{k} \tag{4-17}$$

如 $x = x(t)$, $y = y(t)$, $z = z(t)$，則 $\vec{F}$ 對 t 之導數爲

$$\frac{d\vec{F}}{dt} = \frac{\partial \vec{F}}{\partial x}\frac{dx}{dt} + \frac{\partial \vec{F}}{\partial y}\frac{dy}{dt} + \frac{\partial \vec{F}}{\partial z}\frac{dz}{dt} \tag{4-18}$$

6.　位置向量

　　某質點在空間中移動之軌跡曲線 C，如圖 4-9 所示，其位置向量 $\vec{r}$ 爲由座標軸原點至曲線上一點向量，表之如下：

$$\vec{r} = \vec{r}(t) = x(t)\,\vec{i} + y(t)\,\vec{j} + z(t)\,\vec{k}$$

上式即爲空間曲線 C 之向量表示法，其中 t 爲參數。

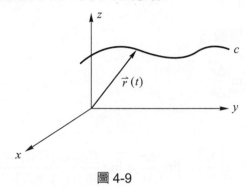

圖 4-9

7.　曲線之弧長、單位切線向量與單位法線向量

(1)　曲線之弧長

　　質點沿曲線 C 由起點 $t = t_0$ 之 P 點至 Q 點時(圖 4-10)，其曲線弧長 S 可求之如下：

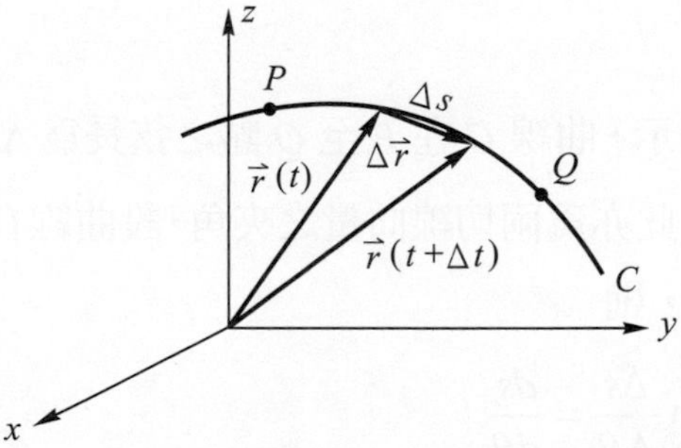

圖 4-10

$$\left(\frac{ds}{dt}\right)^2 = \frac{d\vec{r}}{dt}\cdot\frac{d\vec{r}}{dt} = \left(\frac{dx}{dt}\right)^2 + \left(\frac{dy}{dt}\right)^2 + \left(\frac{dz}{dt}\right)^2$$

即　　$$ds = \sqrt{\frac{d\vec{r}}{dt}\cdot\frac{d\vec{r}}{dt}}\,dt$$

故
$$s = \int_{t_0}^{t} \sqrt{\left(\frac{dx}{dt}\right)^2 + \left(\frac{dy}{dt}\right)^2 + \left(\frac{dz}{dt}\right)^2}\, dt \qquad (4\text{-}19)$$

(2) 單位切線向量

因弧長 s 為時間 t 之函數，即 $s = s(t)$，反之，t 亦可表為 s 之函數，即 $t = t(s)$，位置向量可改寫為

$$\vec{r} = \vec{r}(s)$$

而 $\vec{r}(s)$ 對 s 之導數為

$$\frac{d\vec{r}}{ds} = \lim_{\Delta s \to 0} \frac{\Delta \vec{r}}{\Delta s}$$

其大小為

$$\left|\frac{d\vec{r}}{ds}\right| = \lim_{\Delta s \to 0}\left|\frac{\Delta \vec{r}}{\Delta s}\right| = \lim_{\Delta s \to 0}\frac{\Delta r}{\Delta s} = \lim_{\Delta s \to 0}\frac{曲線C中無限小之弦長}{曲線C中無限小之弧長} = 1$$

其方向為 $d\vec{r}$ 之方向即為切線方向。

故單位切線向量(Unit tangent vector) $\vec{u}$ 為

$$\vec{u} = \frac{d\vec{r}}{ds} = \frac{d\vec{r}}{dt}\frac{dt}{ds} = \frac{d\vec{r}/dt}{ds/dt} = \frac{d\vec{r}/dt}{\left|d\vec{r}/dt\right|} \qquad (4\text{-}20)$$

(3) 單位法線向量

如圖 4-11(a)所示，曲線 C 在 P 至 Q 點之弦長為 Δs，而 $\overrightarrow{OP}$ 與 $\overrightarrow{OQ}$ 兩位置向量之夾角為 $\Delta\theta$，此亦為兩切線向量之夾角，設曲線在 P 點之曲率半徑(Radius of curvature)為 ρ，則

$$\rho = \lim_{\Delta\theta \to 0}\frac{\Delta s}{\Delta\theta} = \frac{ds}{d\theta} \qquad (4\text{-}21)$$

而 P 點之彎曲程度：曲率(Curvature) κ 表為

$$\kappa = \frac{1}{\rho} = \lim_{\Delta s \to 0}\frac{\Delta\theta}{\Delta s} = \frac{d\theta}{ds} \qquad (4\text{-}22)$$

由圖 4-11(b)知

$$\left|\Delta\vec{u}\right| \doteq \left|\vec{u}\right|\Delta\theta = \Delta\theta，因 \left|\vec{u}\right| = 1$$

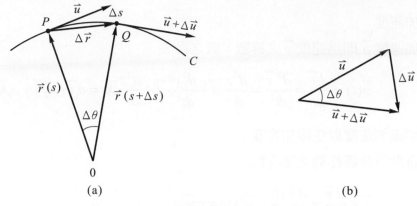

圖 4-11

故
$$\left|\frac{d\vec{u}}{ds}\right| = \lim_{\Delta s \to 0}\left|\frac{\Delta \vec{u}}{\Delta s}\right| = \lim_{\Delta s \to 0}\frac{\Delta \theta}{\Delta s} = \frac{d\theta}{ds} = \frac{1}{\rho} = \kappa$$

$\dfrac{d\vec{u}}{ds}$ 之大小爲 κ 而方向與切線向量垂直，即爲法線向量，故定出單位法線向量(Unit normal vector) $\vec{n}$ 爲

$$\vec{n} = \frac{1}{\kappa}\frac{d\vec{u}}{ds} = \frac{1}{\kappa}\frac{d^2\vec{r}}{ds^2} \tag{4-23}$$

或
$$\frac{d\vec{u}}{ds} = \kappa\vec{n} \tag{4-24}$$

8. 速度與加速度

(1) 速度

質點在空間中沿曲線 C 移動，位置向量爲 $\vec{r}(t)$ (圖 4-12)，如 t 表時間，則其速度 $\vec{v}(t)$ 即爲 $\vec{r}(t)$ 對 t 之導數表之爲

$$\vec{v}(t) = \frac{d\vec{r}(t)}{dt} = \frac{dx}{dt}\vec{i} + \frac{dy}{dt}\vec{j} + \frac{dz}{dt}\vec{k} = v_1\vec{i} + v_2\vec{j} + v_3\vec{k} \tag{4-25}$$

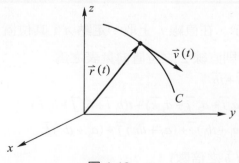

圖 4-12

(2) 加速度

加速度 $\vec{a}$ 即為速度 $\vec{v}$ 之導數，表之為

$$\vec{a}(t) = \frac{d\vec{v}}{dt} = \frac{d^2\vec{r}}{dt^2} = \frac{d^2x}{dt^2}\vec{i} + \frac{d^2y}{dt^2}\vec{j} + \frac{d^2z}{dt^2}\vec{k} = a_1\vec{i} + a_2\vec{j} + a_3\vec{k} \tag{4-26}$$

(3) 切線加速度與法線加速度

質點沿曲線移動之速度為

$$\vec{v} = \frac{d\vec{r}}{dt} = \frac{d\vec{r}}{ds}\frac{ds}{dt} = \vec{u}(s)v = v\vec{u} \tag{4-27}$$

其中　$v = \dfrac{ds}{dt}$ 表質點沿曲線移動之速率

　　　$\vec{u}$ 為單位切線向量

加速度為

$$\vec{a} = \frac{d\vec{v}}{dt} = \frac{d}{dt}(v\vec{u}) = \frac{dv}{dt}\vec{u} + v\frac{d\vec{u}}{dt} = \frac{dv}{dt}\vec{u} + v\frac{ds}{dt}\frac{d\vec{u}}{ds} = \frac{dv}{dt}\vec{u} + v^2\frac{d\vec{u}}{ds}$$

$$= \frac{dv}{dt}\vec{u} + v^2\kappa\vec{n} = \frac{dv}{dt}\vec{u} + \frac{v^2}{\rho}\vec{n} = a_t\vec{u} + a_n\vec{n} = \vec{a_t} + \vec{a_n} \tag{4-28}$$

其中　$\vec{a_t}$ 為切線加速度，其大小為 $\dfrac{dv}{dt}$。

　　　$\vec{a_n}$ 為法線加速度，其大小為 v^2/ρ，此即為向心加速度。

範例 1　　EXAMPLE

用位置向量表示下列空間曲線。

(1)直線 L。　　　　(2)橢圓 Γ。

解 (1)如圖 4-13 所示，在直線 L 上取一定點 A，其位置向量為 $\vec{a}$，由 A 沿 L 取一
　　　常數向量 $\vec{b}$，則直線 L 之位置向量表之為

$$\vec{r}(t) = \vec{a} + t\vec{b}$$
$$= (a_1\vec{i} + a_2\vec{j} + a_3\vec{k}) + t(b_1\vec{i} + b_2\vec{j} + b_3\vec{k})$$
$$= (a_1 + tb_1)\vec{i} + (a_2 + tb_2)\vec{j} + (a_3 + tb_3)\vec{k}$$

其中 t 為參數($\vec{b}$ 之倍數)。

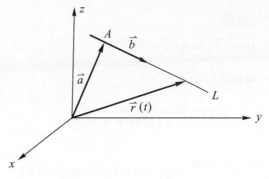

圖 4-13

(2)中心在原點，xy 平面上之橢圓 Γ 其曲線方程式為

$$\frac{x^2}{a^2} + \frac{y^2}{b^2} = 1$$

令 $x = a\cos t$ 、 $y = b\sin t$ 、 $z = 0$ ，橢圓 Γ 之位置向量表之為

$$\vec{r}(t) = x(t)\vec{i} + y(t)\vec{j} + z(t)\vec{k} = a\cos t\,\vec{i} + b\sin t\,\vec{j}$$

範例 2 EXAMPLE

圓柱表面之圓螺線(圖 4-14)，其曲線方程式為

$x = 4\cos t$ 、 $y = 4\sin t$ 、 $z = 3t$

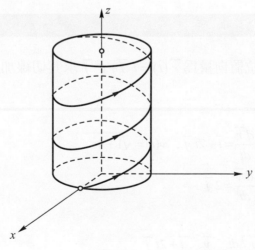

圖 4-14

求(1)單位切線向量 $\vec{u}$　　　(2)曲率半徑 ρ

　(3)單位法線向量 $\vec{n}$

解 圓螺線之位置向量為

$$\vec{r}(t) = 4\cos t\, \vec{i} + 4\sin t\, \vec{j} + 3t\, \vec{k}$$

而
$$\frac{d\vec{r}}{dt} = -4\sin t\, \vec{i} + 4\cos t\, \vec{j} + 3\, \vec{k}$$

且
$$\left|\frac{d\vec{r}}{dt}\right| = \frac{ds}{dt} = \sqrt{(-4\sin t)^2 + (4\cos t)^2 + 3^2} = 5$$

(1) $$\vec{u} = \frac{d\vec{r}}{ds} = \frac{d\vec{r}}{dt}\frac{dt}{ds} = \frac{d\vec{r}/dt}{ds/dt} = \frac{1}{5}(-4\sin t\, \vec{i} + 4\cos t\, \vec{j} + 3\, \vec{k})$$

(2) $$\rho = \frac{1}{\kappa} = \frac{1}{\left|\dfrac{d\vec{u}}{ds}\right|} = \frac{1}{\left|\dfrac{d\vec{u}}{dt}\dfrac{dt}{ds}\right|} = \frac{\dfrac{ds}{dt}}{\left|\dfrac{d\vec{u}}{dt}\right|}$$

又 $$\frac{d\vec{u}}{dt} = \frac{1}{5}(-4\cos t\, \vec{i} - 4\sin t\, \vec{j})\ ,\quad \left|\frac{d\vec{u}}{dt}\right| = \frac{4}{5}$$

代入得 $$\rho = \frac{5}{4/5} = \frac{25}{4}$$

(3) $$\vec{n} = \frac{1}{\kappa}\frac{d\vec{u}}{ds} = \rho\frac{d\vec{u}}{dt}\frac{dt}{ds} = \rho\frac{\dfrac{d\vec{u}}{dt}}{\dfrac{ds}{dt}} = \frac{25}{4}\left(\frac{\frac{1}{5}(-4\cos t\, \vec{i} - 4\sin t\, \vec{j})}{5}\right) = -(\cos t\, \vec{i} + \sin t\, \vec{j})$$

範例 3　EXAMPLE

某質點運動之位置向量為 $\vec{r}(t) = t\, \vec{i} + t^2\, \vec{j}$ 求其切線加速度 $\vec{a_t}$ 與法線加速度 $\vec{a_n}$。

解 速度
$$\vec{v}(t) = \frac{d\vec{r}}{dt} = \vec{i} + 2t\, \vec{j}\ ,\quad v(t) = \sqrt{1 + 4t^2}$$

加速度
$$\vec{a}(t) = \frac{d\vec{v}}{dt} = 2\, \vec{j}$$

單位切線向量
$$u = \frac{d\vec{r}/dt}{|d\vec{r}/dt|} = \frac{\vec{v}}{v} = \frac{\vec{i} + 2t\, \vec{j}}{\sqrt{1 + 4t^2}}$$

切線加速度
$$a_t = \frac{dv}{dt} = \frac{4t}{\sqrt{1 + 4t^2}}$$

或　　　$a_t = \vec{a} \cdot \vec{u} = 2\vec{j} \cdot \dfrac{\vec{i} + 2t\vec{j}}{\sqrt{1 + 4t^2}} = \dfrac{4t}{\sqrt{1 + 4t^2}}$

$$\vec{a_t} = a_t \vec{u} = \dfrac{4t\vec{i} + 8t^2\vec{j}}{1 + 4t^2}$$

法線加速度

$$\vec{a_n} = \vec{a} - \vec{a_t} = 2\vec{j} - \dfrac{4t\vec{i} + 8t^2\vec{j}}{1 + 4t^2} = \dfrac{-4t\vec{i} + 2\vec{j}}{1 + 4t^2}$$

Problem 4-2 習題

1. 設 $\vec{F}(t) = t^2\vec{i} + 2t\vec{j} - t^3\vec{k}$，$\vec{G}(t) = \sin t\,\vec{i} + \cos t\,\vec{j}$

　 求(a) $\dfrac{d}{dt}(\vec{F} \cdot \vec{G})$　 (b) $\dfrac{d}{dt}(\vec{F} \times \vec{G})$

2. 求圓螺線

$$\vec{r} = \cos t\,\vec{i} + \sin t\,\vec{j} + t\,\vec{k}$$

　 由 $(1, 0, 0)$ 至 $(1, 0, 2\pi)$ 之弧長。

3. 若一曲線以極座標 $\rho = \sqrt{x^2 + y^2}$，$\theta = \tan^{-1}\dfrac{y}{x}$ 表示，證明 $ds^2 = \rho^2 d\theta^2 + d\rho^2$，且

　 弧長為

$$s = \int_\alpha^\beta \sqrt{\rho^2 + \rho'^2}\,d\theta, \ (\rho' = \dfrac{d\rho}{d\theta})$$

4. 求下列曲線之弧長

　 (a) $\rho = e^{2\theta}$，$0 \le \theta \le \dfrac{\pi}{2}$

　 (b) $\rho = 1 + \cos\theta$，$0 \le \theta \le \dfrac{\pi}{2}$

5. 求心臟線(cardioid) $\rho = a(1 - \cos\theta)$ 之全長。

6. 求四尖內擺線(four-cusped hypocycloid) $\vec{r}(t) = a\cos^3 t\,\vec{i} + a\sin^3 t\,\vec{j}$ 之全長

7. 求擺線 $\vec{r}(t) = (t - \sin t)\vec{i} + (1 - \cos t)\vec{j}$，$t \in [0, 2\pi]$ 之弧長。

8. 某質點沿曲線運動之位置向量為

$$\vec{r}(t) = t\,\vec{i} + 3t^2\,\vec{j} - 2\,\vec{k}$$

　 求 $t = 2$ 時之速度 $\vec{v}$ 及加速度 $\vec{a}$。

9. 設 $\vec{r}(t) = (t^2+5)\vec{i} + e^{-2t}\vec{j} + 5t\vec{k}$，當 $t=1$ 時，求

(a) $\dfrac{d\vec{r}}{dt}$　(b) $\dfrac{d^2\vec{r}}{dt^2}$　(c) $\left|\dfrac{d\vec{r}}{dt}\right|$　(d) $\left|\dfrac{d^2\vec{r}}{dt^2}\right|$

10. 某曲線表之如下：

$$\vec{r}(t) = e^{-t}\vec{i} + t^2\vec{j} + 2\vec{k}$$

求(a)單位切線向量　(b)曲率　(c)單位法線向量

11. 圓螺線表之如下：

$$\vec{r}(t) = 2\cos t\,\vec{i} + 2\sin t\,\vec{j} + 5t\vec{k}$$

求(a)單位切線向量　(b)曲率　(c)單位法線向量

12. 某質點沿曲線 $x=2t^2$，$y=3t-5$，$z=4$ 運動，求此質點之切線加速度與法線加速度。

13. 某質點運動之位置向量為 $\vec{r}(t)=2\cos t\,\vec{i}+5\sin t\,\vec{j}$ 求其切線加速度與法線加速度。

14. 某質點沿曲線運動之位置向量為 $\vec{r}(t)=e^t\cos t\,\vec{i}+e^t\sin t\,\vec{j}+e^t\vec{k}$ 求其

(a)單位切線向量　(b)曲率　(c)單位法線向量
(d)切線加速度　　(e)法線加速度。

4-3 方向導數與梯度

1. 方向導數(Directional derivative)

在空間中某純量函數 $f(x,y,z)=C$ 所表示之曲面稱為等值面，如物理學上之等位面，等溫面等，而此純量函數的一階偏導數 $\dfrac{\partial f}{\partial x}$, $\dfrac{\partial f}{\partial y}$, $\dfrac{\partial f}{\partial z}$ 即為 $f(x,y,z)$ 在直角座標軸方向之變化率，至於任意方向之變化率仍涉及方向導數之觀念，今說明如下：

如圖 4-15 所示，P 點之函數值為 f，而 Q 點之函數值為 $f+df$，其中 df 為 $f(x,y,z)$ 由 P 至 Q 在 $d\vec{r}$ 方向之增量，即

$$df = \frac{\partial f}{\partial x}dx + \frac{\partial f}{\partial y}dy + \frac{\partial f}{\partial z}dz \tag{4-29}$$

而 P, Q 兩點之距離 $|\Delta\vec{r}|=\Delta s$，取 $\Delta s \to 0$，則 $\overrightarrow{PQ}$ 方向之導數，即 $f(x,y,z)$ 在 P 點沿 $\overrightarrow{PQ}$ 之方向導數(變化率)為

$$\frac{df}{ds} = \lim_{\Delta s \to 0} \frac{\Delta f}{\Delta s}$$

$$= \frac{\partial f}{\partial x}\frac{dx}{ds} + \frac{\partial f}{\partial y}\frac{dy}{ds} + \frac{\partial f}{\partial z}\frac{dz}{ds}$$

$$= \left(\frac{\partial f}{\partial x}\vec{i} + \frac{\partial f}{\partial y}\vec{j} + \frac{\partial f}{\partial z}\vec{k}\right) \cdot \left(\frac{dx}{ds}\vec{i} + \frac{dy}{ds}\vec{j} + \frac{dz}{ds}\vec{k}\right)$$

$$= \left(\frac{\partial}{\partial x}\vec{i} + \frac{\partial}{\partial y}\vec{j} + \frac{\partial}{\partial z}\vec{k}\right) f \cdot \left(\frac{dx}{ds}\vec{i} + \frac{dy}{ds}\vec{j} + \frac{dz}{ds}\vec{k}\right)$$

$$= \vec{\nabla} f \cdot \frac{d\vec{r}}{ds}$$

$$= \vec{\nabla} f \cdot \vec{u} \tag{4-30}$$

其中① $\vec{\nabla} f = \text{grad } f = \left(\dfrac{\partial}{\partial x}\vec{i} + \dfrac{\partial}{\partial y}\vec{j} + \dfrac{\partial}{\partial z}\vec{k}\right) f$ 稱爲 f 之梯度(Gradient)，$\vec{\nabla}$ 爲向量運算

子(Vector operator)，讀爲"del"。

② $\vec{u} = \dfrac{d\vec{r}}{ds}$ 爲單位向量。

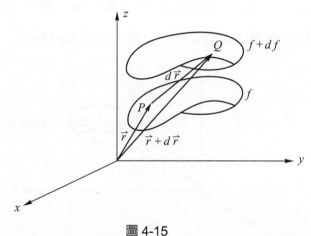

圖 4-15

2. 梯度之意義

$f(x, y, z) = C$ 表空間中之等值面，如圖 4-16 所示，因此函數在等值面上沿曲線之切線方向之變化量爲零，即

$$df = \frac{\partial f}{\partial x}dx + \frac{\partial f}{\partial y}dy + \frac{\partial f}{\partial z}dz = d(C) = 0$$

或
$$\left(\frac{\partial f}{\partial x} \vec{i} + \frac{\partial f}{\partial y} \vec{j} + \frac{\partial f}{\partial z} \vec{k} \right) \cdot \left(dx \vec{i} + dy \vec{j} + dz \vec{k} \right) = 0$$

$$\vec{\nabla} f \cdot d\vec{r} = 0 \tag{4-31}$$

故 $\vec{\nabla} f$ 垂直於 $d\vec{r}$，但 $d\vec{r}$ 切於 $f(x, y, z) = C$ 之等值曲面，因此 $\vec{\nabla} f$ 垂直於 $f(x, y, z) = C$ 之等值曲面。

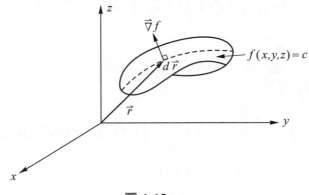

圖 4-16

$\vec{\nabla} f$ 之意義為 $f(x, y, z) = C$ 等值曲面上垂直方向之變化率(導數)，又方向導數 $\frac{df}{ds} = \vec{\nabla} f \cdot \vec{u}$ 表 f 之梯度在單位向量 $\vec{u}$ 上之分量，如圖 4-17 所示。

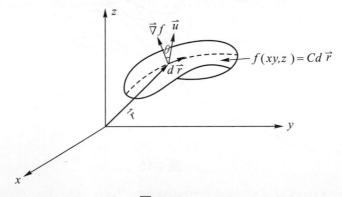

圖 4-17

而 $\frac{df}{ds} = \vec{\nabla} f \cdot \vec{u} = \left| \vec{\nabla} f \right| \cos \theta$，$(\left| \vec{u} \right| = 1)$，如 $\theta = 0°$，則 $\frac{df}{ds} = \left| \vec{\nabla} f \right| =$ 最大值，故 $\left| \vec{\nabla} f \right|$ 為方向導數中最大者，其方向為 $f(x, y, z)$ 變化率最大之方向。

3. 梯度之公式(設 f, g 為純量函數)

(1) $\vec{\nabla}(f \pm g) = \vec{\nabla} f \pm \vec{\nabla} g$

(2) $\vec{\nabla}(kf) = k\vec{\nabla} f$ (k 為常數)

(3) $\vec{\nabla}(fg) = f\vec{\nabla} g + g\vec{\nabla} f$

(4) $\vec{\nabla}\left(\dfrac{f}{g}\right) = \dfrac{g\vec{\nabla} f - f\vec{\nabla} g}{g^2}$

(5) $\vec{\nabla}(f^n) = nf^{n-1}\vec{\nabla} f$

範例 1　EXAMPLE

設 $f(x, y, z) = xy^2 + y^2z^3$，求在點 $(1, -1, 2)$ 沿 $2\vec{i} + \vec{j} - 2\vec{k}$ 之方向導數。

解 梯度 　$\vec{\nabla} f = \left(\dfrac{\partial}{\partial x}\vec{i} + \dfrac{\partial}{\partial y}\vec{j} + \dfrac{\partial}{\partial z}\vec{k}\right) f = y^2\vec{i} + (2xy + 2yz^3)\vec{j} + 3y^2z^2\vec{k}$

$\vec{\nabla} f \big|_{(1, -2, 2)} = \vec{i} - 18\vec{j} + 12\vec{k}$

方向導數

$$\frac{df}{ds} = \vec{\nabla} f \cdot \vec{u} = (\vec{i} - 18\vec{j} + 12\vec{k}) \cdot \frac{2\vec{i} + \vec{j} - 2\vec{k}}{\sqrt{2^2 + 1^2 + (-2)^2}} = \frac{-40}{3}$$

負號表示函數值沿該方向會減少。

範例 2　EXAMPLE

設 $\vec{r} = x\vec{i} + y\vec{j} + z\vec{k}$，$|\vec{r}| = r = \sqrt{x^2 + y^2 + z^2}$，證明 $\vec{\nabla}(r^n) = nr^{n-2}\vec{r}$

解 $\vec{\nabla}(r^n) = \vec{\nabla}[\sqrt{x^2 + y^2 + z^2})^n]$

$= \vec{\nabla}\left[(x^2 + y^2 + z^2)^{\frac{n}{2}}\right]$

$= \dfrac{\partial}{\partial x}\left[(x^2 + y^2 + z^2)^{\frac{n}{2}}\right]\vec{i} + \dfrac{\partial}{\partial y}\left[(x^2 + y^2 + z^2)^{\frac{n}{2}}\right]\vec{j} + \dfrac{\partial}{\partial z}\left[(x^2 + y^2 + z^2)^{\frac{n}{2}}\right]\vec{k}$

$= \left[\dfrac{n}{2}(x^2 + y^2 + z^2)^{\frac{n}{2}-1} 2x\right]\vec{i} + \left[\dfrac{n}{2}(x^2 + y^2 + z^2)^{\frac{n}{2}-1} 2y\right]\vec{j}$

$\quad + \left[\dfrac{n}{2}(x^2 + y^2 + z^2)^{\frac{n}{2}-1} 2z\right]\vec{k}$

$$= n(x^2 + y^2 + z^2)^{\frac{n}{2}-1}(x\vec{i} + y\vec{j} + z\vec{k})$$

$$= n(r^2)^{\frac{n}{2}-1}\vec{r}$$

$$= nr^{n-2}\vec{r}$$

4. 梯度之應用

(1) 幾何上之應用

範例 3 EXAMPLE

求曲面 $f(x, y, z) = C$ 上一點 $P_0(x_0, y_0, z_0)$ 之切平面方程式及法線方程式。

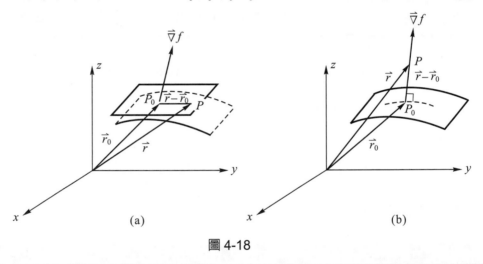

圖 4-18

解 ①如圖 4-18(a)所示，P_0 之位置向量 $\vec{r_0} = x_0\vec{i} + y_0\vec{j} + z_0\vec{k}$，切平面上任一點 P 之
位置向量 $\vec{r} = x\vec{i} + y\vec{j} + z\vec{k}$，而 P_0 至 P 之向量 $\overrightarrow{P_0P} = \vec{r} - \vec{r_0}$ 與 $\vec{\nabla}f$ 垂直，

故　　$\left(\vec{r} - \vec{r_0}\right) \cdot \vec{\nabla}f = 0$

或　　$\left[(x - x_0)\vec{i} + (y - y_0)\vec{j} + (z - z_0)\vec{k}\right] \cdot \left(\dfrac{\partial f}{\partial x}\vec{i} + \dfrac{\partial f}{\partial y}\vec{j} + \dfrac{\partial f}{\partial z}\vec{k}\right) = 0$

即　　$(x - x_0)\dfrac{\partial f}{\partial x} + (y - y_0)\dfrac{\partial f}{\partial y} + (z - z_0)\dfrac{\partial f}{\partial z} = 0$

再將 $x = x_0$，$y = y_0$，$z = z_0$ 代入 $\dfrac{\partial f}{\partial x}$, $\dfrac{\partial f}{\partial y}$, $\dfrac{\partial f}{\partial z}$ 中即可得切平面方程式。

②如圖 4-18(b)所示，法線上任一點 $P(x, y, z)$ 之位置向量 $\vec{r} = x\vec{i} + y\vec{j} + z\vec{k}$，
而 $\overrightarrow{P_0P} = \vec{r} - \vec{r_0}$ 係在法線上與 $\vec{\nabla}f$ 同方向，故

$$(\vec{r} - \vec{r_0}) \times \vec{\nabla} f = 0$$

或 $$\begin{vmatrix} \vec{i} & \vec{j} & \vec{k} \\ x - x_0 & y - y_0 & z - z_0 \\ \dfrac{\partial f}{\partial x} & \dfrac{\partial f}{\partial y} & \dfrac{\partial f}{\partial z} \end{vmatrix} = 0$$

即 $$\left[(y - y_0)\frac{\partial f}{\partial x} - (z - z_0)\frac{\partial f}{\partial y} \right] \vec{i} + \left[(z - z_0)\frac{\partial f}{\partial x} - (x - x_0)\frac{\partial f}{\partial z} \right] \vec{j}$$
$$+ \left[(x - x_0)\frac{\partial f}{\partial x} - (y - y_0)\frac{\partial f}{\partial x} \right] \vec{k} = 0$$

故 $$\begin{cases} (y - y_0)\dfrac{\partial f}{\partial z} - (z - z_0)\dfrac{\partial f}{\partial y} = 0 \\ (z - z_0)\dfrac{\partial f}{\partial x} - (x - x_0)\dfrac{\partial f}{\partial z} = 0 \\ (x - x_0)\dfrac{\partial f}{\partial y} - (y - y_0)\dfrac{\partial f}{\partial x} = 0 \end{cases}$$

由上式可得

$$\frac{x - x_0}{\dfrac{\partial f}{\partial x}} = \frac{y - y_0}{\dfrac{\partial f}{\partial y}} = \frac{z - z_0}{\dfrac{\partial f}{\partial z}} = t$$

$$\begin{cases} x = x_0 + t\dfrac{\partial f}{\partial x} \\ y = y_0 + t\dfrac{\partial f}{\partial x} \\ z = z_0 + t\dfrac{\partial f}{\partial x} \end{cases}$$

再將 $x = x_0$，$y = y_0$，$z = z_0$ 代入 $\dfrac{\partial f}{\partial x}$, $\dfrac{\partial f}{\partial y}$, $\dfrac{\partial f}{\partial z}$ 中即可得法線方程式。

註：上面之①即為 4-1 節習題第 6.題；而②亦可利用 4-1 節習題第 8.題，即可直接
　　寫出法線之參數方程式。

範例 4 EXAMPLE

如圖 4-19 所示，求錐面 $z^2 = 9(x^2 + y^2)$ 在點 $(1, 0, 3)$ 之單位法線向量。

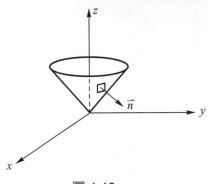

圖 4-19

解 此錐面可視為

$$f(x, y, z) = 9(x^2 + y^2) - z^2 = 0$$

之等值面，則

$$\vec{\nabla}f = \frac{\partial f}{\partial x}\vec{i} + \frac{\partial f}{\partial y}\vec{j} + \frac{\partial f}{\partial z}\vec{k} = 18x\vec{i} + 18y\vec{j} - 2z\vec{k}$$

而 $\vec{\nabla}f\big|_{(1, 0, 3)} = 18\vec{i} - 6\vec{k}$

單位法線向量 $\vec{n}$ 與 $\vec{\nabla}f$ 同方向，故

$$\vec{n} = \frac{\vec{\nabla}f}{\left|\vec{\nabla}f\right|} = \frac{18\vec{i} - 6\vec{k}}{\sqrt{18^2 + (-6)^2}} = \frac{1}{\sqrt{10}}(3\vec{i} - \vec{k})$$

另一單位法線向量為 $-\vec{n}$。

(2) 電學上之應用

範例 5 EXAMPLE

電量為 Q 之點電荷在距離 r 處之電位為 $V = k\dfrac{Q}{r}$，其中 k 為常數，求 r 處之電場 $\vec{E}$。

解 由電學之理論知電場 $\vec{E}$ 為

$$\vec{E} = -\vec{\nabla}V = -\vec{\nabla}\left(k\frac{Q}{r}\right) = -kQ\vec{\nabla}(r^{-1})$$

應用例 2 之公式

$$\vec{\nabla}(r^n) = nr^{n-2}\vec{r}$$

得　　$\vec{E} = -kQ(-r^{-3}\vec{r}) = k\dfrac{Q}{r^3}\vec{r} = k\dfrac{Q}{r^2}\dfrac{\vec{r}}{r} = k\dfrac{Q}{r^2}\hat{r}$ ($\hat{r}$ 為 $\vec{r}$ 之單位向量)

4-3 習題

1. 設 $f(x, y, z) = 2x^2z + y^3 + z^2$，求在點$(2, 1, -1)$之梯度 $\vec{\nabla}f$ 及 $|\vec{\nabla}f|$。

2. 若 $\vec{r} = x\vec{i} + y\vec{j} + z\vec{k}$，而 $f = \ln r$，求 $\vec{\nabla}f$。

3. 證明 $\vec{\nabla}(fg) = f\vec{\nabla}g + g\vec{\nabla}f$

4. 證明 $\vec{\nabla}\left(\dfrac{f}{g}\right) = (g\vec{\nabla}f - f\vec{\nabla}g)/g^2$

5. 證明 $\vec{\nabla}(f^n) = nf^{n-1}\vec{\nabla}f$

6. 設 $f(x, y, z) = 2x^2 + y^2 + 3xyz$，求在點$(1, 1, -1)$沿 $\vec{i} - \vec{j} + 2\vec{k}$ 之方向導數。

7. 自點$(2, -1, 1)$出發，欲使 $f(x, y, z) = xz^2 + yz$ 之方向導數為最大，其方向應指向何方?並求此方向導數之大小。

8. 證明 $\vec{\nabla}(f(r)) = f'(r)\dfrac{\vec{r}}{r}$，而 $\vec{r} = x\vec{i} + y\vec{j} + z\vec{k}$。

9. 設 $\vec{F} = x^2\vec{i} - yz\vec{j} + xyz^2\vec{k}$，$f = xy + yz^2$ 求在點$(1, -1, 2)$之 $\vec{F}\cdot\vec{\nabla}f$ 及 $\vec{F}\times\vec{\nabla}f$。

10. 求在點$(2, 1, 5)$垂直於曲面 $z = x^2 + y^2$ 之單位法線向量。

11. 求在點$(4, 1, -4)$垂直於曲面$(x-2)^2 + y^2 + (z+2)^2 = 9$ 之單位法線向量。

12. 設 $f(x, y, z) = 3xy^2z^3$，求在$(-1, 2, 3)$由$(-1, 2, 3)$至$(4, 3, -5)$方向之方向導數。

13. 求曲面 $x^2 + y^2 + z^2 = 18$ 在點$(3, 3, 0)$之切平面方程式。

14. 求曲面 $z = \sqrt{x^2 + y^2}$ 在點$(3, 4, 5)$之法線方程式。

15. 求平面 $x + y + z = 5$ 在點$(1, 2, 2)$之法線方程式。

16. 求曲面 $z = x^2 + y^2$ 在點$(1, 1, 2)$之切平面方程式。

17. 求曲面 $z = x\tan^{-1}y$ 在點$\left(2, \sqrt{3}, \dfrac{2\pi}{3}\right)$沿著 $-3\vec{i} + 4\vec{j}$ 方向之方向導數。

18. 求曲面 $z = \sin x + \sin(x + y)$ 在點$(0, 0, 0)$之切平面方程式。

19. 求曲面 $z = \sqrt{xy}$ 在點$(1, 4, 2)$之法線方程式及切平面方程式。

20. 求兩曲面 $(x-2)^2 + y^2 + z^2 = 4$ 與 $x^2 + y^2 = z^2$ 相交的曲線在點$(\dfrac{1}{2}, -\dfrac{\sqrt{3}}{2}, 1)$的切線方程式。

4-4 散度與旋度

1. 散度之定義

設 $\vec{F}(x, y, z) = F_1(x, y, z)\vec{i} + F_2(x, y, z)\vec{j} + F_3(x, y, z)\vec{k}$ 為一可微分之向量函數，則 $\vec{F}(x, y, z)$ 之散度(Divergence)定義為

$$\vec{\nabla} \cdot \vec{F} = \text{div } \vec{F} = \left(\frac{\partial}{\partial x}\vec{i} + \frac{\partial}{\partial y}\vec{j} + \frac{\partial}{\partial z}\vec{k} \right) \cdot \left(F_1\vec{i} + F_2\vec{j} + F_3\vec{k} \right)$$

$$= \frac{\partial F_1}{\partial x} + \frac{\partial F_2}{\partial y} + \frac{\partial F_3}{\partial z} \tag{4-32}$$

2. 散度公式(設 $\vec{F}$, $\vec{G}$ 為向量函數，f 為純量函數)

(a) $\vec{\nabla} \cdot (\vec{F} \pm \vec{G}) = \vec{\nabla} \cdot \vec{F} \pm \vec{\nabla} \cdot \vec{G}$

(b) $\vec{\nabla} \cdot (k\vec{F}) = k\vec{\nabla} \cdot \vec{F}$　　(k 為常數)

(c) $\vec{\nabla} \cdot (f\vec{F}) = (\vec{\nabla}f) \cdot \vec{F} + f(\vec{\nabla} \cdot \vec{F})$

3. 散度之物理意義

以流體力學說明之，設某流體在 P 點 (x, y, z) 之流速為

$$\vec{V}(x, y, z) = v_1(x, y, z)\vec{i} + v_2(x, y, z)\vec{j} + v_3(x, y, z)\vec{k}$$

密度為 ρ，於 P 點取一個與座標軸平行而邊長為 $\Delta x, \Delta y, \Delta z$ 之平行六面體，如圖 4-20 所示。

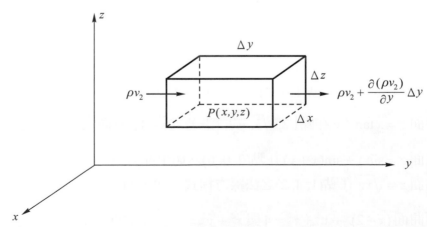

圖 4-20

流體流過各面之流量為密度×速率×面積×時間，今計算流經比六面之流量如下：

$$\begin{cases} \text{流入左面之流量} = \rho v_2 \Delta x \Delta z \Delta t \\ \text{流出右面之流量} = \left[\rho v_2 + \dfrac{\partial(\rho v_2)}{\partial y}\Delta y \right] \Delta x \Delta z \Delta t \end{cases}$$

$$\begin{cases} \text{流入後面之流量} = \rho v_1 \Delta y \Delta z \Delta t \\ \text{流出前面之流量} = \left[\rho v_1 + \dfrac{\partial(\rho v_1)}{\partial x}\Delta x \right] \Delta y \Delta z \Delta t \end{cases}$$

$$\begin{cases} \text{流入底面之流量} = \rho v_3 \Delta x \Delta y \Delta t \\ \text{流出頂面之流量} = \left[\rho v_3 + \dfrac{\partial(\rho v_3)}{\partial z}\Delta z \right] \Delta x \Delta y \Delta t \end{cases}$$

左右兩面之淨流出量

$$= \left[\rho v_2 + \frac{\partial(\rho v_2)}{\partial y}\Delta y \right]\Delta x \Delta z \Delta t - \rho v_2 \Delta x \Delta z \Delta t = \frac{\partial(\rho v_2)}{\partial y}\Delta x \Delta y \Delta z \Delta t$$

前後兩面之淨流出量

$$= \left[\rho v_1 + \frac{\partial(\rho v_1)}{\partial x}\Delta x \right]\Delta y \Delta z \Delta t - \rho v_1 \Delta y \Delta z \Delta t = \frac{\partial(\rho v_1)}{\partial x}\Delta x \Delta y \Delta z \Delta t$$

頂底兩面之淨流出量

$$= \left[\rho v_3 + \frac{\partial(\rho v_3)}{\partial z}\Delta z \right]\Delta x \Delta z \Delta t - \rho v_3 \Delta x \Delta y \Delta t = \frac{\partial(\rho v_3)}{\partial z}\Delta x \Delta y \Delta z \Delta t$$

將上面三量相加，得到 Δt 時間內，$\Delta x \Delta y \Delta z$ 體積內之淨出量(損失量)為

$$\left[\frac{\partial(\rho v_1)}{\partial x} + \frac{\partial(\rho v_2)}{\partial y} + \frac{\partial(\rho v_3)}{\partial z} \right]\Delta x \Delta y \Delta z \Delta t = -\Delta M$$

故每單位體積每單位時間之損失量為

$$\frac{\partial(\rho v_1)}{\partial x} + \frac{\partial(\rho v_2)}{\partial y} + \frac{\partial(\rho v_3)}{\partial z} = -\frac{\Delta M}{\Delta x \Delta y \Delta z \Delta t} = -\frac{\Delta \rho}{\Delta t}$$

取 $\Delta t \to 0$ 得

$$\frac{\partial(\rho v_1)}{\partial x} + \frac{\partial(\rho v_2)}{\partial y} + \frac{\partial(\rho v_3)}{\partial z} = -\frac{\partial \rho}{\partial t}$$

即 $\qquad \vec{\nabla} \cdot (\rho \vec{V}) = -\dfrac{\partial \rho}{\partial t}$ $\hfill$ (4-33)

故 $\rho \vec{V}$ 之散度表示單位體積單位時間流體之損失量，或每單位體積之流體損失率。

①　如 $\vec{\nabla} \cdot (\rho \vec{V}) > 0$，即 $\dfrac{\partial \rho}{\partial t} < 0$，表該處為源點(source)。

②　如 $\vec{\nabla} \cdot (\rho \vec{V}) < 0$，即 $\dfrac{\partial \rho}{\partial t} > 0$，表該處為匯點(sink)。

③　如 $\vec{\nabla} \cdot (\rho \vec{V}) = 0$，即 $\dfrac{\partial \rho}{\partial t} = 0$，表該處無源點與匯點。

電力線與磁力線與流體之性質相似，故上述之性質亦可適用於電場(電力線密度)及磁場(磁力線密度)。

因 $\qquad \vec{\nabla} \cdot (\rho \vec{V}) = -\dfrac{\partial \rho}{\partial t}$

故 $\qquad \vec{\nabla} \cdot (\rho \vec{V}) + \dfrac{\partial \rho}{\partial t} = 0$ $\hfill$ (4-34)

上式為流體之連續方程式(Equation of continuity)。

①　若流體為穩定流體時，密度與時間無關，即 $\dfrac{\partial \rho}{\partial t} = 0$，則連續方程式可化為

$\qquad \vec{\nabla} \cdot (\rho \vec{V}) = 0$ $\hfill$ (4-35)

②　若流體為不可壓縮的流體時，密度與位置無關，則連續方程式可化為

$\qquad \rho(\vec{\nabla} \cdot \vec{V}) + \dfrac{\partial \rho}{\partial t} = 0$ $\hfill$ (4-36)

③　若流體為不可壓縮之穩流時，則連續方程式可化為

$\qquad \vec{\nabla} \cdot \vec{V} = 0$ $\hfill$ (4-37)

4. 旋度之定義

設 $\vec{F}(x, y, z) = F_1(x, y, z)\vec{i} + F_2(x, y, z)\vec{j} + F_3(x, y, z)\vec{k}$ 為可微分之向量函數，則 $\vec{F}$ 之旋度(curl)定義為

$$\vec{\nabla} \times \vec{F} = \text{curl} \vec{F} = \begin{vmatrix} \vec{i} & \vec{j} & \vec{k} \\ \dfrac{\partial}{\partial x} & \dfrac{\partial}{\partial y} & \dfrac{\partial}{\partial z} \\ F_1 & F_2 & F_3 \end{vmatrix}$$

$$= \left(\dfrac{\partial F_3}{\partial y} - \dfrac{\partial F_2}{\partial z} \right) \vec{i} + \left(\dfrac{\partial F_1}{\partial z} - \dfrac{\partial F_3}{\partial x} \right) \vec{j} + \left(\dfrac{\partial F_2}{\partial x} - \dfrac{\partial F_1}{\partial y} \right) \vec{k} \qquad (4\text{-}38)$$

5. 旋度之物理意義

　　如圖 4-21 所示，一質點以定角速度 $\vec{\omega}$ 沿固定軸 l 旋轉，$\vec{\omega}$ 之方向依右手螺旋規則定之，在軸上選一點 O 為原點，由 O 至質點之位置向量為 $\vec{R}$，$\vec{R}$ 與軸之夾角為 θ。

質點之轉動半徑為　$|\vec{R}| \sin \theta$

質點之線速率為　$V = \omega |\vec{R}| \sin \theta = |\vec{\omega} \times \vec{R}|$

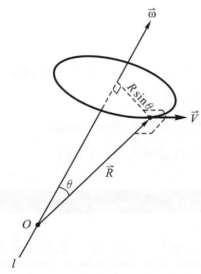

圖 4-21

而線速度 $\vec{V}$ 之方向係垂直於 $\vec{\omega}$ 與 $\vec{R}$ 之平面，此三者形成一右手螺旋系統，故 $\vec{V}$ 可寫為

$$\vec{V} = \vec{\omega} \times \vec{R} \qquad (4\text{-}39)$$

而　　　$\vec{\omega} = \omega_1 \vec{i} + \omega_2 \vec{j} + \omega_3 \vec{k}$

　　　　$\vec{R} = x \vec{i} + y \vec{j} + z \vec{k}$

故
$$\vec{V} = \vec{\omega} \times \vec{R} = \begin{vmatrix} \vec{i} & \vec{j} & \vec{k} \\ \omega_1 & \omega_2 & \omega_3 \\ x & y & z \end{vmatrix}$$

$$= (\omega_2 z - \omega_3 y)\vec{i} + (\omega_3 x - \omega_1 z)\vec{j} + (\omega_1 y - \omega_2 x)\vec{k}$$

$$= v_1\vec{i} + v_2\vec{j} + v_3\vec{k}$$

取 $\vec{V}$ 之旋度得

$$\vec{\nabla} \times \vec{V} = \begin{vmatrix} \vec{i} & \vec{j} & \vec{k} \\ \dfrac{\partial}{\partial x} & \dfrac{\partial}{\partial y} & \dfrac{\partial}{\partial z} \\ \omega_2 z - \omega_3 y & \omega_3 x - \omega_1 z & \omega_1 y - \omega_2 x \end{vmatrix}$$

$$= 2\omega_1\vec{i} + 2\omega_2\vec{j} + 2\omega_3\vec{k}$$

$$= 2\vec{\omega}$$

或
$$\vec{\omega} = \frac{1}{2}\vec{\nabla} \times \vec{V} \tag{4-40}$$

　　上式之意義為線速度的旋度的一半為角速度，即線速度經旋度運算後，變為轉動之角速度，旋度之名稱即由此而來。

① 若 $\vec{\nabla} \times \vec{F} = 0$ 表向量場不旋轉的(irrotational)。

② 若 $\vec{\nabla} \times \vec{F} \neq 0$ 表向量場為旋轉的(rotational)。

範例 1　EXAMPLE

設 $\vec{F} = xz^2\vec{i} + 2y^2z^3\vec{j} - xyz\vec{k}$，求在點$(-1, 1, 2)$之 $\vec{\nabla} \cdot \vec{F}$。

解
$$\vec{\nabla} \cdot \vec{F} = \left(\frac{\partial}{\partial x}\vec{i} + \frac{\partial}{\partial y}\vec{j} + \frac{\partial}{\partial z}\vec{k}\right) \cdot (xz^2\vec{i} + 2y^2z^3\vec{j} - xyz\vec{k})$$

$$= \frac{\partial}{\partial x}(xz^2) + \frac{\partial}{\partial y}(2y^2z^3) + \frac{\partial}{\partial z}(-xyz)$$

$$= z^2 + 4yz^3 - xy$$

$$\vec{\nabla} \cdot \vec{F}\big|_{(-1, 1, 2)} = 2^2 + 4(1)(2)^3 - (-1)(1) = 37$$

範例 2　　EXAMPLE

(1)證明 $\vec{\nabla} \cdot \vec{\nabla} f = \vec{\nabla}^2 f$ ，其中 $\vec{\nabla}^2 = \dfrac{\partial^2}{\partial x^2} + \dfrac{\partial^2}{\partial y^2} + \dfrac{\partial^2}{\partial z^2}$ 稱爲拉氏運算子(Laplacian operator)。

(2)證明 $\vec{\nabla}^2 \left(\dfrac{1}{r} \right) = 0$ ，其中 $\vec{r} = x\vec{i} + y\vec{j} + z\vec{k}, \ r = \sqrt{x^2 + y^2 + z^2}$ 。

解　(1) $\vec{\nabla} \cdot \vec{\nabla} f = \left(\dfrac{\partial}{\partial x}\vec{i} + \dfrac{\partial}{\partial y}\vec{j} + \dfrac{\partial}{\partial z}\vec{k} \right) \cdot \left(\dfrac{\partial f}{\partial x}\vec{i} + \dfrac{\partial f}{\partial y}\vec{j} + \dfrac{\partial f}{\partial z}\vec{k} \right)$

$\qquad = \dfrac{\partial}{\partial x}\left(\dfrac{\partial f}{\partial x} \right) + \dfrac{\partial}{\partial y}\left(\dfrac{\partial f}{\partial y} \right) + \dfrac{\partial}{\partial z}\left(\dfrac{\partial f}{\partial z} \right) = \dfrac{\partial^2 f}{\partial x^2} + \dfrac{\partial^2 f}{\partial y^2} + \dfrac{\partial^2 f}{\partial z^2}$

$\qquad = \left(\dfrac{\partial^2}{\partial x^2} + \dfrac{\partial^2}{\partial y^2} + \dfrac{\partial^2}{\partial z^2} \right) f = \vec{\nabla}^2 f$

(2) $\vec{\nabla}^2 \left(\dfrac{1}{r} \right) = \left(\dfrac{\partial^2}{\partial x^2} + \dfrac{\partial^2}{\partial y^2} + \dfrac{\partial^2}{\partial z^2} \right) \left(\dfrac{1}{\sqrt{x^2 + y^2 + z^2}} \right)$

$\qquad = \left(\dfrac{\partial^2}{\partial x^2} + \dfrac{\partial^2}{\partial y^2} + \dfrac{\partial^2}{\partial z^2} \right) [(x^2 + y^2 + z^2)^{-\frac{1}{2}}]$

而 $\dfrac{\partial}{\partial x}[(x^2 + y^2 + z^2)^{-\frac{1}{2}}] = -\dfrac{1}{2}(x^2 + y^2 + z^2)^{-\frac{3}{2}} \cdot 2x = -x(x^2 + y^2 + z^2)^{-\frac{3}{2}}$

$\dfrac{\partial^2}{\partial x^2}[(x^2 + y^2 + z^2)^{-\frac{1}{2}}] = 3x^2(x^2 + y^2 + z^2)^{-\frac{5}{2}} - (x^2 + y^2 + z^2)^{-\frac{3}{2}}$

$$= \dfrac{2x^2 - y^2 - z^2}{(x^2 + y^2 + z^2)^{\frac{5}{2}}}$$

同理 $\dfrac{\partial^2}{\partial y^2}[(x^2 + y^2 + z^2)^{-\frac{1}{2}}] = \dfrac{-x^2 + 2y^2 - z^2}{(x^2 + y^2 + z^2)^{\frac{5}{2}}}$

$\dfrac{\partial^2}{\partial z^2}[(x^2 + y^2 + z^2)^{-\frac{1}{2}}] = \dfrac{-x^2 - y^2 + 2z^2}{(x^2 + y^2 + z^2)^{\frac{5}{2}}}$

相加得 $\left(\dfrac{\partial^2}{\partial x^2} + \dfrac{\partial^2}{\partial y^2} + \dfrac{\partial^2}{\partial z^2} \right) [(x^2 + y^2 + z^2)^{-\frac{1}{2}}] = 0$

即　　$\vec{\nabla}^2 \left(\dfrac{1}{r} \right) = 0$

方程式 $\vec{\nabla}^2 f = 0$ 稱爲拉氏方程式(Laplace's equation)。

範例 3　EXAMPLE

證明 $\vec{\nabla} \cdot \left(\dfrac{1}{r^3} \vec{r} \right) = 0$，其中 $\vec{r} = x\vec{i} + y\vec{j} + z\vec{k}$。

解 由散度公式

$$\vec{\nabla} \cdot \left(\frac{1}{r^3} \vec{r} \right) = \vec{\nabla}\left(\frac{1}{r^3} \right) \cdot \vec{r} + \left(\frac{1}{r^3} \right)\vec{\nabla} \cdot \vec{r} = (\vec{\nabla} r^{-3}) \cdot \vec{r} + (r^{-3})\vec{\nabla} \cdot \vec{r}$$

又由　　$\vec{\nabla}(r^n) = n r^{n-2} \vec{r}$

及　　　$\vec{\nabla} \cdot \vec{r} = \left(\dfrac{\partial}{\partial x}\vec{i} + \dfrac{\partial}{\partial y}\vec{j} + \dfrac{\partial}{\partial z}\vec{k} \right) \cdot (x\vec{i} + y\vec{j} + z\vec{k}) = \dfrac{\partial x}{\partial x} + \dfrac{\partial y}{\partial y} + \dfrac{\partial z}{\partial z} = 1 + 1 + 1 = 3$

代入上式得

$$\vec{\nabla} \cdot \left(\frac{1}{r^3} \vec{r} \right) = (-3 r^{-5} \vec{r}) \cdot \vec{r} + (r^{-3})(3) = -3 r^{-5} r^2 + 3 r^{-3} = 0$$

範例 4　EXAMPLE

已知 $\vec{F} = xz\vec{i} - xy^2 z\vec{j} + yz\vec{k}$，求在點 $(-1, 1, 1)$ 之旋度 $\vec{\nabla} \times \vec{F}$。

解　$\vec{\nabla} \times \vec{F} = \begin{vmatrix} \vec{i} & \vec{j} & \vec{k} \\ \dfrac{\partial}{\partial x} & \dfrac{\partial}{\partial y} & \dfrac{\partial}{\partial z} \\ xz & -xy^2 z & yz \end{vmatrix} = (z + xy^2)\vec{i} + x\vec{j} - y^2 z\vec{k}$

$\vec{\nabla} \times \vec{F}\big|_{(-1,1,1)} = -\vec{j} - \vec{k}$

範例 5　EXAMPLE

證明

(1) $\vec{\nabla} \times (\vec{\nabla} f) = 0$ 　　　　　　　　　　　　　　　　　　　　(4-41)

(2) $\vec{\nabla} \cdot (\vec{\nabla} \times \vec{F}) = 0$ 　　　　　　　　　　　　　　　　　　(4-42)

解 (1) $\vec{\nabla} \times (\vec{\nabla} f) = \vec{\nabla} \times \left(\dfrac{\partial f}{\partial x} \vec{i} + \dfrac{\partial f}{\partial y} \vec{j} + \dfrac{\partial f}{\partial z} \vec{k} \right) = \begin{vmatrix} \vec{i} & \vec{j} & \vec{k} \\ \dfrac{\partial}{\partial x} & \dfrac{\partial}{\partial y} & \dfrac{\partial}{\partial z} \\ \dfrac{\partial f}{\partial x} & \dfrac{\partial f}{\partial y} & \dfrac{\partial f}{\partial z} \end{vmatrix}$

$= \left[\dfrac{\partial}{\partial y}\left(\dfrac{\partial f}{\partial z}\right) - \dfrac{\partial}{\partial z}\left(\dfrac{\partial f}{\partial y}\right) \right] \vec{i} + \left[\dfrac{\partial}{\partial z}\left(\dfrac{\partial f}{\partial x}\right) - \dfrac{\partial}{\partial x}\left(\dfrac{\partial f}{\partial z}\right) \right] \vec{j} + \left[\dfrac{\partial}{\partial x}\left(\dfrac{\partial f}{\partial y}\right) - \dfrac{\partial}{\partial y}\left(\dfrac{\partial f}{\partial x}\right) \right] \vec{k}$

$= \left(\dfrac{\partial^2 f}{\partial y \partial z} - \dfrac{\partial^2 f}{\partial z \partial y} \right) \vec{i} + \left(\dfrac{\partial^2 f}{\partial z \partial x} - \dfrac{\partial^2 f}{\partial x \partial z} \right) \vec{j} + \left(\dfrac{\partial^2 f}{\partial x \partial y} - \dfrac{\partial^2 f}{\partial y \partial x} \right) \vec{k}$

設 f 為連續，其二階偏導數亦為連續，故

$$\dfrac{\partial^2 f}{\partial y \partial z} = \dfrac{\partial^2 f}{\partial z \partial y}$$

$$\dfrac{\partial^2 f}{\partial z \partial x} = \dfrac{\partial^2 f}{\partial x \partial z}$$

$$\dfrac{\partial^2 f}{\partial x \partial y} = \dfrac{\partial^2 f}{\partial y \partial x}$$

可得　　$\vec{\nabla} \times (\vec{\nabla} f) = 0$

(2) $\vec{\nabla} \cdot (\vec{\nabla} \times \vec{F}) = \vec{\nabla} \cdot \left[\left(\dfrac{\partial}{\partial x} \vec{i} + \dfrac{\partial}{\partial y} \vec{j} + \dfrac{\partial}{\partial z} \vec{k} \right) \times (F_1 \vec{i} + F_2 \vec{j} + F_3 \vec{k}) \right] = \vec{\nabla} \cdot \begin{vmatrix} \vec{i} & \vec{j} & \vec{k} \\ \dfrac{\partial}{\partial x} & \dfrac{\partial}{\partial y} & \dfrac{\partial}{\partial z} \\ F_1 & F_2 & F_3 \end{vmatrix}$

$= \left(\dfrac{\partial}{\partial x} \vec{i} + \dfrac{\partial}{\partial y} \vec{j} + \dfrac{\partial}{\partial z} \vec{k} \right) \cdot \left[\left(\dfrac{\partial F_3}{\partial y} - \dfrac{\partial F_2}{\partial z} \right) \vec{i} + \left(\dfrac{\partial F_1}{\partial z} - \dfrac{\partial F_3}{\partial x} \right) \vec{j} + \left(\dfrac{\partial F_2}{\partial x} - \dfrac{\partial F_1}{\partial y} \right) \vec{k} \right]$

$= \dfrac{\partial}{\partial x} \left(\dfrac{\partial F_3}{\partial y} - \dfrac{\partial F_2}{\partial z} \right) + \dfrac{\partial}{\partial y} \left(\dfrac{\partial F_1}{\partial z} - \dfrac{\partial F_3}{\partial x} \right) + \dfrac{\partial}{\partial z} \left(\dfrac{\partial F_2}{\partial x} - \dfrac{\partial F_1}{\partial y} \right)$

$= \dfrac{\partial^2 F_3}{\partial x \partial y} - \dfrac{\partial^2 F_2}{\partial x \partial z} + \dfrac{\partial^2 F_1}{\partial y \partial z} - \dfrac{\partial^2 F_3}{\partial y \partial x} + \dfrac{\partial^2 F_2}{\partial z \partial x} - \dfrac{\partial^2 F_1}{\partial z \partial y}$

$= 0$

6. **旋度公式**($\vec{F}$, $\vec{G}$ 為向量函數，f 為純量函數)

(1) $\vec{\nabla} \times (\vec{F} \pm \vec{G}) = \vec{\nabla} \times \vec{F} \pm \vec{\nabla} \times \vec{G}$

(2) $\vec{\nabla} \times (f\vec{F}) = f(\vec{\nabla} \times \vec{F}) + (\vec{\nabla} f) \times \vec{F}$

(3) $\vec{\nabla} \cdot (\vec{F} \times \vec{G}) = \vec{G} \cdot (\vec{\nabla} \times \vec{F}) - \vec{F} \cdot (\vec{\nabla} \times \vec{G})$

(4) $\vec{\nabla} \times (\vec{\nabla} \times \vec{F}) = \vec{\nabla}(\vec{\nabla} \cdot \vec{F}) - (\vec{\nabla} \cdot \vec{\nabla})\vec{F} = \vec{\nabla}(\vec{\nabla} \cdot \vec{F}) - \vec{\nabla}^2 \vec{F}$

(5)　$\vec{\nabla} \times (\vec{\nabla} f) = 0$

(6)　$\vec{\nabla} \cdot (\vec{\nabla} \times \vec{F}) = 0$

4-4　習題

1.　設 $\vec{F} = xy^2z^3(\vec{i} + \vec{j} + \vec{k})$，求在點$(-2, 1, 2)$之散度。

2.　設 $\vec{F} = x^2\vec{i} + y^2\vec{j} + z^2\vec{k}$，而 $f = 3x^3 - yz^2$，求在$(1, -1, 1)$之

　　(a) $\vec{\nabla} \cdot (f\vec{F})$　　　(b) $\vec{\nabla} \cdot (\vec{\nabla} f)$　　　(c) $\vec{\nabla}(\vec{\nabla} \cdot \vec{F})$。

3.　證明 $\vec{\nabla} \cdot (f\vec{F}) = (\vec{\nabla} f) \cdot \vec{F} + f(\vec{\nabla} \cdot \vec{F})$

4.　設 $\vec{r} = x\vec{i} + y\vec{j} + z\vec{k}$，證明

　　(a) $\vec{\nabla} \cdot \vec{r} = 3$

　　(b) $\vec{\nabla} \times \vec{r} = 0$

5.　證明 $(\vec{F} \cdot \vec{\nabla})\vec{r} = \vec{F}$

6.　設 $\vec{F} = xy\vec{i} + yz\vec{j} + zx\vec{k}$，求在點$(1, 1, 2)$之旋度。

7.　設 $\vec{F} = 3x\vec{i} + z\vec{j} + xy\vec{k}$，$f = xyz$，求在點$(1, -1, 1)$之

　　(a) $\vec{F} \times (\vec{\nabla} f)$　　　(b) $(\vec{F} \times \vec{\nabla})f$　　　(c) $\vec{\nabla} \times (\vec{\nabla} \times \vec{F})$。

8.　證明 $\vec{\nabla} \times (\vec{\nabla} \times \vec{F}) = \vec{\nabla}(\vec{\nabla} \cdot \vec{F}) - \vec{\nabla}^2\vec{F}$

9.　證明 $\vec{\nabla} \times (f\vec{F}) = f(\vec{\nabla} \times \vec{F}) + (\vec{\nabla} f) \times \vec{F}$

10.　證明 $\vec{\nabla} \cdot (\vec{F} \times \vec{G}) = \vec{G} \cdot (\vec{\nabla} \times \vec{F}) - \vec{F} \cdot (\vec{\nabla} \times \vec{G})$

11.　證明 $\vec{\nabla} \cdot (f\vec{\nabla} g) = f\vec{\nabla}^2 g + \vec{\nabla} f \cdot \vec{\nabla} g$

12.　如 $\vec{\nabla} \times \vec{F} = 0$，求 $\vec{\nabla} \cdot (\vec{F} \times \vec{r})$

13.　設 $f = \ln(x^2 + y^2)$，求 $\vec{\nabla}^2 f$。

14.　設 $\vec{r} = x\vec{i} + y\vec{j} + z\vec{k}$，求 $\vec{\nabla} \cdot \left(\dfrac{\vec{r}}{r} \right)$

15.　設 $\vec{F} = e^x \sin y\,\vec{i} + e^x \cos y\,\vec{j}$，求(a) $\vec{\nabla} \cdot \vec{F}$ (b) $\vec{\nabla} \times \vec{F}$。

4-5　線積分

　　如圖 4-22 所示，空間中任一曲線 C，曲線之弧長爲 s，而曲線上任一點之位置向量爲 $\vec{r}$，沿曲線 C 之線積分說明如下：

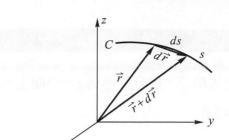

圖 4-22

1. 純量函數之線積分

純量函數 $f(x, y, z)$ 沿曲線 C 之線積分表之為

$$\int_C f(x, y, z)ds$$

設 x, y, z 為 t 之函數，即 $x = x(t),\ y = y(t),\ z = z(t)$ ，則

$$\int_C f(x, y, z)ds = \int_C f(x(t),\ y(t),\ z(t))\frac{ds}{dt}dt \tag{4-43}$$

其中

$$\frac{ds}{dt} = \sqrt{\frac{d\vec{r}}{dt} \cdot \frac{d\vec{r}}{dt}}$$

而

$$\vec{r} = x(t)\vec{i} + y(t)\vec{j} + z(t)\vec{k}$$

2. 向量函數之線積分

向量函數 $\vec{F}(x, y, z)$ 沿曲線 C 之線積分表之為

$$\int_C \vec{F}(x, y, z) \cdot d\vec{r} = \int_C (F_1\vec{i} + F_2\vec{j} + F_3\vec{k}) \cdot (dx\vec{i} + dy\vec{j} + dz\vec{k})$$
$$= \int_C (F_1dx + F_2dy + F_3dz) \tag{4-44}$$

設 x, y, z 為 t 之函數，即 $x = x(t),\ y = y(t),\ z = z(t)$ ，則

$$\int_C \vec{F}(x, y, z) \cdot d\vec{r} = \int_C \vec{F}(x(t),\ y(t),\ z(t)) \cdot \frac{d\vec{r}}{dt}dt$$
$$= \int_C \left(F_1\frac{dx}{dt} + F_2\frac{dy}{dt} + F_3\frac{dz}{dt} \right)dt \tag{4-45}$$

範例 1　EXAMPLE

求 $f(x, y) = 3x^2 y$ 之線積分，積分路徑爲 x-y 平面上，中心在原點，半徑爲 2 之第一象限之圓弧(圖 4-23)。

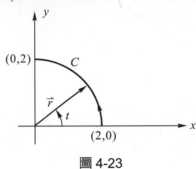

圖 4-23

解　曲線 C 之位置向量爲

$$\vec{r}(t) = 2\cos t\, \vec{i} + 2\sin t\, \vec{j}, \quad 0 \le t \le \frac{\pi}{2}$$

而

$$\int_C f(x, y)ds = \int_C f(x(t), y(t))\frac{ds}{dt}dt$$

又

$$\frac{ds}{dt} = \sqrt{\frac{d\vec{r}}{dt} \cdot \frac{d\vec{r}}{dt}} = 2$$

而

$$x = 2\cos t, \quad y = 2\sin t$$

代入得

$$\int_C 3x^2 y\, ds = \int_C 3x^2 y \frac{ds}{dt}dt = \int_0^{\frac{\pi}{2}} 3(4\cos^2 t)(2\sin t)2dt$$

$$= -48\int_0^{\frac{\pi}{2}} \cos^2 t\, d(\cos t) = -\frac{48}{3}\cos^3 t\,|_0^{\frac{\pi}{2}} = 16$$

範例 2　EXAMPLE

求線積分 $\int_C (xy^2 + z)ds$，積分路徑 C 爲球面 $x^2 + y^2 + z^2 = 1$ 與平面 $z = 2y$ 之交線。

解　先求曲線 C

因 $z = 2y$ 代入 $x^2 + y^2 + z^2 = 1$ 得

$$x^2 + y^2 + (2y)^2 = 1$$

即　　　　$x^2 + 5y^2 = 1$

曲線 C 之參數表示法為

$$\begin{cases} x = \sin t \\ y = \dfrac{1}{\sqrt{5}}\cos t \\ z = \dfrac{2}{\sqrt{5}}\cos t \end{cases}$$

位置向量為

$$\vec{r} = \sin t\,\vec{i} + \frac{1}{\sqrt{5}}\cos t\,\vec{j} + \frac{2}{\sqrt{5}}\cos t\,\vec{k}$$

$$\frac{ds}{dt} = \sqrt{\frac{d\vec{r}}{dt}\cdot\frac{d\vec{r}}{dt}} = 1$$

故　　　　$\displaystyle\int_C (xy^2 + z)ds = \int_C (xy^2 + z)\frac{ds}{dt}dt$

$$= \int_0^{2\pi}\left(\sin t \times \frac{1}{5}\cos^2 t + \frac{2}{\sqrt{5}}\cos t\right)dt$$

$$= \frac{1}{5}\int_0^{2\pi}\sin t\cos^2 t\,dt + \frac{2}{\sqrt{5}}\int_0^{2\pi}\cos t\,dt$$

$$= 0$$

範例 3　　EXAMPLE

在力場 $\vec{F} = x^2\,\vec{i} + xz\,\vec{j} + 2y\,\vec{k}$ 中，求某質點沿下列路徑所作之功。

(1)由$(0, 0, 0)$至$(2, 1, 3)$之直線。

(2)由$(0, 0, 0)$至$(2, 1, 3)$沿下列曲線：$x = 2t^2$, $y = t$, $z = 4t^2 - t$。

解 由力學知作功之大小可表為

$$W = \int_C \vec{F}\cdot d\vec{r} = \int_C \vec{F}\cdot\frac{d\vec{r}}{dt}dt$$

(1)由$(0, 0, 0)$至$(2, 1, 3)$之直線參數方程式為

$$x = 2t,\ y = t,\ z = 3t$$

位置向量為

$$\vec{r} = 2t\,\vec{i} + t\,\vec{j} + 3t\,\vec{k}$$

而　　　$\dfrac{d\vec{r}}{dt} = 2\,\vec{i} + \vec{j} + 3\,\vec{k}$

功
$$W = \int_C (x^2\,\vec{i} + xz\,\vec{j} + 2y\,\vec{k}) \cdot d\vec{r} = \int_C (x^2\,\vec{i} + xz\,\vec{j} + 2y\,\vec{k}) \cdot \frac{d\vec{r}}{dt}\,dt$$

$$= \int_0^1 (4t^2\,\vec{i} + 6t^2\,\vec{j} + 2t\,\vec{k}) \cdot (2\,\vec{i} + \vec{j} + 3\,\vec{k})\,dt = \int_0^1 (8t^2 + 6t^2 + 6t)\,dt$$

$$= \int_0^1 (14t^2 + 6t)\,dt = \frac{14}{3}t^3 + 3t^2 \Big|_0^1 = \frac{14}{3} + 3 = \frac{23}{3}$$

(2) $x = 2t^2,\ y = t,\ z = 4t^2 - t$

$$\vec{r} = 2t^2\,\vec{i} + t\,\vec{j} + (4t^2 - t)\,\vec{k}$$

$$\frac{d\vec{r}}{dt} = 4t\,\vec{i} + \vec{j} + (8t - 1)\,\vec{k}$$

$$W = \int_C (x^2\,\vec{i} + xz\,\vec{j} + 2y\,\vec{k}) \cdot \frac{d\vec{r}}{dt}\,dt$$

$$= \int_0^1 [4t^4\,\vec{i} + (8t^4 - 2t^3)\,\vec{j} + 2t\,\vec{k}] \cdot [4t\,\vec{i} + \vec{j} + (8t - 1)\,\vec{k}]\,dt$$

$$= \int_0^1 (16t^5 + 8t^4 - 2t^3 + 16t^2 - 2t)\,dt$$

$$= \left(\frac{8}{3}t^6 + \frac{8}{5}t^5 - \frac{1}{2}t^4 + \frac{16}{3}t^3 - t^2 \right) \Bigg|_0^1$$

$$= \frac{81}{10}$$

由本例知，起點、終點相同而沿兩個不同路徑積分時，其積分值不同，則此向量函數稱為非保守場(Non-conservative field)。

Problem 4-5 習題

1. 求線積分 $\int_C (x^2 dx + xy\,dy)$，其中曲線 C 為由(1, 2)至(2, 4)沿 $y = 2x$ 之直線。

2. 求線積分 $\int_C (y\,dx + x^2\,dy)$，其中曲線 C 之路徑如圖所示：

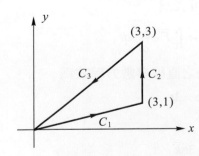

3. 求線積分 $\int_C (x^2 + y^2)ds$，其中曲線 C 為由$(0, 0)$至$(2, 8)$沿　(a)拋物線 $y = 2x^2$
   (b)直線。

4. 求線積分 $\int_C (xy + 2)ds$，其中 C 乃沿下列路徑之方向
   (a)反時鐘方向，沿圓周 $x^2 + y^2 = 4$，由$(2, 0)$至$(0, 2)$。
   (b)反時鐘方向，沿圓周 $x^2 + y^2 = 1$，由$(1, 0)$至$(0, 1)$。

5. 某力 $\vec{F} = x^2\vec{i} - z\vec{j} + 3\vec{k}$，求沿下列路徑所作之功
   (a)直線 $y = x$, $z = x$，由$(1, 1, 1)$至$(4, 4, 4)$。
   (b)曲線 $y = x$, $z = x^2$，由$(0, 0, 0)$至$(1, 1, 1)$。

6. 求 $\int_C \vec{F}(x, y, z) \cdot d\vec{r}$，其中 $\vec{F} = x\vec{i} - \vec{j} + 2yz\vec{k}$，路徑 C 為拋物線 $y = 2x^2$, $z = 2$ 由 $(0, 0, 2)$至$(1, 2, 2)$。

7. 求 $\int_C \vec{F}(x, y, z) \cdot d\vec{r}$，其中

   $$\vec{F} = (y + 2)\vec{i} + x\vec{j} + (z - 1)\vec{k}$$

   路徑 C 為 $x = 2t^2$, $y = t$, $z = t^3$，由 $t = 0$ 至 $t = 1$。

8. 求線積分 $\int_C [(y + x)dx + y^2 dy]$，其中 C 為頂點$(0, 0)$, $(1, 0)$及$(0, 2)$依反時針方向所形成之三角形邊界。

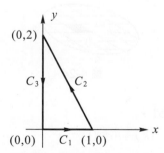

9. 求 $\int_C \vec{F} \cdot d\vec{r}$，其中 $\vec{F} = xy\vec{i} + x^2\vec{j}$，其中 C 為 $y = x$ 及 $y = x^2$ 所圍區域之邊界依反時針方向之路徑。

10. 求 $\int_C (x^2 + y^2 + z^2)^2 ds$，其中 C 為圓螺線 $\vec{r} = \cos t\,\vec{i} + \sin t\,\vec{j} + 2t\,\vec{k}$，由$(1, 0, 0)$至$(-1, 0, 2\pi)$。

11. 求 $\int_C \vec{F}(x, y) \cdot d\vec{r}$，其中 $\vec{F} = (\cos x - y\sin x)\vec{i} + \cos x\,\vec{j}$，路徑 C 為頂點$(0, 2)$, $(2, 3)$, $(1, 4)$依反時針方向所形成三角形邊界。

12. 求 $\int_C \vec{F}(x,\ y)\cdot d\vec{r}$，其中 $\vec{F}=3xy\vec{i}-y^2\vec{j}$，路徑 C 為拋物線 $y=2x^2$ 由 $(0,0)$ 至 $(1,2)$。

13. 求 $\int_C \vec{F}(x,\ y,\ z)\cdot d\vec{r}$，其中 $\vec{F}=3xy\vec{i}-5z\vec{j}+10x\vec{k}$，路徑 C 為 $x=t^2+1$，$y=2t^2$，$z=t^3$，由 $t=1$ 至 $t=2$。

4-6 面積分與平面格林定理

1. 雙重積分

(1) 雙重積分之表示式及性質

如圖 4-24 所示，純量函數 $f(x,\ y)$ 在平面上之區域，R 內之雙重積分表之如下：

$$\iint\limits_R f(x,\ y)\,dxdy$$

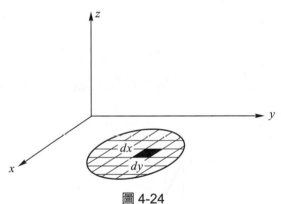

圖 4-24

此雙重積分具有下列性質：

① $\displaystyle\iint\limits_R kf\,dxdy=k\iint\limits_R f\,dxdy$ （k 為常數）

② $\displaystyle\iint\limits_R (f+g)\,dxdy=\iint\limits_R f\,dxdy+\iint\limits_R g\,dxdy$

③ $\displaystyle\iint\limits_R f\,dxdy=\iint\limits_{R_1} f\,dxdy+\iint\limits_{R_2} f\,dxdy$ （圖 4-25）

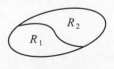

圖 4-25

(2) 變數轉換法

在雙重積分中，有時利用變數轉換較方便，以適應不同之座標系。在定積分中，令 $x = x(u)$，則

$$\int_a^b f(x)dx = \int_\alpha^\beta f(x(u))\frac{dx}{du}du \tag{4-46}$$

在雙重積分中，令 $x = x(u,\ v),\ y = y(u,\ v)$，則

$$\iint\limits_R f(x,\ y)dxdy = \iint\limits_{R^*} f(x(u,\ v),\ y(u,\ v))\left|\frac{\partial(x,\ y)}{\partial(u,\ v)}\right|dudv \tag{4-47}$$

其中 $\dfrac{\partial(x,\ y)}{\partial(u,\ v)} = \begin{vmatrix} \dfrac{\partial x}{\partial u} & \dfrac{\partial x}{\partial v} \\ \dfrac{\partial y}{\partial u} & \dfrac{\partial y}{\partial v} \end{vmatrix} = J$

J 稱為賈可賓(Jacobian)行列式。

範例 1　EXAMPLE

將直角座標系之雙重積分轉換成極座標之雙重積分。

解 令　$x = r\cos\theta,\ y = r\sin\theta$

$$J = \frac{\partial(x,\ y)}{\partial(u,\ v)} = \frac{\partial(x,\ y)}{\partial(r,\ \theta)} = \begin{vmatrix} \cos\theta & -r\sin\theta \\ \sin\theta & r\cos\theta \end{vmatrix} = r$$

$$\iint\limits_R f(x,\ y)dxdy = \iint\limits_{R^*} f(r\cos\theta,\ r\sin\theta)rdrd\theta$$

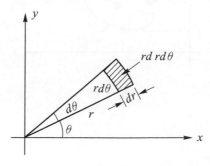

圖 4-26

(3) 雙重積分之計算

① 若積分區域 R(圖 4-27)可由下列來描述

$$a \leq x \leq b, \quad g(x) \leq y \leq h(x)$$

其中 $y = g(x)$ 及 $y = h(x)$ 表 R 之邊界，則

$$\iint\limits_{R} f(x,\ y)dxdy = \int_a^b \left[\int_{g(x)}^{h(x)} f(x,\ y)dy \right] dx \tag{4-48}$$

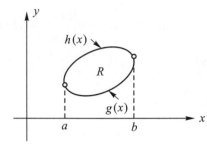

圖 4-27

② 若積分區域 R(圖 4-28)可由下列來描述

$$c \leq y \leq d, \quad p(y) \leq x \leq q(y)$$

其中 $x = p(y)$ 及 $x = q(y)$ 表 R 之邊界，則

$$\iint\limits_{R} f(x,\ y)dxdy = \int_c^d \left[\int_{p(y)}^{q(y)} f(x,\ y)dx \right] dy \tag{4-49}$$

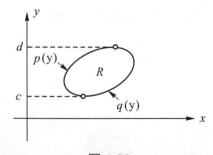

圖 4-28

2.　平面格林定理(雙重積分與線積分之互換)
(Green's theorem in the plane)

在 x-y 平面上之封閉區域 R 內，其邊界為 C，若 $f(x, y), g(x, y), \dfrac{\partial f}{\partial y}, \dfrac{\partial g}{\partial x}$ 在 R 內

皆為連續，則

$$\iint_R \left(\frac{\partial g}{\partial x} - \frac{\partial f}{\partial y} \right) dx\,dy = \oint_C (f\,dx + g\,dy) \tag{4-50}$$

其中 C 為一封閉之積分路徑，其方向恆使 R 位於左邊，如圖 4-29 所示。

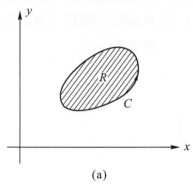 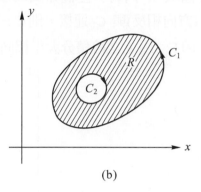

$$(a) \qquad\qquad\qquad\qquad\qquad (b)$$

圖 4-29

(證) 如圖 4-30 所示，區域 R 可表如下之型式：

$$\begin{cases} a \le x \le b & u(x) \le y \le v(x) \\ c \le y \le d & p(y) \le x \le q(y) \end{cases}$$

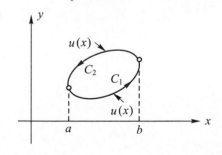 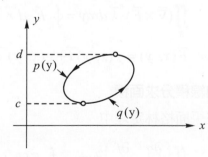

圖 4-30

$$\iint_R \frac{\partial f}{\partial y}\,dx\,dy = \int_a^b \left[\int_{u(x)}^{v(x)} \frac{\partial f}{\partial y}\,dy \right] dx = \int_a^b [f(x, v(x)) - f(x, u(x))]\,dx$$

$$= -\int_a^b f(x, u(x))\,dx - \int_b^a f(x, v(x))\,dx$$

$$= -\int_{C_1} f(x, y)dx - \int_{C_2} f(x, y)dx = -\oint_C f(x, y)dx$$

同理
$$\iint_R \frac{\partial g}{\partial x}dxdy = \int_c^d \left[\int_{p(y)}^{q(y)} \frac{\partial g}{\partial x}dx\right]dy = \int_c^d g(q(y), y)dy - \int_c^d g(p(y), y)dy$$

$$= \int_c^d g(q(y), y)dy + \int_d^c g(p(y), y)dy = \oint g(x, y)dy$$

故
$$\iint_R \left(\frac{\partial g}{\partial x} - \frac{\partial f}{\partial y}\right)dxdy = \oint_C (fdx + gdy)$$

如區域 R 內有一空洞如圖 4-31 所示，空洞之封閉路徑為 C_2，繪兩相併路徑 Γ_1, Γ_2(方向相反)與 C_1 連接，則 $C = C_1 + \Gamma_1 + C_2 + \Gamma_2$ 把 R 圍成一區域，其證明結果亦相同，因 Γ_1, Γ_2 上之線積分大小相同，正負相反，可互相抵消。

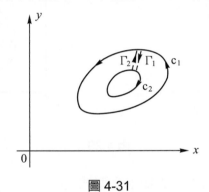

圖 4-31

平面格林定理亦可寫成向量型式如下：

$$\iint_R (\vec{\nabla} \times \vec{F}) \cdot \vec{k} \, dxdy = \oint_C \vec{F} \cdot d\vec{r} \tag{4-51}$$

其中
$$\vec{F}(x, y) = f(x, y)\vec{i} + g(x, y)\vec{j}$$

(1) 由線積分求面積

在平面格林定理中

$$\iint_R \left(\frac{\partial g}{\partial x} - \frac{\partial f}{\partial y}\right)dxdy = \oint_C (fdx + gdy)$$

令 $g = x$, $f = -y$ 代入得

$$\iint_R [1 - (-1)]dxdy = \oint_C (-ydx + xdy)$$

$$2\iint_R dxdy = \oint_C (xdy - ydx)$$

$$2A = \oint_C (xdy - ydx)$$

$$A = \frac{1}{2}\oint_C (xdy - ydx) \tag{4-52}$$

(2) **極座標平面之面積**

設　$\begin{cases} x = r\cos\theta \\ y = r\sin\theta \end{cases}$

$\begin{cases} dx = \cos\theta dr - r\sin\theta d\theta \\ dy = \sin\theta dr + r\cos\theta d\theta \end{cases}$

代入 $A = \frac{1}{2}\oint_C (xdy - ydx)$ 中

得　$A = \frac{1}{2}\oint_C [r\cos\theta(\sin\theta dr + r\cos\theta d\theta) - r\sin\theta(\cos\theta dr - r\sin\theta d\theta)]$

$$= \frac{1}{2}\oint_C r^2(\cos^2\theta + \sin^2\theta)d\theta = \frac{1}{2}\oint_C r^2 d\theta \tag{4-53}$$

3. **面積分**

面積分係由雙重積分擴展而來的，雙重積分為 x-y 面上之平面積分，而面積分乃對任何空間之曲面積分，今分述如下：

(1) **曲面表示法**

①　隱函數表示法

以隱函數形式 $f(x, y, z) = 0$ 表曲面，如球面表為 $x^2 + y^2 + z^2 = 2^2$，即 $x^2 + y^2 + z^2 - 4 = 0$。

②　顯函數表示法

以顯函數形式 $z = g(x, y)$ 表曲面，如錐面(圖 4-32)表為 $z = \sqrt{x^2 + y^2}$。

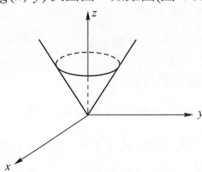

圖 4-32

③ 參數方程式表示法

曲線僅需一個參數表之即可，而曲面需兩個參數表之，其形式如下：

$$\begin{cases} x = x(u, v) \\ y = y(u, v) \\ z = z(u, v) \end{cases}$$

如一球面(圖 4-33(a))　$x^2 + y^2 + z^2 = r^2$ 可表為

$$\begin{cases} x = r\sin v\cos u \\ y = r\sin v\sin u \\ z = r\cos v \end{cases} \tag{4-54}$$

而 u, v 之區域為(圖 4-33(b))。

$$\begin{cases} 0 \le u \le 2\pi \\ 0 \le v \le \pi \end{cases}$$

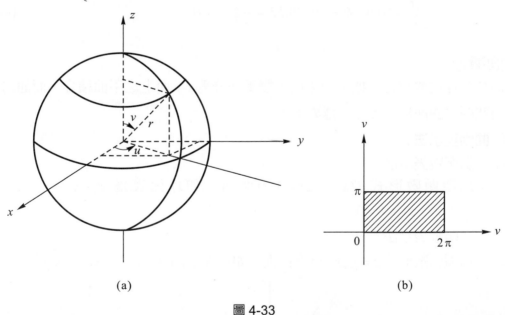

(a)　　　　　　　　　　(b)

圖 4-33

曲面上任一點之位置向量可表為

$$\vec{r}(u, v) = x(u, v)\vec{i} + y(u, v)\vec{j} + z(u, v)\vec{k} \tag{4-55}$$

在顯函數表示式中，如令 $x = u, y = v$，則 $z = g(u, v)$ 其位置向量為

$$\vec{r}(u, v) = u\vec{i} + v\vec{j} + g(u, v)\vec{k} \tag{4-56}$$

(2)　**曲面之單位法線向量 $\vec{n}$**

①　若曲面之參數方程式爲 $\vec{r} = x(u,\,v)\,\vec{i} + y(u,\,v)\,\vec{j} + z(u,\,v)\,\vec{k}$，則其單位法線向量表爲

$$\vec{n} = \dfrac{\dfrac{\partial \vec{r}}{\partial u} \times \dfrac{\partial \vec{r}}{\partial v}}{\left| \dfrac{\partial \vec{r}}{\partial u} \times \dfrac{\partial \vec{r}}{\partial v} \right|} = \dfrac{\vec{r_u} \times \vec{r_v}}{|\vec{r_u} \times \vec{r_v}|} \tag{4-57}$$

因曲面之位置向量 $\vec{r}(u,\,v)$ 係爲兩個參數 $u,\,v$ 之函數，當 v 固定而改變 u 時，可描出一組 u 曲線，而 u 固定 v 變動時，可描出一組 v 曲線，如圖 4-34 所示，若 $u,\,v$ 皆任意變動時，此兩種曲線交織成一空間曲面。

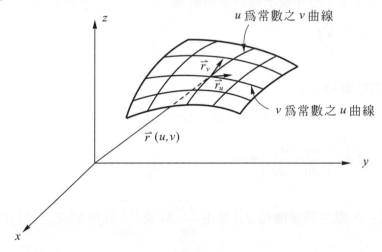

圖 4-34

因　　　$\vec{r} = \vec{r}(u,\,v)$

微分之 $d\vec{r} = \dfrac{\partial \vec{r}}{\partial u}du + \dfrac{\partial \vec{r}}{\partial v}dv = \vec{r_u}du + \vec{r_v}dv$ \qquad (4-58)

式中 $\dfrac{\partial \vec{r}}{\partial u}$ 與 $\dfrac{\partial \vec{r}}{\partial v}$ 表 P 點沿 u 曲線及 v 曲線之切線向量(圖 4-34)，而此兩量形成一切平面，垂直此切平面之向量即爲法線向量，表之爲

$$\vec{N} = \dfrac{\partial \vec{r}}{\partial u} \times \dfrac{\partial \vec{r}}{\partial v} \tag{4-59}$$

而單位法線向量 $\vec{n}$ 表為

$$\vec{n} = \frac{\vec{N}}{|\vec{N}|} = \frac{\dfrac{\partial \vec{r}}{\partial u} \times \dfrac{\partial \vec{r}}{\partial v}}{\left| \dfrac{\partial \vec{r}}{\partial u} \times \dfrac{\partial \vec{r}}{\partial v} \right|} = \frac{\vec{r}_u \times \vec{r}_v}{|\vec{r}_u \times \vec{r}_v|}$$

② 若曲面方程式為 $f(x, y, z) = 0$，則

$$\vec{n} = \frac{\vec{\nabla} f}{|\vec{\nabla} f|} \tag{4-60}$$

當曲面以隱函數 $f(x, y, z) = 0$ 表示時，此乃指此曲面為等值面，而 $\vec{\nabla} f$ 垂直於此等值面，故單位法線向量可表為

$$\vec{n} = \frac{\vec{\nabla} f}{|\vec{\nabla} f|}$$

(3) 曲面之微量面積 $d\vec{A}$

① 若曲面之參數方程式為 $\vec{r} = x(u, v)\vec{i} + y(u, v)\vec{j} + z(u, v)\vec{k}$，則

$$d\vec{A} = \left(\frac{\partial \vec{r}}{\partial u} \times \frac{\partial \vec{r}}{\partial v} \right) du\,dv \tag{4-61}$$

由於在 P 點之微量面積 $d\vec{A}$ 是由 $\dfrac{\partial \vec{r}}{\partial u} du$ 及 $\dfrac{\partial \vec{r}}{\partial v} \partial v$ 所組成之平行四邊形面積(圖 4-35)，故

$$dA = |d\vec{A}| = \left| \frac{\partial \vec{r}}{\partial u} du \times \frac{\partial \vec{r}}{\partial v} dv \right|$$

$$= \left| \frac{\partial \vec{r}}{\partial u} \times \frac{\partial \vec{r}}{\partial v} \right| du\,dv$$

以向量表之為

$$d\vec{A} = \left(\frac{\partial \vec{r}}{\partial u} \times \frac{\partial \vec{r}}{\partial v} \right) du\,dv$$

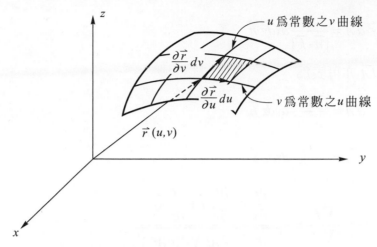

圖 4-35

② 若曲面方程式為 $f(x, y, z) = 0$，則

$$d\vec{A} = \frac{1}{|\vec{n} \cdot \vec{k}|} dxdy \, \vec{n} \, , \quad \left(\vec{n} = \frac{\vec{\nabla} f}{|\vec{\nabla} f|} \right) \tag{4-62}$$

或

$$d\vec{A} = \frac{\sqrt{\left(\dfrac{\partial f}{\partial x}\right)^2 + \left(\dfrac{\partial f}{\partial y}\right)^2 + \left(\dfrac{\partial f}{\partial z}\right)^2}}{\dfrac{\partial f}{\partial z}} dxdy \, \vec{n} \tag{4-63}$$

因 $d\vec{A}$ 在 $x\text{-}y$ 平面之投影為 $dxdy$ (圖 4-36)，故

$$dxdy = |d\vec{A} \cdot \vec{k}| = |\vec{n} dA \cdot \vec{k}| = |\vec{n} \cdot \vec{k}| \, dA$$

即

$$dA = \frac{1}{|\vec{n} \cdot \vec{k}|} dxdy$$

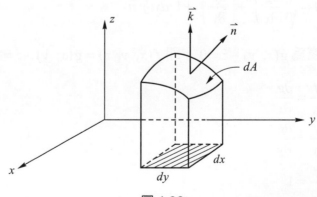

圖 4-36

則 $\quad d\vec{A} = \dfrac{1}{|\vec{n} \cdot \vec{k}|} dxdy\,\vec{n}$

同理 $d\vec{A}$ 亦可表為

$$d\vec{A} = \dfrac{1}{|\vec{n} \cdot \vec{i}|} dydz\,\vec{n} \tag{4-64}$$

或 $\quad d\vec{A} = \dfrac{1}{|\vec{n} \cdot \vec{j}|} dxdz\,\vec{n} \tag{4-65}$

又 $\quad \vec{n} = \dfrac{\vec{\nabla}f}{|\vec{\nabla}f|} = \dfrac{\dfrac{\partial f}{\partial x}\vec{i} + \dfrac{\partial f}{\partial y}\vec{j} + \dfrac{\partial f}{\partial z}\vec{k}}{\sqrt{\left(\dfrac{\partial f}{\partial x}\right)^2 + \left(\dfrac{\partial f}{\partial y}\right)^2 + \left(\dfrac{\partial f}{\partial z}\right)^2}}$

而 $\quad \vec{n} \cdot \vec{k} = \dfrac{\dfrac{\partial f}{\partial z}}{\sqrt{\left(\dfrac{\partial f}{\partial x}\right)^2 + \left(\dfrac{\partial f}{\partial y}\right)^2 + \left(\dfrac{\partial f}{\partial z}\right)^2}}$

代入(4-62)式得

$$d\vec{A} = \dfrac{\sqrt{\left(\dfrac{\partial f}{\partial x}\right)^2 + \left(\dfrac{\partial f}{\partial y}\right)^2 + \left(\dfrac{\partial f}{\partial z}\right)^2}}{\dfrac{\partial f}{\partial z}} dxdy\,\vec{n}$$

③ 若曲面方程式為 $z = g(x, y)$，則

$$d\vec{A} = \sqrt{\left(\dfrac{\partial g}{\partial x}\right)^2 + \left(\dfrac{\partial g}{\partial y}\right)^2 + 1}\ dxdy\,\vec{n} \tag{4-66}$$

因曲面可寫為 $g(x, y) - z = 0$，即 $f(x, y, z) = g(x, y) - z = 0$

$$\begin{cases} \dfrac{\partial f}{\partial x} = \dfrac{\partial g}{\partial x} \\[2mm] \dfrac{\partial f}{\partial y} = \dfrac{\partial g}{\partial y} \\[2mm] \dfrac{\partial f}{\partial z} = 1 \end{cases}$$

代入(4-63)式可得

$$d\vec{A} = \sqrt{\left(\frac{\partial g}{\partial x}\right)^2 + \left(\frac{\partial g}{\partial y}\right)^2 + 1}\ dxdy\ \vec{n}$$

亦可令 $x=u,\ y=v,\ z=g(x,\ y)=g(u,\ v)$

而 $\quad \vec{r} = u\vec{i} + v\vec{j} + g(u,\ v)\vec{k}$

代入 $d\vec{A} = \left(\dfrac{\partial \vec{r}}{\partial u} \times \dfrac{\partial \vec{r}}{\partial v}\right) dudv$ 中即可

(4) 面積分之計算

純量函數 $\Phi(x,\ y,\ z)$ 與向量函數 $\vec{F}(x,\ y,\ z)$ 之面積分可以下列三種方式計算之：

① $\displaystyle\iint_S \Phi(x,\ y,\ z)dA = \iint_R \Phi\left|\frac{\partial \vec{r}}{\partial u} \times \frac{\partial \vec{r}}{\partial v}\right|dudv$ (4-67)

$\displaystyle\iint_S \vec{F}(x,\ y,\ z)\cdot d\vec{A} = \iint_R \vec{F}\cdot\left(\frac{\partial \vec{r}}{\partial u} \times \frac{\partial \vec{r}}{\partial v}\right)dudv$ (4-68)

其中曲面表為

$$\vec{r} = x(u,\ v)\vec{i} + y(u,\ v)\vec{j} + z(u,\ v)\vec{k}$$

② $\displaystyle\iint_S \Phi(x,\ y,\ z)dA = \iint_R \Phi\frac{1}{|\vec{n}\cdot\vec{k}|}dxdy$

$$= \iint_R \Phi\frac{\sqrt{\left(\frac{\partial f}{\partial x}\right)^2 + \left(\frac{\partial f}{\partial y}\right)^2 + \left(\frac{\partial f}{\partial z}\right)^2}}{\frac{\partial f}{\partial z}}dxdy$$ (4-69)

$\displaystyle\iint_S \vec{F}(x,\ y,\ z)\cdot d\vec{A} = \iint_R \vec{F}\cdot\frac{\vec{n}}{|\vec{k}\cdot\vec{n}|}dxdy$

$$= \iint_R \vec{F}\cdot\vec{n}\frac{\sqrt{\left(\frac{\partial f}{\partial x}\right)^2 + \left(\frac{\partial f}{\partial y}\right)^2 + \left(\frac{\partial f}{\partial z}\right)^2}}{\frac{\partial f}{\partial z}}dxdy$$ (4-70)

其中曲面表為

$$f(x, y, z) = 0 \text{ , 而 } \vec{n} = \frac{\vec{\nabla} f}{|\vec{\nabla} f|}$$

③

$$\iint_S \Phi(x, y, z) dA = \iint_R \Phi \sqrt{\left(\frac{\partial g}{\partial x}\right)^2 + \left(\frac{\partial g}{\partial y}\right)^2 + 1} \, dxdy \tag{4-71}$$

$$\iint_S \vec{F}(x, y, z) \cdot d\vec{A} = \iint_R \vec{F} \cdot \vec{n} \sqrt{\left(\frac{\partial g}{\partial x}\right)^2 + \left(\frac{\partial g}{\partial y}\right)^2 + 1} \, dxdy \tag{4-72}$$

其中曲面表為

$$z = g(x, y)$$

範例 2　EXAMPLE

求面積分 $\displaystyle\iint_S \vec{F}(x, y, z) \cdot d\vec{A}$，其中 $\vec{F} = xyz\,\vec{i} + \vec{j} + 2\,\vec{k}$，$S$ 為錐面 $z = \sqrt{x^2 + y^2}$，$x^2 + y^2 \leq 1$ （圖 4-37）。

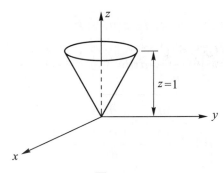

圖 4-37

解 令
$$\begin{cases} x = u \\ y = v \\ z = \sqrt{u^2 + v^2} \end{cases}$$

S 之位置向量為
$$\vec{r} = u\,\vec{i} + v\,\vec{j} + \sqrt{u^2 + v^2}\,\vec{k}$$

其中 $u^2 + v^2 \leq 1$ （圖 4-38）

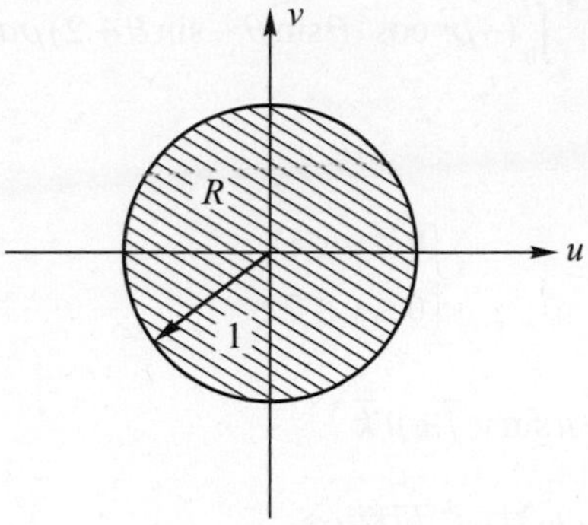

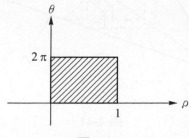

圖 4-38

又　$\begin{cases} \dfrac{\partial \vec{r}}{\partial u} = \vec{i} + \dfrac{u}{\sqrt{u^2+v^2}}\,\vec{k} \\[3mm] \dfrac{\partial \vec{r}}{\partial v} = \vec{j} + \dfrac{v}{\sqrt{u^2+v^2}}\,\vec{k} \end{cases}$

且　$\dfrac{\partial \vec{r}}{\partial u} \times \dfrac{\partial \vec{r}}{\partial v} = \begin{vmatrix} \vec{i} & \vec{j} & \vec{k} \\ 1 & 0 & \dfrac{u}{\sqrt{u^2+v^2}} \\ 0 & 1 & \dfrac{v}{\sqrt{u^2+v^2}} \end{vmatrix} = -\dfrac{u}{\sqrt{u^2+v^2}}\,\vec{i} - \dfrac{v}{\sqrt{u^2+v^2}}\,\vec{j} + \vec{k}$

故　$\displaystyle\iint_S \vec{F}(x,\,y,\,z) \cdot d\vec{A} = \iint_R (uv\sqrt{u^2+v^2}\,\vec{i} + \vec{j} + 2\,\vec{k}) \cdot \left(\dfrac{\partial \vec{r}}{du} \times \dfrac{\partial \vec{r}}{dv} \right) du\,dv$

$\displaystyle\qquad\qquad = \iint_R \left(-u^2 v - \dfrac{v}{\sqrt{u^2+v^2}} + 2 \right) du\,dv$

因 R 為圓盤，故以極座標來求積分較方便，令 $\begin{cases} u = \rho\cos\theta \\ v = \rho\sin\theta \end{cases}$

其中 $\begin{cases} 0 \le \rho \le 1 \\ 0 \le \theta \le 2\pi \end{cases}$　（圖 4-39）

$du\,dv = \rho\,d\rho\,d\theta$

圖 4-39

$$\iint_S \vec{F} \cdot d\vec{A} = \int_0^{2\pi} \int_0^1 (-\rho^3 \cos^2 \theta \sin \theta - \sin \theta + 2)\rho \, d\rho \, d\theta = 2\pi$$

本題亦可令

$$\begin{cases} x = u \cos v \\ y = u \sin v \\ z = u \end{cases} \qquad \begin{cases} 0 \le u \le 1 \\ 0 \le v \le 2\pi \end{cases}$$

$$\vec{r} = u \cos v \, \vec{i} + u \sin v \, \vec{j} + u \, \vec{k}$$

代入 $\iint_R \vec{F} \cdot \left(\dfrac{\partial \vec{r}}{\partial u} \times \dfrac{\partial \vec{r}}{\partial v} \right) du \, dv$ 中求面積分

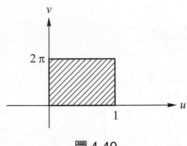

圖 4-40

範例 3　EXAMPLE

求面積分 $\iint_R \vec{F}(x, y, z) \cdot d\vec{A}$，其中 $\vec{F} = 6z\,\vec{i} - 6\,\vec{j} + 3y\,\vec{k}$，$S$ 為平面

$x + 2y + 2z = 6$ 在第一卦限 $\{(x, y, z) \mid x > 0,\ y > 0,\ z > 0\}$ 內之部份 (圖 4-41)。

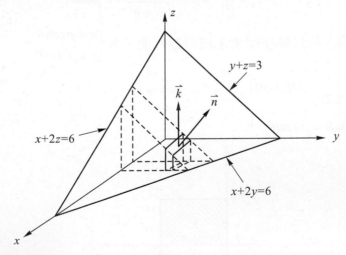

圖 4-41

解　平面方程式可寫為

$$f(x,\ y,\ z) = x + 2y + 2z - 6 = 0$$

單位法線向量為

$$\vec{n} = \frac{\vec{\nabla} f}{|\vec{\nabla} f|} = \frac{\vec{i} + 2\vec{j} + 2\vec{k}}{\sqrt{1^2 + 2^2 + 2^2}} = \frac{1}{3}(\vec{i} + 2\vec{j} + 2\vec{k})$$

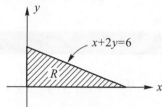

圖 4-42

$$\iint_S \vec{F} \cdot d\vec{A} = \iint_R \vec{F} \cdot \frac{\vec{n}}{|\vec{k} \cdot \vec{n}|} dxdy = \iint_R \frac{2z - 4 + 2y}{2/3} dxdy \quad (2z = 6 - x - 2y \ 代入)$$

$$= \frac{3}{2} \iint_R (2 - x)\,dxdy = \frac{3}{2} \int_0^6 \int_0^{(6-x)/2} (2 - x)\,dydx$$

$$= \frac{3}{4} \int_0^6 (2 - x)(6 - x)\,dx = \frac{3}{4} \int_0^6 (x^2 - 8 + 12)\,dx$$

$$= 0$$

另解：設 $\begin{cases} x = u \\ y = v \\ z = \dfrac{1}{2}(6 - u - 2v) \end{cases}$ ，則 $\vec{r} = u\vec{i} + v\vec{j} + \dfrac{1}{2}(6 - u - 2v)\vec{k}$ ， $\begin{cases} \dfrac{\partial \vec{r}}{\partial u} = \vec{i} - \dfrac{1}{2}\vec{k} \\ \dfrac{\partial \vec{r}}{\partial v} = \vec{j} - \vec{k} \end{cases}$

$$\frac{\partial \vec{r}}{\partial u} \times \frac{\partial \vec{r}}{\partial v} = \begin{vmatrix} \vec{i} & \vec{j} & \vec{k} \\ 1 & 0 & -\dfrac{1}{2} \\ 0 & 1 & -1 \end{vmatrix} = \frac{1}{2}\vec{i} + \vec{j} + \vec{k}$$

$$\iint_S \vec{F} \cdot d\vec{A} = \iint_R \vec{F} \cdot \left(\frac{\partial \vec{r}}{\partial u} \times \frac{\partial \vec{r}}{\partial v} \right) dudv$$

$$= \iint_R \left[\frac{3}{2}(6 - u - 2v) - 6 + 3v \right] dudv = \frac{3}{2} \iint_R (2 - u)\,dudv$$

$$= \frac{3}{2} \int_0^6 \int_0^{(6-u)/2} (2 - u)\,dvdu = 0$$

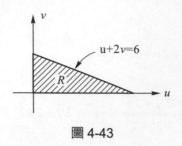

圖 4-43

範例 4　EXAMPLE

求面積分 $\displaystyle\iint\limits_{S}\Phi(x,\ y,\ z)dA$，其中 $\Phi(x,\ y,\ z)=y+2$，S 為圓柱面 $x^2+y^2=1$，

$0\le z\le 2$ （圖 4-44）。

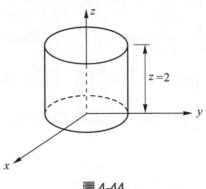

圖 4-44

解 令
$$\begin{cases} x=\cos u \\ y=\sin u \\ z=v \end{cases}$$

曲面 S 之位置向量為
$$\vec{r}=\cos u\,\vec{i}+\sin u\,\vec{j}+v\,\vec{k}$$

其中 $\begin{cases} 0\le u\le 2\pi \\ 0\le v\le 2 \end{cases}$ （圖 4-45）

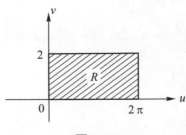

圖 4-45

$$\begin{cases} \dfrac{\partial \vec{r}}{\partial u} = -\sin u\, \vec{i} + \cos u\, \vec{j} \\[2ex] \dfrac{\partial \vec{r}}{\partial v} = \vec{k} \end{cases}$$

$$\frac{\partial \vec{r}}{\partial u} \times \frac{\partial \vec{r}}{\partial v} = \begin{vmatrix} \vec{i} & \vec{j} & \vec{k} \\ -\sin u & \cos u & 0 \\ 0 & 0 & 1 \end{vmatrix} = \cos u\, \vec{i} + \sin u\, \vec{j}$$

$$\left| \frac{\partial \vec{r}}{\partial u} \times \frac{\partial \vec{r}}{\partial v} \right| = 1$$

$$\iint\limits_{S} \Phi(x,\, y,\, z)\, dA = \iint\limits_{R} (y+2) \left| \frac{\partial \vec{r}}{\partial u} \times \frac{\partial \vec{r}}{\partial v} \right| du\, dv = \int_0^2 \int_0^{2\pi} (\sin u + 2)\, du\, dv$$

$$= \int_0^2 (-\cos u + 2u) \Big|_0^{2\pi} dv = \int_0^2 4\pi\, dv = 8\pi$$

範例 5　EXAMPLE

求面積分 $\displaystyle\iint\limits_{S} \vec{F}(x,\, y,\, z) \cdot d\vec{A}$，其中 $\vec{F} = z\,\vec{i} + x\,\vec{j} + yz\,\vec{k}$，$S$ 爲圓柱曲面

$x^2 + y^2 = 4$，$0 \le z \le 4$ 位於第一卦限部份 (圖 4-46)。

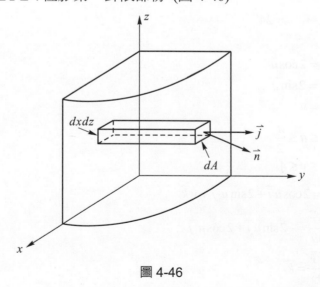

圖 4-46

解　由圖 4-46 知 dA 在 x-z 平面之投影爲 $dxdz$，而

$$dxdz = |\vec{n} \cdot \vec{j}|\, dA$$

即 $\qquad dA = \dfrac{1}{|\vec{n} \cdot \vec{j}|} dxdz$

故 $\qquad \iint\limits_{S} \vec{F} \cdot d\vec{A} = \iint\limits_{R} \vec{F} \cdot \vec{n} \dfrac{1}{|\vec{n} \cdot \vec{j}|} dxdz$

圓柱曲面可寫爲

$$f(x, y, z) = x^2 + y^2 - 4 = 0$$

單位法線向量爲

$$\vec{n} = \dfrac{\vec{\nabla}f}{|\vec{\nabla}f|} = \dfrac{2x\vec{i} + 2y\vec{j}}{\sqrt{(2x)^2 + (2y)^2}} = \dfrac{1}{2}(x\vec{i} + y\vec{j})$$

而 $\qquad \vec{n} \cdot \vec{j} = \dfrac{y}{2}$

故 $\qquad \displaystyle\iint\limits_{S} \vec{F} \cdot d\vec{A} = \iint\limits_{R}(z\vec{i} + x\vec{j} + yz\vec{k}) \cdot \dfrac{1}{2}(x\vec{i} + y\vec{j}) \cdot \dfrac{1}{y/2} dxdz$

$$= \iint\limits_{R} \dfrac{zx + xy}{y} dxdz \quad (\, y = \sqrt{4 - x^2} \text{ 代入})$$

$$= \int_0^4 \int_0^2 \left(\dfrac{zx}{\sqrt{4 - x^2}} + x \right) dxdz$$

$$= \int_0^4 (2z + 2)\, dz$$

$$= 24$$

另解：

設 $\qquad \begin{cases} x = 2\cos u \\ y = 2\sin u \\ z = v \end{cases}$

而 $\qquad \begin{cases} 0 \le u \le \dfrac{\pi}{2} \\ 0 \le v \le 4 \end{cases}$

則 $\qquad \vec{r} = 2\cos u\,\vec{i} + 2\sin u\,\vec{j} + v\vec{k}$

$$\begin{cases} \dfrac{\partial \vec{r}}{\partial u} = -2\sin u\,\vec{i} + 2\cos u\,\vec{j} \\ \dfrac{\partial \vec{r}}{\partial v} = \vec{k} \end{cases}$$

$$\dfrac{\partial \vec{r}}{\partial u} \times \dfrac{\partial \vec{r}}{\partial v} = \begin{vmatrix} \vec{i} & \vec{j} & \vec{k} \\ -2\sin u & 2\cos u & 0 \\ 0 & 0 & 1 \end{vmatrix} = 2\cos u\,\vec{i} + 2\sin u\,\vec{j}$$

$$\iint_S \vec{F} \cdot dA = \iint_R \vec{F} \cdot \left(\frac{\partial \vec{r}}{\partial u} \times \frac{\partial \vec{r}}{\partial v} \right) dudv$$

$$= \iint_R (v\,\vec{i} + 2\cos u\,\vec{j} + 2v\sin u\,\vec{k}) \cdot (2\cos u\,\vec{i} + 2\sin u\,\vec{j})\,dudv$$

$$= \int_0^4 \int_0^{\frac{\pi}{2}} (2v\cos u + 4\cos u \sin u)\,dudv$$

$$= \int_0^4 [2v\sin u + 2\sin^2 u]\Big|_0^{\frac{\pi}{2}}\,dv$$

$$= \int_0^4 (2v + 2)\,dv$$

$$= 24$$

4-6　習題

計算下列雙重積分 $\iint_R f(x,\,y)dxdy$。

1.　$f(x,\,y) = \sqrt{1 - x^2 - y^2}$，$R$ 為 $x^2 + y^2 \leq 1$

2.　$f(x,\,y) = x^2 + y^2$，R 為 $\dfrac{x^2}{a^2} + \dfrac{y^2}{b^2} \leq 1$

3.　$f(x,\,y) = xy^2$，R 為 $y = x^2$ 及 $y = 2x$ 所圍區域。

4.　$f(x,\,y) = x\sin y^3$，R 為 $(0,\,0)$, $(0,\,2)$, $(2,\,2)$ 所圍三角形之區域。

5.　$f(x,\,y) = e^{y^2}$，R 為 $(0,\,0)$, $(1,\,1)$, $(0,\,1)$ 所圍三角形之區域。

利用平面格林定理求下列平面區域之面積。

6.　心臟線 $r = a(1 - \cos\theta)$，$0 \leq \theta \leq 2\pi$

7.　橢圓 $\dfrac{x^2}{a^2} + \dfrac{y^2}{b^2} = 1$ 之內部。

8.　$0 \leq y \leq 2 - x^2$ 之區域。

9.　以 $y = x$，$y = 1$ 及 $y = \dfrac{x}{2}$ 為界之第一象限內之區域。

10.　四瓣玫瑰線 $r = \sin 2\theta$，$0 \leq \theta \leq 2\pi$

利用平面格林定理求下列線積分 $\oint_C \vec{F} \cdot d\vec{r}$，其中積分路徑 C 為反時針方向。

11.　$\vec{F} = (x + y)\,\vec{i} + y^2\,\vec{j}$，$C$ 為頂點 $(0, 0)$, $(1, 0)$, $(0, 2)$ 之三角形邊界。

12.　$\vec{F} = y^2\,\vec{i} + x\,\vec{j}$，$C$ 為矩形 $0 \leq x \leq 2$，$0 \leq y \leq 4$ 之邊界。

13. $\vec{F} = (x - 2y)\vec{i} + (3x + y)\vec{j}$，$C$ 為橢圓 $x^2 + 4y^2 = 4$。

14. $\vec{F} = xy\vec{i} - y^2\vec{j}$，$C$ 為區域 $x \geq 0$，$0 \leq y \leq 1 - x^2$ 之邊界。

15. $\vec{F} = (\cos x - y \sin x)\vec{i} + \cos x\,\vec{j}$，$C$ 為頂點 $(0, 2)$, $(2, 3)$, $(1, 4)$ 之三角形邊界。

求下列純量函數之面積分 $\iint\limits_{S} \Phi(x, y, z)\,dA$。

16. $\Phi(x, y, z) = x + 2y + z$

S：$x^2 + y^2 = 1$，$0 \leq z \leq 4$

17. $\Phi(x, y, z) = x^2 + y^2$

S：$z = \sqrt{x^2 + y^2}$，$x^2 + y^2 \leq 9$

18. $\Phi(x, y, z) = 2xy$

S：$\vec{r} = u\vec{i} + v\vec{j} + uv\vec{k}$，$0 \leq u \leq 2$，$0 \leq v \leq 2$

19. $\Phi(x, y, z) = x + z$

S：$z = x + y$，$0 \leq y \leq x$，$0 \leq x \leq 2$

20. $\Phi(x, y, z) = x^2$

S：$x^2 + y^2 + z^2 = 1$，$0 \leq z$ (單位球之上半球面)

求下列向量函數之面積分 $\iint\limits_{S} \vec{F}(x, y, z) \cdot d\vec{A}$。

21. $\vec{F} = 2x\vec{i} + y\vec{j} + 2z\vec{k}$

S：$x = 0$，$x = 1$，$y = 0$，$y = 1$，$z = 0$，$z = 1$ 所圍立方體表面。

22. $\vec{F} = 2\vec{i} + x\vec{j} + yz\vec{k}$

S：$z = xy$，$0 \leq x \leq y$，$0 \leq y \leq 1$

23. $\vec{F} = \vec{i} - 4y\vec{j} + 3z\vec{k}$

S：$x + y + 2z = 4$ 在第一卦限之部份。

24. $\vec{F} = x\vec{i} + \vec{j} + yz\vec{k}$

S：$x^2 + y^2 = 9$，$0 \leq z \leq 6$

25. $\vec{F} = x\vec{i} + y\vec{j} + z\vec{k}$

S：$z = 1 - (x^2 + y^2)$，$z \geq 0$

4-7 體積分

在一有限封閉曲面 S 所包圍之空間區域 V 中，純量函數 $\Phi(x, y, z)$ 與向量函數 $\overline{F}(x, y, z)$ 皆為連續的，則其對空間區域 V 之體積分表為

$$\iiint_V \Phi(x, y, z)\,dV$$

$$\iiint_V \overline{F}(x, y, z)\,dV$$

今以三種座標之體積分說明之。

1. 直角座標(x, y, z)

$$\iiint_V \Phi(x, y, z)\,dV = \iiint_V \Phi(x, y, z)\,dxdydz \qquad (4\text{-}73)$$

$$\iiint_V \overline{F}(x, y, z)\,dV = \iiint_V \overline{F}(x, y, z)\,dxdydz \qquad (4\text{-}74)$$

其中微量體積 $dV = dxdydz$ （圖 4-47(b)）

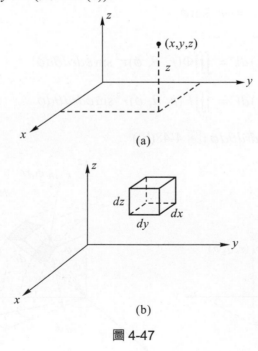

(a)

(b)

圖 4-47

2. **球座標**(r, θ, ϕ)

如圖 4-48(a)所示，在球座標中設

$$\begin{cases} x = r\sin\phi\cos\theta \\ y = r\sin\phi\sin\theta \\ z = r\cos\phi \end{cases}$$

即

$$\iiint_V \Phi(x, y, z)\,dV = \iiint_V \Phi(r, \theta, \phi)\left|\frac{\partial(x, y, z)}{\partial(r, \theta, \phi)}\right|dr\,d\theta\,d\phi$$

其中

$$\frac{\partial(x, y, z)}{\partial(r, \theta, \phi)} = J = \begin{vmatrix} \dfrac{\partial x}{\partial r} & \dfrac{\partial x}{\partial \theta} & \dfrac{\partial x}{\partial \phi} \\[2mm] \dfrac{\partial y}{\partial r} & \dfrac{\partial y}{\partial \theta} & \dfrac{\partial y}{\partial \phi} \\[2mm] \dfrac{\partial z}{\partial r} & \dfrac{\partial z}{\partial \theta} & \dfrac{\partial z}{\partial \phi} \end{vmatrix}$$

$$= \begin{vmatrix} \sin\phi\cos\theta & -r\sin\phi\sin\theta & r\cos\phi\cos\theta \\ \sin\phi\sin\theta & r\sin\phi\cos\theta & r\cos\phi\sin\theta \\ \cos\phi & 0 & -r\sin\phi \end{vmatrix}$$

$$= -r^2\sin\phi$$

$$|J| = r^2\sin\phi$$

故

$$\iiint_V \Phi(x, y, z)\,dV = \iiint_V \Phi(r, \theta, \phi)\,r^2\sin\phi\,dr\,d\theta\,d\phi \qquad (4\text{-}75)$$

即

$$\iiint_V F(x, y, z)\,dV = \iiint_V F(r, \theta, \phi)\,r^2\sin\phi\,dr\,d\theta\,d\phi \qquad (4\text{-}76)$$

其中　　　$dV = r^2\sin\phi\,dr\,d\theta\,d\phi$ (圖 4-48(b))

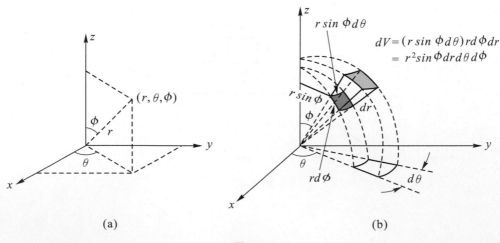

(a)　　　　　　　　　　　　(b)

圖 4-48

3.　圓柱座標(r, θ, z)

如圖 4-49(a)所示，在圓柱座標中設

$$\begin{cases} x = r\cos\theta \\ y = r\sin\theta \\ z = z \end{cases}$$

則

$$\iiint_V \Phi(x, y, z)\,dV = \iiint_V \Phi(r, \theta, z)\left|\frac{\partial(x, y, z)}{\partial(r, \theta, z)}\right|dr\,d\theta\,dz$$

其中

$$\frac{\partial(x, y, z)}{\partial(r, \theta, z)} = J = \begin{vmatrix} \dfrac{\partial x}{\partial r} & \dfrac{\partial x}{\partial \theta} & \dfrac{\partial x}{\partial z} \\ \dfrac{\partial y}{\partial r} & \dfrac{\partial y}{\partial \theta} & \dfrac{\partial y}{\partial z} \\ \dfrac{\partial z}{\partial r} & \dfrac{\partial z}{\partial \theta} & \dfrac{\partial z}{\partial z} \end{vmatrix} = \begin{vmatrix} \cos\theta & -r\sin\theta & 0 \\ \sin\theta & r\cos\theta & 0 \\ 0 & 0 & 1 \end{vmatrix} = r$$

故

$$\iiint_V \Phi(x, y, z)\,dV = \iiint_V \Phi(r, \theta, z)r\,dr\,d\theta\,dz \tag{4-77}$$

即

$$\iiint_V \vec{F}(x, y, z)\,dV = \iiint_V \vec{F}(r, \theta, z)r\,dr\,d\theta\,dz \tag{4-78}$$

其中　　$dV = r\,dr\,d\theta\,dz$　　(圖 4-49(b))

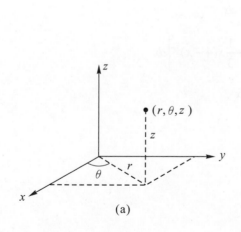

(a)

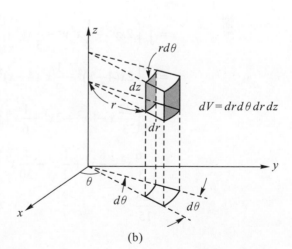

(b)

圖 4-49

求 $\iiint\limits_{V}\Phi(x,\,y,\,z)\,dV$，其中 $\Phi(x,\,y,\,z)=xy$，V 為以平面 $x+y+z=4$，$x=0$，

$y=0$，$z=0$ 為界面之體積　(圖 4-50)。

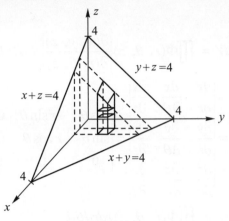

圖 4-50

解

$$\iiint\limits_{V}xy\,dV = \int_0^4 \int_0^{4-x} \int_0^{4-x-y} xy\,dz\,dy\,dx = \int_0^4 \int_0^{4-x} xy(4-x-y)\,dy\,dx$$

$$= \int_0^4 \left(2xy^2 - \frac{1}{2}x^2y^2 - \frac{1}{3}xy^3 \right)\Bigg|_0^{4-x} dx$$

$$= \int_0^4 \left[2x(4-x)^2 - \frac{1}{2}x^2(4-x)^2 - \frac{1}{3}x(4-x)^3 \right] dx$$

$$= \int_0^4 \left(\frac{32}{3}x - 8x^2 + 2x^3 - \frac{1}{6}x^4 \right) dx$$

$$= \left(\frac{16}{3}x^2 - \frac{8}{3}x^3 + \frac{1}{2}x^4 - \frac{1}{30}x^5 \right)\Bigg|_0^4$$

$$= \frac{128}{15}$$

範例 2　EXAMPLE

求 $\displaystyle\iiint_V \Phi(x,\ y,\ z)dV$，其中 $\Phi(x,\ y,\ z) = 4x^2 z$，V 爲半徑爲 a，高度爲 h 之圓柱

體(圖 4-51)。

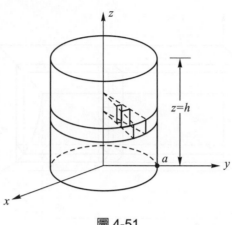

圖 4-51

解　本題利用圓柱座標較方便

令　　$\begin{cases} x = r\cos\theta \\ y = r\sin\theta \\ z = z \end{cases}$

則　　$dV = rdrd\theta dz$

$\displaystyle\iiint_V 4x^2 z\, dV = \int_0^h \int_0^{2\pi} \int_0^a 4(r\cos\theta)^2 z r dr d\theta dz$

$\displaystyle\qquad\qquad = a^4 \int_0^h \left[\int_0^{2\pi} (\cos^2\theta) d\theta \right] z dz$

$\displaystyle\qquad\qquad = a^4 \pi \int_0^h z dz$

$\displaystyle\qquad\qquad = \frac{1}{2} a^4 h^2 \pi$

範例 3　　EXAMPLE

求 $\iiint\limits_{V} \vec{F}(x,\, y,\, z)\, dV$ ，其中 $\vec{F}(x,\, y,\, z) = xz\,\vec{i} + \vec{j} - y\,\vec{k}$ ，V 為由表面，$x = 0$，

$y = 0$，$y = 4$，$z = x^2$，$z = 4$ 所包圍之體積　(圖 4-52)。

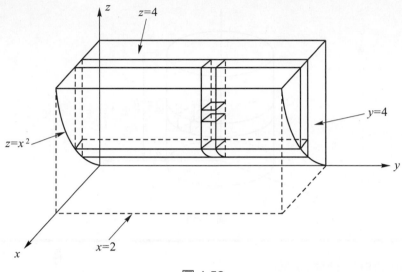

圖 4-52

解

$$\iiint\limits_{V} \vec{F}\, dV = \iiint\limits_{V} \vec{F}\, dxdydz$$

$$= \int_0^2 \int_0^4 \int_{x^2}^4 (xz\,\vec{i} + \vec{j} - y\,\vec{k})\, dzdydx$$

$$= \vec{i} \int_0^2 \int_0^4 \int_{x^2}^4 xz\, dzdydx + \vec{j} \int_0^2 \int_0^4 \int_{x^2}^4 dzdydx - \vec{k} \int_0^2 \int_0^4 \int_{x^2}^4 y\, dzdydx$$

$$= \frac{128}{3}\vec{i} + \frac{64}{3}\vec{j} + \frac{128}{3}\vec{k}$$

$$= \frac{64}{3}(2\,\vec{i} + \vec{j} + 2\,\vec{k})$$

Problem

4-7　習題

利用體積分求下列各區域之體積。

1. 圓柱面 $x^2 + y^2 = 4$ 與 $y^2 + z^2 = 4$ 所包圍之區域。

2. $y = 2x$，$y = x^2$ 及 $z = 1 - x$ 所包圍在一卦限之區域。

3. 拋物面 $z = 2 - x^2 - y^2$ 與 x-y 平面間之區域。

4.　$x = 0$，$y = 0$，$z = 3$，$z = x + y$ 所圍之區域。

試求下列空間區域 V 內密度為 σ 之總質量。

5.　$\sigma = x + 3y + z$，V 為立方體，$0 \leq x \leq 2, \, 0 \leq y \leq 2, \, 0 \leq z \leq 2$。

6.　$\sigma = xz$，V 為由頂點 $(0, 0, 0), (1, 0, 0), (0, 1, 0), (0, 0, 1)$ 所圍之四面體。

7.　$\sigma = x^2 + y^2$，V 為圓柱體 $x^2 + y^2 \leq 9, \, 0 \leq z \leq 4$。

8.　$\sigma = y$，V 為由 $y = 1 - x^2$，$z = x$ 所圍第一卦限內之區域。

9.　$\sigma = y$，V 為由 $x = 0$，$y = 0$，$z = 1$，$z = x + y$ 所圍之區域。

試求下列純量函數之體積分 $\iiint\limits_V \Phi(x, \, y, \, z) dV$。

10.　$\Phi(x, \, y, \, z) = y^2 + z^2$，$V$ 為球體 $x^2 + y^2 + z^2 \leq a^2$。

11.　$\Phi(x, \, y, \, z) = \sqrt{x^2 + y^2}$，$V$ 為圓柱體 $x^2 + y^2 \leq 4, \, 0 \leq z \leq 2$ 位於第一卦限之區域。

12.　$\Phi(x, \, y, \, z) = x + y$，$V$ 為以曲面 $z = 4 - x^2$，平面 $x = 0, \, y = 0, \, y = 2$ 及 $z = 0$ 所圍之區域。

13.　$\Phi(x, \, y, \, z) = x^2 y$，$V$ 為以平面 $4x + 2y + z = 4$，$x = 0$，$y = 0$，$z = 0$ 所圍之區域。

試求下列向量函數之體積分 $\iiint\limits_V \vec{F}(x, \, y, \, z) dV$。

14.　$\vec{F}(x, \, y, \, z) = x \vec{i} + yz \vec{j} - \vec{k}$，$V$ 為由平面 $x = 0, \, y = 0, \, y = 5, \, z = 5$ 及曲面 $z = x^2$ 所包圍之區域。

15.　$\vec{F}(x, \, y, \, z) = \vec{i} + y \vec{j} + xz \vec{k}$，$V$ 為立方體，$0 \leq x \leq 4, \, 0 \leq y \leq 4, \, 0 \leq z \leq 4$。

4-8 散度定理

1. 散度定理(體積分與面積分之轉換)

　　設 V 為一封閉曲面 S 所圍成之空間區域，若向量函數 $\vec{F}(x, \, y, \, z)$ 及其一階偏導數在 V 內及 S 上均為連續，則

$$\iiint\limits_V \vec{\nabla} \cdot \vec{F} dV = \oiint\limits_S \vec{F} \cdot d\vec{A} = \oiint\limits_S \vec{F} \cdot \vec{n} d\vec{A} \tag{4-79}$$

其中 $\vec{n}$ 為 S 之向外單位法線向量。

上式即為 $\vec{F}$ 之散度在 V 內之體積分等於 $\vec{F}$ 在 S 上之封閉面積分。若

$$\vec{F} = F_1\vec{i} + F_2\vec{j} + F_3\vec{k}$$

$$\vec{n} = \cos\alpha\,\vec{i} + \cos\beta\,\vec{j} + \cos\gamma\,\vec{k}$$

其中 α, β, γ 分別為 $\vec{n}$ 與 x, y, z 軸之夾角，則(4-79)式亦可寫為

$$
\begin{aligned}
\iiint_V \vec{\nabla}\cdot\vec{F}\,dV &= \iiint_V \left(\frac{\partial F_1}{\partial x} + \frac{\partial F_2}{\partial y} + \frac{\partial F_3}{\partial z}\right)dxdydz \\
&= \oiint_S (F_1\cos\alpha + F_2\cos\beta + F_3\cos\gamma)\,dA \\
&= \oiint_S (F_1 dydz + F_2 dxdz + F_3 dxdy) \tag{4-80}
\end{aligned}
$$

2. 格林定理

設 f, g 為純量函數，在封閉曲面 S 所圍之空間區域 V 內有連續之二階偏導數存在，則 f, g 滿足下列兩式

(1) 格林第一公式

$$\iiint_V (f\vec{\nabla}^2 g + \vec{\nabla}f\cdot\vec{\nabla}g)\,dV = \oiint_S f\frac{\partial g}{\partial n}\,dA \tag{4-81}$$

(2) 格林第二公式

$$\iiint_V (f\vec{\nabla}^2 g - g\vec{\nabla}^2 f)\,dV = \oiint_S \left(f\frac{\partial g}{\partial n} - g\frac{\partial f}{\partial n}\right)dA \tag{4-82}$$

(證) (a)由散度定理知

$$\iiint_V \vec{\nabla}\cdot\vec{F}\,dV = \oiint_S \vec{F}\cdot\vec{n}\,dA$$

令 $\vec{F} = f\vec{\nabla}g$ 代入得

$$\iiint_V \vec{\nabla}\cdot(f\vec{\nabla}g)\,dV = \oiint_S f\vec{\nabla}g\cdot\vec{n}\,dA$$

即

$$\iiint_V (f\vec{\nabla}^2 g + \vec{\nabla}f\cdot\vec{\nabla}g)\,dV = \oiint_S f\frac{\partial g}{\partial n}\,dA \tag{4-81}$$

故得證。

(b)在(4-81)式中將 f, g 互換得

$$\iiint_V (g\vec{\nabla}^2 f + \vec{\nabla}g\cdot\vec{\nabla}f)\,dV = \oiint_S g\frac{\partial f}{\partial n}\,dA \tag{4-83}$$

(4-81)式與(4-83)式相減得

$$\iiint\limits_{V}(f\vec{\nabla}^2 g - g\vec{\nabla}^2 f)dV = \oiint\limits_{S}\left(f\frac{\partial g}{\partial n} - g\frac{\partial f}{\partial n}\right)dA$$

故得證。

範例 1　　EXAMPLE

設 $\vec{F} = xy\vec{i} + 2yz\vec{j} + 3z\vec{k}$，求 $\vec{F}$ 之封閉面積分 $\oiint\limits_{S}\vec{F}\cdot d\vec{A}$，其中 S 為由 $x = 0$，

$x = 2,\ y = 0,\ y = 1,\ z = 0,\ z = 3$ 所圍之立方體之六面(圖 4-53)。

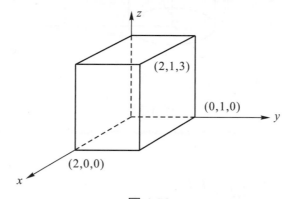

圖 4-53

(解) 應用散度定理

$$\oiint\limits_{S}\vec{F}\cdot d\vec{A} = \iiint\limits_{V}\vec{\nabla}\cdot\vec{F}dV$$

$$= \iiint\limits_{V}\left[\frac{\partial}{\partial x}(xy) + \frac{\partial}{\partial y}(2yz) + \frac{\partial}{\partial z}(3z)\right]dxdydz$$

$$= \int_0^2\int_0^1\int_0^3(y + 2z + 3)dzdydx$$

$$= \int_0^2\int_0^1(yz + z^2 + 3z)\Big|_0^3 dydx$$

$$= \int_0^2\int_0^1(3y + 18)\,dydx$$

$$= \int_0^2\left(\frac{3}{2}y^2 + 18y\right)\Big|_0^1 dx$$

$$= \int_0^2\frac{39}{2}dx = 39$$

範例 2 EXAMPLE

設 $\vec{F} = xy^2 \vec{i} + y^3 \vec{j} + 4x^2z \vec{k}$，求 $\vec{F}$ 之封閉面積分 $\displaystyle\oiint_S \vec{F} \cdot d\vec{A}$，其中 S 爲圓柱體

$x^2 + y^2 \le 4$, $0 \le z \le 6$ 之表面(圖 4-54)。

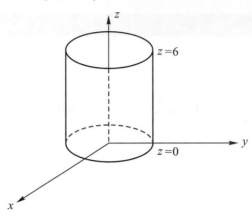

圖 4-54

解 應用散度定理

$$\oiint_S \vec{F} \cdot d\vec{A} = \iiint_V \vec{\nabla} \cdot \vec{F} dV$$

$$= \iiint_V \left[\frac{\partial}{\partial x}(xy^2) + \frac{\partial}{\partial y}(y^3) + \frac{\partial}{\partial z}(4x^2z) \right] dxdydz$$

$$= \iiint_V (y^2 + 3y^2 + 4x^2) dxdydz$$

$$= \iiint_V 4(x^2 + y^2) dxdydz$$

利用圓柱座標

$$x = r\cos\theta, \qquad 0 \le r \le 2$$
$$y = r\sin\theta, \qquad 0 \le \theta \le 2\pi$$
$$dV = rdrd\theta dz$$

代入得

$$\oiint_S \vec{F} \cdot d\vec{A} = \int_0^6 \int_0^{2\pi} \int_0^2 4r^2 r dr d\theta dz = \int_0^6 \int_0^{2\pi} (r^4)\Big|_0^2 d\theta dz$$

$$= 16(2\pi)6 = 192\pi$$

範例 3　　　EXAMPLE

以散度定理計算下列封閉面積分

$$I = \oiint_S [(x+z)dydz + (y+z)dzdx + (x+y)dxdy]$$

其中 S 為球面：$x^2 + y^2 + z^2 = 4$

 解

$$\vec{F} = (x+z)\vec{i} + (y+z)\vec{j} + (x+y)\vec{k}$$

又　　$\vec{\nabla} \cdot \vec{F} = 2$

則　　$I = \oiint_S \vec{F} \cdot d\vec{A} = \iiint_V \vec{\nabla} \cdot \vec{F} dV = 2\iiint_V dV = 2\left(\frac{4}{3}\pi\right)2^3 = \frac{64}{3}\pi$

Problem 4-8 習題

1. 求 $\oiint_S \vec{F} \cdot d\vec{A}$，其中 $\vec{F} = z^2\vec{k}$，S 為圓錐體之封閉曲面，如圖所示。

   (a) 應用散度定理。

   (b) 直接計算面積分。

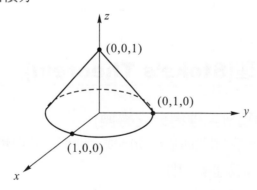

2. 求 $I = \oiint_S \vec{F} \cdot d\vec{A}$, $\vec{F} = x\vec{i} + y\vec{j} + z\vec{k}$，$S$ 為立方體 $0 \le x \le 1$, $0 \le y \le 1$, $0 \le z \le 1$，

   之表面。

   (a) 直接計算面積分。

   (b) 應用散度定理。

3. 應用散度定理計算下列之封閉面積分。

$$I = \oiint_S (2xdydz + ydzdx + 5zdxdy)$$

其中 S 爲立方體 $0 \le x \le 1$, $0 \le y \le 2$, $0 \le z \le 3$ 之表面。

利用散度定理求下列封閉面積分 $\oiint_S \vec{F} \cdot d\vec{A}$

4. $\vec{F} = x^2 \vec{i} + y^2 \vec{j} + z^2 \vec{k}$,$S$ 爲 $x+y+z = 6$, $x = 0$, $y = 0$, $z = 0$ 所圍成之立體之表面。

5. $\vec{F} = z \vec{i} + 3x \vec{j} + z^2 \vec{k}$,$S$ 爲 $1 \le x^2 + y^2 \le 4$, $0 \le z \le 2$ 所圍成之圓柱殼表面。

6. $\vec{F} = y^2 \vec{i} + x^2 \vec{j} + z^2 \vec{k}$,$S$ 爲立方體 $0 \le x \le 2$, $0 \le y \le 2$, $0 \le z \le 2$ 之表面。

7. $\vec{F} = (2x-z) \vec{i} + x^2 y \vec{j} - xz^2 \vec{k}$,$S$ 爲立方體 $0 \le x \le 1$, $0 \le y \le 1$, $0 \le z \le 1$ 之表面。

8. $\vec{F} = x \vec{i} + y \vec{j} + (z^2 - 1) \vec{k}$,$S$ 爲圓柱體 $x^2 + y^2 \le 9$, $0 \le z \le 5$ 之表面。

9. $\vec{F} = xz^2 \vec{i} + (x^2 y - z^3) \vec{j} + (2xy + y^2 z) \vec{k}$,$S$ 爲上半球體 $0 \le z \le \sqrt{a^2 - x^2 - y^2}$ 之表面。

10. $\vec{F} = (x+3) \vec{i} + (y+5) \vec{j} + (x+y) \vec{k}$,$S$ 爲球體 $x^2 + y^2 + z^2 \le 9$ 之表面。

11. $\vec{F} = 10y \vec{j} + z^3 \vec{k}$,$S$ 爲 $0 \le x \le 6$, $0 \le y \le 1$, $0 \le z \le y$ 之曲面。

12. $\vec{F} = x \vec{i} + y \vec{j} + z \vec{k}$,$S$ 爲單位球體 $x^2 + y^2 + z^2 \le 1$ 之表面。

13. $\vec{F} = x^2 \vec{i} + y^2 \vec{j} + z^2 \vec{k}$,$S$ 爲上半球體 $0 \le z \le \sqrt{1 - x^2 - y^2}$ 之表面。

4-9 史托克定理(Stoke's Theorem)

1. 史托克定理(曲面積分與線積分之轉換)

設 S 爲空間內由一簡單封閉曲線 C 所圍成之曲面,若向量函數 $\vec{F}(x, y, z)$ 及其一階偏導數在 S 內及 C 上均爲連續,則

$$\iint_S \vec{\nabla} \times \vec{F} \cdot d\vec{A} = \oint_C \vec{F} \cdot d\vec{r} \tag{4-84}$$

上式即爲 $\vec{F}$ 之旋度在 S 上之面積分等於 $\vec{F}$ 在 C 上之封閉線積分。

2. 曲面之邊界

設曲面 S 以參數表爲 $\begin{cases} x = x(u, v) \\ y = y(u, v) \\ z = z(u, v) \end{cases}$

　　參數(u, v)之區域為R，R被封閉曲線l所包圍，當l沿反時針繞一圈時，相對地，點(x, y, z)在曲面S上掃描出一條封閉曲線C，此曲線即為曲面S之邊界，如圖4-55所示。

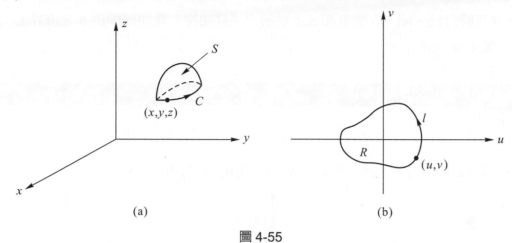

(a)　　　　　　　　　　　　　　　(b)

圖 4-55

範例 1　　EXAMPLE

圓錐面S表為$z = \sqrt{x^2 + y^2}$, $x^2 + y^2 \leq 9$，求其邊界C。

解　設 $\begin{cases} x = u \\ y = v \\ z = \sqrt{u^2 + v^2} \end{cases}$ 因$x^2 + y^2 \leq 9$，故u, v之區域R為圓盤表之如下：

$u^2 + v^2 \leq 9$　(圖 4-56(a))

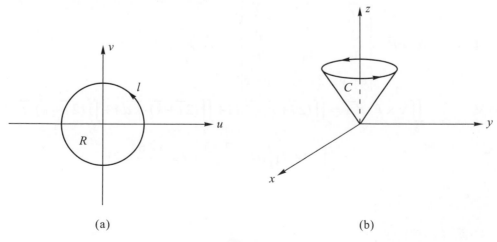

(a)　　　　　　　　　　　　　　　(b)

圖 4-56

其封閉線 l 為

$$u^2 + v^2 = 9$$

l 反時針繞一圈，在圓錐面 S 上描繪出一條曲線，此曲線即為 S 之邊界 C，如圖 4-56(b)所示。

範例 2　EXAMPLE

已知 $\vec{F} = (x+y)\vec{i} + (2x-z)\vec{j} + (y+z)\vec{k}$，求 $\oint_C \vec{F} \cdot d\vec{r}$，其中 C 為三角形之邊界，如圖 4-57 所示，此三角形頂點為 $(2, 0, 0), (0, 3, 0), (0, 0, 6)$。

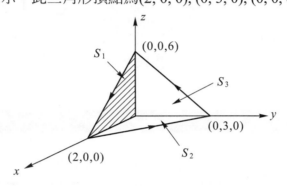

圖 4-57

解　應用史托定理

$$\iint_S \vec{\nabla} \times \vec{F} \cdot d\vec{A} = \oint_C \vec{F} \cdot d\vec{r}$$

其中　$\vec{\nabla} \times \vec{F} = \begin{vmatrix} \vec{i} & \vec{j} & \vec{k} \\ \dfrac{\partial}{\partial x} & \dfrac{\partial}{\partial y} & \dfrac{\partial}{\partial z} \\ x+y & 2x-z & y+z \end{vmatrix} = 2\vec{i} + \vec{k}$

又　$\iint_S \vec{\nabla} \times \vec{F} \cdot d\vec{A} = \iint_{S_1} (2\vec{i}+\vec{k}) \cdot \vec{j}\, dA + \iint_{S_2} (2\vec{i}+\vec{k}) \cdot \vec{k}\, dA + \iint_{S_3} (2\vec{i}+\vec{k}) \cdot \vec{i}\, dA$

$$= \iint_{S_2} dA + 2\iint_{S_3} dA = \frac{2 \times 3}{2} + 2 \times \frac{3 \times 6}{2} = 21$$

範例 3　EXAMPLE

已知 $\vec{F} = (xy + z)\vec{i} - y\vec{j} + \vec{k}$，證明史托克定理。

$$\iint\limits_{S} \vec{\nabla} \times \vec{F} \cdot d\vec{A} = \oint_C \vec{F} \cdot d\vec{r}$$

其中 S 為拋物面 $y = x^2 + z^2$, $x^2 + z^2 \le 9$，C 為其邊界(圖 4-58)。

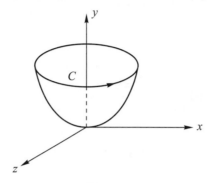

圖 4-58

解

$$\vec{\nabla} \times \vec{F} = \begin{vmatrix} \vec{i} & \vec{j} & \vec{k} \\ \dfrac{\partial}{\partial x} & \dfrac{\partial}{\partial y} & \dfrac{\partial}{\partial z} \\ xy + z & -y & 1 \end{vmatrix} = \vec{j} - x\vec{k}$$

拋物面 S 以參數表之，令

$$\begin{cases} x = u\cos v, & 0 \le u \le 3 \\ z = u\sin v, & 0 \le v \le 2\pi \\ y = u^2 \end{cases}$$

代入得　$\vec{\nabla} \times \vec{F} = \vec{j} - u\cos v\,\vec{k}$

又　　　$\displaystyle\iint\limits_{S} \vec{\nabla} \times \vec{F} \cdot d\vec{A} = \iint\limits_{R} \vec{\nabla} \times \vec{F} \cdot \left(\dfrac{\partial \vec{r}}{\partial u} \times \dfrac{\partial \vec{r}}{\partial v} \right) du\,dv$

曲面之位置向量

$$\vec{r} = x\vec{i} + y\vec{j} + z\vec{k} = u\cos v\,\vec{i} + u^2\vec{j} + u\sin v\,\vec{k}$$

而

$$\dfrac{\partial \vec{r}}{\partial u} \times \dfrac{\partial \vec{r}}{\partial v} = \begin{vmatrix} \vec{i} & \vec{j} & \vec{k} \\ \dfrac{\partial x}{\partial u} & \dfrac{\partial y}{\partial u} & \dfrac{\partial z}{\partial u} \\ \dfrac{\partial x}{\partial v} & \dfrac{\partial y}{\partial v} & \dfrac{\partial z}{\partial v} \end{vmatrix} = \begin{vmatrix} \vec{i} & \vec{j} & \vec{k} \\ \cos v & 2u & \sin v \\ -u\sin v & 0 & u\cos v \end{vmatrix} = 2u^2\cos v\,\vec{i} - u\vec{j} + 2u^2\sin v\,\vec{k}$$

代入得

$$\iint\limits_S \vec{\nabla} \times \vec{F} \cdot d\vec{A} = \int_0^{2\pi} \int_0^3 (-u - 2u^3 \cos v \sin v)\, du\, dv$$

$$= \int_0^{2\pi} \left[-\frac{1}{2}u^2 - \frac{1}{2}u^4 \cos v \sin v \right]_0^3 dv$$

$$= \int_0^{2\pi} \left(-\frac{9}{2} - \frac{81}{2} \cos v \sin v \right) dv$$

$$= -9\pi$$

次求　　$\oint_C \vec{F} \cdot d\vec{r}$

因拋物面 S 之邊界 C 為 $\begin{cases} x^2 + z^2 = 9 \\ y = 9 \end{cases}$

令　　$\begin{cases} x = 3\cos\theta \\ z = 3\sin\theta \\ y = 9 \end{cases} \qquad 0 \le \theta \le 2\pi$

C 之位置向量

$$\vec{r} = x\vec{i} + y\vec{j} + z\vec{k} = 3\cos\theta\,\vec{i} + 9\vec{j} + 3\sin\theta\,\vec{k}$$

$$d\vec{r} = (-3\sin\theta\,\vec{i} + 3\cos\theta\,\vec{k})\, d\theta$$

代入得

$$\oint_C \vec{F} \cdot d\vec{r}$$

$$= \int_0^{2\pi} [(27\cos\theta + 3\sin\theta)\vec{i} - 9\vec{j} + \vec{k}] \cdot (-3\sin\theta\,\vec{i} + 3\cos\theta\,\vec{k})\, d\theta$$

$$= \int_0^{2\pi} (-81\cos\theta\sin\theta - 9\sin^2\theta + 3\cos\theta)\, d\theta$$

$$= -9\pi$$

故得證。

3. 與路徑無關之線積分

❖ 定理 1

　　設 S 為空間中某區域，$\Phi(x, y, z)$ 為一單值函數，且在 S 內有連續之導數，而 P_1, P_2 為 S 內任兩點，則線積分 $\int_{P_1}^{P_2} \vec{F} \cdot d\vec{r}$ 與路徑無關之充要條件為 $\vec{F} = \vec{\nabla}\Phi$，其中 $\vec{F}$ 稱為保守場(Conservative field)，Φ 稱為位勢函數(potential function)。

(證) (a)必要性：如 $\vec{F} = \vec{\nabla}\Phi$，則 $\int_{P_1}^{P_2} \vec{F} \cdot d\vec{r}$ 與積分路徑無關。

因　　　$\int_{P_1}^{P_2} \vec{F} \cdot d\vec{r} = \int_{P_1}^{P_2} \vec{\nabla}\Phi \cdot d\vec{r}$

$$= \int_{P_1}^{P_2} \left(\frac{\partial\Phi}{\partial x}\vec{i} + \frac{\partial\Phi}{\partial y}\vec{j} + \frac{\partial\Phi}{\partial z}\vec{k} \right) \cdot (dx\,\vec{i} + dy\,\vec{j} + dz\,\vec{k})$$

$$= \int_{P_1}^{P_2} \left(\frac{\partial\Phi}{\partial x}dx + \frac{\partial\Phi}{\partial y}dy + \frac{\partial\Phi}{\partial z}dz \right)$$

$$= \int_{P_1}^{P_2} d\Phi = \Phi(P_2) - \Phi(P_1)$$

又 $\Phi(x, y, z)$ 為單值函數，故 $\Phi(P_2) - \Phi(P_1)$ 亦為單值，因此 $\int_{P_1}^{P_2} \vec{F} \cdot d\vec{r}$ 與路徑無

關，僅與起點、終點有關。

(b)充分性：如 $\int_{P_1}^{P_2} \vec{F} \cdot d\vec{r}$ 與積分路徑無關，則 $\vec{F} = \vec{\nabla}\Phi$，證明從略。

❖ 定理 2

線積分 $\int_{P_1}^{P_2} \vec{F} \cdot d\vec{r}$ 與積分路徑無關之充要條件為 $\oint_C \vec{F} \cdot d\vec{r} = 0$，$C$ 為任意簡

單封閉曲線。

(證) (a)充分性：如 $\int_{P_1}^{P_2} \vec{F} \cdot d\vec{r}$ 與積分路徑無關，則 $\oint_C \vec{F} \cdot d\vec{r} = 0$。在圖 4-59 中，$P_1, P_2$

為封閉曲線 C 上任意兩點，由假設知

$$\int_{\overparen{P_1QP_2}} \vec{F} \cdot d\vec{r} = \int_{\overparen{P_1RP_2}} \vec{F} \cdot d\vec{r}$$

或　　　$\int_{\overparen{P_1QP_2}} \vec{F} \cdot d\vec{r} - \int_{\overparen{P_1RP_2}} \vec{F} \cdot d\vec{r} = 0$

即　　　$\int_{\overparen{P_1QP_2}} \vec{F} \cdot d\vec{r} + \int_{\overparen{P_2RP_1}} \vec{F} \cdot d\vec{r} = 0$

故　　　$\oint_C \vec{F} \cdot d\vec{r} = 0$ 得證。

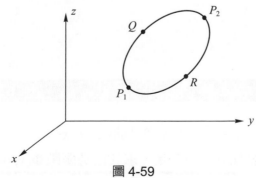

圖 4-59

(b)必要性：如 $\oint_C \vec{F} \cdot d\vec{r} = 0$，則 $\int_{P_1}^{P_2} \vec{F} \cdot d\vec{r}$ 與積分路徑無關，因 $\oint_C \vec{F} \cdot d\vec{r} = 0$，由

圖 4-59 知。

$$\int_{\widehat{P_1QP_2}} \vec{F} \cdot d\vec{r} + \int_{\widehat{P_2RP_1}} \vec{F} \cdot d\vec{r} = 0$$

即　　$\int_{\widehat{P_1QP_2}} \vec{F} \cdot d\vec{r} = -\int_{\widehat{P_2RP_1}} \vec{F} \cdot d\vec{r} = \int_{\widehat{P_1RP_2}} \vec{F} \cdot d\vec{r}$

故自 P_1 至 P_2 之線積分與積分路徑無關。

❖ **定理 3**

線積分 $\int_{P_1}^{P_2} \vec{F} \cdot d\vec{r}$ 與積分路徑無關之充要條件為 $\vec{\nabla} \times \vec{F} = 0$。

(證) (a)充分性：如 $\int_{P_1}^{P_2} \vec{F} \cdot d\vec{r}$ 與積分路徑無關，則 $\vec{\nabla} \times \vec{F} = 0$。

由定理 1 知 $\int_{P_1}^{P_2} \vec{F} \cdot d\vec{r}$ 與積分路徑無關時 $\vec{F} = \vec{\nabla}\Phi$。

又由 4-4 節(4-41)式知

$$\vec{\nabla} \times \vec{F} = \vec{\nabla} \times \vec{\nabla}\Phi = 0$$

故得證。

(b)必要性：如 $\vec{\nabla} \times \vec{F} = 0$，則 $\int_{P_1}^{P_2} \vec{F} \cdot d\vec{r}$ 與積分路徑無關，由史托克定理知

$$\iint_S \vec{\nabla} \times \vec{F} \cdot d\vec{A} = \oint_C \vec{F} \cdot d\vec{r}$$

因 $\vec{\nabla} \times \vec{F} = 0$，故 $\oint_C \vec{F} \cdot d\vec{r} = 0$，又由定理 2 知 $\int_{P_1}^{P_2} \vec{F} \cdot d\vec{r}$ 與積分路徑無關。

結論：$\int_{P_1}^{P_2} \vec{F} \cdot d\vec{r}$ 與積分路徑無關之充要條件為

　　　　① $\vec{F} = \vec{\nabla}\Phi$ 　　　　　　　　　　　　　　　　　　　　(4-85)

或　② $\oint_C \vec{F} \cdot d\vec{r} = 0$ 　　　　　　　　　　　　　　　　　　(4-86)

或　③ $\vec{\nabla} \times \vec{F} = 0$ 　　　　　　　　　　　　　　　　　　　(4-87)

範例 4　　EXAMPLE

已知力 $\vec{F} = z\vec{i} + y^2\vec{j} + x\vec{k}$，求此力沿曲線 $y = x^2$, $z = x^3$，由$(0, 0, 0)$至$(2, 4, 8)$ 所作之功，此力是否為保守力？若是，求其位勢函數 $\Phi(x, y, z)$。

解 因 $\vec{\nabla} \times \vec{F} = \begin{vmatrix} \vec{i} & \vec{j} & \vec{k} \\ \dfrac{\partial}{\partial x} & \dfrac{\partial}{\partial y} & \dfrac{\partial}{\partial z} \\ z & y^2 & x \end{vmatrix} = 0$

故 $\vec{F}$ 為保守力，$\displaystyle\int_C \vec{F} \cdot d\vec{r}$ 不受積分路徑之影響

而　　　$\vec{F} = \vec{\nabla}\Phi$

即　　　$z\,\vec{i} + y^2\,\vec{j} + x\,\vec{k} = \dfrac{\partial \Phi}{\partial x}\vec{i} + \dfrac{\partial \Phi}{\partial y}\vec{j} + \dfrac{\partial \Phi}{\partial z}\vec{k}$

故 $\dfrac{\partial \Phi}{\partial x} = z$，得 $\Phi = xz + \phi_1(y,\ z)$

故 $\dfrac{\partial \Phi}{\partial y} = y^2$，得 $\Phi = \dfrac{1}{3}y^3 + \phi_2(x,\ z)$

故 $\dfrac{\partial \Phi}{\partial z} = x$，得 $\Phi = xz + \phi_3(x,\ y)$

三式比較之，可得

$$\Phi(x,\ y,\ z) = xz + \frac{1}{3}y^3 + c$$

故力所作之功為

$$功 = \int_{P_1}^{P_2} \vec{F} \cdot d\vec{r} = \int_{P_1}^{P_2} d\Phi = \Phi(P_2) - \Phi(P_1)$$

$$= xz + \frac{1}{3}y^3 + c \,\bigg|_{(0,0,0)}^{(2,4,8)} = \frac{112}{3}$$

4-9　習題

1. 求 $\displaystyle\iint_S \vec{\nabla} \times \vec{F} \cdot d\vec{A}$，其中 $\vec{F} = (2x - y)\vec{i} - yz^2\,\vec{j} - y^2 z\,\vec{k}$，$S$ 為上半球 $z = \sqrt{1 - x^2 - y^2}$ 之表面。

2. 已知 $\vec{F} = 3y\,\vec{i} - xz\,\vec{j} + yz^2\,\vec{k}$，證明史托克定理，其中 S 為拋物面 $2z = x^2 + y^2$，$x^2 + y^2 \le 4$，C 為其邊界。

3. 若 $\vec{F} = 2z\,\vec{i} + (8x - 3y)\,\vec{j} + (3x + y)\,\vec{k}$，證明史托克定理，其中 S 為頂點 $(1, 0, 0)$, $(0, 1, 0)$, $(0, 0, 2)$ 之三角形，C 為其邊界。

4. 若 $\vec{F} = (x^2 + y - 4)\,\vec{i} + 3xy\,\vec{j} + (3xz + z^2)\,\vec{k}$，證明史托克定理，其中 S 為上半球 $z = \sqrt{1 - x^2 - y^2}$ 之表面，C 為其邊界。

5. 若 $\vec{F} = 2z\,\vec{i} - y\,\vec{j} + x\,\vec{k}$，證明史托克定理，其中 S 為頂點 $(2, 0, 0), (0, 2, 0), (0, 0, 2)$ 之三角形，C 為其邊界。

6. 求 $\iint\limits_S \vec{\nabla} \times \vec{F} \cdot d\vec{A}$，其中 $\vec{F} = -y^3\,\vec{i} + x^3\,\vec{j}$，$S$ 為圓盤 $x^2 + y^2 \leq 4, z = 0$。

7. 求 $\iint\limits_S \vec{\nabla} \times \vec{F} \cdot d\vec{A}$，已知 $\vec{F} = z^2\,\vec{i} + 4x\,\vec{j}$，$S$ 為矩形 $0 \leq x \leq 2, 0 \leq y \leq 2, z = 2$。

8. 若 $\vec{F} = x^2\,\vec{i} + y^2\,\vec{j} + z^2\,\vec{k}$，求 $\oint_C \vec{F} \cdot d\vec{r}$，其中 C 為 $x^2 + y^2 + z^2 = 4$ 與 $z = y^2$ 之交界，且為逆時針方向。

9. 若 $\vec{F} = 2y\,\vec{i} + z\,\vec{j} + 3y\,\vec{k}$，求 $\oint_C \vec{F} \cdot d\vec{r}$，其中 C 為 $x^2 + y^2 + z^2 = 6z$ 與 $z = x + 3$ 之交界，且為逆時針方向。

10. 若 $\vec{F} = yz\,\vec{i} + xz\,\vec{j} + xy\,\vec{k}$，求 $\oint_C \vec{F} \cdot d\vec{r}$，其中 C 為 $x^2 + y^2 = 9$ 與 $z = y^2$ 之交界，且為逆時針方向。

11. 已知力 $\vec{F} = (2xy + z^3)\,\vec{i} + x^2\,\vec{j} + 3xz^2\,\vec{k}$

    (a) 證明 $\vec{F}$ 為保守力。

    (b) 求其位勢函數 $\Phi(x, y, z)$。

    (c) 求由 $(1, -2, 1)$ 至 $(3, 1, 4)$ 所作之功。

12. 求 $\int_C [2xyz^2 dx + (x^2z^2 + z\cos yz)dy + (2x^2yz + y\cos yz)dz]$，其中 C 為由 $(0, 0, 1)$ 至 $\left(1, \dfrac{\pi}{4}, 2\right)$。

13. 證明下列線積分與積分路徑無關，並求其值。
$$\int_{(0,1,1)}^{(1,0,1)} [ze^x dx + 2yz dy + (e^x + y^2)dz]$$

14. 證明下列線積分與積分路徑無關，並求其值。
$$\int_{(1,3,2)}^{(2,0,1)} [z dx - z dy + (x - y)dz]$$

15. 證明下列線積分與積分路徑無關，並求其值。
$$\int_{(1,1,1)}^{(2,2,2)} yz dx + xz dy + xy dz$$

4-10 馬克斯威方程式(Maxwell's equation)之推導

　　向量分析在工程上之應用甚廣，本節將把散度定理、史托克定理應用至電磁學上而導出馬克斯威方程式，馬克斯威方程式為電磁理論之基礎，可說明一切電磁現象。首先說明下列符號，次說明馬克斯威方程式所依據之定律。

$\vec{E}$：電場強度

$\vec{H}$：磁場強度

ε：介質之介電係數

μ：介質之導磁係數

$\vec{D} = \varepsilon \vec{E}$：電通密度

$\vec{B} = \mu \vec{H}$：磁通密度

$\vec{J}$：電流密度

ρ：電荷密度

Q：電量

I：電流

ϕ：磁通量

1. 電場之高斯定律

　　電通密度 $\vec{D}$ 之封閉面積分等於此封閉面內之淨電荷，即

$$\oiint_S \vec{D} \cdot d\vec{A} = Q = \iiint_V \rho dV \tag{4-88}$$

由散度定理知

$$\oiint_S \vec{D} \cdot d\vec{A} = \iiint_V \vec{\nabla} \cdot \vec{D} dV \tag{4-89}$$

比較(4-88)及(4-89)式得

$$\vec{\nabla} \cdot \vec{D} = \rho \tag{4-90}$$

2. 磁場之高斯定律

　　磁通密度 $\vec{B}$ 之封閉面積分為零，即

$$\oiint_S \vec{B} \cdot d\vec{A} = 0 \tag{4-91}$$

由散度定理知

$$\oiint_S \vec{B} \cdot d\vec{A} = \iiint_V \vec{\nabla} \cdot \vec{B} \, dV \tag{4-92}$$

比較(4-91)及(4-92)式得

$$\vec{\nabla} \cdot \vec{B} = 0 \tag{4-93}$$

3. 法拉第定律

電場強度 $\vec{E}$ 之封閉線積分等於磁通量 ϕ 之負變化率。

$$\oint \vec{E} \cdot d\vec{r} = -\frac{\partial \phi}{\partial t} = -\iint_S \frac{\partial \vec{B}}{\partial t} \cdot d\vec{A} \tag{4-94}$$

由史托克定理知

$$\oint_C \vec{E} \cdot d\vec{r} = \iint_S \vec{\nabla} \times \vec{E} \cdot d\vec{A} \tag{4-95}$$

比較(4-94)與(4-95)式得

$$\vec{\nabla} \times \vec{E} = -\frac{\partial \vec{B}}{\partial t} \tag{4-96}$$

4. 安培定律

磁場強度 $\vec{H}$ 之封閉線積分等於此封閉線內之電流，即

$$\oint_C \vec{H} \cdot d\vec{r} = I \tag{4-97}$$

馬克斯威觀察到上式需考慮隨時間變化之電場，因此 I 為傳導電流與位移電流之和。

$$I = I_c + I_d$$

$$\oint_C \vec{H} \cdot d\vec{r} = I = \iint_S \vec{J} \cdot d\vec{A} = \iint_S (\vec{J}_c + \vec{J}_d) \cdot d\vec{A}$$

$$= \iint_S \left(\vec{J}_c + \varepsilon \frac{\partial \vec{E}}{\partial t} \right) \cdot d\vec{A} = \iint_S \left(\vec{J}_c + \frac{\partial \vec{D}}{\partial t} \right) \cdot d\vec{A} \tag{4-98}$$

由史托克定理知

$$\oint_C \vec{H} \cdot d\vec{r} = \iint_S \vec{\nabla} \times \vec{H} \cdot d\vec{A} \tag{4-99}$$

比較(4-98)與(4-99)式得

$$\vec{\nabla}\times\vec{H}=\vec{J}_c+\frac{\partial\vec{D}}{\partial t}$$

(4-100)

將上述之馬克斯威方程式之微分與積分形式列表如下：

表 4-1

	微分型式	積分型式
1.	$\vec{\nabla}\cdot\vec{D}=\rho$	$\oiint_S \vec{D}\cdot d\vec{A}=\iiint_V \rho dV$
2.	$\vec{\nabla}\cdot\vec{B}=0$	$\oiint_S \vec{B}\cdot d\vec{A}=0$
3.	$\vec{\nabla}\times\vec{E}=-\dfrac{\partial\vec{B}}{\partial t}$	$\oint_C \vec{E}\cdot d\vec{r}=-\iint_S \dfrac{\partial\vec{B}}{\partial t}\cdot d\vec{A}$
4.	$\vec{\nabla}\times\vec{H}=\vec{J}_c+\dfrac{\partial\vec{D}}{\partial t}$	$\oint_C \vec{H}\cdot d\vec{r}=\iint_S \left(\vec{J}_c+\dfrac{\partial\vec{D}}{\partial t}\right)\cdot d\vec{A}$

5

矩陣

本章大綱

5-1 ▌矩陣的基本運算

工程上，物理及數學上有許多問題常需解決一聯立的方程式組，例如

$$\begin{cases} x - y + z = 1 \\ x + 2y - 3z = 0 \\ 2x - y + 4z = 2 \\ x + 3y - z = -1 \end{cases} \qquad \begin{cases} \dfrac{dx}{dt} - \dfrac{dy}{dt} = x + 2y \\ \dfrac{dx}{dt} + 2\dfrac{dy}{dt} = 2x - 3y - 1 \end{cases}$$

在求解的過程若利用一次又一次的代換消去法，對於更龐大的聯立方程式組而言，這實在是一不堪負荷的繁雜計算，我們有需要利用一有系統性的演算步驟來簡化求解的過程，譬如上式前例中每個變數的係數及等號右邊的常數，可以排列一個有行、有列的陣式。

$$\begin{vmatrix} 1 & -1 & 1 & 1 \\ 1 & 2 & -3 & 0 \\ 2 & -1 & 4 & 2 \\ 1 & 3 & -1 & -1 \end{vmatrix}$$

這就是所謂的矩陣(Matrix)。

例如下圖是一個電路圖

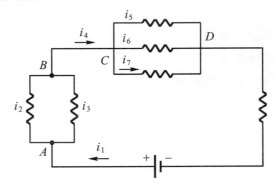

在節點 A 處流入電流 i_1 而流出 $i_2 + i_3$　　$\therefore i_1 = i_2 + i_3$

在節點 B 處得 $i_2 + i_3 = i_4$

在節點 C 處得 $i_4 = i_5 + i_6 + i_7$

在節點 D 處得 $i_5 + i_6 + i_7 = i_1$

因此
$$\begin{vmatrix} i_1 - i_2 - i_3 & & & = 0 \\ i_2 + i_3 - i_4 & & = 0 \\ & i_4 - i_5 - i_6 - i_7 = 0 \\ -i_1 & & + i_5 + i_6 + i_7 = 0 \end{vmatrix}$$

得此電路的投引矩陣為

$$\begin{bmatrix} 1 & -1 & -1 & 0 & 0 & 0 & 0 \\ 0 & 1 & 1 & -1 & 0 & 0 & 0 \\ 0 & 0 & 0 & 1 & -1 & -1 & -1 \\ -1 & 0 & 0 & 0 & 1 & 1 & 1 \end{bmatrix}$$

我們可以藉由處理矩陣的方法而得到方程式組的解，當然，先要瞭解矩陣的性質及其運算方法。

1. 矩陣的定義

如下列為一 m 個列，n 個行的陣式，稱之為 m 列 n 行的矩陣(或 $m \times n$ 階的矩陣)

$$\begin{bmatrix} a_{11} & a_{12} & \cdots & a_{1n} \\ a_{21} & a_{22} & \cdots & a_{2n} \\ \vdots & \vdots & \vdots & \vdots \\ a_{m1} & a_{m2} & \cdots & a_{mn} \end{bmatrix}$$

矩陣中每一位置的數據稱為元素，上式矩陣可簡記為 $[a_{ij}]_{m \times n}$ 或 $[a_{ij}]$，其中 a_{ij} 表矩陣中第 i 列第 j 行位置的元素，通常亦可以大寫字母 $A, B, C, \cdots$ 表矩陣。

例如：$\begin{bmatrix} 2 & 4 & 3 \\ -5 & 0 & 9 \end{bmatrix}$ 為一 2 列 3 行的矩陣, 它的第 1 列第 2 行的元素為 4

例如：矩陣 $A = [a_{ij}]_{3 \times 2}$　　其中元素 $a_{ij} = i + 2j$

則 $a_{11} = 1 + 2 = 3$　　$a_{12} = 1 + 4 = 5$　　$a_{21} = 4$　　$a_{22} = 6$　　$a_{31} = 5$　　$a_{32} = 7$

即 $A = \begin{bmatrix} 3 & 5 \\ 4 & 6 \\ 5 & 7 \end{bmatrix}$

往後討論矩陣的運算中有些經常出現的矩陣,在此先加以介紹:

(1) 行矩陣(或行向量):只有一行之矩陣,例如 $\begin{bmatrix} 2 \\ 1 \\ 3 \end{bmatrix}$ 為 3×1 之矩陣。

(2) 列矩陣(或列向量):只有一列之矩陣,例如 $[1 \quad -2]$ 為 1×2 之矩陣。

(3) n 階方陣:$n \times n$ 階矩陣稱為 n 階方陣,例如 $\begin{bmatrix} 1 & -2 \\ 3 & 0 \end{bmatrix}$ 為二階方陣。

(4) 單位矩陣:n 階方陣中主對角線上各元素均為 1,其餘元素均為 0 稱為 n 階單位矩陣,以 I_n 表示。例如 $I_3 = \begin{bmatrix} 1 & 0 & 0 \\ 0 & 1 & 0 \\ 0 & 0 & 1 \end{bmatrix}$。

(5) 零矩陣:$m \times n$ 矩陣中各元素均為 0 稱為 $m \times n$ 階零矩陣以 $0_{m \times n}$ 表之。例如 $0_{2 \times 3} = \begin{bmatrix} 0 & 0 & 0 \\ 0 & 0 & 0 \end{bmatrix}$。

(6) 轉置矩陣:將 $m \times n$ 階矩陣 A 的行與列互換所成矩陣稱為 A 的轉置矩陣,記為 A^T。例如:$A = \begin{bmatrix} 1 & 0 & -1 \\ 2 & 3 & 1 \end{bmatrix}$,則 $A^T = \begin{bmatrix} 1 & 2 \\ 0 & 3 \\ -1 & 1 \end{bmatrix}$

2. 矩陣的相等

設 $A = [a_{ij}]$, $B = [b_{ij}]$ 均為 $m \times n$ 矩陣且對每一 i, j, $a_{ij} = b_{ij}$ 則 $A = B$。例如:

$$A = \begin{bmatrix} 1 & 0 & x \\ y & 1 & 4 \end{bmatrix} \qquad B = \begin{bmatrix} a & b & 3 \\ 2 & 1 & 4 \end{bmatrix}$$

若 $A = B$,則 $x = 3, y = 2, a = 1, b = 0$。

例如:$A = \begin{bmatrix} 1 & 2 \\ 3 & 0 \\ 4 & 7 \end{bmatrix}$, $B = \begin{bmatrix} 1 & 3 & 4 \\ 2 & 0 & 7 \end{bmatrix}$,則 $A \neq B$

例如:$A = \begin{bmatrix} 1 & 2 \\ 3 & 0 \\ 4 & 7 \end{bmatrix}$, $B = \begin{bmatrix} 1 & 2 \\ 3 & 0 \\ 4 & 6 \end{bmatrix}$,則 $A \neq B$

3. 矩陣的加法

設 $A = [a_{ij}]_{m \times n}$，$B = [b_{ij}]_{m \times n}$ 則 $A + B = C = [c_{ij}]$ 為 $m \times n$ 階矩陣且對每一 i, j

$c_{ij} = a_{ij} + b_{ij}$。

例如：$A = \begin{bmatrix} 1 & 0 \\ 3 & 4 \\ 5 & 2 \end{bmatrix}$，$B = \begin{bmatrix} 2 & 3 \\ 0 & 4 \\ 1 & 3 \end{bmatrix}$，則 $A + B = \begin{bmatrix} 1+2 & 0+3 \\ 3+0 & 4+4 \\ 5+1 & 2+3 \end{bmatrix} = \begin{bmatrix} 3 & 3 \\ 3 & 8 \\ 6 & 5 \end{bmatrix}$

例如：$A = \begin{bmatrix} 1 & 2 \\ 3 & 4 \end{bmatrix}$，$B = \begin{bmatrix} 0 & 3 \\ -2 & 1 \end{bmatrix}$，則 $A + B = \begin{bmatrix} 1 & 5 \\ 1 & 5 \end{bmatrix}$。

例如：$A = \begin{bmatrix} 1 & 2 \\ 3 & 4 \\ 5 & 6 \end{bmatrix}$，$B = \begin{bmatrix} 0 & 3 \\ -2 & 1 \end{bmatrix}$，則 A 不能與 B 相加。

4. 矩陣加法性質

設 A, B, C 均為 $m \times n$ 階矩陣則

(1) 交換性：$A + B = B + A$。

(2) 結合性：$(A + B) + C = A + (B + C)$。

(3) 單位元素：$A + 0_{m \times n} = 0_{m \times n} + A = A$。

(4) 反元素：$A = [a_{ij}]_{m \times n}$ 則有一矩陣 $[-a_{ij}]_{m \times n}$ (記為 $-A$)

使 $A + (-A) = 0_{m \times n}$

由此性質得矩陣減法，規定 $A - B = A + (-B)$。

5. 純量乘矩陣

$A = [a_{ij}]_{m \times n}$，$k$ 為一純量，則 $kA = [ka_{ij}]_{m \times n}$。

例如：$A = \begin{bmatrix} 1 & 0 \\ 3 & 4 \end{bmatrix}$ 則 $2A = 2\begin{bmatrix} 1 & 0 \\ 3 & 4 \end{bmatrix} = \begin{bmatrix} 2 & 0 \\ 6 & 8 \end{bmatrix}$

6. 矩陣乘法

$A = [a_{ij}]_{m \times n}$，$B = [b_{jk}]_{n \times q}$ 則 A 可乘 B，且 $AB = C$ 為一 $m \times q$ 矩陣，對每一 i, k，

$c_{ik} = \sum_{j=1}^{n} a_{ij} b_{jk}$。

例如：$A = \begin{bmatrix} 1 & 0 & 2 \\ 3 & 4 & 1 \end{bmatrix}_{2\times 3}$ $B = \begin{bmatrix} 2 & -1 \\ 1 & 0 \\ 4 & 3 \end{bmatrix}_{3\times 2}$

則 $AB = \begin{bmatrix} 1 & 0 & 2 \\ 3 & 4 & 1 \end{bmatrix} \begin{bmatrix} 2 & -1 \\ 1 & 0 \\ 4 & 3 \end{bmatrix}$

$= \begin{bmatrix} 1\times 2+0\times 1+2\times 4 & 1\times(-1)+0\times 0+2\times 3 \\ 3\times 2+4\times 1+1\times 4 & 3\times(-1)+4\times 0+1\times 3 \end{bmatrix} = \begin{bmatrix} 10 & 5 \\ 14 & 0 \end{bmatrix}$

(即 A 取 i 列，B 取 k 行對應元素相乘後相加則為 AB 中第 i 列第 k 行的元素)

但 $AB = \begin{bmatrix} 2 & -1 \\ 1 & 0 \\ 4 & 3 \end{bmatrix} \begin{bmatrix} 1 & 0 & 2 \\ 3 & 4 & 1 \end{bmatrix}$

$= \begin{bmatrix} 2\times 1+(-1)\times 3 & 2\times 0+(-1)\times 4 & 2\times 2+(-1)\times 1 \\ 1\times 1+0\times 3 & 1\times 0+0\times 4 & 1\times 2+0\times 1 \\ 4\times 1+3\times 3 & 4\times 0+3\times 4 & 4\times 2+3\times 1 \end{bmatrix} = \begin{bmatrix} -1 & -4 & 3 \\ 1 & 0 & 2 \\ 13 & 12 & 11 \end{bmatrix}$

例如：$A = \begin{bmatrix} 1 & 0 & 2 \\ 3 & 4 & 1 \end{bmatrix}$, $B = \begin{bmatrix} 2 \\ 3 \end{bmatrix}$，則 AB 不存在。

7. 矩陣乘法性質

(1) 結合性：$(AB)C = A(BC)$。

(2) 分配性：$A(B+C) = AB + AC$

　　　　$(A+B)C = AC + BC$。

(3) 單位元素：$A = [a_{ij}]_{m\times n}$，則 $I_m A = A$。

　　　　　　　$AI_n = A$

(4) $A = [a_{ij}]_{m\times n}$，則 $A0_{n\times q} = 0_{m\times q}$，$0_{p\times m}A = 0_{p\times n}$

(5) $(A+B)^T = A^T + B^T$, $(AB)^T = B^T A^T$

(6) 不可交換：$AB \neq BA$

例如：$A = \begin{bmatrix} 1 & 0 & 2 \\ 3 & 4 & 1 \end{bmatrix}$ $B = \begin{bmatrix} 2 & -1 \\ 1 & 0 \\ 4 & 3 \end{bmatrix}$

則　　$AB = \begin{bmatrix} 10 & 5 \\ 14 & 0 \end{bmatrix}$　$BA = \begin{bmatrix} -1 & -4 & 3 \\ 1 & 0 & 2 \\ 13 & 12 & 11 \end{bmatrix}$

例如：$A = \begin{bmatrix} 1 & 2 \\ 0 & 1 \end{bmatrix}$　$B = \begin{bmatrix} 1 & -2 \\ 0 & 1 \end{bmatrix}$

則　　$AB = \begin{bmatrix} 1 & 0 \\ 0 & 1 \end{bmatrix}$　$BA = \begin{bmatrix} 1 & 0 \\ 0 & 1 \end{bmatrix}$

(7)　$AB = 0 \not\Rightarrow A = 0$ 或 $B = 0$

例如：$A = \begin{bmatrix} 0 & 0 \\ 0 & 1 \end{bmatrix} \neq 0_{2 \times 2}$,　$B = \begin{bmatrix} 3 & 0 \\ 0 & 0 \end{bmatrix} \neq 0_{2 \times 2}$

但　　$AB = \begin{bmatrix} 0 & 0 \\ 0 & 0 \end{bmatrix} = 0_{2 \times 2}$

(8)　不可約：$AB = AC \not\Rightarrow B = C$

例如：$A = \begin{bmatrix} 0 & 0 \\ 0 & 1 \end{bmatrix}$　$B = \begin{bmatrix} 3 & 0 \\ 0 & 0 \end{bmatrix}$　$C = \begin{bmatrix} 4 & 0 \\ 0 & 0 \end{bmatrix}$

則　　$AB = \begin{bmatrix} 0 & 0 \\ 0 & 0 \end{bmatrix} = AC$　但　　$B \neq C$

範例 1　EXAMPLE

$A = \begin{bmatrix} 1 & -1 & 0 \\ 2 & 3 & 1 \\ 0 & 4 & 2 \end{bmatrix}$　$B = \begin{bmatrix} 0 & 2 & 1 \\ 1 & 0 & 3 \\ 4 & 1 & -1 \end{bmatrix}$

試求 $A^2 - B^2$ 及 $(A-B)(A+B)$

解　$A^2 = \begin{bmatrix} 1 & -1 & 0 \\ 2 & 3 & 1 \\ 0 & 4 & 2 \end{bmatrix}\begin{bmatrix} 1 & -1 & 0 \\ 2 & 3 & 1 \\ 0 & 4 & 2 \end{bmatrix} = \begin{bmatrix} -1 & -4 & -1 \\ 8 & 11 & 5 \\ 8 & 20 & 8 \end{bmatrix}$

$B^2 = \begin{bmatrix} 0 & 2 & 1 \\ 1 & 0 & 3 \\ 4 & 1 & -1 \end{bmatrix}\begin{bmatrix} 0 & 2 & 1 \\ 1 & 0 & 3 \\ 4 & 1 & -1 \end{bmatrix} = \begin{bmatrix} 6 & 1 & 5 \\ 12 & 5 & -2 \\ -3 & 7 & 8 \end{bmatrix}$

$A^2 - B^2 = \begin{bmatrix} -1 & -4 & -1 \\ 8 & 11 & 5 \\ 8 & 20 & 8 \end{bmatrix} - \begin{bmatrix} 6 & 1 & 5 \\ 12 & 5 & -2 \\ -3 & 7 & 8 \end{bmatrix} = \begin{bmatrix} -7 & -5 & -6 \\ -4 & 6 & 7 \\ 11 & 13 & 0 \end{bmatrix}$

$$A - B = \begin{bmatrix} 1 & -1 & 0 \\ 2 & 3 & 1 \\ 0 & 4 & 2 \end{bmatrix} - \begin{bmatrix} 0 & 2 & 1 \\ 1 & 0 & 3 \\ 4 & 1 & -1 \end{bmatrix} = \begin{bmatrix} 1 & -3 & -1 \\ 1 & 3 & -2 \\ -4 & 3 & 3 \end{bmatrix}$$

$$A + B = \begin{bmatrix} 1 & -1 & 0 \\ 2 & 3 & 1 \\ 0 & 4 & 2 \end{bmatrix} + \begin{bmatrix} 0 & 2 & 1 \\ 1 & 0 & 3 \\ 4 & 1 & -1 \end{bmatrix} = \begin{bmatrix} 1 & 1 & 1 \\ 3 & 3 & 4 \\ 4 & 5 & 1 \end{bmatrix}$$

$$(A - B)(A + B) = \begin{bmatrix} 1 & -3 & -1 \\ 1 & 3 & -2 \\ -4 & 3 & 3 \end{bmatrix} \begin{bmatrix} 1 & 1 & 1 \\ 3 & 3 & 4 \\ 4 & 5 & 1 \end{bmatrix} = \begin{bmatrix} -12 & -13 & -12 \\ 2 & 0 & 11 \\ 17 & 20 & 11 \end{bmatrix}$$

顯然 $A^2 - B^2 \neq (A - B)(A + B)$

範例2　EXAMPLE

① $A = \begin{bmatrix} 2 & 4 \\ 1 & 2 \end{bmatrix}$ 是否有一矩陣 B 使 $AB = I_2$？

② $C = \begin{bmatrix} 2 & 1 \\ 1 & 2 \end{bmatrix}$ 是否有一矩陣 D 使 $CD = I_2$？

解　①設有一 B 使 $AB = I_2$ 且 $B = \begin{bmatrix} a & c \\ b & d \end{bmatrix}$，則

$$AB = \begin{bmatrix} 2 & 4 \\ 1 & 2 \end{bmatrix} \begin{bmatrix} a & c \\ b & d \end{bmatrix} = \begin{bmatrix} 2a+4b & 2c+4d \\ a+2b & c+2d \end{bmatrix} = I_2 = \begin{bmatrix} 1 & 0 \\ 0 & 1 \end{bmatrix}$$

得 $\begin{cases} 2a+4b=1 \\ a+2b=0 \end{cases}$ ， $\begin{cases} 2c+4d=0 \\ c+2d=1 \end{cases}$ ，無解，故沒有一矩陣 B 使 $AB = I_2$

②設有一 D 使 $CD = I_2$ 且 $D = \begin{bmatrix} x & r \\ y & t \end{bmatrix}$，則

$$CD = \begin{bmatrix} 2 & 1 \\ 1 & 2 \end{bmatrix} \begin{bmatrix} x & r \\ y & t \end{bmatrix} = \begin{bmatrix} 2x+y & 2r+t \\ x+2y & r+2t \end{bmatrix} = I_2 = \begin{bmatrix} 1 & 0 \\ 0 & 1 \end{bmatrix}$$

得　$\begin{cases} 2x+y=1 \\ x+2y=0 \end{cases}$　$\begin{cases} 2r+t=0 \\ r+2t=1 \end{cases}$ $\Rightarrow$ $\begin{cases} x=\dfrac{2}{3} \\ y=\dfrac{-1}{3} \end{cases}$　$\begin{cases} r=\dfrac{-1}{3} \\ t=\dfrac{2}{3} \end{cases}$

即有一 $D = \begin{bmatrix} \dfrac{2}{3} & -\dfrac{1}{3} \\ -\dfrac{1}{3} & \dfrac{2}{3} \end{bmatrix}$ 使 $CD = I_2$

8. 行列式

n 階方陣 A 對應的行列式 $|A|$ 是一純量，例如

矩陣 $A = \begin{bmatrix} 3 & 1 & 0 \\ 2 & 0 & 4 \\ 5 & 1 & 4 \end{bmatrix}$，行列式 $|A| = \begin{vmatrix} 3 & 1 & 0 \\ 2 & 0 & 4 \\ 5 & 1 & 4 \end{vmatrix} = 0$ (如下式討論)

(1) 二階行列式 $\begin{vmatrix} a_{11} & a_{12} \\ a_{21} & a_{22} \end{vmatrix}$ 表 $a_{11}a_{22} - a_{12}a_{21}$

　　三階行列式 $\begin{vmatrix} a_{11} & a_{12} & a_{13} \\ a_{21} & a_{22} & a_{23} \\ a_{31} & a_{32} & a_{33} \end{vmatrix}$

$$= a_{11}a_{22}a_{33} + a_{21}a_{32}a_{13} + a_{31}a_{23}a_{12} - a_{13}a_{22}a_{31} - a_{23}a_{32}a_{11} - a_{33}a_{12}a_{21}$$

(2) 行列式性質

①　行列式中任何一行(列)各元素均為 0，其值為 0。

如：$\begin{vmatrix} 2 & 0 & -91 & 85 \\ 1 & 0 & 32 & -9 \\ 4 & 0 & 45 & -17 \\ 3 & 0 & 73 & 5 \end{vmatrix} = 0$

②　行列式中任何二行(列)各元素成比例，其值為 0。

如：$\begin{vmatrix} 2 & 9 & 5 & -7 \\ 20 & 90 & 50 & -70 \\ \sqrt{3} & 0 & 112 & 43 \\ 81 & 95 & -3 & \sqrt{5} \end{vmatrix} = 0$

③　將行列式之行改為列，列改為行其值不變。

如：$\begin{vmatrix} 1 & 2 & 3 \\ 4 & 5 & 6 \\ 8 & 10 & 13 \end{vmatrix} = \begin{vmatrix} 1 & 4 & 8 \\ 2 & 5 & 10 \\ 3 & 6 & 13 \end{vmatrix}$

④　將行列式中任二行(列)互換其值變號。

如：$\begin{vmatrix} 1 & 2 & 3 \\ 4 & 5 & 6 \\ 8 & 10 & 13 \end{vmatrix} = -\begin{vmatrix} 8 & 10 & 13 \\ 4 & 5 & 6 \\ 1 & 2 & 3 \end{vmatrix}$

⑤ 行列式中任一行(列)各元素有公因數，可將公因數提出。

$$如：\begin{vmatrix} 20 & 30 & 40 \\ 9 & 7 & -5 \\ 3 & 1 & 4 \end{vmatrix} = 10\begin{vmatrix} 2 & 3 & 4 \\ 9 & 7 & -5 \\ 3 & 1 & 4 \end{vmatrix}$$

⑥ 行列式中任一行(列)乘一常數加到另一行(列)其值不變：

$$如：\begin{vmatrix} 1 & 11 & 4 \\ 2 & 20 & 7 \\ 3 & 34 & 9 \end{vmatrix} = \begin{vmatrix} 1 & 0 & 4 \\ 2 & -2 & 7 \\ 3 & 1 & 9 \end{vmatrix}$$

（左上有 ×(-11) 箭頭指向第二行）

⑦ 兩行列式中除其中相同之第 k 行(列)外各元素均相同則兩行列式相加可合併為一行列式，其第 k 行(列)為兩行列式之元素之和，其餘各行(列)之元素均依舊。

$$如：\begin{vmatrix} 1 & 2 & 3 \\ 4 & 5 & 6 \\ 9 & 7 & 10 \end{vmatrix} + \begin{vmatrix} 1 & 2 & 3 \\ 4 & 5 & 6 \\ -9 & -7 & 8 \end{vmatrix} = \begin{vmatrix} 1 & 2 & 3 \\ 4 & 5 & 6 \\ 0 & 0 & 18 \end{vmatrix}$$

⑧ 降階：行列式 $|A| = \begin{vmatrix} a_{11} & a_{12} & \cdots & a_{1n} \\ a_{21} & a_{22} & \cdots & a_{2n} \\ \vdots & \vdots & \vdots & \vdots \\ a_{n1} & a_{n2} & \cdots & a_{nn} \end{vmatrix}$ 中將其第 r 列第 j 行均棄除掉所得的

$(n-1)$階行列式記為 $|A_{rj}|$，則 $(-1)^{r+j}|A_{rj}|$ 為 a_{rj} 的餘因式。

對於行列式 $|A|$，它可以任一行(列)來降階，將它化為 n 個$(n-1)$階行列式之和如下：

$$|A| = \begin{vmatrix} a_{11} & a_{12} & \cdots & a_{1n} \\ a_{21} & a_{22} & \cdots & a_{2n} \\ \vdots & \vdots & \vdots & \vdots \\ a_{n1} & a_{n2} & \cdots & a_{nn} \end{vmatrix}$$

$$= a_{r1}(-1)^{r+1}|A_{r1}| + a_{r2}(-1)^{r+2}|A_{r2}| + \cdots + a_{rn}(-1)^{r+n}|A_{rn}|$$

例如：$\begin{vmatrix} 1 & 2 & 3 \\ 4 & -5 & 6 \\ 7 & 8 & -9 \end{vmatrix}$ 第 3 列中 7 的餘因式為 $(-1)^{3+1}\begin{vmatrix} 2 & 3 \\ -5 & 6 \end{vmatrix}$

第 3 列中 8 的餘因式為 $(-1)^{3+2}\begin{vmatrix} 1 & 3 \\ 4 & 6 \end{vmatrix}$

(-9) 的餘因式為 $(-1)^{3+3}\begin{vmatrix} 1 & 2 \\ 4 & -5 \end{vmatrix}$

則 $\begin{vmatrix} 1 & 2 & 3 \\ 4 & -5 & 6 \\ 7 & 8 & -9 \end{vmatrix} = 7(-1)^{3+1}\begin{vmatrix} 2 & 3 \\ -5 & 6 \end{vmatrix} + 8(-1)^{3+2}\begin{vmatrix} 1 & 3 \\ 4 & 6 \end{vmatrix} + (-9)(-1)^{3+3}\begin{vmatrix} 1 & 2 \\ 4 & -5 \end{vmatrix}$

例如：$\begin{vmatrix} 2 & 1 & 0 & 4 \\ 5 & 0 & 1 & 3 \\ 6 & 4 & 0 & 19 \\ -1 & 3 & 2 & 0 \end{vmatrix}$ 必須利用降階求值，很明顯，我們會考慮選擇第 3 行來

降階(因此行中有兩個 0 出現)，那麼

$$|A| = \begin{vmatrix} 2 & 1 & 0 & 4 \\ 5 & 0 & 1 & 3 \\ 6 & 4 & 0 & 19 \\ -1 & 3 & 2 & 0 \end{vmatrix}$$

$$= 0(-1)^{1+3}|A_{13}| + 1(-1)^{2+3}|A_{23}| + 0(-1)^{3+3}|A_{33}| + 2(-1)^{4+3}|A_{43}|$$

$$= -|A_{23}| - 2|A_{43}|$$

$$= -\begin{vmatrix} 2 & 1 & 4 \\ 6 & 4 & 19 \\ -1 & 3 & 0 \end{vmatrix} - 2\begin{vmatrix} 2 & 1 & 4 \\ 5 & 0 & 3 \\ 6 & 4 & 19 \end{vmatrix}$$

有時候，行列式 $|A|$ 中的元素 0 不夠多或者根本沒有 0 出現，這時必須利用前面的性質創造出有 0 元素出現。

例如：$\begin{vmatrix} 2 & 1 & 3 \\ 1 & -2 & 7 \\ 3 & 2 & 1 \end{vmatrix} = \begin{vmatrix} 6 & 1 & 3 \\ 6 & -2 & 7 \\ 6 & 2 & 1 \end{vmatrix}$

$$= \begin{vmatrix} 6 & 1 & 3 \\ 0 & -3 & 4 \\ 0 & 1 & -2 \end{vmatrix} = 6 \times (-1)^{1+1}\begin{vmatrix} -3 & 4 \\ 1 & -2 \end{vmatrix}$$

$$= 6 \times 2 = 12$$

範例 3 EXAMPLE

求① $\begin{vmatrix} a-b & b-c & c-a \\ b-c & c-a & a-b \\ c-a & a-b & b-c \end{vmatrix}$ ② $\begin{vmatrix} 1 & 2 & 3 & 4 \\ 20 & 30 & 40 & 10 \\ 3 & 4 & 1 & 2 \\ 40 & 10 & 20 & 30 \end{vmatrix}$

解 ①
$$\begin{vmatrix} a-b & b-c & c-a \\ b-c & c-a & a-b \\ c-a & a-b & b-c \end{vmatrix} = \begin{vmatrix} 0 & b-c & c-a \\ 0 & c-a & a-b \\ 0 & a-b & b-c \end{vmatrix} = 0$$

②
$$\begin{vmatrix} 1 & 2 & 3 & 4 \\ 20 & 30 & 40 & 10 \\ 3 & 4 & 1 & 2 \\ 40 & 10 & 20 & 30 \end{vmatrix} = 100 \begin{vmatrix} 1 & 2 & 3 & 4 \\ 2 & 3 & 4 & 1 \\ 3 & 4 & 1 & 2 \\ 4 & 1 & 2 & 3 \end{vmatrix} = 100 \begin{vmatrix} 10 & 2 & 3 & 4 \\ 10 & 3 & 4 & 1 \\ 10 & 4 & 1 & 2 \\ 10 & 1 & 2 & 3 \end{vmatrix}$$

$$= 1000 \begin{vmatrix} 1 & 2 & 3 & 4 \\ 1 & 3 & 4 & 1 \\ 1 & 4 & 1 & 2 \\ 1 & 1 & 2 & 3 \end{vmatrix}$$

$$= 1000 \begin{vmatrix} 1 & 2 & 3 & 4 \\ 0 & 1 & 1 & -3 \\ 0 & 2 & -2 & -2 \\ 0 & -1 & -1 & -1 \end{vmatrix}$$

$$= 1000 \begin{vmatrix} 1 & 1 & -3 \\ 2 & -2 & -2 \\ -1 & -1 & -1 \end{vmatrix}$$

$$= 1000 \begin{vmatrix} 1 & 1 & -3 \\ 0 & -4 & 4 \\ 0 & 0 & -4 \end{vmatrix} = 16000$$

範例 4　　EXAMPLE

$$
設\ abcd \neq 0\ 求\ \begin{vmatrix} 1 & a & a^2 & a^3+bcd \\ 1 & b & b^2 & b^3+acd \\ 1 & c & c^2 & c^3+abd \\ 1 & d & d^2 & d^3+abc \end{vmatrix}
$$

解 原式 $= \begin{vmatrix} 1 & a & a^2 & a^3 \\ 1 & b & b^2 & b^3 \\ 1 & c & c^2 & c^3 \\ 1 & d & d^2 & d^3 \end{vmatrix} + \begin{vmatrix} 1 & a & a^2 & bcd \\ 1 & b & b^2 & acd \\ 1 & c & c^2 & abd \\ 1 & d & d^2 & abc \end{vmatrix}$

$$
= \begin{vmatrix} 1 & a & a^2 & a^3 \\ 1 & b & b^2 & b^3 \\ 1 & c & c^2 & c^3 \\ 1 & d & d^2 & d^3 \end{vmatrix} + abcd \begin{vmatrix} 1 & a & a^2 & \dfrac{1}{a} \\ 1 & b & b^2 & \dfrac{1}{b} \\ 1 & c & c^2 & \dfrac{1}{c} \\ 1 & d & d^2 & \dfrac{1}{d} \end{vmatrix}
$$

$$
= \begin{vmatrix} 1 & a & a^2 & a^3 \\ 1 & b & b^2 & b^3 \\ 1 & c & c^2 & c^3 \\ 1 & d & d^2 & d^3 \end{vmatrix} + \dfrac{abcd}{abcd} \begin{vmatrix} a & a^2 & a^3 & 1 \\ b & b^2 & b^3 & 1 \\ c & c^2 & c^3 & 1 \\ d & d^2 & d^3 & 1 \end{vmatrix}
$$

$$
= \begin{vmatrix} 1 & a & a^2 & a^3 \\ 1 & b & b^2 & b^3 \\ 1 & c & c^2 & c^3 \\ 1 & d & d^2 & d^3 \end{vmatrix} + (-1)^2 \begin{vmatrix} 1 & a^3 & a^2 & a \\ 1 & b^3 & b^2 & b \\ 1 & c^3 & c^2 & c \\ 1 & d^3 & d^2 & d \end{vmatrix}
$$

$$
= \begin{vmatrix} 1 & a & a^2 & a^3 \\ 1 & b & b^2 & b^3 \\ 1 & c & c^2 & c^3 \\ 1 & d & d^2 & d^3 \end{vmatrix} + (-1)^3 \begin{vmatrix} 1 & a & a^2 & a^3 \\ 1 & b & b^2 & b^3 \\ 1 & c & c^2 & c^3 \\ 1 & d & d^2 & d^3 \end{vmatrix} = 0
$$

範例 5　EXAMPLE

利用降階規則

$$\begin{vmatrix} a_{11} & a_{12} & a_{13} & a_{14} \\ a_{21} & a_{22} & a_{23} & a_{24} \\ a_{31} & a_{32} & a_{33} & a_{34} \\ a_{41} & a_{42} & a_{43} & a_{44} \end{vmatrix}$$

$$= (-1)^3 a_{21} \,|\, A_{21}\,| + (-1)^4 a_{22}\,|\,A_{22}\,| + (-1)^5 a_{23}\,|\,A_{23}\,| + (-1)^6 a_{24}\,|\,A_{24}\,|$$

試求 $(-1)^3 a_{31}\,|\,A_{21}\,| + (-1)^4 a_{32}\,|\,A_{22}\,| + (-1)^5 a_{33}\,|\,A_{23}\,| + (-1)^6 a_{34}\,|\,A_{24}\,|$ 之值。

解　$(-1)^3 a_{31}\,|\,A_{21}\,| + (-1)^4 a_{32}\,|\,A_{22}\,| + (-1)^5 a_{33}\,|\,A_{23}\,| + (-1)^6 a_{34}\,|\,A_{24}\,|$

$$= \begin{vmatrix} a_{11} & a_{12} & a_{13} & a_{14} \\ a_{31} & a_{32} & a_{33} & a_{34} \\ a_{31} & a_{32} & a_{33} & a_{34} \\ a_{41} & a_{42} & a_{43} & a_{44} \end{vmatrix} = 0 \qquad \text{(因為 2 列 3 列成比例)}$$

9. 反矩陣

n 階方陣 A 若有一矩陣 B 使 $AB = BA = I_n$ 則稱 B 為 A 的反矩陣記為 A^{-1}。

由前例 2 觀察矩陣性質，雖然 $A \neq 0_{2 \times 2}$ 並不一定有反矩陣，如何自一已知矩陣 A 得知是否有反矩陣？

設 $A = \begin{bmatrix} a_{11} & a_{12} & \cdots & a_{1n} \\ a_{21} & a_{22} & \cdots & a_{2n} \\ \vdots & \vdots & \vdots & \vdots \\ a_{n1} & a_{n2} & \cdots & a_{nn} \end{bmatrix}$ 所對應行列式 $|A| = \begin{vmatrix} a_{11} & a_{12} & \cdots & a_{1n} \\ a_{21} & a_{22} & \cdots & a_{2n} \\ \vdots & \vdots & \vdots & \vdots \\ a_{n1} & a_{n2} & \cdots & a_{nn} \end{vmatrix}$

那麼 A 的從屬矩陣為 $\text{adj } A = [A_{ji}] = [A_{ij}]^T$，其中 A_{ij} 為 a_{ij} 的餘因式

則 $A(\text{adj } A) = \begin{bmatrix} a_{11} & a_{12} & \cdots & a_{1n} \\ a_{21} & a_{22} & \cdots & a_{2n} \\ \vdots & \vdots & \vdots & \vdots \\ a_{n1} & a_{n2} & \cdots & a_{nn} \end{bmatrix} \begin{bmatrix} A_{11} & A_{21} & \cdots & A_{n1} \\ A_{12} & A_{22} & \cdots & A_{n2} \\ \vdots & \vdots & \vdots & \vdots \\ A_{1n} & A_{2n} & \cdots & A_{nn} \end{bmatrix}$

$$= \begin{bmatrix} c_{11} & c_{12} & \cdots & c_{1n} \\ c_{21} & c_{22} & \cdots & c_{2n} \\ \vdots & \vdots & \vdots & \vdots \\ c_{n1} & c_{n2} & \cdots & c_{nn} \end{bmatrix} = C$$

由行列式|A|的降階規則及例 5 得

$$c_{pq} = a_{p1}A_{q1} + a_{p2}A_{q2} + \cdots + a_{pn}A_{qn} = \begin{cases} 0 & \text{當} p \neq q \\ |A| & \text{當} p = q \end{cases}$$

因此 $C = \begin{bmatrix} |A| & 0 & \cdots & 0 \\ 0 & |A| & \cdots & 0 \\ \vdots & \vdots & \cdots & \vdots \\ 0 & 0 & \cdots & |A| \end{bmatrix} = |A|I_n$

即 $A(\text{adj } A) = |A|I_n$

假設 $|A| \neq 0$ 則 $A\left(\dfrac{1}{|A|}\text{adj } A\right) = I_n$，即 A 有反矩陣為

$$A^{-1} = \frac{1}{|A|}(\text{adj } A)$$

範例 6　　EXAMPLE

$A = \begin{bmatrix} 1 & 0 & 2 \\ 0 & 3 & -1 \\ -1 & 1 & 0 \end{bmatrix}$ 求 A^{-1}。

解

$$|A| = \begin{vmatrix} 1 & 0 & 2 \\ 0 & 3 & -1 \\ -1 & 1 & 0 \end{vmatrix} = 7 \neq 0$$

則

$$A^{-1} = \frac{1}{7}\begin{bmatrix} (-1)^{1+1}\begin{vmatrix} 3 & -1 \\ 1 & 0 \end{vmatrix} & (-1)^{2+1}\begin{vmatrix} 0 & 2 \\ 1 & 0 \end{vmatrix} & (-1)^{3+1}\begin{vmatrix} 0 & 2 \\ 3 & -1 \end{vmatrix} \\ (-1)^{1+2}\begin{vmatrix} 0 & -1 \\ -1 & 0 \end{vmatrix} & (-1)^{2+2}\begin{vmatrix} 1 & 2 \\ -1 & 0 \end{vmatrix} & (-1)^{3+2}\begin{vmatrix} 1 & 2 \\ 0 & -1 \end{vmatrix} \\ (-1)^{1+3}\begin{vmatrix} 0 & 3 \\ -1 & 1 \end{vmatrix} & (-1)^{2+3}\begin{vmatrix} 1 & 0 \\ -1 & 1 \end{vmatrix} & (-1)^{3+3}\begin{vmatrix} 1 & 0 \\ 0 & 3 \end{vmatrix} \end{bmatrix}$$

$$= \frac{1}{7}\begin{bmatrix} 1 & 2 & -6 \\ -1 & 2 & 1 \\ 3 & -1 & 3 \end{bmatrix}$$

範例 7　EXAMPLE

$A = \begin{bmatrix} 2 & 4 \\ 1 & 2 \end{bmatrix}$ 是否有反矩陣？

解 在例 2 的求解結果我們已知 A 沒有反矩陣，其實由於 $|A| = \begin{vmatrix} 2 & 4 \\ 1 & 2 \end{vmatrix} = 0$ 就可知 A 沒有反矩陣。

10. 反矩陣的性質：設 A, B 均為 n 階方陣

(1) $AB = I_n$，則 $BA = I_n$ 即 $B = A^{-1}$

(2) $(AB)^{-1} = B^{-1}A^{-1}$

(3) $\lambda \neq 0$　$(\lambda A)^{-1} = \dfrac{1}{\lambda} A^{-1}$

範例 8　EXAMPLE

若 $\begin{bmatrix} 3 & 5 \\ 2 & 4 \end{bmatrix} X = \begin{bmatrix} 1 & 6 \\ 5 & 2 \end{bmatrix}$ 試求 X。

解 令 $A = \begin{bmatrix} 3 & 5 \\ 2 & 4 \end{bmatrix}$，$B = \begin{bmatrix} 1 & 6 \\ 5 & 2 \end{bmatrix}$ 原式可化為 $AX = B$

又　　$|A| = \begin{vmatrix} 3 & 5 \\ 2 & 4 \end{vmatrix} = 2$

則　　$A^{-1} = \dfrac{1}{2}\begin{bmatrix} (-1)^{1+1}4 & (-1)^{2+1}5 \\ (-1)^{1+2}2 & (-1)^{2+2}3 \end{bmatrix} = \dfrac{1}{2}\begin{bmatrix} 4 & -5 \\ -2 & 3 \end{bmatrix} = \begin{bmatrix} 2 & -\dfrac{5}{2} \\ -1 & \dfrac{3}{2} \end{bmatrix}$

因此 $AX = B$ 可化為 $A^{-1}(AX) = A^{-1}B$

得　　$X = A^{-1}B = \begin{bmatrix} 2 & -\dfrac{5}{2} \\ -1 & \dfrac{3}{2} \end{bmatrix}\begin{bmatrix} 1 & 6 \\ 5 & 2 \end{bmatrix} = \begin{bmatrix} -\dfrac{21}{2} & 7 \\ \dfrac{13}{2} & -3 \end{bmatrix}$

範例 9　EXAMPLE

A, B 為同階方陣且 $AB = A$, $BA = B$ 試證 $A^2 = A$, $B^2 = B$。

解　$\because AB = A$

$\therefore A^2 = (AB)A = A(BA) = AB = A$

$B^2 = (BA)B = B(AB) = BA = B$

11. 克蘭默法則

聯立方程式組 $\begin{cases} a_{11}x_1 + a_{12}x_2 + \cdots + a_{1n}x_n = b_1 \\ a_{21}x_1 + a_{22}x_2 + \cdots + a_{2n}x_n = b_2 \\ \quad\quad\quad\quad\quad\vdots \\ a_{n1}x_1 + a_{n2}x_2 + \cdots + a_{nn}x_n = b_n \end{cases}$

若令 $A = \begin{bmatrix} a_{11} & a_{12} & \cdots & a_{1n} \\ a_{21} & a_{22} & \cdots & a_{2n} \\ \vdots & \vdots & \vdots & \vdots \\ a_{n1} & a_{n2} & \cdots & a_{nn} \end{bmatrix}$, $B = \begin{bmatrix} b_1 \\ b_2 \\ \vdots \\ b_n \end{bmatrix}$, $X = \begin{bmatrix} x_1 \\ x_2 \\ \vdots \\ x_n \end{bmatrix}$

則聯立方程式組可表為 $AX = B$

若 $|A| \neq 0$

則 A 有反矩陣 $A^{-1} = \dfrac{1}{|A|}(adj\ A) = \dfrac{1}{|A|}[A_{ji}]$

$A^{-1}(AX) = A^{-1}B$, $X = A^{-1}B$

即 $\begin{bmatrix} x_1 \\ x_2 \\ \vdots \\ x_n \end{bmatrix} = \dfrac{1}{|A|}\begin{bmatrix} A_{11} & A_{21} & \cdots & A_{n1} \\ A_{12} & A_{22} & \cdots & A_{n2} \\ \vdots & \vdots & \vdots & \vdots \\ A_{1n} & A_{2n} & \cdots & A_{nn} \end{bmatrix}\begin{bmatrix} b_1 \\ b_2 \\ \vdots \\ b_n \end{bmatrix} = \dfrac{1}{|A|}\begin{bmatrix} b_1A_{11} + b_2A_{21} + \cdots + b_nA_{n1} \\ b_1A_{12} + b_2A_{22} + \cdots + b_nA_{n2} \\ \vdots \\ b_1A_{1n} + b_2A_{2n} + \cdots + b_nA_{nn} \end{bmatrix}$

因此 $x_1 = \dfrac{b_1A_{11} + b_2A_{21} + \cdots + b_nA_{n1}}{|A|} = \dfrac{\begin{vmatrix} b_1 & a_{12} & \cdots & a_{1n} \\ b_2 & a_{22} & \cdots & a_{2n} \\ \vdots & \vdots & \vdots & \vdots \\ b_n & a_{n2} & \cdots & a_{nn} \end{vmatrix}}{\begin{vmatrix} a_{11} & a_{12} & \cdots & a_{1n} \\ a_{21} & a_{22} & \cdots & a_{2n} \\ \vdots & \vdots & \vdots & \vdots \\ a_{n1} & a_{n2} & \cdots & a_{nn} \end{vmatrix}}$

$$x_n = \frac{b_1 A_{1n} + b_2 A_{2n} + \cdots + b_n A_{nn}}{|A|} = \frac{\begin{vmatrix} a_{11} & a_{12} & \cdots & b_1 \\ a_{21} & a_{22} & \cdots & b_2 \\ \vdots & \vdots & \vdots & \vdots \\ a_{n1} & a_{n2} & \cdots & b_n \end{vmatrix}}{\begin{vmatrix} a_{11} & a_{12} & \cdots & a_{1n} \\ a_{21} & a_{22} & \cdots & a_{2n} \\ \vdots & \vdots & \vdots & \vdots \\ a_{n1} & a_{n2} & \cdots & a_{nn} \end{vmatrix}}$$

範例 10　EXAMPLE

試解 $\begin{cases} x_1 - x_2 + x_3 = 1 \\ 2x_1 + x_2 - 3x_3 = 0 \\ x_1 + 3x_2 - 2x_3 = 2 \end{cases}$ 。

解　利用克蘭默法則

$$x_1 = \frac{\begin{vmatrix} 1 & -1 & 1 \\ 0 & 1 & -3 \\ 2 & 3 & -2 \end{vmatrix}}{\begin{vmatrix} 1 & -1 & 1 \\ 2 & 1 & -3 \\ 1 & 3 & -2 \end{vmatrix}} = \frac{11}{11} = 1$$

$$x_2 = \frac{\begin{vmatrix} 1 & 1 & 1 \\ 2 & 0 & -3 \\ 1 & 2 & -2 \end{vmatrix}}{\begin{vmatrix} 1 & -1 & 1 \\ 2 & 1 & -3 \\ 1 & 3 & -2 \end{vmatrix}} = \frac{11}{11} = 1$$

$$x_3 = \frac{\begin{vmatrix} 1 & -1 & 1 \\ 2 & 1 & 0 \\ 1 & 3 & 2 \end{vmatrix}}{\begin{vmatrix} 1 & -1 & 1 \\ 2 & 1 & -3 \\ 1 & 3 & -2 \end{vmatrix}} = \frac{11}{11} = 1$$

範例 11　EXAMPLE

將平面的直角坐標系的坐標軸旋轉 θ 角，則平面上之點 P 的原坐標(x, y)與新坐標(x', y') 的關係為。

$$\begin{bmatrix} x \\ y \end{bmatrix} = \begin{bmatrix} \cos\theta & -\sin\theta \\ \sin\theta & \cos\theta \end{bmatrix}\begin{bmatrix} x' \\ y' \end{bmatrix}$$

試證之，若令 $A_\theta = \begin{bmatrix} \cos\theta & -\sin\theta \\ \sin\theta & \cos\theta \end{bmatrix}$，並證 $A_\alpha A_\beta = A_{\alpha+\beta}$ 且 $\begin{bmatrix} x' \\ y' \end{bmatrix} = \begin{bmatrix} \cos\theta & \sin\theta \\ -\sin\theta & \cos\theta \end{bmatrix}\begin{bmatrix} x \\ y \end{bmatrix}$

解 如右圖

$$x = \overline{OA} = \overline{OB} - \overline{AB} = \overline{OB} - \overline{DC}$$
$$= \overline{OC}\cos\theta - \overline{PC}\sin\theta = x'\cos\theta - y'\sin\theta$$
$$y = \overline{PA} = \overline{AD} + \overline{PD} = \overline{BC} + \overline{PD}$$
$$= \overline{OC}\sin\theta + \overline{PC}\cos\theta = x'\sin\theta + y'\cos\theta$$

因此　$\begin{bmatrix} x \\ y \end{bmatrix} = \begin{bmatrix} \cos\theta & -\sin\theta \\ \sin\theta & \cos\theta \end{bmatrix}\begin{bmatrix} x' \\ y' \end{bmatrix}$

又　$A_\alpha A_\beta = \begin{bmatrix} \cos\alpha & -\sin\alpha \\ \sin\alpha & \cos\alpha \end{bmatrix}\begin{bmatrix} \cos\beta & -\sin\beta \\ \sin\beta & \cos\beta \end{bmatrix}$

$= \begin{bmatrix} \cos\alpha\cos\beta - \sin\alpha\sin\beta & -\cos\alpha\sin\beta - \sin\alpha\cos\beta \\ \sin\alpha\cos\beta + \cos\alpha\sin\beta & -\sin\alpha\sin\beta + \cos\alpha\cos\beta \end{bmatrix}$

$= \begin{bmatrix} \cos(\alpha+\beta) & -\sin(\alpha+\beta) \\ \sin(\alpha+\beta) & \cos(\alpha+\beta) \end{bmatrix} = A_{\alpha+\beta}$

又　$\begin{cases} x = x'\cos\theta - y'\sin\theta \\ y = x'\sin\theta + y'\cos\theta \end{cases}$

可得　$x' = \dfrac{\begin{vmatrix} x & -\sin\theta \\ y & \cos\theta \end{vmatrix}}{\begin{vmatrix} \cos\theta & -\sin\theta \\ \sin\theta & \cos\theta \end{vmatrix}} = x\cos\theta + y\sin\theta$

$y' = \dfrac{\begin{vmatrix} \cos\theta & x \\ \sin\theta & y \end{vmatrix}}{\begin{vmatrix} \cos\theta & -\sin\theta \\ \sin\theta & \cos\theta \end{vmatrix}} = -x\sin\theta + y\cos\theta$

即　$\begin{bmatrix} x' \\ y' \end{bmatrix} = \begin{bmatrix} \cos\theta & \sin\theta \\ -\sin\theta & \cos\theta \end{bmatrix}\begin{bmatrix} x \\ y \end{bmatrix}$

範例 12 EXAMPLE

就圖所示電路，以矩陣解法求 I_1 及 I_2。

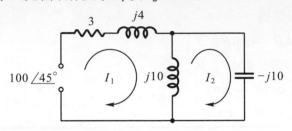

解

$$\begin{cases} (3+j4+j10)I_1 - j10I_2 = 100\angle45° \\ -j10I_1 + (j10-j10)I_2 = 0 \end{cases}$$

即

$$\begin{cases} (3+j14)I_1 - j10I_2 = 100\angle45° \\ -j10I_1 + 0I_2 = 0 \end{cases}$$

寫成矩陣為

$$\begin{bmatrix} 3+j14 & -j10 \\ -j10 & 0 \end{bmatrix}\begin{bmatrix} I_1 \\ I_2 \end{bmatrix} = \begin{bmatrix} 100\angle45° \\ 0 \end{bmatrix}$$

則

$$\begin{bmatrix} I_1 \\ I_2 \end{bmatrix} = \begin{bmatrix} 3+j14 & -j10 \\ -j10 & 0 \end{bmatrix}^{-1}\begin{bmatrix} 100\angle45° \\ 0 \end{bmatrix}$$

$$= \frac{1}{100}\begin{bmatrix} 0 & j10 \\ j10 & 3+j14 \end{bmatrix}\begin{bmatrix} 100\angle45° \\ 0 \end{bmatrix}$$

$$= \frac{1}{100}\begin{bmatrix} 0 \\ (j10)(100\angle45°) \end{bmatrix} = \begin{bmatrix} 0 \\ 10\angle135° \end{bmatrix}$$

即 $I_1 = 0 \quad I_2 = 10\angle135°$

範例 13 EXAMPLE

$$\begin{cases} x_1 + 5x_2 + 2x_3 = b_1 \\ 2x_1 + x_2 + x_3 = b_2 \\ x_1 + 2x_2 + x_3 = b_3 \end{cases}$$ 試求 b_1, b_2, b_3 之關係使聯立方程組有解。

解 ∵ $|A| = \begin{vmatrix} 1 & 5 & 2 \\ 2 & 1 & 1 \\ 1 & 2 & 1 \end{vmatrix} = 0$

∴ 方程組有解必為無限多解且

$$\begin{vmatrix} b_1 & 5 & 2 \\ b_2 & 1 & 1 \\ b_3 & 2 & 1 \end{vmatrix} = \begin{vmatrix} 1 & b_1 & 2 \\ 2 & b_2 & 1 \\ 1 & b_3 & 1 \end{vmatrix} = \begin{vmatrix} 1 & 5 & b_1 \\ 2 & 1 & b_2 \\ 1 & 2 & b_3 \end{vmatrix} = 0$$

$$\therefore \quad b_1 + b_2 - 3b_3 = 0$$

5-1 習題

1. $A = \begin{bmatrix} 1 & 0 & -1 \\ 2 & 1 & 3 \end{bmatrix}$, $B = \begin{bmatrix} 2 & 1 & 0 \\ 0 & 3 & 4 \end{bmatrix}$, $C = \begin{bmatrix} -1 & 2 \\ 3 & 4 \\ 0 & 1 \end{bmatrix}$, $D = \begin{bmatrix} 0 & 1 \\ -1 & 0 \\ 2 & 1 \end{bmatrix}$

   試求 (1) $(2A - B)(C + 3D)$

   (2) $(A + B)C$, $AC + BC$

   (3) $(BC)^T$, $C^T B^T$

   (4) 設 $3X + 2(A - 2B) = 0$，求 X。

2. 試求 $\begin{bmatrix} 6 & 4 & 2 \\ 9 & 6 & 3 \\ -3 & -2 & -1 \end{bmatrix} \begin{bmatrix} 0 & 1 & -2 \\ -1 & 0 & 3 \\ 2 & -3 & 0 \end{bmatrix}$

3. (1) $A = \begin{bmatrix} 3 & -2 & 2 \\ 1 & 2 & -3 \\ 4 & 1 & 2 \end{bmatrix}$ 試求 A^{-1}。

   (2) $B = \begin{bmatrix} 1 & 2 & 3 \\ 2 & 4 & 5 \\ 3 & 5 & 6 \end{bmatrix}$ 試求 B^{-1}。

4. 設 $\begin{bmatrix} 1 \\ 2 \end{bmatrix} = \begin{bmatrix} \cos\theta & -\sin\theta \\ \sin\theta & \cos\theta \end{bmatrix} \begin{bmatrix} x \\ y \end{bmatrix}$，試求 $\begin{bmatrix} x \\ y \end{bmatrix}$。

5. $A = \begin{bmatrix} 2 & 1 \\ 3 & 2 \end{bmatrix}$ 試求 $(A^{-1})^2$ 及 $(A^2)^{-1}$。

6. 設 R, A, B 均為 n 階方陣且 $|R| \neq 0$, $RAR^{-1} = B$，試證 $RA^2R^{-1} = B^2$。

7. 試求行列式 $\begin{vmatrix} 2 & 1 & 1 & 1 \\ 1 & 2 & 1 & 1 \\ 1 & 1 & 2 & 1 \\ 1 & 1 & 1 & 2 \end{vmatrix}$ 之值。

8. 利用克蘭默法則解

① $\begin{cases} 3x - y + z = 4 \\ 5x - 6y + 5z = -3 \\ 5x - 2y + 2z = 1 \end{cases}$ 。

② $\begin{cases} x + 3y + 3z = 1 \\ 2x + y - z = 4 \\ x - 2y + 3z = -4 \end{cases}$ 。

9. 若 $|A| \neq 0$，且 $AB = AC$ 試證 $B = C$。

10. 求① $\begin{vmatrix} 0 & 2 & 3 & -1 & 4 \\ -2 & 0 & -5 & -9 & 7 \\ -3 & 5 & 0 & 6 & -5 \\ 1 & 9 & -6 & 0 & -1 \\ -4 & -7 & 5 & 1 & 0 \end{vmatrix}$ 之值。

② $\begin{vmatrix} 28 & 25 & 38 \\ 42 & 38 & 65 \\ 56 & 47 & 83 \end{vmatrix}$ 之值。

11. 求① $\begin{vmatrix} 37 & 51 & 88 \\ 26 & 63 & 89 \\ 41 & 46 & 87 \end{vmatrix}$ 之值。

② $\begin{vmatrix} 32 & 20 & 7 \\ 40 & 30 & 8 \\ 48 & 40 & 10 \end{vmatrix}$ 之值。

③ $\begin{vmatrix} 1 & p & q & r+s \\ 1 & q & r & s+p \\ 1 & r & s & p+q \\ 1 & s & p & q+r \end{vmatrix}$ 之值。

5-2 方陣的特徵值

n 階方陣 $A = [a_{ij}]$ 若有一異於 0 的行矩陣 X 及純量 λ 使 $AX = \lambda X$，則 λ 稱為 A 的特徵值，X 為對應於 λ 的特徵向量。

由於 $AX = \lambda X$ 即

$$\begin{bmatrix} a_{11} & a_{12} & \cdots & a_{1n} \\ a_{21} & a_{22} & \cdots & a_{2n} \\ \vdots & \vdots & \vdots & \vdots \\ a_{n1} & a_{n2} & \cdots & a_{nn} \end{bmatrix} \begin{bmatrix} x_1 \\ x_2 \\ \vdots \\ x_n \end{bmatrix} = \lambda \begin{bmatrix} x_1 \\ x_2 \\ \vdots \\ x_n \end{bmatrix}$$

$$\begin{cases} (a_{11}-\lambda)x_1 + a_{12}x_2 + \cdots + a_{1n}x_n = 0 \\ a_{21}x_1 + (a_{22}-\lambda)x_2 + \cdots + a_{2n}x_n = 0 \\ \qquad\qquad\qquad \vdots \\ a_{n1}x_1 + a_{n2}x_2 + \cdots + (a_{nn}-\lambda)x_n = 0 \end{cases}$$

有異於$(0, 0, \cdots, 0)$的解，顯然

$$\begin{vmatrix} a_{11}-\lambda & a_{12} & \cdots & a_{1n} \\ a_{21} & a_{22}-\lambda & \cdots & a_{2n} \\ \vdots & \vdots & \cdots & \vdots \\ a_{n1} & a_{n2} & \cdots & a_{nn}-\lambda \end{vmatrix} = 0 \quad \text{即} |A - \lambda I_n| = 0$$

利用上面行列式等於 0 便可得 λ 的方程式即稱為 A 的特徵方程式，它的解便為 A 的特徵值。

範例 1　EXAMPLE

$A = \begin{bmatrix} 1 & 2 \\ 3 & 2 \end{bmatrix}$ 求 A 的特徵值與特徵向量。

解 A 的特徵方程式 $\begin{vmatrix} 1-\lambda & 2 \\ 3 & 2-\lambda \end{vmatrix} = 0$

$\lambda^2 - 3\lambda - 4 = 0$ 得 $\lambda = 4$ 或 $\lambda = -1$

(1) 當特徵值 $\lambda = 4$ 時

$\begin{cases} (1-4)x_1 + 2x_2 = 0 \\ 3x_1 + (2-4)x_2 = 0 \end{cases}$ 即 $\begin{cases} -3x_1 + 2x_2 = 0 \\ 3x_1 - 2x_2 = 0 \end{cases}$

其解 $\begin{cases} x_1 = t \\ x_2 = \dfrac{3}{2}t \end{cases}$，所以 $X = \begin{bmatrix} x_1 \\ x_2 \end{bmatrix} = \begin{bmatrix} t \\ \dfrac{3}{2}t \end{bmatrix} = \dfrac{t}{2}\begin{bmatrix} 2 \\ 3 \end{bmatrix}$

對應於 $\lambda = 4$ 的特徵向量 $X = \begin{bmatrix} 2 \\ 3 \end{bmatrix}$

(2)當特徵值 $\lambda = -1$ 時，$\begin{cases} (1+1)x_1 + 2x_2 = 0 \\ 3x_1 + (2+1)x_2 = 0 \end{cases}$ 即 $\begin{cases} 2x_1 + 2x_2 = 0 \\ 3x_1 + 3x_2 = 0 \end{cases}$

其解為 $\begin{cases} x_1 = t \\ x_2 = -t \end{cases}$，所以特徵向量為 $\begin{bmatrix} 1 \\ -1 \end{bmatrix}$

範例 2　　EXAMPLE

$A = \begin{bmatrix} 1 & -1 \\ 1 & 1 \end{bmatrix}$ 求 A 的特徵值與特徵向量。

解 A 的特徵方程式 $\begin{vmatrix} 1-\lambda & -1 \\ 1 & 1-\lambda \end{vmatrix} = 0$ 得 $\lambda^2 - 2\lambda + 2 = 0$，

特徵值 $\lambda = 1+i$ 及 $1-i$

(1)當 $\lambda = 1+i$ 時

$\begin{cases} -ix_1 - x_2 = 0 \\ x_1 - ix_2 = 0 \end{cases}$ 即 $x_2 = -ix_1$ 特徵向量 $X = \begin{bmatrix} 1 \\ -i \end{bmatrix}$

(2)當 $\lambda = 1-i$ 時

$\begin{cases} ix_1 - x_2 = 0 \\ x_1 + ix_2 = 0 \end{cases}$ 即 $x_2 = ix_1$ 特徵向量 $X = \begin{bmatrix} 1 \\ i \end{bmatrix}$

範例 3　　EXAMPLE

$A = \begin{bmatrix} 2 & 0 & 1 \\ 0 & 1 & 0 \\ 2 & 0 & 3 \end{bmatrix}$ 求 A 的特徵值與特徵向量。

解 A 的特徵方程式 $\begin{vmatrix} 2-\lambda & 0 & 1 \\ 0 & 1-\lambda & 0 \\ 2 & 0 & 3-\lambda \end{vmatrix} = 0$

即 $(\lambda-1)(\lambda-1)(\lambda-4) = 0$，特徵值為 $\lambda = 1, 1, 4$

(1)當 $\lambda = 1$ 時

$\begin{cases} (2-1)x_1 + 0x_2 + x_3 = 0 \\ 0x_1 + (1-1)x_2 + 0x_3 = 0 \\ 2x_1 + 0x_2 + (3-1)x_3 = 0 \end{cases}$ 即 $x_1 + x_3 = 0$

其解為 $\begin{cases} x_1 = t \\ x_2 = s \\ x_3 = -t \end{cases}$ 即 $\begin{bmatrix} x_1 \\ x_2 \\ x_3 \end{bmatrix} = t\begin{bmatrix} 1 \\ 0 \\ -1 \end{bmatrix} + s\begin{bmatrix} 0 \\ 1 \\ 0 \end{bmatrix}$

因此特徵向量為 $\begin{bmatrix} 1 \\ 0 \\ -1 \end{bmatrix}$ 及 $\begin{bmatrix} 0 \\ 1 \\ 0 \end{bmatrix}$

(2)當 $\lambda = 4$ 時

$\begin{cases} (2-4)x_1 + 0x_2 + x_3 = 0 \\ 0x_1 + (1-4)x_2 + 0x_3 = 0 \\ 2x_1 + 0x_2 + (3-4)x_3 = 0 \end{cases}$ 即 $\begin{cases} -2x_1 + x_3 = 0 \\ x_2 = 0 \\ 2x_1 - x_3 = 0 \end{cases}$ $\begin{cases} x_1 = t \\ x_2 = 0 \\ x_3 = 2t \end{cases}$

特徵向量為 $\begin{bmatrix} 1 \\ 0 \\ 2 \end{bmatrix}$

在工程問題上如解聯立微分方程組，轉變二次式為典式等某些問題，經常要藉用特徵值與特徵向量來處理，本章將介紹某些聯立微分方程組問題如何利用特徵值與特徵向量來求解。

首先，方陣 A 的特徵方程式在處理 A 的高次乘法問題也是一個很有用的方程式。

例如：$A = \begin{bmatrix} 1 & -1 \\ 1 & 1 \end{bmatrix}$ 它的特徵方程式為 $\lambda^2 - 2\lambda + 2 = 0$

又 $A^2 = \begin{bmatrix} 1 & -1 \\ 1 & 1 \end{bmatrix}\begin{bmatrix} 1 & -1 \\ 1 & 1 \end{bmatrix} = \begin{bmatrix} 0 & -2 \\ 2 & 0 \end{bmatrix}$

$A^2 - 2A + 2I_2 = \begin{bmatrix} 0 & -2 \\ 2 & 0 \end{bmatrix} - 2\begin{bmatrix} 1 & -1 \\ 1 & 1 \end{bmatrix} + 2\begin{bmatrix} 1 & 0 \\ 0 & 1 \end{bmatrix} = \begin{bmatrix} 0 & 0 \\ 0 & 0 \end{bmatrix}$

很明顯地可看出 A 滿足它的特徵方程式，這就是所謂 Cayley-Hamilton 定理。

範例 4　EXAMPLE

$A = \begin{bmatrix} 2 & 0 & 1 \\ 0 & 1 & 0 \\ 2 & 0 & 3 \end{bmatrix}$ 試求 A^5。

解　$A^2 = \begin{bmatrix} 2 & 0 & 1 \\ 0 & 1 & 0 \\ 2 & 0 & 3 \end{bmatrix}\begin{bmatrix} 2 & 0 & 1 \\ 0 & 1 & 0 \\ 2 & 0 & 3 \end{bmatrix} = \begin{bmatrix} 6 & 0 & 5 \\ 0 & 1 & 0 \\ 10 & 0 & 11 \end{bmatrix}$

假如直接計算 A^5 那將是一繁雜的工作，我們可利用 Cayley-Hamilton 定理：A 滿足它的特徵方程式

$$\lambda^3 - 6\lambda^2 + 9\lambda - 4 = 0$$

即　　$A^3 - 6A^2 + 9A - 4I_3 = 0_{3\times3}$

又　　$\lambda^5 = (\lambda^3 - 6\lambda^2 + 9\lambda - 4)(\lambda^2 + 6\lambda + 27) + (112\lambda^2 - 219\lambda + 108)$

則　　$A^5 = (A^3 - 6A^2 + 9A - 4I)(A^2 + 6A + 27I) + (112A^2 - 219A + 108I)$

$$= 112A^2 - 219A + 108I$$

$$= 112\begin{bmatrix} 6 & 0 & 5 \\ 0 & 1 & 0 \\ 10 & 0 & 11 \end{bmatrix} - 219\begin{bmatrix} 2 & 0 & 1 \\ 0 & 1 & 0 \\ 2 & 0 & 3 \end{bmatrix} + 108\begin{bmatrix} 1 & 0 & 0 \\ 0 & 1 & 0 \\ 0 & 0 & 1 \end{bmatrix}$$

$$= \begin{bmatrix} 242 & 0 & 341 \\ 0 & 1 & 0 \\ 682 & 0 & 683 \end{bmatrix}$$

範例 5　EXAMPLE

$$A = \begin{bmatrix} 1 & 3 \\ 2 & 2 \end{bmatrix}$$

① 求 A 的特徵值 l_1, l_2 與特徵向量。

② 試證：A^{-1} 的特徵值為 $\dfrac{1}{l_1}$, $\dfrac{1}{l_2}$。

解　① $|A - lI| = \begin{vmatrix} 1-l & 3 \\ 2 & 2-l \end{vmatrix} = (1-l)(2-l) - 6 = l^2 - 3l - 4 = 0$

$\therefore l_1 = 4,\ l_2 = -1$

當 $l_1 = 4$ 時 $\begin{cases} (1-4)x_1 + 3x_2 = 0 \\ 2x_1 + (2-4)x_2 = 0 \end{cases} \Rightarrow \begin{cases} x_1 = t \\ x_2 = t \end{cases}$

$\therefore$ 特徵向量為 $\begin{bmatrix} 1 \\ 1 \end{bmatrix}$

當 $l_2 = -1$ 時 $\begin{cases} (1+1)x_1 + 3x_2 = 0 \\ 2x_1 + (2+1)x_2 = 0 \end{cases} \Rightarrow \begin{cases} x_1 = t \\ x_2 = -\dfrac{2}{3}t \end{cases}$

$\therefore$ 特徵向量為 $\begin{bmatrix} 3 \\ -2 \end{bmatrix}$

② $|A| = \begin{vmatrix} 1 & 3 \\ 2 & 2 \end{vmatrix} = -4$

$$A^{-1} = \frac{1}{(-4)} \begin{bmatrix} 2 & -3 \\ -2 & 1 \end{bmatrix} = \begin{bmatrix} -\dfrac{1}{2} & \dfrac{3}{4} \\ \dfrac{1}{2} & -\dfrac{1}{4} \end{bmatrix}$$

$$|A^{-1} - lI| = \begin{vmatrix} -\dfrac{1}{2} - l & \dfrac{3}{4} \\ \dfrac{1}{2} & -\dfrac{1}{4} - l \end{vmatrix} = 0$$

得　　$4l^2 + 3l - 1 = 0$

$l = \dfrac{1}{4}$ 或 -1

即　　$l = \dfrac{1}{l_1}$ 或 $l = \dfrac{1}{l_2}$ 得證

範例 6　EXAMPLE

已知 $A = \begin{bmatrix} \dfrac{5}{2} & -\dfrac{3}{2} \\ -\dfrac{3}{2} & \dfrac{5}{2} \end{bmatrix}$ 試求 B 使 $B^2 = A$。

解　$|A - lI| = \begin{bmatrix} \dfrac{5}{2} - l & -\dfrac{3}{2} \\ -\dfrac{3}{2} & \dfrac{5}{2} - l \end{bmatrix} = 0$

得 $l^2 - 5l + 4 = 0$, $l = 4$ 或 1

當 $l_1 = 4$ 時 $\begin{cases} \left(\dfrac{5}{2} - 4\right)x_1 - \dfrac{3}{2}x_2 = 0 \\ \left(-\dfrac{3}{2}\right)x_1 + \left(\dfrac{5}{2} - 4\right)x_2 = 0 \end{cases}$ 即 $x_1 + x_2 = 0$

單位特徵向量為 $X_1 = \begin{bmatrix} \dfrac{1}{\sqrt{2}} \\ -\dfrac{1}{\sqrt{2}} \end{bmatrix}$

當 $l_2 = 1$ 時 $\begin{cases} \left(\dfrac{5}{2}-1\right)x_1 - \dfrac{3}{2}x_2 = 0 \\ \left(-\dfrac{3}{2}\right)x_1 + \left(\dfrac{5}{2}-1\right)x_2 = 0 \end{cases}$ 即 $x_1 - x_2 = 0$

單位特徵向量為 $X_2 = \begin{bmatrix} \dfrac{1}{\sqrt{2}} \\ \dfrac{1}{\sqrt{2}} \end{bmatrix}$

令 $M = [X_1, \, X_2] = \begin{bmatrix} \dfrac{1}{\sqrt{2}} & \dfrac{1}{\sqrt{2}} \\ -\dfrac{1}{\sqrt{2}} & \dfrac{1}{\sqrt{2}} \end{bmatrix}$ 則 $M^{-1} = \begin{bmatrix} \dfrac{1}{\sqrt{2}} & -\dfrac{1}{\sqrt{2}} \\ \dfrac{1}{\sqrt{2}} & \dfrac{1}{\sqrt{2}} \end{bmatrix} = M^T$

A 為對稱矩陣且兩特徵值 $l_1 \neq l_2$

因此 $M^{-1}AM = \begin{bmatrix} 4 & 0 \\ 0 & 1 \end{bmatrix} = D$ 則 $M^{-1}AM = M^{-1}B^2M = (M^{-1}BM)^2$

又 $\left(\begin{bmatrix} \sqrt{l_1} & 0 \\ 0 & \sqrt{l_2} \end{bmatrix} \right)^2 = \begin{bmatrix} l_1 & 0 \\ 0 & l_2 \end{bmatrix} = \begin{bmatrix} 4 & 0 \\ 0 & 1 \end{bmatrix} = D$

$\therefore (M^{-1}BM)^2 = \left(\begin{bmatrix} \sqrt{l_1} & 0 \\ 0 & \sqrt{l_2} \end{bmatrix} \right)^2$

考慮 $M^{-1}BM = \begin{bmatrix} \sqrt{l_1} & 0 \\ 0 & \sqrt{l_2} \end{bmatrix} = \begin{bmatrix} 2 & 0 \\ 0 & 1 \end{bmatrix} = (\sqrt{D})$

則 $B = M\sqrt{D}M^{-1} = \begin{bmatrix} \dfrac{1}{\sqrt{2}} & \dfrac{1}{\sqrt{2}} \\ -\dfrac{1}{\sqrt{2}} & \dfrac{1}{\sqrt{2}} \end{bmatrix} \begin{bmatrix} 2 & 0 \\ 0 & 1 \end{bmatrix} \begin{bmatrix} \dfrac{1}{\sqrt{2}} & -\dfrac{1}{\sqrt{2}} \\ \dfrac{1}{\sqrt{2}} & \dfrac{1}{\sqrt{2}} \end{bmatrix}$

$= \begin{bmatrix} \dfrac{3}{2} & -\dfrac{1}{2} \\ -\dfrac{1}{2} & \dfrac{3}{2} \end{bmatrix}$ 為所求

範例 7　EXAMPLE

設 $D = \begin{bmatrix} l_1 & 0 \\ 0 & l_2 \end{bmatrix}$ 試證 $e^{Dt} = \begin{bmatrix} e^{l_1 t} & 0 \\ 0 & e^{l_2 t} \end{bmatrix}$ 。

解 ∵ $e^{l_1 t} = 1 + \dfrac{(l_1 t)}{1!} + \dfrac{(l_1 t)^2}{2!} + \dfrac{(l_1 t)^3}{3!} + \cdots$

$e^{l_2 t} = 1 + \dfrac{(l_2 t)}{1!} + \dfrac{(l_2 t)^2}{2!} + \dfrac{(l_2 t)^3}{3!} + \cdots$

$$\therefore \begin{bmatrix} e^{l_1 t} & 0 \\ 0 & e^{l_2 t} \end{bmatrix} = \begin{bmatrix} 1 + \dfrac{(l_1 t)}{1!} + \dfrac{(l_1 t)^2}{2!} + \dfrac{(l_1 t)^3}{3!} + \cdots & 0 \\ 0 & 1 + \dfrac{(l_2 t)}{1!} + \dfrac{(l_2 t)^2}{2!} + \dfrac{(l_2 t)^3}{3!} + \cdots \end{bmatrix}$$

$$\begin{bmatrix} 1 & 0 \\ 0 & 1 \end{bmatrix} + \dfrac{1}{1!}\begin{bmatrix} l_1 t & 0 \\ 0 & l_2 t \end{bmatrix} + \dfrac{1}{2!}\begin{bmatrix} (l_1 t)^2 & 0 \\ 0 & (l_2 t)^2 \end{bmatrix} + \dfrac{1}{3!}\begin{bmatrix} (l_1 t)^3 & 0 \\ 0 & (l_2 t)^3 \end{bmatrix} + \cdots$$

$$= I + \dfrac{1}{1!}Dt + \dfrac{1}{2!}D^2 t^2 + \dfrac{1}{3!}D^3 t^3 + \cdots = e^{Dt}$$

Problem 5-2 習題

1. 求下列方陣的特徵值與特徵向量：

(1) $\begin{bmatrix} 2 & 0 & -2 \\ 0 & 4 & 0 \\ -2 & 0 & 5 \end{bmatrix}$　　(2) $\begin{bmatrix} \cos\theta & -\sin\theta \\ \sin\theta & \cos\theta \end{bmatrix}$　　(3) $\begin{bmatrix} 1 & 2 \\ 2 & 4 \end{bmatrix}$

(4) $\begin{bmatrix} 3 & 0 & 0 \\ 0 & 4 & \sqrt{3} \\ 0 & \sqrt{3} & 6 \end{bmatrix}$　　(5) $\begin{bmatrix} -5 & 5 & 7 \\ -2 & 2 & 3 \\ -4 & 5 & 4 \end{bmatrix}$

2. $A = \begin{bmatrix} 1 & 2 \\ 1 & 4 \end{bmatrix}$，試求 A^3，A^7。

3. $A = \begin{bmatrix} -5 & 5 & 7 \\ -2 & 2 & 3 \\ -4 & 5 & 4 \end{bmatrix}$，試求 $A^4 - A^3$。

4. 對稱矩陣 $A = \begin{bmatrix} 2 & \sqrt{2} \\ \sqrt{2} & 3 \end{bmatrix}$，設 U_1, U_2 為 A 的特徵值 λ_1, λ_2 所對應之單位特徵向量

$M = [U_1 \ U_2]$

① 試證 $M^{-1} = M^T$　　　　② 試證 $M^{-1}AM = \begin{bmatrix} \lambda_1 & 0 \\ 0 & \lambda_2 \end{bmatrix}$

③ 求 $M^{-1}A^{10}M$　　　　　④ 求 e^{Ax}

5-3 線性聯立微分方程組

例如 $\begin{cases} \dfrac{dx_1}{dt} = 2x_1 + 3x_2 \\ \dfrac{dx_2}{dt} = x_1 - 4x_2 \end{cases}$ 我們前幾章已討論過，可利用徵分運號亦可利用拉普拉斯變

換求取解答，這裡我們將介紹利用特徵值與特徵向量以類似解一般微分方程式的方法來求其答案。

假如我們定義矩陣

$$U = [u_{ij}(t)] \text{的導數} \frac{dU}{dt} = \left[\frac{d}{dt} u_{ij}(t) \right]$$

$$U = [u_{ij}(t)] \text{的積分} \int U dt = \left[\int u_{ij}(t) dt \right]$$

例如： $U = \begin{bmatrix} t^2 & 3t \\ e^{2t} & \sin 4t \end{bmatrix}$

則 $\dfrac{dU}{dt} = \begin{bmatrix} 2t & 3 \\ 2e^{2t} & 4\cos 4t \end{bmatrix}$, $\int U dt = \begin{bmatrix} \dfrac{t^3}{3} & \dfrac{3t^2}{2} \\ \dfrac{1}{2}e^{2t} & -\dfrac{1}{4}\cos 4t \end{bmatrix}$

那麼上式聯立微分方程組可寫成

$$\frac{dX}{dt} = AX \text{，其中} A = \begin{bmatrix} 2 & 3 \\ 1 & -4 \end{bmatrix}, \quad X = \begin{bmatrix} x_1 \\ x_2 \end{bmatrix}$$

其形式便類似微分方程式 $x' = ax$ (其解為 $x = ce^{at}$)

對於聯立微分方程組 $\dfrac{dX}{dt} = AX$; $A = [a_{ij}]_{n \times n}$, $X = \begin{bmatrix} x_1 \\ x_2 \\ \vdots \\ x_n \end{bmatrix}$

我們考慮它的解為 $X = e^{\lambda t} U$, $U = \begin{bmatrix} u_1 \\ u_2 \\ \vdots \\ u_n \end{bmatrix}$ 為某些定值行矩陣。

代入上式得

$$\lambda e^{\lambda t}U = Ae^{\lambda t}U = e^{\lambda t}AU$$
$$\lambda U = AU$$

顯然，λ 為 A 的一個特徵值，U 為對應於 λ 的特徵向量。

假如 A 的特徵值 $\lambda_1,\ \lambda_2,\cdots,\ \lambda_n$ 為相異數，且其特徵向量為 $U_1,\ U_2,\cdots,\ U_n$，則 $\dfrac{dX}{dt}=AX$ 的通解為 $X = c_1e^{\lambda_1 t}U_1 + c_2e^{\lambda_2 t}U_2 + \cdots + c_ne^{\lambda_n t}U_n,\ \ c_1,\ c_2,\cdots,\ c_n$ 為常數。

範例 1　EXAMPLE

試解 $\begin{cases}\dfrac{dx_1}{dt}=x_1+2x_2\\[2mm]\dfrac{dx_2}{dt}=3x_1+2x_2\end{cases}$。

解 令 $A=\begin{bmatrix}1&2\\3&2\end{bmatrix},\ \ X=\begin{bmatrix}x_1\\x_2\end{bmatrix}$，原式可寫成 $\dfrac{dX}{dt}=AX$

又 A 的特徵方程式 $\begin{vmatrix}1-\lambda&2\\3&2-\lambda\end{vmatrix}=0$

得特徵值 $\lambda=4,\ -1$

當 $\lambda=4$ 時特徵向量 $u_1=\begin{bmatrix}2\\3\end{bmatrix}$

當 $\lambda=-1$ 時特徵向量 $u_2=\begin{bmatrix}1\\-1\end{bmatrix}$

則聯立微分方程組之通解為

$$\begin{bmatrix}x_1\\x_2\end{bmatrix}=c_1e^{4t}\begin{bmatrix}3\\2\end{bmatrix}+c_2e^{-t}\begin{bmatrix}1\\-1\end{bmatrix}$$

即 $\begin{cases}x_1=3c_1e^{4t}+c_2e^{-t}\\x_2=2c_1e^{4t}-c_2e^{-t}\end{cases}$

範例 2 EXAMPLE

試解 $\dfrac{dX}{dt} = \begin{bmatrix} 1 & -1 \\ 1 & 1 \end{bmatrix} X$ 。

解 $A = \begin{bmatrix} 1 & -1 \\ 1 & 1 \end{bmatrix}$ 的特徵方程式 $\begin{vmatrix} 1-\lambda & -1 \\ 1 & 1-\lambda \end{vmatrix} = 0$ ， $\lambda = 1+i$ 及 $1-i$

當 $\lambda = 1+i$ 時 $\quad u_1 = \begin{bmatrix} 1 \\ -i \end{bmatrix}$

當 $\lambda = 1-i$ 時 $\quad u_2 = \begin{bmatrix} 1 \\ i \end{bmatrix}$

則方程組之通解為

$$
\begin{aligned}
X &= c_1 e^{(1+i)t} \begin{bmatrix} 1 \\ -i \end{bmatrix} + c_2 e^{(1-i)t} \begin{bmatrix} 1 \\ i \end{bmatrix} = c_1 e^t e^{it} \begin{bmatrix} 1 \\ -i \end{bmatrix} + c_2 e^t e^{-it} \begin{bmatrix} 1 \\ i \end{bmatrix} \\
&= c_1 e^t (\cos t + i \sin t) \begin{bmatrix} 1 \\ -i \end{bmatrix} + c_2 e^t (\cos t - i \sin t) \begin{bmatrix} 1 \\ i \end{bmatrix} \\
&= c_1 e^t \left(\begin{bmatrix} \cos t \\ \sin t \end{bmatrix} + i \begin{bmatrix} \sin t \\ -\cos t \end{bmatrix} \right) + c_2 e^t \left(\begin{bmatrix} \cos t \\ \sin t \end{bmatrix} - i \begin{bmatrix} \sin t \\ -\cos t \end{bmatrix} \right) \\
&= \tilde{c}_1 e^t \begin{bmatrix} \cos t \\ \sin t \end{bmatrix} + \tilde{c}_2 e^t \begin{bmatrix} \sin t \\ -\cos t \end{bmatrix}
\end{aligned}
$$

對於線性與齊次聯立方程組

$$
\frac{dX}{dt} = AX + B(t) \quad ; \quad X = \begin{bmatrix} x_1 \\ x_2 \\ \vdots \\ x_n \end{bmatrix}
$$

$$
A = [a_{ij}]_{n \times n} , \quad B(t) = \begin{bmatrix} b_1(t) \\ b_2(t) \\ \vdots \\ b_n(t) \end{bmatrix}
$$

它的通解為 $X = X_c(t) + X_p(t)$

其中 $X_c(t)$ 為 $\dfrac{dX}{dt} = AX$ 的通解

$X_p(t)$ 為 $\dfrac{dX}{dt} = AX + B(t)$ 的一特解

由於 $X_c(t) = c_1 X_1(t) + c_2 X_2(t) + \cdots + c_n X_n(t)$

利用參數變換法：

令　　　　$X_p(t) = v_1(t)X_1(t) + v_2(t)X_2(t) + \cdots + v_n(t)X_n(t)$

　　　　　$= M(t) \cdot V(t)$

其中　　　$M(t) = [X_1(t) \quad X_2(t) \cdots X_n(t)]$

$$V(t) = \begin{bmatrix} v_1(t) \\ v_2(t) \\ \vdots \\ v_n(t) \end{bmatrix}$$

顯然　　　$\dfrac{dM}{dt} = AM$

$$\frac{dX_p}{dt} = AX_p + B$$

化為　　　$M\dfrac{dV}{dt} + \left(\dfrac{dM}{dt}\right) \cdot V = A(MV) + B$

$$M \cdot \frac{dV}{dt} + (AM) \cdot V = A(MV) + B$$

$$M\frac{dV}{dt} = B$$

$$V = \int M^{-1}B\,dt$$

範例 3　　EXAMPLE

試解 $\dfrac{dX}{dt} = \begin{bmatrix} 1 & 2 \\ 3 & 2 \end{bmatrix} X + \begin{bmatrix} e^t \\ e^{2t} \end{bmatrix}$。

解　由於 $\dfrac{dX}{dt} = \begin{bmatrix} 1 & 2 \\ 3 & 2 \end{bmatrix} X$ 的通解為

$$X_c = c_1 e^{4t}\begin{bmatrix} 3 \\ 2 \end{bmatrix} + c_2 e^{-t}\begin{bmatrix} 1 \\ -1 \end{bmatrix} = c_1\begin{bmatrix} 3e^{4t} \\ 2e^{4t} \end{bmatrix} + c_2\begin{bmatrix} e^{-t} \\ -e^{-t} \end{bmatrix}$$

$$= c_1 X_1(t) + c_2 X_2(t) = \begin{bmatrix} 3e^{4t} & e^{-t} \\ 2e^{4t} & -e^{-t} \end{bmatrix}\begin{bmatrix} c_1 \\ c_2 \end{bmatrix}$$

對於 $\dfrac{dX}{dt} = \begin{bmatrix} 1 & 2 \\ 3 & 2 \end{bmatrix} X + \begin{bmatrix} e^t \\ e^{2t} \end{bmatrix}$ 的特解 $X_p(t)$ 可利用參數變換法

令　　　　$X_p(t) = v_1(t)X_1(t) + v_2(t)X_2(t)$

$$= \begin{bmatrix} 3e^{4t} & e^{-t} \\ 2e^{4t} & -e^{-t} \end{bmatrix}\begin{bmatrix} v_1(t) \\ v_2(t) \end{bmatrix} = M(t)V(t)$$

$$M(t) = \begin{bmatrix} 3e^{4t} & e^{-t} \\ 2e^{4t} & -e^{-t} \end{bmatrix}, \quad V(t) = \begin{bmatrix} v_1(t) \\ v_2(t) \end{bmatrix}$$

代入原式 $M(t)\dfrac{dV}{dt} + \dfrac{dM}{dt}V = AMV + B$; $A = \begin{bmatrix} 1 & 2 \\ 3 & 2 \end{bmatrix}, \quad B = \begin{bmatrix} e^t \\ e^{2t} \end{bmatrix}$

$$M\frac{dV}{dt} + (AM)V = AMV + B$$

$$\frac{dV}{dt} = M^{-1}B = \begin{bmatrix} \dfrac{1}{5}e^{-4t} & \dfrac{1}{5}e^{-4t} \\ \dfrac{2}{5}e^{t} & -\dfrac{3}{5}e^{t} \end{bmatrix} \begin{bmatrix} e^t \\ e^{2t} \end{bmatrix} = \begin{bmatrix} \dfrac{1}{5}e^{-3t} + \dfrac{1}{5}e^{-2t} \\ \dfrac{2}{5}e^{2t} - \dfrac{3}{5}e^{3t} \end{bmatrix}$$

故 $\quad V(t) = \displaystyle\int M^{-1}B\,dt = \int \begin{bmatrix} \dfrac{1}{5}e^{-3t} + \dfrac{1}{5}e^{-2t} \\ \dfrac{2}{5}e^{2t} - \dfrac{3}{5}e^{3t} \end{bmatrix} dt = \begin{bmatrix} -\dfrac{1}{15}e^{-3t} - \dfrac{1}{10}e^{-2t} \\ \dfrac{1}{5}e^{2t} - \dfrac{1}{5}e^{3t} \end{bmatrix}$

即 $\quad X_p(t) = \begin{bmatrix} 3e^{4t} & e^{-t} \\ 2e^{4t} & -e^{-t} \end{bmatrix} \begin{bmatrix} -\dfrac{1}{15}e^{-3t} - \dfrac{1}{10}e^{-2t} \\ \dfrac{1}{5}e^{2t} - \dfrac{1}{5}e^{3t} \end{bmatrix} = \begin{bmatrix} -\dfrac{1}{2}e^{2t} \\ -\dfrac{1}{3}e^{t} \end{bmatrix}$

因此微分方程組之通解為

$$X(t) = X_c(t) + X_p(t) = c_1 e^{4t} \begin{bmatrix} 3 \\ 2 \end{bmatrix} + c_2 e^{-t} \begin{bmatrix} 1 \\ -1 \end{bmatrix} + \begin{bmatrix} -\dfrac{1}{2}e^{2t} \\ -\dfrac{1}{3}e^{t} \end{bmatrix}$$

如圖示電路問題，由克希荷夫定律可得

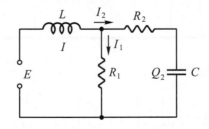

下列關係式

$$\frac{dQ_2}{dt} = I_2 \cdots\cdots(1)$$

$$I = I_1 + I_2 \cdots\cdots(2)$$

$$L\frac{dI}{dt} + R_1 I_1 = E \cdots\cdots(3)$$

$$R_2 I_2 + \frac{1}{C}Q_2 - R_1 I_1 = 0 \cdots\cdots(4)$$

$$L \cdot \frac{dI}{dt} + R_2 I_2 + \frac{1}{C} Q_2 = E \cdots\cdots(5)$$

由(2)(4)得

$$I_1 = \frac{R_2 I + \frac{1}{C} Q_2}{R_1 + R_2} \quad , \quad I_2 = \frac{R_1 I - \frac{1}{C} Q_2}{R_1 + R_2} \cdots\cdots(6)$$

將(6)代入(1)、(3)得

$$\begin{cases} \dfrac{dQ_2}{dt} = \dfrac{1}{R_1 + R_2} \left(R_1 I - \dfrac{1}{C} Q_2 \right) \\[3mm] \dfrac{dI}{dt} = \left(\dfrac{-1}{L} \right) \left(\dfrac{R_1}{R_1 + R_2} \right) \left(R_2 I + \dfrac{1}{C} Q_2 \right) + \dfrac{E}{L} \end{cases}$$

$$\begin{cases} \dfrac{dQ_2}{dt} = \dfrac{1}{LC(R_1 + R_2)} (-L Q_2 + C R_1 L I) \\[3mm] \dfrac{dI}{dt} = \dfrac{1}{LC(R_1 + R_2)} (-R_1 Q_2 - C R_1 R_2 I) + \dfrac{E}{L} \end{cases}$$

可化為　$\dfrac{d}{dt} \begin{bmatrix} Q_2 \\ I \end{bmatrix} = \dfrac{1}{LC(R_1 + R_2)} \begin{bmatrix} -L & CLR_1 \\ -R_1 & -CR_1 R_2 \end{bmatrix} \begin{bmatrix} Q_2 \\ I \end{bmatrix} + \begin{bmatrix} 0 \\ \dfrac{E}{L} \end{bmatrix}$

即　　$\dfrac{d}{dt} \begin{bmatrix} Q_2 \\ I \end{bmatrix} = A \begin{bmatrix} Q_2 \\ I \end{bmatrix} + \begin{bmatrix} 0 \\ \dfrac{E}{L} \end{bmatrix}$

$$A = \dfrac{1}{LC(R_1 + R_2)} \begin{bmatrix} -L & CLR_1 \\ -R_1 & -CR_1 R_2 \end{bmatrix}$$

為非線性微分方程組，其解可如例 3 求得。

範例 4　EXAMPLE

電路

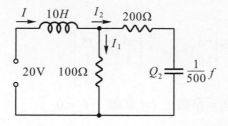

試求 I 及 Q_2。

解
$$A = \frac{1}{LC(R_1+R_2)}\begin{bmatrix} -L & CLR_1 \\ -R_1 & -CR_1R_2 \end{bmatrix} = \frac{1}{3}\begin{bmatrix} -5 & 1 \\ -50 & -20 \end{bmatrix} = \begin{bmatrix} -\dfrac{5}{3} & \dfrac{1}{3} \\ -\dfrac{50}{3} & -\dfrac{20}{3} \end{bmatrix}$$

電路關係式為

$$\frac{d}{dt}\begin{bmatrix} Q_2 \\ I \end{bmatrix} = A\begin{bmatrix} Q_2 \\ I \end{bmatrix} + \begin{bmatrix} 0 \\ 2 \end{bmatrix}$$

A 的特徵方程式

$$3\lambda^2 + 25\lambda + 50 = 0 \ , \quad \lambda = -5 \ , \quad -\frac{10}{3}$$

$\lambda = -5$ 時特徵向量為 $\begin{bmatrix} -1 \\ 10 \end{bmatrix}$

$\lambda = -\dfrac{10}{3}$ 時特徵向量為 $\begin{bmatrix} -1 \\ 5 \end{bmatrix}$

故
$$X_c = c_1 e^{-5t}\begin{bmatrix} -1 \\ 10 \end{bmatrix} + c_2 e^{-\frac{10}{3}t}\begin{bmatrix} -1 \\ 5 \end{bmatrix} = \begin{bmatrix} -e^{-5t} & -e^{-\frac{10}{3}t} \\ 10e^{-5t} & 5e^{-\frac{10}{3}t} \end{bmatrix}\begin{bmatrix} c_1 \\ c_2 \end{bmatrix}$$

令
$$X_p = \begin{bmatrix} -e^{-5t} & -e^{-\frac{10}{3}t} \\ 10e^{-5t} & 5e^{-\frac{10}{3}t} \end{bmatrix}\begin{bmatrix} v_1(t) \\ v_2(t) \end{bmatrix} = M(t)V(t)$$

則
$$V(t) = \int M^{-1}B\,dt = \int\begin{bmatrix} e^{5t} & \dfrac{1}{5}e^{5t} \\ -2e^{\frac{10}{3}t} & -\dfrac{1}{5}e^{\frac{10}{3}t} \end{bmatrix}\begin{bmatrix} 0 \\ 2 \end{bmatrix}dt = \int\begin{bmatrix} \dfrac{2}{5}e^{5t} \\ -\dfrac{2}{5}e^{\frac{10}{3}t} \end{bmatrix}dt = \begin{bmatrix} \dfrac{2}{25}e^{5t} \\ -\dfrac{3}{25}e^{\frac{10}{3}t} \end{bmatrix}$$

$$X_p = \frac{2}{25}e^{5t}e^{-5t}\begin{bmatrix} -1 \\ 10 \end{bmatrix} - \frac{3}{25}e^{\frac{10}{3}t}e^{-\frac{10}{3}t}\begin{bmatrix} -1 \\ 5 \end{bmatrix} = \begin{bmatrix} \dfrac{1}{25} \\ \dfrac{1}{5} \end{bmatrix}$$

所以電路通解

$$\begin{bmatrix} Q_2 \\ I \end{bmatrix} = c_1 e^{-5t}\begin{bmatrix} -1 \\ 10 \end{bmatrix} + c_2 e^{-\frac{10}{3}t}\begin{bmatrix} -1 \\ 5 \end{bmatrix} + \begin{bmatrix} \dfrac{1}{25} \\ \dfrac{1}{5} \end{bmatrix}$$

由於可知 $t \to \infty$ 時 $Q_2 =$ 常數，$I =$ 常數，$I_2 = 0$

5-3 習題

1. 試解 $\begin{cases} \dfrac{dx_1}{dt} = x_1 + 4x_2 \\ \dfrac{dx_2}{dt} = 2x_1 + 3x_2 \end{cases}$

2. 試解 $\begin{cases} \dfrac{dx_1}{dt} = x_1 - 5x_2 \\ \dfrac{dx_2}{dt} = x_1 - 3x_2 \end{cases}$

3. 試解 $\dfrac{dX}{dt} = \begin{bmatrix} 1 & 2 & -1 \\ 1 & 0 & 1 \\ 4 & -4 & 5 \end{bmatrix} X$

4. 試解 $\dfrac{dX}{dt} = \begin{bmatrix} 9 & 4 & 2 \\ -11 & -4 & -4 \\ -5 & -3 & 1 \end{bmatrix} X$

5. 試解 $\dfrac{dX}{dt} = \begin{bmatrix} 1 & -2 \\ 5 & -1 \end{bmatrix} X + \begin{bmatrix} 1 \\ t \end{bmatrix}$

6. 試解 $\dfrac{dX}{dt} = \begin{bmatrix} 9 & 4 & 2 \\ -11 & -4 & -4 \\ -5 & -3 & 1 \end{bmatrix} X + \begin{bmatrix} t \\ e^t \\ 0 \end{bmatrix}$

7. 電路在 $t = 0$ 時電荷與電流均爲 0

   試求 $t = 0$ 時開關連上後，$I(t)$ 及 $I_2(t)$

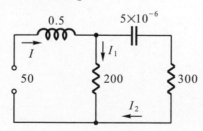

6

複變數函數

本章大綱

在二次方程式 $x^2+1=0$ 求解問題裡，我們無法求得它的實數解因而有必要將實數系擴展到另一數系即為複數系，本章將著重於複變數函數的性質及相關定理，更引用它來處理一些反拉氏變換的問題。其實複變數函數在流體力學，電磁學，位勢理論上的問題裡它也是一種重要的工具。

6-1 ┃ 複數

1. 基本性質

方程式 $x^2+1=0$ 的根 $\pm\sqrt{-1}$，規定 $\sqrt{-1}=i$（虛數），顯然 $i^2=-1$，那麼所有的複數 z 可寫為標準式：$x+yi\,(x,y$ 均為實數)

x 稱為 z 的實數部份可記為 $\operatorname{Re}(z)$

y 稱為 z 的虛數部份可記為 $\operatorname{Im}(z)$

例如：$\operatorname{Re}(-3+i)=-3$

$\operatorname{Im}(-5-2i)=-2$

複數 $z=x+iy$ 的共軛複數為 $x-iy$ 記為 $\bar{z}$。

複數 $z=x+iy$ 的絕對值 $|z|=\sqrt{x^2+y^2}$

範例 1　　EXAMPLE

① 化 $(1+i)(2-3i)$ 為標準式

② 求 $\left|\dfrac{(1-i)(3+4i)^3}{(4+3i)^2}\right|$

③ 證明 $\overline{z_1 z_2}=\bar{z_1}\bar{z_2}$

④ 證明 $z\bar{z}=|z|^2$

解 ① $(1+i)(2-3i)=2+(2-3)i-3i^2=(2+3)+(2-3)i=5+(-1)i$

② $\left|\dfrac{(1-i)(3+4i)^3}{(4+3i)^2}\right|=\dfrac{|1-i||3+4i|^3}{|4+3i|^2}=\dfrac{\sqrt{2}(5)^3}{(5)^2}=5\sqrt{2}$

③ 設 $z_1=x_1+iy_1,\ z_2=x_2+iy_2$

則 $\bar{z_1}=x_1-y_1 i,\ \bar{z_2}=x_2-y_2 i$

$z_1 z_2=(x_1 x_2-y_1 y_2)+i(x_1 y_2+x_2 y_1)$

$$\overline{z_1 z_2} = (x_1 x_2 - y_1 y_2) - (x_1 y_2 + x_2 y_1)i$$

又 $\overline{z_1}\,\overline{z_2} = (x_1 - y_1 i)(x_2 - y_2 i) = (x_1 x_2 - y_1 y_2) + (-x_1 y_2 - x_2 y_1)i$

$$= (x_1 x_2 - y_1 y_2) - (x_1 y_2 + x_2 y_1)i$$

$$\therefore \overline{z_1 z_2} = \overline{z_1}\,\overline{z_2}$$

④設 $z = x + iy$，則 $\overline{z} = x - iy$

$$z\overline{z} = (x + iy)(x - iy) = x^2 + y^2 = |z|^2$$

在複數平面上，$z = x + iy$ 所對應之點 $P(x,\ y)$

若 P 的極坐標為 $(r,\ \theta)$ 則 $\begin{cases} x = r\cos\theta \\ y = r\sin\theta \end{cases}$

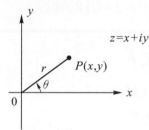

那麼，複數 $z = x + iy$ 可寫為

$$z = r\cos\theta + i(r\sin\theta) = r(\cos\theta + i\sin\theta) = re^{i\theta}\,(尤拉公式)$$

顯然 $r > 0$ 時，$r = \sqrt{x^2 + y^2} = |z|$。

z 以 $r(\cos\theta + i\sin\theta)$ 表示時，稱為極式。$r = |z|$ 稱為模數，θ 為 z 的幅角，複數 $z_1 = x_1 + iy_1,\ z_2 = x_2 + iy_2$ 在複數平面上對應點為 $P,\ Q$。

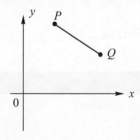

則
$$PQ = \sqrt{(x_1 - x_2)^2 + (y_1 - y_2)^2} = |(x_1 - x_2) + i(y_1 - y_2)|$$
$$= |(x_1 + iy_1) - (x_2 + iy_2)| = |z_1 - z_2|$$

範例 2　EXAMPLE

將 -1 化為極式。

解
$$-1 = (-1) + 0i = 1(\cos\pi + i\sin\pi) \tag{6-1}$$
$$= 1\big[\cos(\pi + 2k\pi) + i\sin(\pi + 2k\pi)\big] \quad k = 0,\ 1,\ 2,\ 3,\cdots \tag{6-2}$$

範例 3　EXAMPLE

在複數平面上求 $\{z\,||\,z-1|=|z+i|\}$ 的圖形。

解　在複數平面上 1 對應點為 P

$\qquad\qquad -i$ 對應點為 Q

$\qquad\qquad z$ 對應點為 R

則 $\qquad \{z\,||\,z-1|=|z+i|\} = \{R\,|\,\overline{PR} = \overline{QR}\}$

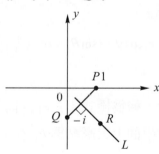

顯然，圖形為 $\overline{PQ}$ 的垂直平分線 L。

範例 4　EXAMPLE

將 $z = 1 + i$ 化為極式。

解　$z = 1 + i = \sqrt{2}\left(\dfrac{1}{\sqrt{2}} + \dfrac{1}{\sqrt{2}}i\right) = \sqrt{2}\left(\cos\dfrac{\pi}{4} + i\sin\dfrac{\pi}{4}\right)$

範例 5 EXAMPLE

在複數平面上求 $|z-1+i|=2$ 的圖形。

解 複數平面上 $1-i$ 所對應之點 Q, z 所對應之點為 P

則 $\{z\,|\,|z-1+i|=2\}=\{R\,|\,\overline{PQ}=2\}$

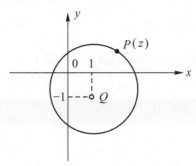

圖形為以 Q 為圓心半徑 2 的圓。

範例 6 EXAMPLE

試證 $|z_1+z_2|\leq|z_1|+|z_2|$。

解 $\because |z_1+z_2|^2=(z_1+z_2)\cdot\overline{(z_1+z_2)}=(z_1+z_2)\cdot(\overline{z_1}+\overline{z_2})=z_1\overline{z_1}+z_2\overline{z_1}+\overline{z_2}z_1+z_2\overline{z_2}$

$\qquad =|z_1|^2+z_2\overline{z_1}+\overline{(z_2\overline{z_1})}+|z_2|^2\leq|z_1|^2+|z_2\overline{z_1}|+|z_2\overline{z_1}|+|z_2|^2$

$\qquad =|z_1|^2+|z_2||z_1|+|z_2||z_1|+|z_2|^2=(|z_1|+|z_2|)^2$

$\therefore |z_1+z_2|\leq|z_1|+|z_2|$

❖ **定理 1　棣莫夫定理**

設　$z_1=r_1(\cos\theta_1+i\sin\theta_1)$, $z_2=r_2(\cos\theta_2+i\sin\theta_2)$

則　$z_1z_2=r_1r_2(\cos(\theta_1+\theta_2)+i\sin(\theta_1+\theta_2))$

$\quad \dfrac{z_1}{z_2}=\dfrac{r_1}{r_2}(\cos(\theta_1-\theta_2)+i\sin(\theta_1-\theta_2))$

$\quad z_1^n=r_1^n(\cos n\theta_1+i\sin n\theta_1)$

證　$z_1 z_2 = r_1(\cos\theta_1 + i\sin\theta_1)r_2(\cos\theta_2 + i\sin\theta_2)$

$= r_1 r_2[(\cos\theta_1\cos\theta_2 - \sin\theta_1\sin\theta_2) + i(\cos\theta_1\sin\theta_2 + \sin\theta_1\cos\theta_2)]$

$= r_1 r_2(\cos(\theta_1+\theta_2) + i\sin(\theta_1+\theta_2))$

$\dfrac{z_1}{z_2} = \dfrac{r_1(\cos\theta_1 + i\sin\theta_1)}{r_2(\cos\theta_2 + i\sin\theta_2)} = \dfrac{r_1}{r_2}\dfrac{(\cos\theta_1 + i\sin\theta_1)(\cos\theta_2 - i\sin\theta_2)}{(\cos\theta_2 + i\sin\theta_2)(\cos\theta_2 - i\sin\theta_2)}$

$= \dfrac{r_1}{r_2}\dfrac{(\cos\theta_1\cos\theta_2 + \sin\theta_1\sin\theta_2) + i(\sin\theta_1\cos\theta_2 - \cos\theta_1\sin\theta_2)}{1}$

$= \dfrac{r_1}{r_2}(\cos(\theta_1-\theta_2) + i\sin(\theta_1-\theta_2))$

利用數學歸納法，可得 $z_1^n = r_1^n(\cos n\theta_1 + i\sin n\theta_1)$

範例 7　EXAMPLE

求 $(1+i)^5$。

解　$z = 1+i = \sqrt{2}(\cos\dfrac{\pi}{4} + i\sin\dfrac{\pi}{4})$

則 $z^5 = (\sqrt{2})^5\left(\cos\dfrac{5\pi}{4} + i\sin\dfrac{5\pi}{4}\right) = 4\sqrt{2}\left(-\dfrac{1}{\sqrt{2}} - \dfrac{1}{\sqrt{2}}i\right) = -4 - 4i$

範例 8　EXAMPLE

化 $\dfrac{(\cos 20° + i\sin 20°)^5(\cos 85° - i\sin 85°)}{(\sin 15° - i\cos 15°)}$ 為標準式。

解　原式 $= \dfrac{(\cos 100° + i\sin 100°)(\cos(-85°) + i\sin(-85°))}{(\cos 75° - i\sin 75°)}$

$= \dfrac{(\cos 100° + i\sin 100°)(\cos(-85°) + i\sin(-85°))}{(\cos(-75°) + i\sin(-75°))}$

$= \cos(100° - 85° + 75°) + i\sin(100° - 85° + 75°)$

$= \cos 90° + i\sin 90° = 0 + i$

2.　複數方根

$z = r(\cos\theta + i\sin\theta)$

則 z 的 n 次方根爲

$$\sqrt[n]{r}\left(\cos\frac{2k\pi+\theta}{n}+i\sin\frac{2k\pi+\theta}{n}\right),\ k=0,\ 1,\ \cdots,\ (n-1)$$

範例 9　EXAMPLE

求 i 的平方根。

 解　$i=0+i=\cos90°+i\sin90°$

$\therefore\ i$ 的平方根爲　$\cos\dfrac{2k\pi+90°}{2}+i\sin\dfrac{2k\pi+90°}{2},\ k=0,\ 1$

$k=0$ 得根爲　$\cos\dfrac{90°}{2}+i\sin\dfrac{90°}{2}=\dfrac{1}{\sqrt{2}}+i\dfrac{1}{\sqrt{2}}$

$k=1$ 得另一根爲　$\cos\left(\pi+\dfrac{90°}{2}\right)+i\sin\left(\pi+\dfrac{90°}{2}\right)=-\dfrac{1}{\sqrt{2}}-\dfrac{1}{\sqrt{2}}i$

範例 10　EXAMPLE

求 $-1+i$ 的立方根。

解　$-1+i=\sqrt{2}\left(\dfrac{-1}{\sqrt{2}}+i\dfrac{1}{\sqrt{2}}\right)=\sqrt{2}\left(\cos\dfrac{3\pi}{4}+i\sin\dfrac{3\pi}{4}\right)$

$\therefore\ -1+i$ 的立根爲　$\sqrt[6]{2}\left(\cos\dfrac{2k\pi+\dfrac{3\pi}{4}}{3}+i\sin\dfrac{2k\pi+\dfrac{3\pi}{4}}{3}\right),\ k=0,\ 1,\ 2$

$k=0$ 時根爲　$\sqrt[6]{2}(\cos45°+i\sin45°)$

$k=1$ 時根爲　$\sqrt[6]{2}(\cos(165°)+i\sin165°)$

$k=2$ 時另一根爲　$\sqrt[6]{2}(\cos(285°)+i\sin285°)$

6-2 ｜ 複變數函數

$z=x+iy$ 則函數 $w=f(z)=u(x,\ y)+iv(x,\ y)$ 爲一複變數函數。

例如：$w=z^2=(x+iy)^2=(x^2-y^2)+i(2xy)$

例如：$w=\dfrac{1}{1+i}=\dfrac{1-i}{(1+i)(1-i)}=\dfrac{1-i}{2}=\left(\dfrac{1}{2}\right)+i\left(-\dfrac{1}{2}\right)$ 爲常數函數。

1. 指數函數

$$w = e^z = e^{x+iy} = e^x(\cos y + i\sin y)$$

若 $a > 0$，則 $a^z = e^{z\ln a}$

例如：$e^{1+\frac{\pi}{2}i} = e^1 e^{\frac{\pi}{2}i} = e\left(\cos\frac{\pi}{2} + i\sin\frac{\pi}{2}\right) = (e)i$

例如：$2^{1+i} = e^{(1+i)\ln 2} = e^{\ln 2}e^{i\ln 2} = 2(\cos(\ln 2) + i\sin(\ln 2))$

2. 三角函數

$$\sin z = \frac{e^{iz} - e^{-iz}}{2i}, \quad \cos z = \frac{e^{iz} + e^{-iz}}{2}, \quad \tan z = \frac{\sin z}{\cos z}$$

$$\cot z = \frac{\cos z}{\sin z}, \quad \sec z = \frac{1}{\cos z}, \quad \csc z = \frac{1}{\sin z}$$

實數三角函數中的許多性質，在複數三角函數中亦成立，例如：

$$\sin^2 z + \cos^2 z = 1, \quad 1 + \tan^2 z = \sec^2 z$$

$$1 + \cot^2 z = \csc^2 z, \quad \sin(-z) = -\sin z$$

$$\cos(-z) = \cos z, \quad \tan(-z) = -\tan z$$

$$\sin(z_1 \pm z_2) = \sin z_1 \cos z_2 \pm \cos z_1 \sin z_2$$

$$\cos(z_1 \pm z_2) = \cos z_1 \cos z_2 \mp \sin z_1 \sin z_2$$

$$\tan(z_1 \pm z_2) = \frac{\tan z_1 \pm \tan z_2}{1 \mp \tan z_1 \tan z_2}$$

例如：$\sin(i) = \dfrac{e^{i(i)} - e^{-i(i)}}{2i} = \dfrac{e^{-1} - e^1}{2i} = \dfrac{(e - e^{-1})i}{2}$

例如：$\cos(i) = \dfrac{e^{i(i)} + e^{-i(i)}}{2} = \dfrac{e^{-1} + e}{2}$

範例 1　EXAMPLE

試驗證：$\sin(1+i) = \sin 1\cos(i) + \sin(i)\cos 1$

解

$$\sin(1+i) = \frac{e^{i(1+i)} - e^{-i(1+i)}}{2i} = \frac{e^{-1+i} - e^{1-i}}{2i}$$

$$= \frac{e^{-1}(\cos 1 + i\sin 1) - e(\cos(-1) + i\sin(-1))}{2i}$$

$$= \frac{e^{-1}(\cos 1 + i\sin 1) - e(\cos 1 - i\sin 1)}{2i}$$

$$= \left(\frac{e^{-1} - e}{2i}\right)\cos 1 + i\left(\frac{e^{-1} + e}{2i}\right)\sin 1$$

$$= \left(\frac{e^{-1} - e}{2i}\right)\cos 1 + \left(\frac{e^{-1} + e}{2}\right)\sin 1$$

$$= \sin(i)\cos 1 + \cos(i)\sin 1$$

3. 雙曲線函數

$$\sinh z = \frac{e^z - e^{-z}}{2} \qquad\qquad \cosh z = \frac{e^z + e^{-z}}{2}$$

$$\tanh z = \frac{\sinh z}{\cosh z} \qquad\qquad \coth z = \frac{\cosh z}{\sinh z}$$

$$\operatorname{sech} z = \frac{1}{\cosh z} \qquad\qquad \operatorname{csch} z = \frac{1}{\sinh z}$$

例如：$\sinh 2 = \dfrac{e^2 - e^{-2}}{2}$

$$\cosh(i) = \frac{e^i + e^{-i}}{2} = \frac{(\cos 1 + i\sin 1) + (\cos 1 - i\sin 1)}{2} = \cos 1$$

例如：$\sinh(1+i) = \dfrac{e^{(1+i)} - e^{-(1+i)}}{2} = \dfrac{e(\cos 1 + i\sin 1) - e^{-1}(\cos 1 - i\sin 1)}{2}$

$$= \left(\frac{e - e^{-1}}{2}\right)\cos 1 + i\left(\frac{e + e^{-1}}{2}\right)\sin 1$$

範例 2　　EXAMPLE

試證：① $\sin(iz) = i\sinh z$

② $\cosh(iz) = \cos z$

③ $1 - \tanh^2 z = \operatorname{sech}^2 z$

④ $\sin(x + iy) = \sin x \cosh y + i\cos x \sinh y$

解 ① $\sin(iz) = \dfrac{e^{i(iz)} - e^{-i(iz)}}{2i} = \dfrac{e^{-z} - e^z}{2i} = i\left(\dfrac{e^z - e^{-z}}{2}\right) = i\sinh z$

② $\cosh(iz) = \dfrac{e^{iz} + e^{-iz}}{2} = \cos z$

③ $1 - \tanh^2 z = 1 - \left(\dfrac{\sinh^2 z}{\cosh^2 z} \right) = 1 - \left(\dfrac{(e^z - e^{-z})^2}{(e^z + e^{-z})^2} \right)$

$$= \dfrac{(e^z + e^{-z})^2 - (e^z - e^{-z})^2}{(e^z + e^{-z})^2} = \dfrac{4}{(e^z + e^{-z})^2} = \mathrm{sech}^2 z$$

④ $\sin(x + iy) = \sin x \cos(iy) + \sin(iy) \cos x = \sin x \cosh y + i \sinh y \cos x$

4. 對數

若 $z = re^{i\theta}$ ，則 $\ln z = \ln r + i(\theta + 2k\pi)$ ， $k = 0, \pm 1, \pm 2, \cdots$

為一多值函數， $\mathscr{L}nz = \ln r + i\theta$ ， $(0 \le \theta < 2\pi)$ 為其主值

例如：$\ln(1 + i) = \ln\left[\sqrt{2}\left(\cos\dfrac{\pi}{4} + i\sin\dfrac{\pi}{4} \right) \right] = \ln[\sqrt{2}e^{i\left(\frac{\pi}{4}\right)}]$

$$= \ln\sqrt{2} + i\left(2k\pi + \dfrac{\pi}{4} \right), \quad k = 0, \pm 1, \pm 2, \cdots$$

其主值為 $\mathscr{L}n(1 + i) = \ln\sqrt{2} + i\left(\dfrac{\pi}{4} \right) = \dfrac{1}{2}\ln 2 + i\left(\dfrac{\pi}{4} \right)$

Problem 6-2 習題

1. 化 $-1 - i$ 為極式

2. 求 $\left| \dfrac{(3 + 4i)^3 (1 + i)^2}{(4 - 3i)^2} \right|$

3. 求 $(1 - i)^{20}$

4. 化 $\dfrac{(1 - \sqrt{3}i)^2 (\cos 50° + i\sin 50°)}{(1 + \cos 40° + i\sin 40°)}$ 為標準式

5. 求 $1 + i$ 的平方根

6. 求 i 的立方根

7. 在複數平面上求 $\{z \mid |z + i| + |z - i| = 4\}$ 的圖形

8. 求① $\sin\left(\dfrac{\pi}{4} + i \right)$　② $\cosh(i)$　③ $\ln(1 - i)$　④ $(i)^i$

6-3 可解析函數

1. 導數

複變數函數 $f(z)$ 在複數平面之某一區域 R 內為單值函數，且 $\lim\limits_{\Delta z \to 0} \dfrac{f(z+\Delta z)-f(z)}{\Delta z}$ 存在，此極限值為 $f(z)$ 之導函數 $f'(z)$

例如：$f(z) = z^2$

則 $f'(z) = \lim\limits_{\Delta z \to 0} \dfrac{(z+\Delta z)^2 - z^2}{\Delta z} = \lim\limits_{\Delta z \to 0} \dfrac{2z(\Delta z)+(\Delta z)^2}{\Delta z} = 2z$

因此，$f'(1+i) = 2(1+i)$

範例 1　EXAMPLE

$f(z) = \mathrm{Re}(z)$，試求 $f'(1+i)$。

解

$$f'(1+i) = \lim_{\Delta z \to 0} \frac{\mathrm{Re}[(1+i)+\Delta z] - \mathrm{Re}(1+i)}{\Delta z}$$

$$= \lim_{\Delta x + i\Delta y \to 0} \frac{\mathrm{Re}[(1+\Delta x) + i(1+\Delta y)] - \mathrm{Re}(1+i)}{\Delta x + i\Delta y}$$

$$= \lim_{\Delta x + i\Delta y \to 0} \frac{(1+\Delta x) - 1}{\Delta x + i\Delta y} = \lim_{\Delta x + i\Delta y \to 0} \frac{\Delta x}{\Delta x + i\Delta y}$$

當 $\Delta y = 0$ 時

$$\lim_{\Delta x + i\Delta y \to 0} \frac{\Delta x}{\Delta x + i(\Delta y)} = 1$$

當 $\Delta x = 0$ 時

$$\lim_{\Delta x + i\Delta y \to 0} \frac{\Delta x}{\Delta x + i\Delta y} = \lim_{i\Delta y \to 0} \frac{0}{i\Delta y} = 0$$

因此 $f'(1+i)$ 不存在

2. 可解析函數

對於 z_0 之某一鄰域 $N = \{z \mid |z - z_0| < \delta\}$ 中每一 z，$f'(z)$ 均存在則稱 $f(z)$ 在 z_0 處可解析，若 $f(z)$ 在區域 R 內每一處 z 均可解析，則稱 $f(z)$ 在 R 內為一解析函數。

例如：$f(z) = z^2$，對每一複數 z，$f'(z) = 2z$ 所以 z^2 為一解析函數。

範例 2　　EXAMPLE

試證：$f(z) = \bar{z}$ 不是解析函數。

解　$f'(z) = \lim_{\Delta z \to 0} \dfrac{f(z + \Delta z) - f(z)}{\Delta z} = \lim_{\Delta z \to 0} \dfrac{\overline{z + \Delta z} - \bar{z}}{\Delta z}$

$\qquad\quad = \lim_{\Delta z \to 0} \dfrac{\overline{\Delta z}}{\Delta z} = \lim_{\Delta x + i\Delta y \to 0} \dfrac{\Delta x - i\Delta y}{\Delta x + i\Delta y}$

當 $\Delta x = 0$ 時

$$\lim_{\Delta x + i\Delta y \to 0} \frac{\Delta x - i\Delta y}{\Delta x + i\Delta y} = \lim_{i\Delta y \to 0} \frac{-i(\Delta y)}{i(\Delta y)} = -1$$

當 $\Delta y = 0$ 時

$$\lim_{\Delta x + i\Delta y \to 0} \frac{\Delta x - i\Delta y}{\Delta x + i\Delta y} = \lim_{\Delta x \to 0} \frac{\Delta x}{\Delta x} = 1$$

因此 $f'(z)$ 不存在，即對每一 z，$f(z)$ 均不解析

3.　柯西-黎曼方程式

❖ **定理 2　複變數函數**

$$w = f(z) = f(x + iy) = u(x,\ y) + iv(x,\ y)$$

在區域 R 內可解析若且唯若

$$\begin{cases} \dfrac{\partial u}{\partial x} = \dfrac{\partial v}{\partial y} \\[2mm] \dfrac{\partial u}{\partial y} = -\dfrac{\partial v}{\partial x} \end{cases} \quad \text{(其中偏導函數在 } R \text{ 內連續)}$$

且　$f'(z) = \dfrac{\partial u}{\partial x} + i\dfrac{\partial v}{\partial x} = -i\dfrac{\partial u}{\partial y} + \dfrac{\partial v}{\partial y}$

證　$w = f(z) = f(x + iy) = u(x,\ y) + iv(x,\ y)$

則　$\begin{cases} \dfrac{\partial w}{\partial x} = \dfrac{\partial u}{\partial x} + i\dfrac{\partial v}{\partial x} \\[2mm] \dfrac{\partial w}{\partial y} = \dfrac{\partial u}{\partial y} + i\dfrac{\partial v}{\partial y} \end{cases}$

又由連鎖律

$$\begin{cases} \dfrac{\partial w}{\partial x} = \dfrac{df}{dz}\dfrac{\partial z}{\partial x} = \dfrac{df}{dz}(1) = \dfrac{df}{dz} \\ \dfrac{\partial w}{\partial y} = \dfrac{df}{dz}\dfrac{\partial z}{\partial y} = \dfrac{df}{dz}(i) = i\left(\dfrac{df}{dz}\right) \end{cases}$$

$\therefore \quad \dfrac{df}{dz} = \dfrac{\partial u}{\partial x} + i\dfrac{\partial v}{\partial x} = \dfrac{1}{i}\left(\dfrac{\partial u}{\partial y} + i\dfrac{\partial v}{\partial y}\right) = -i\dfrac{\partial u}{\partial y} + \dfrac{\partial v}{\partial y}$

因此　$\begin{cases} \dfrac{\partial u}{\partial x} = \dfrac{\partial v}{\partial y} \\ \dfrac{\partial u}{\partial y} = -\dfrac{\partial v}{\partial x} \end{cases}$

範例 3　EXAMPLE

$f(z) = \dfrac{1}{z}$ 在那一區域為可解析函數？

解　$w = f(z) = \dfrac{1}{z} = \dfrac{1}{x+iy} = \left(\dfrac{x}{x^2+y^2}\right) + i\left(\dfrac{-y}{x^2+y^2}\right)$

$\therefore \quad u(x,\ y) = \dfrac{x}{x^2+y^2}$ ， $v(x,\ y) = -\dfrac{y}{x^2+y^2}$

$\begin{cases} \dfrac{\partial u}{\partial x} = \dfrac{y^2-x^2}{(x^2+y^2)^2} \\ \dfrac{\partial u}{\partial y} = \dfrac{-2xy}{(x^2+y^2)^2} \end{cases}$ ， $\begin{cases} \dfrac{\partial v}{\partial x} = \dfrac{2xy}{(x^2+y^2)^2} \\ \dfrac{\partial v}{\partial y} = \dfrac{y^2-x^2}{(x^2+y^2)^2} \end{cases}$

得　$\dfrac{\partial u}{\partial x} = \dfrac{\partial v}{\partial y}$ ， $\dfrac{\partial u}{\partial y} = -\dfrac{\partial v}{\partial x}$

$\therefore$除了 $z=0(x=0,\ y=0)$外在複數平面上其他各處 $f(z)$ 為可解析函數

範例 4　EXAMPLE

$f(z) = \sin z$ ，求 $f'(z)$

解　$f(z) = \sin z = \sin(x+iy) = \sin x \cosh y + i\sinh y \cos x$

$\therefore \quad u(x,\ y) = \sin x \cosh y$ ， $v(x,\ y) = \sinh y \cos x$

$$\begin{cases} \dfrac{\partial u}{\partial x} = \cos x \cosh y \\ \dfrac{\partial u}{\partial y} = \sin x \sinh y \end{cases} , \quad \begin{cases} \dfrac{\partial v}{\partial x} = -\sinh y \sin x \\ \dfrac{\partial v}{\partial y} = \cosh y \cos x \end{cases}$$

得 $\quad \dfrac{\partial u}{\partial x} = \dfrac{\partial v}{\partial y} , \quad \dfrac{\partial u}{\partial y} = -\dfrac{\partial v}{\partial x}$

由柯西–黎曼定理

$$f'(z) = \frac{\partial u}{\partial x} + i\frac{\partial v}{\partial x} = \cos x \cosh y + (-\sinh y \sin x)i = \cos(x+iy) = \cos z$$

6-4 複數積分

若 $f(z) = u(x,\ y) + iv(x,\ y)$ 在區域 R 內為單值連續函數，曲線 C 在 R 內則 $f(z)$ 沿 C 的線積分為

$$\int_C f(z)dz = \int_C (u+iv)(dx+idy) = \int_C (udx - vdy) + i\int_C (vdx + udy)$$

範例 1 　 EXAMPLE

求 $\displaystyle\int_C \bar{z}dz$ 路徑 C 由 0 沿直線到 $1+i$。

解
$$\int_C \bar{z}dz = \int_C (x-iy)(dx+idy) = \int_C (xdx + ydy) + i\int_C (xdy - ydx)$$

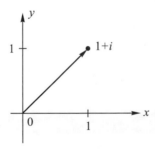

又 $C : 0 \to 1+i$

即 C 上之點 $\begin{cases} x = t \\ y = t \end{cases} 0 \le t \le 1$　（即 $z = t + it$）

$\therefore \quad \displaystyle\int_C \bar{z}dz = \int_0^1 (tdt + tdt) + i\int_0^1 (tdt - tdt) = 2\int_0^1 tdt = 1$

範例 2   EXAMPLE

求 $\int_C z^2 dz$

①路徑 C 由 i 沿直線到 $1+i$。

②路徑 C 由 i 沿直線到 0 再沿直線到 $1+i$。

解 ① $C : i \rightarrow 1+i$

則 C 上之點 $\begin{cases} x=t \\ y=1 \end{cases}$ $0 \le t \le 1,\ z=t+i$

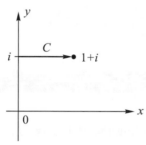

$$\therefore \quad \int_C z^2 dz = \int_C [(x^2-y^2)+i(2xy)](dx+idy)$$

$$= \int_C [(x^2-y^2)dx - 2xydy] + i\int_C [2xydx + (x^2-y^2)dy]$$

$$= \int_0^1 ((t^2-1)dt - (2t \times 1)d1) + i\int_0^1 ((2t \times 1)dt + (t^2-1)d1)$$

$$= \int_0^1 (t^2-1)dt + i\int_0^1 2tdt$$

$$= \left(\frac{t^3}{3}-t\right)\Big|_0^1 + i(t^2\big|_0^1) = \left(-\frac{2}{3}\right)+i$$

②路徑 c 由 c_1 與 c_2 組成

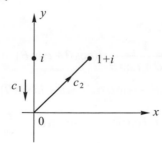

$$c_1 : i \rightarrow 0 \Rightarrow \begin{cases} x=0 \\ y=t_1 \end{cases} \quad t_1 = 1 \rightarrow 0$$

$$c_2 : 0 \to 1+i \Rightarrow \begin{cases} x = t_2 \\ y = t_2 \end{cases} \quad t_2 = 0 \to 1$$

$$\therefore \quad \int_C z^2 dz = \int_{C_1} z^2 dz + \int_{C_2} z^2 dz$$

$$= \int_1^0 [(0-t_1^2)d0 - 2 \times 0 \times t_1 dt_1] + i \int_1^0 [2 \times 0 \times t_1 d0 + (0-t_1^2)dt_1]$$

$$+ \int_0^1 [(t_2^2 - t_2^2)dt_2 - 2t_2 t_2 dt_2] + i \int_0^1 [2t_2 t_2 dt_2 + (t_2^2 - t_2^2)dt_2]$$

$$= i \int_1^0 -t_1^2 dt_1 + \int_0^1 -2t_2^2 dt_2 + i \int_0^1 2t_2^2 dt_2$$

$$= i \left(-\frac{t_1^3}{3} \bigg|_1^0 \right) + \left(-\frac{2t_2^3}{3} \bigg|_0^1 \right) + i \left(\frac{2t_2^3}{3} \bigg|_0^1 \right)$$

$$= \frac{1}{3}i + \left(-\frac{2}{3} \right) + \frac{2}{3}i = \left(-\frac{2}{3} \right) + i$$

範例 3　　EXAMPLE

求 $\int_C \frac{1}{z} dz$ 路徑 C 爲 $|z| = 1$ 的圓周由 1 沿反時針方向。

解 C 上之點 $\begin{cases} z = \cos\theta \\ y = \sin\theta \end{cases} \quad 0 \le \theta \le 2\pi$

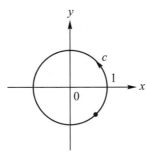

即　　$z = \cos\theta + i\sin\theta = e^{i\theta}$

則　　$\displaystyle \int_C \frac{1}{z} dz = \int_0^{2\pi} \frac{1}{\cos\theta + i\sin\theta} d(\cos\theta + i\sin\theta)$

$$= \int_0^{2\pi} (\cos\theta - i\sin\theta)(d\cos\theta + id\sin\theta)$$

$$= \int_0^{2\pi} (\cos\theta d\cos\theta + \sin\theta d\sin\theta) + i \int_0^{2\pi} (-\sin\theta d\cos\theta + \cos\theta d\sin\theta)$$

$$= \frac{1}{2}(\cos^2\theta + \sin^2\theta) \bigg|_0^{2\pi} + i \int_0^{2\pi} (\sin^2\theta + \cos^2\theta)d\theta$$

$$= i\theta \big|_0^{2\pi} = 2\pi i$$

❖ 定理 3 柯西定理

設 C 為一簡單封閉曲線 $f(z)$ 在 C 及 C 內區域具有解析性，則 $\int_C f(z)dz = 0$。

$$\int_C f(z)dz = \int_C (udx - vdy) + i\int_C (vdx + udy)$$

由格林定理：

$$\int_C Pdx + Qdy = \iint_R \left(\frac{\partial Q}{\partial x} - \frac{\partial P}{\partial y}\right)dA$$

$$\therefore \quad \int_C (udx - vdy) = \iint_R \left[-\frac{\partial v}{\partial x} - \frac{\partial u}{\partial y}\right]dA = \iint_R 0\,dA = 0$$

因 $f(z)$ 具解析性

$$\begin{cases} \dfrac{\partial u}{\partial x} = \dfrac{\partial v}{\partial y} \\[2mm] \dfrac{\partial u}{\partial y} = -\dfrac{\partial v}{\partial x} \end{cases}$$

$$\int_C (vdx + udy) = \iint_R \left(\frac{\partial u}{\partial x} - \frac{\partial v}{\partial y}\right)dA = 0$$

$$\therefore \quad \int_C f(z)dz = 0$$

範例 4　EXAMPLE

求 $\int_i^{1+i} z^2\,dz$。

解 由於 $f(z) = z^2$ 在複數平面上為一解析函數

$\therefore$ 對於經過 i 與 $1+i$ 兩點的任何簡單封閉曲線 C

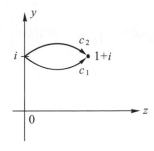

$$\int_C z^2 dz = 0$$

若 $C = C_1 \cup \tilde{C}_2$ （$\tilde{C}_2$ 為 C_2 的反向路徑）

則 $\qquad \int_C z^2 dz = \int_{C_1} z^2 dz + \int_{\tilde{C}_2} z^2 dz = \int_{C_1} z^2 dz - \int_{C_2} z^2 dz = 0$

$\therefore \qquad \int_{C_1} z^2 dz = \int_{C_2} z^2 dz$ 即表與路徑無關

$\therefore \qquad \int_i^{1+i} z^2 dz = \dfrac{z^3}{3}\Big|_i^{1+i} = \dfrac{(1+i)^3}{3} - \dfrac{i^3}{3} = \left(-\dfrac{2}{3}\right) + i$

範例 5　EXAMPLE

求 $\displaystyle\int_C \dfrac{1}{z^n} dz$，路徑 C 為 $|z| = 1$ 的圓周並沿反時針方向。

解 $f(z) = \dfrac{1}{z^n}$ 在 $z = 0$ 處不可解析，因此不可利用柯西定理

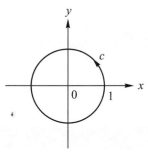

① 當 $n = 1$ 時

路徑 $C : |z| = 1 \Rightarrow z = e^{i\theta}$, $0 \le \theta \le 2\pi$

則 $\qquad \displaystyle\int_C \dfrac{1}{z^n} dz = \int_C \dfrac{1}{z} dz = \int_0^{2\pi} \dfrac{1}{e^{i\theta}} de^{i\theta} = i\int_0^{2\pi} \dfrac{e^{i\theta}}{e^{i\theta}} d\theta = 2\pi i$

② 當 $n \ge 2$ 時

$$\int_C \dfrac{1}{z^n} dz = \int_0^{2\pi} \dfrac{1}{e^{in\theta}} de^{i\theta} = \int_0^{2\pi} ie^{-(n-1)i\theta} d\theta = \left[\dfrac{e^{-(n-1)i\theta}}{-(n-1)i}\right]_0^{2\pi}$$

$$= \dfrac{1}{-(n-1)i}[e^{-2(n-1)\pi i} - e^0] = 0$$

範例 6 EXAMPLE

求 $\int_C \bar{z}dz$ 路徑 C：由 $z = 0$ 沿拋物線 $y = x^2$ 到 $z = 1 + i$。

解 $f(z) = \bar{z}$ 不具解析性，因此 $\int_C \bar{z}dz$ 與路徑 C 有關

又　　　$C : \begin{cases} x = t \\ y = t^2 \end{cases}, 0 \le t \le 1$

$\therefore$　　　$\int_C \bar{z}dz = \int_C (x - iy)(dx + idy) = \int_C (xdx + ydy) + i\int_C (xdy - ydx)$

$= \int_0^1 (tdt + t^2 dt^2) + i\int_0^1 (tdt^2 - t^2 dt) = \frac{t^2}{2}\Big|_0^1 + \frac{t^4}{2}\Big|_0^1 + i\int_0^1 (2t^2 dt - t^2 dt)$

$= \left(\frac{1}{2} + \frac{1}{2}\right) + i\left(\frac{t^3}{3}\right)\Big|_0^1 = 1 + \frac{1}{3}i$

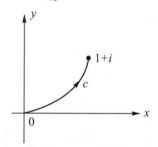

❖ **定理 4　柯西積分公式**

若 $f(z)$ 在簡單封閉曲線 C 及其內部區域具有解析性，a 為 C 內部一點。

則　$f(a) = \dfrac{1}{2\pi i}\int_C \dfrac{f(z)}{z - a}dz$ ，　$f^{(n)}(a) = \dfrac{n!}{2\pi i}\int_C \dfrac{f(z)}{(z - a)^{n+1}}dz$

路徑 C 依反時針方向

證 在 C 內部區域內做一以 a 為圓心，ε 為半徑的圓路徑 C_1，則函數 $\dfrac{f(z)}{z - a}$ 在以 C_1

及 C 為周界的區域 R 具有解析性，利用格林定理得

$\int_{C \cup \tilde{C_1}} \dfrac{f(z)}{z - a}dz = 0$　（$\tilde{C_1}$ 為 C_1 的反向路徑）

即　　　$\int_C \dfrac{f(z)}{z - a}dz = \int_{C_1} \dfrac{f(z)}{z - a}dz$

又設路徑 $C_1 : |z - a| = \varepsilon$

$\Rightarrow z = a + \varepsilon e^{i\theta}, 0 \le \theta \le 2\pi$

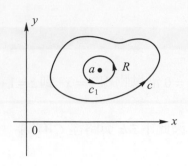

$\therefore \qquad \displaystyle\int_{C_1} \frac{f(z)}{z-a}dz = \int_0^{2\pi} \frac{f(a+\varepsilon e^{i\theta})}{\varepsilon e^{i\theta}}d(\varepsilon e^{i\theta}) = i\int_0^{2\pi} f(a+\varepsilon e^{i\theta})d\theta$

又 $\qquad \displaystyle\lim_{\varepsilon\to 0} i\int_0^{2\pi} f(a+\varepsilon e^{i\theta})d\theta = i\int_0^{2\pi}\lim_{\varepsilon\to 0} f(a+\varepsilon e^{i\theta})d\theta = i\int_0^{2\pi} f(a)d\theta = (2\pi i)f(a)$

故 $\qquad \displaystyle\int_C \frac{f(z)}{z-a}dz = (2\pi i)f(a)$

即 $\qquad \displaystyle f(a) = \frac{1}{2\pi i}\int_C \frac{f(z)}{z-a}dz$

又 $\qquad \displaystyle f'(a) = \lim_{\Delta z\to 0}\frac{f(a+\Delta z)-f(a)}{\Delta z}$

$$= \lim_{\Delta z\to 0}\frac{1}{\Delta z}\left[\frac{1}{2\pi i}\int_C \frac{f(z)}{z-(a+\Delta z)}dz - \frac{1}{2\pi i}\int_C \frac{f(z)}{z-a}dz\right]$$

$$= \lim_{\Delta z\to 0}\frac{1}{\Delta z}\left[\frac{1}{2\pi i}\int_C \frac{f(z)(\Delta z)}{[z-(a+\Delta z)](z-a)}dz\right]$$

$$= \lim_{\Delta z\to 0}\frac{1}{2\pi i}\left[\int_C \frac{f(z)}{[z-(a+\Delta z)](z-a)}dz\right]$$

$$= \frac{1}{2\pi i}\int_C \frac{f(z)}{(z-a)^2}dz$$

依此類推，得

$$f^{(n)}(a) = \frac{n!}{2\pi i}\int_C \frac{f(z)}{(z-a)^{n+1}}dz$$

範例 7　EXAMPLE

求(1) $\displaystyle\int_C \frac{1}{z-3}dz$

　　① C 為圓 $|z|=1$ 　　② C 為圓 $|z+i|=5$

(2) $\displaystyle\int_C \frac{e^z}{z(z-2)}dz$

　　① C 為圓 $|z+1|=2$ 　　② C 為圓 $|z+1|=5$

解 (1)① $\dfrac{1}{z-3}$ 在 $C:|z|=1$ 及內部為解析函數

$$\therefore \int_C \frac{1}{z-3}dz=0$$

② $z=3$ 在 $C:|z+i|=5$ 的內部

由柯西積分公式

$$\int_C \frac{1}{z-3}dz=\int_C \frac{f(z)}{z-3}dz=(2\pi i)f(3)=2\pi i$$

此處 $f(z)=1$

(2)① $z=0$ 在 $C:|z+1|=2$ 的內部

$z=2$ 則在 $C:|z+1|=2$ 的外部

$$\therefore \int_C \frac{e^z}{z(z-2)}dz=\int_C \frac{\dfrac{e^z}{(z-2)}}{z-0}dz=(2\pi i)f(0)=(2\pi i)\left(\frac{e^0}{-2}\right)=-\pi i$$

此處 $f(z)=\dfrac{e^z}{z-2}$

② $z=0$ 及 $z=2$ 均在 $C:|z+1|=5$ 的內部

$$\therefore \int_C \frac{e^z}{z(z-2)}dz=\int_C \frac{1}{2}e^z\left(\frac{1}{z-2}-\frac{1}{z}\right)dz$$

$$=\frac{1}{2}\int_C \frac{e^z}{z-2}dz-\frac{1}{2}\int_C \frac{e^z}{z}dz$$

$$=\frac{1}{2}(2\pi i)e^2-\frac{1}{2}(2\pi i)1$$

$$=\pi i(e^2-1)$$

範例 8 EXAMPLE

求 $\displaystyle\int_C \frac{\cos z}{z^3}dz$，$C$ 為圓周 $|z-1|=3$。

解 $z=0$ 在 $C:|z-1|=3$ 的內部

由柯西積分公式

$$\int_C \frac{\cos z}{z^3}dz=\int_C \frac{f(z)}{(z-0)^3}dz=\left(\frac{2\pi i}{2!}\right)f''(0)=\frac{2\pi i}{2!}\times(-1)=-\pi i$$

$$f(z)=\cos z,\ f''(z)=-\cos z$$

Problem 6-4　習題

1.　$f(z)=|z|$，求 $f'(0)$。

2.　$f(z)=e^z$ 是否為解析函數。

3.　(1) $f(z)=z|z|$ 是否為解析函數。

　　(2) $f(z)=\dfrac{1}{z-2}$ 在那些地方可解析。

4.　$f(x+iy)=x^2-y^2-2xyi$ 在那些地方可解析。

5.　試證 $f(z)=\cos z$ 為解析函數且 $f'(z)=-\sin z$。

6.　求(1) $\displaystyle\int_C (z^2-z)dz$：$C$ 為圓 $|z|=1$ 的上半圓(反時針方向)

　　(2) $\displaystyle\int_C \dfrac{z^2}{2z+3}dz$：$C$ 為圓 $|z+1|=3$(反時針方向)

　　(3) $\displaystyle\int_C \dfrac{z+2}{z^2+1}dz$：$C$ 為 $1\to 1+2i \to -1+2i \to (-1)\to 1$ 的四邊形邊界。

7.　求 $\displaystyle\int_C \dfrac{e^z+z^2}{(z+2)(z-3)}dz$

　　(1)C 為圓 $|z+i|=3$

　　(2)C 為圓 $|z-2|=5$

8.　求 $\displaystyle\int_i^{1-i}\sin z\,dz$

6-5　無窮級數與極點

❖ 定理 5　泰勒定理

若 $f(z)$ 在以 $z=a$ 為中心，r 為半徑的圓 C 及其內部區域具有解析性

則　　$\forall |z-a|<r$

$$f(z)=f(a)+f'(a)(z-a)+\frac{f''(a)}{2!}(z-a)^2+\cdots$$

證　設 Z 在圓 C 上即 $|z-a|=r$

若 $|z-a|<r$ 則

$$\frac{1}{Z-z} = \frac{1}{(Z-a)-(z-a)} = \frac{1}{Z-a}\left[\frac{1}{1-\left(\dfrac{z-a}{Z-a}\right)}\right] \ , \ \left|\frac{z-a}{Z-a}\right| < 1$$

$$= \frac{1}{Z-a}\left(1 + \frac{z-a}{Z-a} + \left(\frac{z-a}{Z-a}\right)^2 + \left(\frac{z-a}{Z-a}\right)^3 + \cdots\right)$$

由柯西積分公式

$$f(z) = \frac{1}{2\pi i}\int_C \frac{f(Z)}{Z-z}dZ$$

$$= \frac{1}{2\pi i}\int_C \frac{f(Z)}{Z-a}\left[1 + \left(\frac{z-a}{Z-a}\right) + \left(\frac{z-a}{Z-a}\right)^2 + \cdots\right]dZ$$

$$= \frac{1}{2\pi i}\int_C \frac{f(Z)}{Z-a}dZ + \frac{(z-a)}{2\pi i}\int_C \frac{f(Z)}{(Z-a)^2}dZ + \frac{(z-a)^2}{(2\pi i)}\int_C \frac{f(Z)}{(Z-a)^3}dZ + \cdots$$

$$= f(a) + f'(a)(z-a) + \frac{f''(a)}{2!}(z-a)^2 + \cdots$$

1. 奇異點或極點

若函數 $f(z)$ 在 $z=a$ 處不可解析，則 $z=a$ 為 $f(z)$ 的奇異點。例如：$f(z) = \dfrac{z}{z+1}$ 則 $z=-1$ 為 $f(z)$ 的奇異點。

若函數 $f(z)$ 有 $z=a$ 的奇異點且 $f(z) = \dfrac{\varphi(z)}{(z-a)^n}$, $\varphi(a) \neq 0$, $\varphi(z)$ 於包含 $z=a$ 在內的區域具解析性，則稱 $z=a$ 為 $f(z)$ 的 n 階極點，例如：$f(z) = \dfrac{z^2+1}{(z-1)^3}$，則 $z=1$ 為 $f(z)$ 的 3 階極點。

若 $f(z)$ 在 $z=a$ 處為一無限多階極點則稱 $z=a$ 為 $f(z)$ 的本性奇異點。例如：$f(z) = e^{\frac{1}{z}} = 1 + \frac{1}{z} + \frac{1}{2!z^2} + \frac{1}{3!z^3} + \cdots$ 則 $z=0$ 為 $f(z)$ 的本性奇異點。

2. 勞倫級數

若函數 $f(z)$ 在 $z=a$ 有一 n 階極點，且在圓 C 所圍區域內(即 $|z-a| \leq r$)除 a 外其餘各處均具解析性，則

$$f(z) = \frac{a_{-n}}{(z-a)^n} + \frac{a_{-(n-1)}}{(z-a)^{n-1}} + \cdots + \frac{a_{-1}}{z-a} + a_0 + a_1(z-a) + a_2(z-a)^2 + \cdots$$

其中 $a_0 + a_1(z-1) + a_2(z-a)^2 + \cdots$ 部份稱爲解析部份

$$\frac{a_{-n}}{(z-a)^n} + \cdots + \frac{a_{-1}}{z-a}$$ 爲主要部份

範例 1 EXAMPLE

求 $\dfrac{e^z}{(z-1)^3}$ 的奇異點,並就該奇異點以勞倫級數展開。

(解) $\dfrac{e^z}{(z-1)^3}$ 在 $z=1$ 處爲 3 階極點

且
$$\frac{e^z}{(z-1)^3} = \frac{e(e^{(z-1)})}{(z-1)^3}$$

$$= \frac{e}{(z-1)^3}\left(1 + \frac{(z-1)}{1!} + \frac{(z-1)^2}{2!} + \frac{(z-1)^3}{3!} + \cdots\right)$$

(利用 e^u 的泰勒級數展開式)

$$= \frac{e}{(z-1)^3} + \frac{e}{(z-1)^2} + \frac{e}{2!(z-1)} + \frac{e}{3!} + \frac{e(z-1)}{4!} + \frac{e(z-1)^2}{5!} + \cdots$$

範例 2 EXAMPLE

求 $\dfrac{1}{z(z+2)^2}$ 就奇異點 $z=0$ 以勞倫級數展開。

(解)
$$\frac{1}{z(z+2)^2} = \frac{1}{4z\left(1+\dfrac{z}{2}\right)^2} \qquad \text{利用二項式展開式}$$

$$= \frac{1}{4z}\left[1 + (-2)\left(\frac{z}{2}\right) + \frac{(-2)(-3)}{2!}\left(\frac{z}{2}\right)^2 + \frac{(-2)(-3)(-4)}{3!}\left(\frac{z}{2}\right)^3 + \cdots\right]$$

$$= \frac{1}{4z} - \frac{1}{4} + \frac{3}{8}z - \frac{1}{8}z^2 + \cdots$$

6-6 剩餘定理

1. 剩餘

函數 $f(z)$ 在區域 R 內除了 $z = a$ 外，均具解析性，若 $z = a$ 為 $f(z)$ 的 n 階極點，則 $f(z)$ 的勞倫展開式為

$$f(z) = \frac{a_{-n}}{(z-a)^n} + \frac{a_{-(n-1)}}{(z-a)^{n-1}} + \cdots + \frac{a_{-1}}{z-a} + a_0 + a_1(z-a) + a_2(z-a)^2 + \cdots$$

係數 a_{-1} 稱為 $f(z)$ 在 $z = a$ 的剩餘。

因此　　$a_{-1} = \lim_{z \to a} \frac{1}{(n-1)!} \frac{d^{n-1}}{dz^{n-1}} \{(z-a)^n f(z)\}$

範例 1 EXAMPLE

求(1) $\dfrac{z^3}{(z-1)(z^2+1)}$ 　　(2) $\dfrac{\sin z}{(z-1)^2}$ 對各極點的剩餘。

解 (1) $\dfrac{z^3}{(z-1)(z^2+1)}$ 的極點為 $z = 1,\ i,\ -i$

∴ $z = 1$ 時剩餘為

$$\lim_{z \to 1} \left\{ (z-1) \frac{z^3}{(z-1)(z^2+1)} \right\} = \frac{1}{2}$$

$z = i$ 時剩餘為

$$\lim_{z \to i} \left\{ (z-i) \frac{z^3}{(z-1)(z^2+1)} \right\} = \lim_{z \to i} \frac{z^3}{(z-1)(z+i)} = \frac{i^3}{(i-1)(2i)} = \frac{1}{2(1-i)}$$

$z = -i$ 時剩餘為

$$\lim_{z \to -i} \left\{ (z+i) \frac{z^3}{(z-1)(z^2+1)} \right\} = \lim_{z \to -i} \frac{z^3}{(z-1)(z-i)} = \frac{(-i)^3}{(-i-1)(-2i)} = \frac{1}{2(1+i)}$$

(2) $\dfrac{\sin z}{(z-1)^2}$ 的極點為 $z = 1$ 且為 2 階極點

∴ $z = 1$ 時剩餘為

$$\lim_{z \to 1} \frac{d}{dz} \left\{ (z-1)^2 \frac{\sin z}{(z-1)^2} \right\} = \lim_{z \to 1} \cos z = \cos 1$$

❖ 定理 6 剩餘定理

若函數 $f(z)$ 在簡單封閉曲線 C 及其內部區域，除了 $z = z_1$, z_2, ,$\cdots$,z_n 外均具有解析性，而且對應的剩餘為 r_1, r_2, ,$\cdots$,r_n 則 $\int_C f(z)dz = 2\pi i(r_1 + r_2 + \cdots + r_n)$（路徑 C 反時針方向）

(證) 以 z_1, z_2, ,$\cdots$,z_n 為中心，做圓 C_1, C_2, ,$\cdots$,C_n（如下圖），使在 C_i 內只有 z_i 為極點。

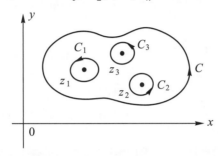

由格林定理及 $f(z)$ 的解析性可得

$$\int_C f(z)dz = \int_{C_1} f(z)dz + \int_{C_2} f(z)dz + \cdots + \int_{C_n} f(z)dz$$

對於極點 $z = z_1$

$$f(z) = \frac{a_{-m}}{(z-z_1)^m} + \cdots + \frac{a_{-1}}{(z-z_1)} + a_0 + a_1(z-z_1) + a_2(z-z_1)^2 + \cdots$$

則　　$\int_{C_1} f(z)dz$

$$= \int_{C_1}\left[\frac{a_{-m}}{(z-z_1)^m} + \cdots + \frac{a_{-1}}{(z-z_1)} + a_0 + a_1(z-z_1) + a_2(z-z_1)^2 + \cdots\right]dz$$

$$= \int_{C_1}\frac{a_{-1}}{(z-z_1)}dz = (2\pi i)a_{-1} = (2\pi i)r_1$$

故　　$\int_C f(z)dz = (2\pi i)r_1 + (2\pi i)r_2 + \cdots + (2\pi i)r_n$

範例 2　EXAMPLE

求 $\int_C \frac{e^z}{(z-1)(z+2)^2}dz$

① C 為 $|z| = \dfrac{3}{2}$ 反時針方向　　② C 為 $|z-1| = 4$ 反時針方向。

解 ①在 $C：|z|=\dfrac{3}{2}$ 的內部 $\dfrac{e^z}{(z-1)(z+2)^2}$ 只有 $z=1$ 一個單極點

又 $z=1$ 時剩餘為

$$\lim_{z\to1}(z-1)\frac{e^z}{(z-1)(z+2)^2}=\frac{e}{9}$$

$$\therefore \int_C\frac{e^z}{(z-1)(z+2)^2}dz=2\pi i\left(\frac{e}{9}\right)=\frac{2e\pi}{9}i$$

②在 $C：|z-1|=4$ 的內部有 $z=1$ 及 $z=-2$ 兩個極點

又 $z=-2$ 時剩餘為

$$\lim_{z\to-2}\frac{d}{dz}\left\{(z+2)^2\frac{e^z}{(z-1)(z+2)^2}\right\}=\lim_{z\to-2}\frac{e^z}{z-1}=\frac{e^{-2}}{-3}$$

$$\therefore \int_C\frac{e^z}{(z-1)(z+2)^2}dz=2\pi i\left(\frac{e}{9}\right)+2\pi i\left(-\frac{e^{-2}}{3}\right)$$

範例 3　EXAMPLE

求 $\int_C\dfrac{\sin z}{z^2+1}dz$，$C$ 為 $|z-i|=1$ 反時針方向。

解 在 $C：|z-i|=1$ 的內部

$$\frac{\sin z}{z^2+1}=\frac{\sin z}{(z-i)(z+i)}$$ 只有 $z=i$ 一個極點

又 $z=i$ 時剩餘為

$$\lim_{z\to i}(z-i)\frac{\sin z}{z^2+1}=\lim_{z\to i}\frac{\sin z}{z+i}=\frac{\sin i}{2i}$$

$$=\left(-\frac{i}{2}\right)\frac{e^{i^2}-e^{-i^2}}{2i}=-\frac{e^{-1}-e^1}{4}=\frac{e-e^{-1}}{4}$$

$$\therefore \int_C\frac{\sin z}{z^2+1}dz=(2\pi i)\left(\frac{e-e^{-1}}{4}\right)$$

6-7 實數函數的無限積分

❖ 定理 7

設 $z = re^{i\theta}$，$|f(z)| \le \dfrac{M}{r^k}$ 且 Γ 爲半徑 r 的半圓(如圖)

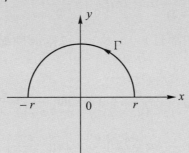

若 $k > 1$ 則 $\lim\limits_{x \to \infty} \displaystyle\int_{\Gamma} f(z)dz = 0$

(證) $$\left| \int_{\Gamma} f(z)dz \right| \le \int_{\Gamma} |f(z)||dz| \le \frac{M}{r^k}\pi r = \frac{\pi M}{r^{k-1}}$$

$k > 1$ 時 $\lim\limits_{x \to \infty} \left| \displaystyle\int_{\Gamma} f(z)dz \right| = 0$，即 $\lim\limits_{x \to \infty} \displaystyle\int_{\Gamma} f(z)dz = 0$

對於廣義積分 $\displaystyle\int_{-\infty}^{\infty} f(x)dx$ 式中 $f(x)$ 分母不爲 0，且分母的次數至少比分子高二次時，考慮複變數 $f(z)$ 並選擇適當的圍線如圖示使包含 $f(z)$ 在上半平面的所有極點。

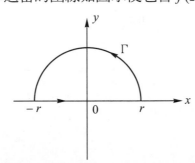

則　　　　$$\int_C f(z)dz = \int_{\Gamma} f(z)dz + \int_{-r}^{r} f(x)dx$$

$$= (2\pi i)\Sigma \operatorname{Res} f(z) \quad (\operatorname{Res} f(z) \text{ 表 } f(z) \text{ 的剩餘})$$

又 $\lim\limits_{x \to \infty} \displaystyle\int_{\Gamma} f(z)dz = 0$ 　　　$\therefore \displaystyle\int_{-\infty}^{\infty} f(x)dx = (2\pi i)\Sigma \operatorname{Res} f(z)$

範例 1 EXAMPLE

求 $\int_{-\infty}^{\infty} \dfrac{1}{z^4+1} dx$ 。

解 $f(z)=\dfrac{1}{z^4+1}$ 有極點 z_1 時

$$z_1^4 = -1 = \cos\pi + i\sin\pi$$

$$z_1 = \cos\frac{2k\pi+\pi}{4} + i\sin\frac{2k\pi+\pi}{4} \quad k=0,1,2,3$$

即極點為 $z_1 = \cos\dfrac{\pi}{4} + i\sin\dfrac{\pi}{4} = e^{i\left(\frac{\pi}{4}\right)}$

$$z_2 = \cos\frac{3\pi}{4} + i\sin\frac{3\pi}{4} = e^{i\left(\frac{3\pi}{4}\right)}$$

$$z_3 = \cos\frac{5\pi}{4} + i\sin\frac{5\pi}{4} = e^{i\left(\frac{5\pi}{4}\right)}$$

$$z_4 = \cos\frac{7\pi}{4} + i\sin\frac{7\pi}{4} = e^{i\left(\frac{7\pi}{4}\right)}$$

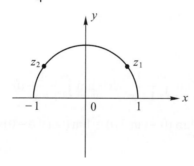

其中 z_1, z_2 在上半平面

$$\therefore \int_{-\infty}^{\infty} f(x)dx = (2\pi i)\left(\left.\operatorname{Res} f(z)\right|_{z=z_1} + \left.\operatorname{Res} f(z)\right|_{z=z_2}\right)$$

當 $z=z_1 = e^{i\left(\frac{\pi}{4}\right)}$ 的剩餘

$$\left.\operatorname{Res} f(z)\right|_{z=z_1} = \lim_{z\to z_1}(z-z_1)\frac{1}{z^4+1} = \lim_{z\to z_1}\frac{D(z-z_1)}{D(z^4+1)} = \lim_{z\to z_1}\frac{1}{4z^3} = \frac{1}{4}e^{-i\left(\frac{3\pi}{4}\right)}$$

當 $z=z_2 = e^{i\left(\frac{3\pi}{4}\right)}$ 的剩餘

$$\left.\operatorname{Res} f(z)\right|_{z=z_2} = \lim_{z\to z_2}(z-z_2)\frac{1}{z^4+1} = \lim_{z\to z_2}\frac{1}{4z^3} = \frac{1}{4}e^{-i\left(\frac{9\pi}{4}\right)}$$

$$\therefore \int_{-\infty}^{\infty} \frac{1}{x^4+1} dx = (2\pi i) \left(\frac{1}{4} e^{-i\left(\frac{3\pi}{4}\right)} + \frac{1}{4} e^{-i\left(\frac{9\pi}{4}\right)} \right)$$

$$= \frac{(2\pi i)}{4} \left[\left(\cos\frac{3\pi}{4} - i\sin\frac{3\pi}{4} \right) + \left(\cos\frac{9\pi}{4} - i\sin\frac{9\pi}{4} \right) \right]$$

$$= \frac{\pi i}{2} \left[-\frac{\sqrt{2}}{2} - i\frac{\sqrt{2}}{2} + \frac{\sqrt{2}}{2} - i\frac{\sqrt{2}}{2} \right] = \frac{\sqrt{2}\pi}{2}$$

範例 2 EXAMPLE

求 $\displaystyle\int_{-\infty}^{\infty} \frac{1}{1+x^2} dx$。

解 $f(z) = \dfrac{1}{z^2+1}$ 在上半平面的極點為 $z = i$

$$\therefore \int_{-\infty}^{\infty} \frac{1}{1+x^2} dx = (2\pi i) \operatorname{Res} f(z)\big|_{z=i}$$

又 $\qquad \operatorname{Res} f(z)\big|_{z=i} = \lim_{z \to i}(z-i)\dfrac{1}{1+z^2} = \dfrac{1}{2i} = \left(-\dfrac{1}{2} \right) i$

故 $\qquad \displaystyle\int_{-\infty}^{\infty} \frac{1}{1+x^2} dx = (2\pi i)\left(-\frac{1}{2}i \right) = \pi$

其實由廣義積分方法可求：

$$\int_{-\infty}^{\infty} f(x)dx = \lim_{a \to -\infty} \int_{a}^{0} \frac{1}{1+x^2} dx + \lim_{b \to \infty} \int_{0}^{b} \frac{1}{1+x^2} dx$$

$$= \lim_{a \to -\infty}(0 - \tan^{-1}a) + \lim_{b \to -\infty}(\tan^{-1}b - 0) = -\left(-\frac{\pi}{2} \right) + \frac{\pi}{2} = \pi$$

範例 3 EXAMPLE

求 $\displaystyle\int_{0}^{\infty} \frac{\cos 3x}{x^2+1} dx$。

解 考慮 $f(z) = \dfrac{e^{i(3z)}}{z^2+1}$ 則在上半平面只有 $z = i$ 一個極點

$z = i$ 的剩餘為

$$\lim_{z \to i}(z-i)\frac{e^{i(3z)}}{z^2+1} = \lim_{z \to i}\frac{e^{i(3z)}}{z+i} = \frac{e^{3i^2}}{2i} = \left(-\frac{e^{-3}}{2} \right) i$$

則 $\qquad \displaystyle\int_{-r}^{r} \frac{e^{i(3x)}}{x^2+1} dx + \int_{\Gamma} \frac{e^{i(3z)}}{z^2+1} dz = (2\pi i)\left(\frac{e^{-3}}{2i} \right) = (e^{-3})\pi$

$$\therefore \int_{-\infty}^{\infty} \frac{\cos 3x}{x^2+1} dx + i \int_{-\infty}^{\infty} \frac{\sin 3x}{x^2+1} dx + 0 = (e^{-3})\pi$$

$$\Rightarrow \int_{-\infty}^{\infty} \frac{\cos 3x}{x^2+1} dx = (e^{-3})\pi, \quad \int_{-\infty}^{\infty} \frac{\sin 3x}{x^2+1} dx = 0$$

又 $\dfrac{\cos 3x}{x^2+1}$ 為偶函數

即　　　　$\displaystyle\int_0^{\infty} \frac{\cos 3x}{x^2+1} dx = \left(\frac{e^{-3}}{2}\right)\pi$

範例 4　EXAMPLE

求 $\displaystyle\int_0^{2\pi} \frac{1}{2+\cos\theta} d\theta$。

(解) 令 $z = e^{i\theta}$ 則 $dz = ie^{i\theta} d\theta$, $d\theta = \dfrac{1}{iz} dz$

$$\cos\theta = \frac{e^{i\theta}+e^{-i\theta}}{2} = \frac{1}{2}\left(z+\frac{1}{z}\right)$$

$$\int_0^{2\pi} \frac{1}{2+\cos\theta} d\theta = \int_C \frac{1}{2+\frac{1}{2}\left(z+\frac{1}{z}\right)} \frac{1}{iz} dz$$

$$= \frac{2}{i} \int_C \frac{1}{z^2+4z+1} dz, \quad C : |z| = 1$$

又 $z^2+4z+1 = 0$ 得 $z = -2 \pm \sqrt{2}$

$f(z) = \dfrac{1}{z^2+4z+1}$ 只有一極點 $-2+\sqrt{2}$ 在 C 內部

且剩餘為

$$\lim_{z \to (-2+\sqrt{2})} (z+2-\sqrt{2}) \frac{1}{z^2+4z+1} = \frac{\sqrt{2}}{4}$$

$$\therefore \int_0^{2\pi} \frac{1}{2+\cos\theta} d\theta = \frac{2}{i} \int_C \frac{1}{z^2+4z+1} dz = \frac{2}{i}\left[2\pi i\left(\frac{\sqrt{2}}{4}\right)\right] = \sqrt{2}\pi$$

6-8 複數的反拉氏變換求法

❖ 定理 8

若 $f(t)$ 的拉氏變換 $F(s) = \mathscr{L}[f(t)]$ 則 $F(s)$ 的反拉氏變換

$$f(t) = \mathscr{L}^{-1}[F(s)] = \frac{1}{2\pi i}\int_{r-i\infty}^{r+i\infty} e^{st}F(s)ds, \ t > 0$$

（其中 r 為實數，使 $F(z)$ 的所有奇異點均在 $z = r$ 的左邊）

證　　$F(s) = \mathscr{L}[f(t)] = \displaystyle\int_0^\infty e^{-su}f(u)du$

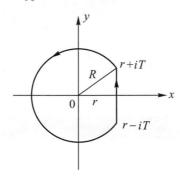

則　　$\dfrac{1}{2\pi i}\displaystyle\int_{r-i\infty}^{r+i\infty} e^{st}F(s)ds$

$= \displaystyle\lim_{T\to\infty}\frac{1}{2\pi i}\int_{r-iT}^{r+iT} e^{st}F(s)ds$

$= \displaystyle\lim_{T\to\infty}\frac{1}{2\pi i}\int_{r-iT}^{r+iT} e^{st}\left(\int_0^\infty e^{-su}f(u)du\right)ds$

$= \displaystyle\lim_{T\to\infty}\frac{1}{2\pi i}\int_{r-iT}^{r+iT}\int_0^\infty e^{st-su}f(u)duds$

（令 $s = r+iy$，則 $ds = idy$）

$= \displaystyle\lim_{T\to\infty}\frac{1}{2\pi i}\int_{-T}^{T}\int_0^\infty e^{(r+iy)t-(r+iy)u}f(u)idudy$

$= \dfrac{1}{2\pi}e^{rt}\displaystyle\int_{-\infty}^\infty\int_0^\infty e^{iyt}e^{-iyu}[e^{-ru}f(u)]dudy$

$\left(\text{令 }g(u) = \begin{cases} e^{-ru}f(u) & \text{,當 } u > 0 \\ 0 & \text{,當 } u \le 0 \end{cases}\right)$

$= \dfrac{1}{2\pi}e^{rt}\displaystyle\int_{-\infty}^\infty e^{iyt}\left[\int_{-\infty}^\infty e^{-iyu}g(u)du\right]dy$

$$\left(\begin{array}{l} \text{由符立爾積分：} \end{array} \begin{array}{l} H(\omega) = \displaystyle\int_{-\infty}^{\infty} e^{-i\omega s} h(s)\,ds \\[2mm] \Leftrightarrow h(x) = \dfrac{1}{2\pi}\displaystyle\int_{-\infty}^{\infty} e^{i\omega x} H(\omega)\,d\omega \end{array} \right)$$

$$= \frac{1}{2\pi} e^{rt} \int_{-\infty}^{\infty} e^{iyt} G(y)\,dy$$

$$= \frac{1}{2\pi} e^{rt} (2\pi g(t))$$

$$= \begin{cases} \dfrac{1}{2\pi} e^{rt} (2\pi e^{-rt} f(t)) & \text{，當 } t > 0 \\[3mm] 0 & \text{，當 } t \le 0 \end{cases}$$

$$= f(t) \quad \text{當 } t > 0$$

對於 $f(t) = \dfrac{1}{2\pi i}\displaystyle\int_{r-i\infty}^{r+i\infty} e^{st} F(s)\,ds$ 的求法通常利用如下圖的 Bromwich 圍線先求

$$\frac{1}{2\pi i}\int_{C} e^{zt} F(z)\,dz$$

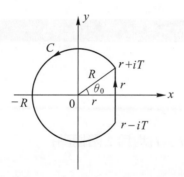

則 $\qquad f(t) = \displaystyle\lim_{R\to\infty}\frac{1}{2\pi i}\int_{r-iT}^{r+iT} e^{s(t)} F(s)\,ds, \quad T = \sqrt{R^2 - r^2}$

$$= \lim_{R\to\infty}\left[\frac{1}{2\pi i}\int_{C} e^{zt} F(z)\,dz - \frac{1}{2\pi i}\int_{\Gamma} e^{zt} F(z)\,dz \right]$$

（Γ 為圓弧部份的路徑）

若在 Γ 上 $|F(s)| < \dfrac{M}{R^k}, \quad k > 0$

則 $\qquad \displaystyle\lim_{R\to\infty}\int_{\Gamma} e^{zt} F(z)\,dz = 0$

因此 $\qquad f(t) = \displaystyle\lim_{R\to\infty}\frac{1}{2\pi i}\int_{C} e^{zt} F(z)\,dz$

$$= \Sigma[e^{zt} F(z) \text{ 的所有 } F(z) \text{ 極點的剩餘}]$$

範例 1　EXAMPLE

求 $\mathscr{L}^{-1}\left(\dfrac{1}{s-1}\right)$。

解 對於 $z = Re^{i\theta}$

$$\left|\frac{1}{z-1}\right| = \left|\frac{1}{Re^{i\theta}-1}\right| \le \frac{1}{|Re^{i\theta}|-1} = \frac{1}{R-1} < \frac{2}{R} \text{ 若 } R > 2$$

又 $\dfrac{1}{z-1}$ 的極點為 $z = 1$

當 $z = 1$ 時 $\dfrac{e^{zt}}{z-1}$ 的剩餘為 $\lim\limits_{z \to 1}(z-1)\dfrac{e^{zt}}{z-1} = e^t$

$$\therefore \mathscr{L}^{-1}\left(\frac{1}{s-1}\right) = f(t) = e^t$$

範例 2　EXAMPLE

求 $\mathscr{L}^{-1}\left(\dfrac{1}{(s^2+1)^2}\right)$。

解 $\dfrac{1}{(z^2+1)^2}$ 的極點為 $z = i, -i$（均為 2 階極點）

$z = i$ 時 $\dfrac{e^{zt}}{(z^2+1)^2}$ 的剩餘為

$$\lim_{z \to i}\frac{d}{dz}\left[(z-i)^2\frac{e^{zt}}{(z^2+1)^2}\right]$$

$$= \lim_{z \to i}\frac{d}{dz}\left[\frac{e^{zt}}{(z+i)^2}\right] = \lim_{z \to i}\frac{(z+i)te^{3t}-2e^{3t}}{(z+i)^3} = \frac{(2i)te^{it}-2e^{it}}{(2i)^3} = \frac{(it-1)e^{it}}{(-4i)}$$

$z = -i$ 時 $\dfrac{e^{zt}}{(z^2+1)^2}$ 的剩餘為

$$\lim_{z \to -\infty}\frac{d}{dz}\left[(z+i)^2\frac{e^{zt}}{(z^2+1)^2}\right]$$

$$= \lim_{z \to -\infty}\frac{d}{dz}\left[\frac{e^{zt}}{(z-i)^2}\right] = \frac{(-2i)te^{-it}-2e^{-it}}{(-2i)^3} = \frac{(it+1)e^{-it}}{-4i}$$

$$\therefore \mathscr{L}^{-1}\left[\frac{1}{(s^2+1)^2}\right] = \frac{(it-1)e^{it}}{-4i} + \frac{(it+1)e^{-it}}{-4i}$$

$$=\left(-\frac{1}{2}\right)\left(\frac{e^{it}+e^{-it}}{2}\right)t+\frac{1}{2}\left(\frac{e^{it}-e^{-it}}{2i}\right)$$

$$=\left(-\frac{1}{2}\right)t\cos t+\frac{1}{2}\sin t$$

範例 3 EXAMPLE

求 $\mathscr{L}^{-1}\left[\frac{\cosh x\sqrt{s}}{s\cosh\sqrt{s}}\right],\quad 0<x<1$。

解

$$F(s)=\frac{\cosh x\sqrt{s}}{s\cosh\sqrt{s}}=\frac{1+(x\sqrt{s})^2/2!+(x\sqrt{s})^4/4!+\cdots}{s\{1+(\sqrt{s})^2/2!+(\sqrt{s})^4/4!+\cdots\}}$$

$$=\frac{1+x^2s/2!+x^4s^2/4!+\cdots}{s\{1+s/2!+s^2/4!+\cdots\}}$$

$\therefore F(z)$ 有一個單極點 $z=0$ 及 $\cosh\sqrt{z}=0$

即 $\quad e^{2\sqrt{z}}=-1=e^{(2k\pi+\pi)i}\quad k=0,\pm1,\pm2,\cdots$

$$\sqrt{z}=\left(k+\frac{1}{2}\right)\pi i,\quad z=-\left(k+\frac{1}{2}\right)^2\pi^2$$

即 $F(z)$ 的極點爲 $z_0=0,\ z_n=-\left(n-\frac{1}{2}\right)^2\pi^2\quad(n=1,2,3,\cdots)$

取圍線如圖，使 $z_0=0,\ z_n=-\left(n-\frac{1}{2}\right)^2\pi^2$ 均在 $\overleftrightarrow{AB}$ 的左邊，圓弧 Γ_m 的圓心 O，半徑 $R_m=m^2\pi^2\quad(\Gamma_m$ 沒通過任何極點)

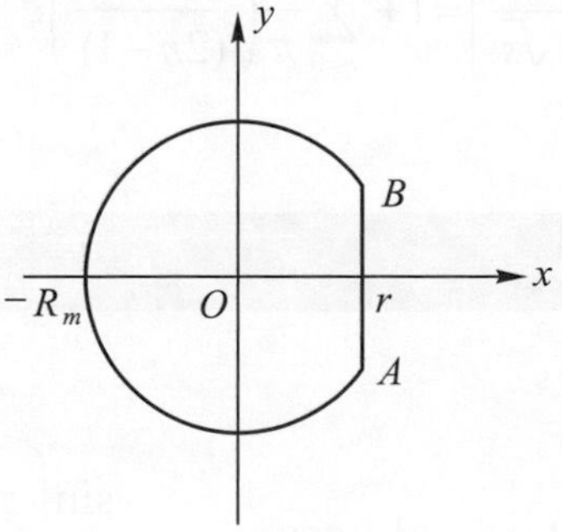

則 $$\mathscr{L}^{-1}\left[\frac{\cosh x\sqrt{s}}{s\cosh\sqrt{s}}\right]=\frac{1}{2\pi i}\int_C\frac{e^{zt}\cosh x\sqrt{z}}{z\cosh\sqrt{z}}dz=\sum_{n=0}^{\infty}\left[\operatorname{Res}\left(\frac{e^{zt}\cosh x\sqrt{z}}{z\cosh\sqrt{z}}\right)\Bigg|_{z=z_n}\right]$$

又 $z_0=0$ 時 $\dfrac{e^{zt}\cosh x\sqrt{z}}{z\cosh\sqrt{z}}$ 的剩餘爲

$$\lim_{z \to 0}(z-0)\frac{e^{zt}\cosh x\sqrt{z}}{z\cosh\sqrt{z}}=1$$

$z = z_n$ 時剩餘爲

$$\lim_{z \to z_n}(z-z_n)\frac{e^{zt}\cosh x\sqrt{z}}{z\cosh\sqrt{z}}$$

$$=\lim_{z \to z_n}\left\{\left(\frac{z-z_n}{\cosh\sqrt{z}}\right)\left(\frac{e^{zt}\cosh x\sqrt{z}}{z}\right)\right\}$$

$$=\lim_{z \to z_n}\frac{1}{(\sinh\sqrt{z})\left(\dfrac{1}{2\sqrt{z}}\right)}\lim_{z \to z_n}\frac{e^{zt}\cosh x\sqrt{z}}{z}$$

$$=\frac{2\left(n-\dfrac{1}{2}\right)\pi i}{\sinh\left(\left(n-\dfrac{1}{2}\right)\pi i\right)}\frac{e^{-\left(n-\frac{1}{2}\right)^2\pi^2 t}\cosh\left(\left(n-\dfrac{1}{2}\right)\pi xi\right)}{-\left(n-\dfrac{1}{2}\right)^2\pi^2}$$

$$=\frac{(2n-1)\pi i}{i\sin\left(\left(n-\dfrac{1}{2}\right)\pi\right)}\frac{e^{-\left(n-\frac{1}{2}\right)^2\pi^2 t}\cos\left(\left(n-\dfrac{1}{2}\right)\pi x\right)}{-\dfrac{1}{4}(2n-1)^2\pi^2}$$

$$=\frac{4}{\pi}\left(\frac{1}{(-1)^{n+1}(-1)(2n-1)}\right)e^{-\left(n-\frac{1}{2}\right)^2\pi^2 t}\cos\left(\left(n-\dfrac{1}{2}\right)\pi x\right)$$

$$=\frac{4}{\pi}\left(\frac{(-1)^n}{(2n-1)}\right)e^{-\left(n-\frac{1}{2}\right)^2\pi^2 t}\cos\left(\left(n-\dfrac{1}{2}\right)\pi x\right)$$

$$\therefore \mathscr{L}^{-1}\left[\frac{\cosh x\sqrt{s}}{s\cosh\sqrt{s}}\right]=1+\sum_{n=0}^{\infty}\frac{4}{\pi}\left(\frac{(-1)^n}{(2n-1)}\right)e^{-\left(n-\frac{1}{2}\right)^2\pi^2 t}\cos\left(\left(n-\dfrac{1}{2}\right)\pi x\right)$$

Problem 6-8 習題

1. 求下列各函數的極點

$$(1)\ \frac{z^2-z+2}{(z-1)^2(z-i)(z+1+i)} \qquad (2)\ \frac{1-\cos z}{z} \qquad (3)\ \frac{\sin\left(z-\dfrac{\pi}{3}\right)}{3z-\pi}$$

2. 求 $f(z)=\dfrac{z}{z^2-1}$ 對極點 $z=1$ 的勞倫級數展開式

3. 求 $f(z) = \dfrac{1}{z(z+1)^2}$

   (1)對極點 $z = -1$ 的勞倫級數展開式

   (2)對極點 $z = 0$ 的勞倫級數展開式

4. 求 $\displaystyle\int_C \frac{e^z}{(z-1)^3} dz$

   (1)C 為 $|z| = 2$ 反時針方向

   (2)C 為 $|z| = \dfrac{1}{2}$ 反時針方向

5. 求 $\displaystyle\int_C \frac{e^{-z}}{(z^2+1)^2} dz$

   (1)C 為 $|z - i| = 1$ 反時針方向

   (2)C 為 $|z| = 2$ 反時針方向

6. 求 $\displaystyle\int_{-\infty}^{\infty} \frac{x\sin x}{1+x^4} dx$

7. 求 $\displaystyle\int_0^{\infty} \frac{1}{\sqrt{x}(1+x)} dx$

8. 求 $\mathscr{L}^{-1}\ \dfrac{1}{(s+1)(s-2)^2}$

9. 求 $\mathscr{L}^{-1}\left[\dfrac{s}{s^2+1}\right]$

10. 求 $\mathscr{L}^{-1}\left[\dfrac{1}{s\cosh s}\right]$

7

偏微分方程式

本章大綱

7-1 基本概念

在物理與工程上譬如波動問題，熱傳導及電力輸送問題，自變參數除了位置(x, y, z)外還要考慮時間 t，因而所建立的微分方程式，牽涉多個自變參數而爲一偏微分方程式，當然我們著重於討論偏微分方程式的求解方法，不過須先瞭解它的特性。

例如：考慮

$$u_1(x, y) = x - y \quad 可得\ \frac{\partial u_1}{\partial x} + \frac{\partial u_1}{\partial y} = 0$$

$$u_2(x, y) = e^{x-y} + 3$$

得 $\begin{cases} \dfrac{\partial u_2}{\partial x} = e^{x-y} \\ \dfrac{\partial u_2}{\partial y} = -e^{x-y} \end{cases}$ 則 $\dfrac{\partial u_2}{\partial x} + \dfrac{\partial u_2}{\partial y} = 0$

$$u_3(x, y) = \sin(x - y)$$

得 $\begin{cases} \dfrac{\partial u_3}{\partial x} = \cos(x - y), \quad \dfrac{\partial u_3}{\partial y} = -\cos(x - y) \end{cases}$ 則 $\dfrac{\partial u_3}{\partial x} + \dfrac{\partial u_3}{\partial y} = 0$

因此 $u_1(x, y)$，$u_2(x, y)$，$u_3(x, y)$ 均爲 $\dfrac{\partial u}{\partial x} + \dfrac{\partial u}{\partial y} = 0$ 的解

例如：考慮

$$u_4(x, y) = 2x^2 - y^2$$

得 $\begin{cases} \dfrac{\partial^2 u_4}{\partial x^2} = 4 \\ \dfrac{\partial^2 u_4}{\partial y^2} = -2 \end{cases}$ 則 $\dfrac{\partial^2 u_4}{\partial x^2} + 2\dfrac{\partial^2 u_4}{\partial y^2} = 0$

$$u_5(x, y) = e^{\sqrt{2}x} \sin y$$

得 $\begin{cases} \dfrac{\partial^2 u_5}{\partial x^2} = 2e^{\sqrt{2}x} \sin y \\ \dfrac{\partial^2 u_5}{\partial y^2} = -e^{\sqrt{2}x} \sin y \end{cases}$ 則 $\dfrac{\partial^2 u_5}{\partial x^2} + 2\dfrac{\partial^2 u_5}{\partial y^2} = 0$

$$u_6(x, \ y) = \ln(2x^2 + y^2)$$

得 $\quad \dfrac{\partial^2 u_6}{\partial x^2} = \dfrac{4y^2 - 8x^2}{(2x^2 + y^2)^2} \qquad$ 則 $\dfrac{\partial^2 u_6}{\partial x^2} + 2\dfrac{\partial^2 u_6}{\partial y^2} = 0$

$\qquad \dfrac{\partial^2 u_6}{\partial y^2} = \dfrac{4y^2 - 2x^2}{(2x^2 + y^2)^2}$

因此 $u_4, \ u_5, \ u_6$ 均為 $\dfrac{\partial^2 u}{\partial x^2} + 2\dfrac{\partial^2 u}{\partial y^2} = 0$ 的解

　　由上兩例我們可發現偏微分方程式之解形式的差異頗大，和常微分方程式的解與解之間的關係頗有不同，不過對於線性齊次的偏微分方程式的解仍具有疊合性質，即 u_1, u_2 為線性齊次偏微分方程式的解，則 $c_1 u_1 + c_2 u_2 (c_1, \ c_2$ 為常數) 亦為它的解，而偏微分方程式之解含有任意自變參數的函數則稱為參數解，若所有特解都可由參數解求得時稱之為通解。通常，通解包含的任意自變參數的函數個數與偏微分方程式的階數相同。

範例 1　　EXAMPLE

試證：$z = xF(2x + y)$，(F 為可微分函數) 為 $x\dfrac{\partial z}{\partial x} - 2x\dfrac{\partial z}{\partial y} = z$ 之解。

解　$\dfrac{\partial z}{\partial x} = F(2x + y) + xF'(2x + y)(2)$，$\quad \dfrac{\partial z}{\partial y} = xF'(2x + y)$

$\therefore x\dfrac{\partial z}{\partial x} - 2x\dfrac{\partial z}{\partial y} = x[F(2x + y) + 2xF'(2x + y)] - 2x[xF'(2x + y)] = xF(2x + y) = z$

範例 2　　EXAMPLE

解 $4\dfrac{\partial^2 u}{\partial x^2} = 9\dfrac{\partial^2 u}{\partial y^2}$。

解　考慮 $u_1(x, \ y) = F(3x + 2y)$　$F(t)$ 為 F'，F'' 均連續的函數

則 $\quad \begin{cases} \dfrac{\partial u_1}{\partial x} = 3F'(3x + 2y) \\[2mm] \dfrac{\partial u_1}{\partial y} = 2F'(3x + 2y) \end{cases} \Rightarrow \begin{cases} \dfrac{\partial^2 u_1}{\partial x^2} = 9F''(3x + 2y) \\[2mm] \dfrac{\partial^2 u_1}{\partial y^2} = 4F''(3x + 2y) \end{cases}$

$\therefore u_1(x,\ y) = F(3x+2y)$ 為 $4\dfrac{\partial^2 u}{\partial x^2} = 9\dfrac{\partial^2 u}{\partial y^2}$ 的參數解

再考慮 $u_2(x,\ y) = G(3x-2y)$, $G(t)$ 為 G', G'' 均連續的函數

則
$$\begin{cases} \dfrac{\partial u_2}{\partial x} = 3G'(3x-2y) \\[2mm] \dfrac{\partial u_2}{\partial y} = -2G'(3x-2y) \end{cases} \Rightarrow \begin{cases} \dfrac{\partial^2 u_2}{\partial x^2} = 9G''(3x-2y) \\[2mm] \dfrac{\partial^2 u_2}{\partial y^2} = 4G''(3x-2y) \end{cases}$$

$\therefore u_2(x,\ y) = G(3x-2y)$ 亦為 $4\dfrac{\partial^2 u}{\partial x^2} = 9\dfrac{\partial^2 u}{\partial y^2}$ 的參數解

因而 $u(x,\ y) = F(3x+2y) + G(3x-2y)$ 為 $4\dfrac{\partial^2 u}{\partial x^2} = 9\dfrac{\partial^2 u}{\partial y^2}$ 的通數

$$\sin(3x+2y) + 4e^{3x-2y}$$

則為 $4\dfrac{\partial^2 u}{\partial x^2} = 9\dfrac{\partial^2 u}{\partial y^2}$ 的一特解

上例中，我們考慮 $u_1(x,\ y) = F(3x+2y)$, $u_2(x,\ y) = G(3x-2y)$ 兩型態為方程式之解是一關鍵，其實對於常係數二階線性齊次偏微分方程式

$$A\dfrac{\partial^2 u}{\partial x^2} + B\dfrac{\partial^2 u}{\partial x \partial y} + C\dfrac{\partial^2 u}{\partial y^2} + D\dfrac{\partial u}{\partial x} + E\dfrac{\partial u}{\partial y} + Fu = 0$$

可考慮 $u(x,\ y) = e^{ax+by}$ 求出 a, b 而得方程式的參數解。

範例 3　EXAMPLE

試解 $4\dfrac{\partial^2 u}{\partial x^2} = 9\dfrac{\partial^2 u}{\partial y^2}$。

解　令　　$u(x,\ y) = e^{ax+by}$

則
$$\begin{cases} \dfrac{\partial^2 u}{\partial x^2} = a^2 e^{ax+by} \\[2mm] \dfrac{\partial^2 u}{\partial y^2} = b^2 e^{ax+by} \end{cases}$$

代入可得 $(4a^2 - 9b^2)e^{ax+by} = 0$　　　$\therefore 2a = 3b$ 或 $2a = -3b$

(1)當 $2a = 3b$ 時

$u(x,\ y) = e^{\frac{b}{2}(3x+2y)}$ 為偏微分方程式之解，由疊合原理

$$3e^{4(3x+2y)} + (-2)e^{-3(3x+2y)} + \frac{e^{i(3x+2y)} + e^{-i(3x+2y)}}{2}$$

亦為方程式之解,因此 $F(3x+2y)$ 為參數解

(2)當 $2a = -3b$ 時

$u_2(x, y) = e^{-\frac{b}{2}(3x-2y)}$ 為方程式之解,則 $G(3x-2y)$ 為參數解

某些偏微分方程式如下例題 4, 5,亦可利用常微分方程式的方法求其解答。

範例 4 EXAMPLE

試解 $\dfrac{\partial u}{\partial x} = xe^y$, $u(0, y) = y$ 。

解

$$\because \frac{\partial u}{\partial x} = xe^y$$

$$u(x, y) = \int xe^y dx + k(y) = \frac{x^2}{2}e^y + k(y)$$

又 $\quad u(0, y) = y$

$\therefore k(y) = y$ 即 $u(x, y) = \dfrac{x^2}{2}e^y + y$

範例 5 EXAMPLE

試解 $\dfrac{\partial^2 u}{\partial x \partial y} = \dfrac{\partial u}{\partial x} + 1$, $u(0, y) = y$, $u(x, 0) = x$ 。

解 原式可化為 $\dfrac{\partial}{\partial x}\left(\dfrac{\partial u}{\partial y} - 1\right) = 1$

$$\therefore \frac{\partial u}{\partial y} - 1 = \int 1 dx + G(y) = x + G(y)$$

得 $\quad \dfrac{\partial u}{\partial y} = 1 + x + G(y)$

$$u(x, y) = \int (1 + x + G(y))dy + h(x) = y + xy + k(y) + h(x)$$

又 $\quad u(0, y) = y$

$\therefore y + k(y) + h(0) = y \qquad k(y) = -h(0) = c \text{ (常數)}$

得 $\quad u(x,\ y) = y + xy + c + h(x) = y + xy + H(x)$

又 $\quad u(x,\ 0) = x \quad \therefore H(x) = x$

故 $u(x,\ y) = y + xy + x$ 為微分方程式之解

範例 6 　 EXAMPLE

$\varphi = \varphi(u,\ v)$ ，令 $\begin{cases} u = x + y \\ v = xy \end{cases}$ ，

則 $x\dfrac{\partial \varphi}{\partial x} - y\dfrac{\partial \varphi}{\partial y} = x - y$ 可化為 $a\dfrac{\partial \varphi}{\partial u} + b\dfrac{\partial \varphi}{\partial v} = c$

求 a, b, c 並求偏微分方程式的通解。

解

$$\frac{\partial \varphi}{\partial x} = \frac{\partial \varphi}{\partial u}\frac{\partial u}{\partial x} + \frac{\partial \varphi}{\partial v}\frac{\partial v}{\partial x} = \frac{\partial \varphi}{\partial u}(1) + \frac{\partial \varphi}{\partial v}y$$

$$\frac{\partial \varphi}{\partial y} = \frac{\partial \varphi}{\partial u}\frac{\partial u}{\partial y} + \frac{\partial \varphi}{\partial v}\frac{\partial v}{\partial y} = \frac{\partial \varphi}{\partial u}(1) + \frac{\partial \varphi}{\partial v}x$$

$$\therefore x\left(\frac{\partial \varphi}{\partial x}\right) - y\left(\frac{\partial \varphi}{\partial y}\right) = x - y$$

可化為 $\quad x\left(\dfrac{\partial \varphi}{\partial u} + \dfrac{\partial \varphi}{\partial v}y\right) - y\left(\dfrac{\partial \varphi}{\partial u} + \dfrac{\partial \varphi}{\partial v}x\right) = x - y$

$$x\frac{\partial \varphi}{\partial u} + xy\frac{\partial \varphi}{\partial v} - y\frac{\partial \varphi}{\partial u} - xy\frac{\partial \varphi}{\partial v} = x - y$$

$$x\frac{\partial \varphi}{\partial u} - y\frac{\partial \varphi}{\partial u} = x - y$$

得 $\dfrac{\partial \varphi}{\partial u} = 1$ ，故 $a = 1,\ b = 0,\ c = 1$

由 $\dfrac{\partial \varphi}{\partial u} = 1$ ，得 $\varphi = (u,\ v) = u + k(v)$ ，即 $\varphi = (x,\ y) = x + y + k(xy)$

範例 7 　 EXAMPLE

試求 $\dfrac{\partial^2 u}{\partial x^2} - \dfrac{\partial u}{\partial y} = e^{2x+7y}$ 的特解。

解 利用未定係數法

令 $u(x,\ y) = Ae^{2x+7y}$

則 $\dfrac{\partial^2 u}{\partial x^2} = 4Ae^{2x+7y}, \quad \dfrac{\partial u}{\partial y} = 7Ae^{2x+7y}$

$\therefore \dfrac{\partial^2 u}{\partial x^2} - \dfrac{\partial u}{\partial y} = -3Ae^{2x+7y} = e^{2x+7y}$

得 $A = -\dfrac{1}{3}$

即 $u = (x,\ y) = -\dfrac{1}{3}e^{2x+7y}$ 為微分方程式之一解

例 3 的參數解，F 或 G 可任意函數。事實上，工程上所研討的偏微分方程式都是附帶有關位置$(x,\ y,\ z)$與時間 t 的條件(即所謂邊界條件與初始條件)的線性偏微分方程式之界值問題。因此，我們將專注於如何求出附合界值問題的特解而不考慮其通解問題，工程應用上幾個代表性的偏微分方程式如

熱傳導方程式：

$$\frac{\partial u}{\partial t} = c\left(\frac{\partial^2 u}{\partial x^2} + \frac{\partial^2 u}{\partial y^2} + \frac{\partial^2 u}{\partial z^2} \right)$$

波動方程式：

$$\frac{\partial^2 u}{\partial t^2} = c\left(\frac{\partial^2 u}{\partial x^2} + \frac{\partial^2 u}{\partial y^2} \right)$$

輸配電線路方程式：

$$\begin{cases} \dfrac{\partial E}{\partial x} = -RI - L\dfrac{\partial I}{\partial t} \\[2mm] \dfrac{\partial I}{\partial x} = -GE - C\dfrac{\partial E}{\partial t} \end{cases}$$

現就輸配電路問題及一度的熱傳導問題，依據物理現象的定律，把問題轉化為數學模型，往後我們將根據數學模型求出附合界值條件的特解。

1. 輸配電線路問題

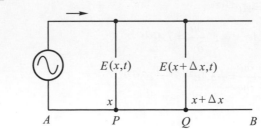

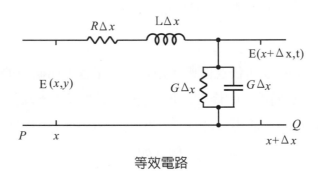

等效電路

在輸配電路中，設電流由電源 A 傳送到 B 流經電纜的電流為 I，兩平行電纜間的電位差為 E，兩者均為位置 x 與時間 t 的函數，假設電纜每單位長度的電阻 R、電感 L、電導 G、電容為 C，由 P、Q 兩點間的等效電路，其電位差為

$$E(x+\Delta x,\ t) - E(x,\ t) = -I(R\Delta x) - (L\Delta x)\frac{\partial I}{\partial t}$$

P、Q 兩點間的電流差為

$$I(x+\Delta x,\ t) - I(x,\ t) = -G(\Delta x)E - C(\Delta x)\frac{\partial E}{\partial t}$$

則

$$\lim_{\Delta x \to 0}\frac{E(x+\Delta x,\ t) - E(x,\ t)}{\Delta x} = -RI - L\frac{\partial I}{\partial t}$$

$$\lim_{\Delta x \to 0}\frac{I(x+\Delta x,\ t) - I(x,\ t)}{\Delta x} = -GE - C\frac{\partial E}{\partial t}$$

即

$$\begin{cases} \dfrac{\partial E(x,\ t)}{\partial x} = -RI(x,\ t) - L\left(\dfrac{\partial I}{\partial t}\right) \\[2mm] \dfrac{\partial I(x,\ t)}{\partial x} = -GE(x,\ t) - C\left(\dfrac{\partial E}{\partial t}\right) \end{cases}$$

$$\Rightarrow \quad \begin{cases} \dfrac{\partial^2 E}{\partial x^2} = -R\dfrac{\partial I}{\partial x} - L\dfrac{\partial^2 I}{\partial x \partial t} \\ \dfrac{\partial^2 I}{\partial t \partial x} = -G\dfrac{\partial E}{\partial t} - C\dfrac{\partial^2 E}{\partial t^2} \end{cases} \quad 或 \quad \begin{cases} \dfrac{\partial^2 E}{\partial t \partial x} = -R\dfrac{\partial I}{\partial t} - L\dfrac{\partial^2 I}{\partial t^2} \\ \dfrac{\partial^2 I}{\partial x^2} = -G\dfrac{\partial E}{\partial x} - C\dfrac{\partial^2 E}{\partial x \partial t} \end{cases}$$

得
$$\frac{\partial^2 E}{\partial x^2} = -R\left(-GE - C\frac{\partial E}{\partial t}\right) - L\left(-G\frac{\partial E}{\partial t} - C\frac{\partial^2 E}{\partial t^2}\right)$$

$$= LC\frac{\partial^2 E}{\partial x^2} + (RC + LG)\frac{\partial E}{\partial t} + RGE$$

及
$$\frac{\partial^2 I}{\partial x^2} = -G\left(-RI - L\frac{\partial I}{\partial t}\right) - C\left(R\frac{\partial I}{\partial t} - L\frac{\partial^2 I}{\partial t^2}\right)$$

$$= LC\frac{\partial^2 I}{\partial x^2} + (GL + RC)\frac{\partial I}{\partial t} + RGI$$

上兩式即為電路方程式，在電報線路上，漏電流及電感效應小，G 與 L 可以不計則得電報方程式

$$\begin{cases} \dfrac{\partial^2 E}{\partial x^2} = RC\dfrac{\partial E}{\partial t} \\ \dfrac{\partial^2 I}{\partial x^2} = RC\dfrac{\partial I}{\partial t} \end{cases}$$

2. 一度熱傳導問題

由熱力學理論：

(1) 熱量由高溫流向低溫。

(2) 在單位時間內，流經某一截面的熱量與該截面的溫度梯度及面積成正比。

(3) 在單位時間內，物體所吸收或釋放的熱量與其質量及溫度的增減度成正比。

設有一均勻的傳熱棒，外塗隔熱膜，使棒的任一截面上的點，溫度均相等，熱量由棒之較熱的一端傳到較冷的一端，此為一度熱傳導。

將棒放置於坐標軸上，使較熱的一端位於原點 0。

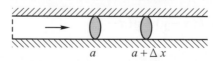

令 $T(x, t)$ 表溫度、ρ 為密度、A 為截面積、k 為導熱率

c_P 為比熱(每單位質量增加 1℃所需的熱量)

則單位時間內傳熱棒在 $x = a$ 與 $x = a + \Delta x$ 間熱量的累積量為

$$(\rho A \Delta x)c\frac{\partial T}{\partial t}$$

又單位時間內，流經 $x = a$ 與 $x = a + \Delta x$ 間的熱量為

$$\left(-k\frac{\partial T}{\partial x}\bigg|_{x=a}\right)A - \left(-k\frac{\partial T}{\partial x}\bigg|_{x=a+\Delta x}\right)A$$

$$\therefore (-k)A\left(\frac{\partial T(a,\ t)}{\partial x} - \frac{\partial T(a+\Delta x,\ t)}{\partial x}\right) = \rho A \Delta x c\frac{\partial T}{\partial t}$$

$$\lim_{\Delta x \to 0}\frac{\frac{\partial T}{\partial x}(a+\Delta x,\ t) - \frac{\partial T}{\partial x}(a,\ t)}{\Delta x} = \left(\frac{\rho c}{k}\right)\frac{\partial T}{\partial t}$$

$$\frac{\partial^2 T}{\partial x^2}(a,\ t) = \left(\frac{\rho c}{k}\right)\frac{\partial T}{\partial t}$$

即

$$\frac{\partial T}{\partial x} = \left(\frac{k}{\rho c}\right)\frac{\partial^2 T}{\partial x^2}$$

因此

$$\frac{\partial T}{\partial t} = \alpha\frac{\partial^2 T}{\partial x^2}\left(\alpha = \frac{k}{\rho c}\text{即擴散係數}\right)\text{爲一度熱傳導方程式}$$

7-1 習題

1. 試證下列方程式具有所指函數的解。

   (1) $x\dfrac{\partial z}{\partial x} + y\dfrac{\partial z}{\partial y} = z$, $z = xF\left(\dfrac{y}{x}\right)$

   (2) $\dfrac{\partial^2 z}{\partial x \partial y} = 0$, $z = f(x) + g(y)$

   (3) $a\dfrac{\partial z}{\partial x} + b\dfrac{\partial z}{\partial y} = 0$, $z = f(ay - bx)$

   (4) $\dfrac{\partial^2 z}{\partial x^2} = \dfrac{\partial^2 z}{\partial g^2}$, $z = f(x - y) + g(x + y)$

2. 求一偏微分方程式，使其參數解爲 $u = F(x - y) + G(2x + y)$

3. 求 $(x - a)^2 + (y - b)^2 + z^2 = r^2$ 所滿足的偏微分方程式(a, b 爲任意常數)

4. 試證：Laplace 方程式：$\dfrac{\partial^2 u}{\partial x^2}+\dfrac{\partial^2 u}{\partial y^2}+\dfrac{\partial^2 u}{\partial z^2}=0$ 轉換成柱面座標 $\begin{cases} x=r\cos\theta \\ y=r\sin\theta \\ z=z \end{cases}$

   的形式為 $\dfrac{\partial^2 u}{\partial r^2}+\dfrac{1}{r}\dfrac{\partial u}{\partial r}+\dfrac{1}{r^2}\dfrac{\partial^2 u}{\partial \theta^2}+\dfrac{\partial^2 u}{\partial z^2}=0$。

5. 試證：$u=\ln[(x-a)^2+(y-b)^2]$ 為 $\dfrac{\partial^2 u}{\partial x^2}+\dfrac{\partial^2 u}{\partial y^2}=0$ 之解。

6. 利用變數轉換 $\xi=x-at,\ \eta=x+at$ 求 $a^2\dfrac{\partial^2 u}{\partial x^2}=\dfrac{\partial^2 u}{\partial t^2}$ 的參數解。

7. $u=e^x\cos y$ 試證：$\dfrac{\partial^2 u}{\partial x^2}+\dfrac{\partial^2 u}{\partial y^2}=0$

   若 $v(x,\ y)$ 滿足 $\dfrac{\partial v}{\partial y}=\dfrac{\partial u}{\partial x},\ \dfrac{\partial v}{\partial x}=-\dfrac{\partial u}{\partial y}$ ，求 v。

7-2 ┃ 分離變數法

　　對於線性齊次偏微分方程式，大部份的應用問題均可假設它的解為每一自變數之函數的乘積，譬如 $\dfrac{\partial u}{\partial t}=3\dfrac{\partial^2 u}{\partial x^2}$, $u(0,\ t)=100$, $u(1,\ t)=50$。

　　我們可以假設 $u(x,\ t)=X(x)T(t)$ 代入方程式，求滿足界值條件的解。

範例 1　EXAMPLE

試解 $4\dfrac{\partial^2 u}{\partial x^2}-9\dfrac{\partial^2 u}{\partial y^2}=0$。

解 令　　　$u(x,\ y)=X(x)Y(y)$

　　則　　　$\dfrac{\partial^2 u}{\partial x^2}=X''Y,\ \dfrac{\partial^2 u}{\partial y^2}=XY''$

　　代入方程式得

　　　　　　$4X''Y-9XY''=0$

　　即　　　$\dfrac{X''}{9X}=\dfrac{Y''}{4Y}=k$（常數）　　$\therefore \begin{cases} X''-9kX=0\cdots① \\ Y''-4kY=0\cdots② \end{cases}$

(1)當 $k = \alpha^2 > 0$ 時

$$X(x) = c_1 e^{3\alpha x} + c_2 e^{-3\alpha x}$$

$$Y(y) = c_3 e^{2\alpha y} + c_4 e^{-2\alpha y}$$

$$u(x, y) = (c_1 e^{3\alpha x} + c_2 e^{-3\alpha x})(c_3 e^{2\alpha y} + c_4 e^{-2\alpha y})$$

$$= A_1 e^{\alpha(3x+2y)} + B_1 e^{-\alpha(3x+2y)} + C_1 e^{\alpha(3x-2y)} + D_1 e^{-\alpha(3x-2y)}$$

(2)當 $k = 0$ 時

$$X(x) = A_2 x + B_2$$

$$Y(y) = C_2 y + D_2$$

$$u(x, y) = (A_2 x + B_2)(C_2 y + D_2)$$

(3)當 $k = -\alpha^2 < 0$ 時

$$X(x) = c_5 \sin 3\alpha x + c_6 \cos 3\alpha x$$

$$Y(y) = c_7 \sin 2\alpha y + c_8 3 \cos 2\alpha y$$

$$u(x, y) = (c_5 \sin 3\alpha x + c_6 \cos 3\alpha x)(c_7 \sin 2\alpha y + c_8 \cos 2\alpha y)$$

範例 2　EXAMPLE

解 $\dfrac{\partial u}{\partial x} = 2 \dfrac{\partial u}{\partial y}$; $u(0, y) = e^y$ 。

解 令 　　　$u(x, y) = X(x)Y(y)$

則 　　　$\dfrac{\partial u}{\partial x} = X'Y, \ \dfrac{\partial u}{\partial y} = XY'$

代入方程式得 $X'Y = 2XY'$

$$\frac{X'}{2X} = \frac{Y'}{Y} = k \ (常數)$$

$$\therefore \begin{cases} X' = 2kX \\ Y' = kY \end{cases} \quad \begin{cases} X = Ae^{2kx} \\ Y = Be^{ky} \end{cases}$$

故 　　　$u(x, y) = (Ae^{2kx})(Be^{ky}) = ce^{k(2x+y)}$

又界值條件 $u(0, y) = e^y$

$$\therefore ce^{ky} = e^y \ 得 \ c = 1, k = 1$$

即 　　　$u(x, y) = e^{2x+y}$

範例 3　　EXAMPLE

一長為 1 公尺，擴散係數為 2 的傳熱棒，外塗隔熱膜，開始時棒的左右兩端溫度為 0℃ 與 200℃ 並維持穩定狀態，然後在 $t = \infty$ 時，左端溫度升到 50℃，右端降到 100℃ 並維持此溫度不變，試求棒內溫度。

解　由於棒內沒有熱源，故傳熱棒的熱傳導方程式為

$$\frac{\partial T}{\partial t} = 2\frac{\partial^2 T}{\partial x^2}$$

且界值條件為：

(1) $\begin{cases} T(0, t) = 50 \\ T(1, t) = 100 \end{cases}$

(2) $t = 0$ 時穩定狀態

即　　$\left.\dfrac{\partial T}{\partial t}\right|_{t=0} = 0$

且　　$T(0, 0) = 0,\ T(1, 0) = 200$

由(2)得　$\left.\dfrac{\partial^2 T}{\partial x^2}\right|_{t=0} = 0$

$\therefore$　　$T(x, 0) = A_1 x + B_1$　　　又 $\begin{cases} T(0, 0) = 0 \\ T(1, 0) = 200 \end{cases}$

$\because$　　$A_1 = 200$，$B_1 = 0$　　　即 $T(x, 0) = 200x$

利用分離變數法：

令　　$T(x, t) = X(x)Y(t)$

代入　$\dfrac{\partial T}{\partial t} = 2\dfrac{\partial^2 T}{\partial x^2}$

得　　$XY' = 2X''Y$，即 $\dfrac{Y'}{2Y} = \dfrac{X''}{X} = k$（常數）

①當 $k = \alpha^2 > 0$ 時

$\qquad Y(t) = A_2 e^{2kt}$　　當 $t \to \infty$ 時溫度 $Y(t) \to \infty$ 不合

②當 $k = 0$ 時

$\qquad Y = A_3,\ X = B_3 x + C_3$

即　　$T_1(x, t) = A_3(B_3 x + C_3) = ax + b$

③當 $k = -\alpha^2 < 0$ 時

$$\begin{cases} Y(t) = A_4 e^{-2\alpha^2 t} \\ X(x) = B_4 \sin \alpha x + C_4 \cos \alpha x \end{cases}$$

即　　　$T_2(x, t) = A_4 e^{-2\alpha^2 t}(B_4 \sin \alpha x + C_4 \cos \alpha x) = e^{-2\alpha^2 t}(c \sin \alpha x + d \cos \alpha x)$

由疊合原理

$$T(x, t) = T_1(x, t) + T_2(x, t) = ax + b + e^{-2\alpha^2 t}(c \sin \alpha x + d \cos \alpha x)$$

又由界值條件(1)：$\begin{cases} T(0, t) = 50 \\ T(1, t) = 100 \end{cases}$

且令 $t \to \infty$ 得 $\begin{cases} b = 50 \\ a + b = 100 \end{cases}$　　$\therefore a = b = 50$

$$\therefore T(x, t) = 50x + 50 + e^{-2\alpha^2 t}(c \sin \alpha x + d \cos \alpha x)$$

又　　　$T(0, t) = 50$

得　　　$50 = 50 + e^{-2\alpha^2 t}(d)$　　$\therefore d = 0$

進一步得 $T(x, t) = 50x + 50 + e^{-2\alpha^2 t}(c \sin \alpha x)$

又　　　$T(1, t) = 100$

得　　　$100 = 50 + 50 + e^{-2\alpha^2 t}(c \sin \alpha)$

$$\therefore \sin \alpha = 0 \Rightarrow \alpha = n\pi, \ n = 1, 2, 3, \cdots$$

再進一步得

$$T_{2n}(x, t) = e^{-2(n\pi)^2 t}(c_n \sin(n\pi)x)$$

由疊合原理得

$$T(x, t) = 50x + 50 + \sum_{n=1}^{\infty} e^{-2(n\pi)^2 t}(c_n \sin n\pi x)$$

由界值條件(2)：$T(x, 0) = 200x$

得　　　$50x + 50 + \sum_{n=1}^{\infty} c_n \sin n\pi x = 200x$

$$\sum_{n=1}^{\infty} c_n \sin n\pi x = 150x - 50$$

利用符立爾正弦半輻展開式

得　　　$c_n = \dfrac{2}{1} \displaystyle\int_0^1 (150x - 50) \sin n\pi x \, dx$

$$= 300 \int_0^1 x \sin n\pi x \, dx - 100 \int_0^1 \sin n\pi x \, dx$$

$$= 300\left[\frac{1}{n^2\pi^2}\sin n\pi x - \frac{x}{n\pi}\cos n\pi x\right]\Bigg|_0^1 + 100\left(\frac{1}{n\pi}\cos n\pi x\right)\Bigg|_0^1$$

$$= -\frac{100}{n\pi}(2\cos n\pi + 1)$$

$$= \begin{cases} -\dfrac{300}{n\pi}, & n \text{ 偶數} \\ \dfrac{100}{n\pi}, & n \text{ 奇數} \end{cases}$$

故　　　$$T(x,\ t) = 50x + 50 + \sum_{n=1,3,5,\cdots}^{\infty}\left(\frac{100}{n\pi}\sin n\pi x\right)e^{-2(n\pi)^2 t}$$

$$- \sum_{n=2,4,6,\cdots}^{\infty}\left(\frac{300}{n\pi}\sin n\pi x\right)xe^{-2(n\pi)^2 t}$$

範例 4　EXAMPLE

解 $\dfrac{\partial^2 u}{\partial t^2} = 4\dfrac{\partial^2 u}{\partial x^2}$

邊界條件：$\begin{cases} u(0,\ t) = 0 \\ u(2,\ t) = 0 \end{cases}$

初始條件：$u(x,\ 0) = f(x) = \begin{cases} x\ , & 0 < x < 1 \\ 2 - x, & 1 < x < 2 \end{cases}$ 及 $\dfrac{\partial u}{\partial t}\Bigg|_{t=0} = 0$。

解 利用分離變數法：

令 $u(x,\ t) = X(x)T(t)$ 代入得 $XT'' = 4X''T$

即　　　$\dfrac{4X''}{X} = \dfrac{T''}{T} = k$ (常數)

①當 $k = \alpha^2 > 0$ 時

$$T'' = \alpha^2 T,\ T(t) = A_1 e^{\alpha t} + B_1 e^{-\alpha t}$$

$$4X'' = \alpha^2 X,\ X(x) = C_1 e^{\frac{\alpha}{2}x} + D_1 e^{-\frac{\alpha}{2}x}$$

$$u(x,\ t) = (A_1 e^{\alpha t} + B_1 e^{-\alpha t})(C_1 e^{\frac{\alpha}{2}x} + D_1 e^{-\frac{\alpha}{2}x})$$

又　　$\begin{cases} u(0,\ t) = (A_1 e^{\alpha t} + B_1 e^{-\alpha t})(C_1 + D_1) = 0 \\ u(2,\ t) = (A_1 e^{\alpha t} + B_1 e^{-\alpha t})(C_1 e^{\alpha} + D_1 e^{-\alpha}) = 0 \end{cases}$

$\Rightarrow$　$\begin{cases} C_1 + D_1 = 0 \\ C_1 e^{\alpha} + D_1 e^{-\alpha} = 0 \end{cases}$　$\therefore \begin{cases} C_1 = 0 \\ D_1 = 0 \end{cases}$

$\therefore u_1(x,\ t) = 0$

②當 $k=0$ 時 $\begin{cases} T''=0 \\ X''=0 \end{cases}$ 則 $\begin{cases} T(t)=A_2t+B_2 \\ X(x)=C_2x+D_2 \end{cases}$

$$u(x,\ t)=(A_2t+B_2)(C_2x+D_2)$$

又 $\begin{cases} u(0,\ t)=(A_2t+B_2)D_2=0 \\ u(2,\ t)=(A_2t+B_2)(2C_2+D_2)=0 \end{cases} \Rightarrow \begin{cases} D_2=0 \\ C_2=0 \end{cases}$

$$\therefore u_2(x,\ t)=0$$

③當 $k=-\alpha^2<0$ 時 $\begin{cases} T''+\alpha^2T=0 \\ X''+4\alpha^2X=0 \end{cases}$

得 $\quad T(t)=A_3\cos\alpha t+B_3\sin\alpha t$

$$X(x)=C_3\cos\frac{\alpha}{2}x+D_3\sin\frac{\alpha}{2}x$$

$$u(x,\ t)=(A_3\cos\alpha t+B_3\sin\alpha t)(C_3\cos\frac{\alpha}{2}x+D_3\sin\frac{\alpha}{2}x)$$

又 $\begin{cases} u(0,\ t)=(A_3\cos\alpha t+B_3\sin\alpha t)C_3=0 \\ u(2,\ t)=(A_3\cos\alpha t+B_3\sin\alpha t)(C_3\cos\alpha+D_3\sin\alpha)=0 \end{cases}$

$$\Rightarrow \begin{cases} C_3=0 \\ \sin\alpha=0 \end{cases} \alpha=n\pi,\ n=1,\ 2,\ 3,\cdots$$

即 $\quad u_n(x,\ t)=(A_{2n}\cos n\pi t+B_{3n}\sin n\pi t)(D_{3n}\sin\frac{n\pi}{2}x)$

$$=(a_n\cos n\pi t+b_n\sin n\pi t)\sin\frac{n\pi}{2}x$$

利用疊合原理

$$u(x,\ t)=\sum_{n=1}^{\infty}(a_n\cos n\pi t+b_n\sin n\pi t)\sin\frac{n\pi}{2}x$$

又初始條件：$u(x,\ 0)=f(x)=\begin{cases} x &,\ 0<x<1 \\ 2-x &,\ 1<x<2 \end{cases}$

$$\Rightarrow \sum_{n=1}^{\infty}a_n\sin\frac{n\pi}{2}x=f(x)$$

由符立爾半輻正弦展開式

$$a_n=\frac{2}{2}\int_0^2 f(x)\sin\frac{n\pi x}{2}dx$$

$$=\int_0^1 x\sin\frac{n\pi x}{2}dx+\int_1^2(2-x)\sin\frac{n\pi x}{2}dx$$

$$=\frac{8}{n^2\pi^2}\sin\frac{n\pi}{2}=\begin{cases} 0 &,\ n\text{ 偶數} \\ \dfrac{8}{n^2\pi^2} &,\ n=4k+1 \\ -\dfrac{8}{n^2\pi^2} &,\ n=4k+3 \end{cases}$$

又 $\quad \dfrac{\partial u}{\partial t}\Big|_{t=0}=0$

得 $\quad 0=\displaystyle\sum_{n=1}^{\infty}(a_n(-n\pi)\sin n\pi t+b_n(n\pi)\cos n\pi t)\sin\dfrac{n\pi x}{2}\Big|_{t=0}=\sum_{n=1}^{\infty}(n\pi)b_n\sin\dfrac{n\pi x}{2}$

$\quad\quad \therefore b_n=0$

故 $\quad u(x,\ t)=\displaystyle\sum_{n=1}^{\infty}a_n\cos n\pi t\sin\dfrac{n\pi}{2}x$

$$=\sum_{k=1}^{\infty}\dfrac{8}{(4k+1)^2\pi^2}\cos((4k+1)\pi t)\sin\dfrac{(4k+1)\pi}{2}x$$

$$-\sum_{k=1}^{\infty}\dfrac{8}{(4k+3)^2\pi^2}\cos((4k+3)\pi t)\sin\dfrac{(4k+3)\pi}{2}x$$

7-3 拉普拉斯變換法

在常微分方程式中，我們利用拉氏變換法將附有初始條件的微分方程式轉變成 s 的代數方程式，再利用反拉氏變換求得微分方程式的解。

由於 $\quad \mathscr{L}\left[\dfrac{\partial f(x,\ t)}{\partial x}\right]=\displaystyle\int_0^{\infty}\dfrac{\partial f(x,\ t)}{\partial x}e^{-st}dt$

$$=\dfrac{\partial}{\partial x}\int_0^{\infty}f(x,\ t)e^{-st}dt=\dfrac{d}{dx}\mathscr{L}[f(x,\ t)]$$

因此在偏微分方程式中，亦可對其中一個自變數取拉氏變換，則方程式變爲 $\mathscr{L}[f(x,\ t)]$ 的常微分方程式，亦可求其解答。

範例 1 EXAMPLE

解 $\dfrac{\partial u}{\partial x}+x\dfrac{\partial u}{\partial t}=0$, $u(x,\ 0)=0$, $u(0,\ t)=t$。

解 對 t 取拉氏變換，得

$$\mathscr{L}\left(\dfrac{\partial u}{\partial x}\right)+x\mathscr{L}\left(\dfrac{\partial u}{\partial t}\right)=0$$

$$\dfrac{d}{dx}\mathscr{L}(u(x,\ t))+x[s\mathscr{L}(u(x,\ t))-u(x,\ 0)]=0$$

$$\dfrac{d}{dx}\mathscr{L}(u(x,\ t))+sx\mathscr{L}(u(x,\ t))=0$$

令　　　　　$\mathcal{L}(u(x,\ t)) = W(x,\ s)$

則　　　　　$\dfrac{dW}{dx} + sxW = 0$

　　　　　　$\therefore W(x,\ s) = k(s)e^{-\frac{sx^2}{2}}$

又　　　　　$u(0,\ t) = t$

則　　　　　$\mathcal{L}(u(0,\ t)) = \mathcal{L}(t) = \dfrac{1}{s^2}$

即　　　　　$W(0,\ s) = \dfrac{1}{s^2}$

則　　　　　$k(s) = \dfrac{1}{s^2},\quad W(x,\ s) = \dfrac{1}{s^2}e^{-\frac{sx^2}{2}}$

由拉氏變換的第二移位定律：

若 $\mathcal{L}(f(t)) = F(s)$，則 $\mathcal{L}(f(t-a)u_a(t)) = F(s)e^{-as}$

因此　　　$u(x,\ t) = \mathcal{L}^{-1}(W(x,\ s)) = \left(t - \dfrac{x^2}{2}\right)u_{\frac{x^2}{2}}(t) = \begin{cases} 0 & ,\ t < \dfrac{x^2}{2} \\ t - \dfrac{x^2}{2} & ,\ t > \dfrac{x^2}{2} \end{cases}$

範例 2　EXAMPLE

有一 100 公里長的輸電線，在穩定情況下，電源($x = 0$)及用戶($x = 100$)的電壓，分別為 200 伏特及 100 伏特，現因用戶用電不慎，電路短路使電壓降為 0，但電源仍維持為 200 伏特，試求電路中任一點的電壓。設 $R = 10\Omega\,/\,\mathrm{km}$、$C = 10^{-5}\,\mathrm{f/km}$ 且忽略電流中電壓與漏電流 ($L = 0,\ G = 0$)。

解　由輸配電線方程式

$$\frac{\partial^2 E}{\partial x^2} = LC\frac{\partial^2 E}{\partial t^2} + (RC + LG)\frac{\partial E}{\partial t} + RGE$$

得　　　　$\dfrac{\partial^2 E}{\partial x^2} = 10^{-4}\dfrac{\partial E}{\partial t}\cdots(1)$

邊界條件：$E(0,\ t) = 200,\quad E(100,\ t) = 0$

初始條件：$E(0,\ 0) = 200,\quad E(100,\ 0) = 100,\quad \left.\dfrac{\partial E}{\partial t}\right|_{(x,\,0)} = 0$

　　　　　$\therefore \left.\dfrac{\partial E}{\partial x}\right|_{(x,\,0)} = 0$

由(1)則 $\left.\dfrac{\partial^2 E}{\partial x^2}\right|_{(x,\,0)} = 0$ 得 $E(x,\,0) = Ax + B$

又　　　　$E(0,\,0) = 200, \quad E(100,\,0) = 100$

　　　　　$\therefore A = -1, \quad B = 200$

即初始條件為：$E(x,\,0) = 200 - x$

由(1)兩邊取拉氏變換

$$\mathscr{L}\left(\frac{\partial^2 E}{\partial x^2}\right) = 10^{-4}\,\mathscr{L}\left(\frac{\partial E}{\partial t}\right)$$

$$\frac{d^2}{dx^2}\mathscr{L}(E(x,\,t)) = 10^{-4}\left[s\mathscr{L}(E(x,\,t)) - E(x,\,0)\right]$$

令　　　　$\mathscr{L}(E(x,\,t)) = W(x,\,s)$

則　　　　$\dfrac{d^2 W}{dx^2} = 10^{-4}[sW - (200 - x)]$

　　　　　$W'' - 10^{-4}sW = (x - 200)10^{-4}$

　　　　　$\therefore W = W_h + W_p = A(s)e^{10^{-2}\sqrt{s}x} + B(s)e^{-10^{-2}\sqrt{s}x} + \dfrac{200 - x}{s}$

又　　　　$W(0,\,s) = \mathscr{L}(E(0,\,t)) = \mathscr{L}(200) = \dfrac{200}{s}$

　　　　　$W(100,\,s) = \mathscr{L}(E(100,\,t)) = \mathscr{L}(0) = 0$

$$\Rightarrow \begin{cases} A(s) + B(s) + \dfrac{200}{s} = \dfrac{200}{s} \\[2mm] A(s)e^{\sqrt{s}} + B(s)e^{-\sqrt{s}} + \dfrac{100}{s} = 0 \end{cases}$$

$$\Rightarrow A(s) = \frac{-100}{s[e^{\sqrt{s}} - e^{-\sqrt{s}}]} \qquad B(s) = \frac{100}{s[e^{\sqrt{s}} - e^{-\sqrt{s}}]}$$

$$\therefore W(x,\,s) = \frac{(-100)e^{10^{-2}\sqrt{s}x}}{s[e^{\sqrt{s}} - e^{-\sqrt{s}}]} + \frac{100e^{-10^{-2}\sqrt{s}x}}{s[e^{\sqrt{s}} - e^{-\sqrt{s}}]} + \frac{200 - x}{s}$$

$$= \frac{(-100)\left[\dfrac{e^{10^{-2}\sqrt{s}x} - e^{-10^{-2}\sqrt{s}x}}{2}\right]}{s\left[\dfrac{e^{\sqrt{s}} - e^{-\sqrt{s}}}{2}\right]} + \frac{200 - x}{s}$$

$$= \frac{(-100)\sinh(10^{-2}\sqrt{s}x)}{s\sinh\sqrt{s}} + \frac{200 - x}{s}$$

故　　　　$E(x,\,t) = \mathscr{L}^{-1}(W(x,\,s))$

$$= (200 - x) - 100\left(\frac{1}{2\pi i}\right)\int_{r-i\infty}^{r+i\infty} e^{st}\left(\frac{\sinh(10^{-2}\sqrt{s}x)}{s\sinh\sqrt{s}}\right)ds$$

$$= (200 - x) - 100\left(\frac{1}{2\pi i}\right)\Sigma\,[\,e^{st}F(s)\,\text{於所有}\,F(s)\,\text{的極點的剩餘}]$$

$$= (200 - x) - 100\left[\frac{10^{-2}x}{1} + \frac{2}{\pi}\sum_{n=1}^{\infty}\frac{(-1)^n}{n}e^{-n^2\pi^2 t}\sin(n\pi 10^{-2}x)\right]$$

$$= (200 - 2x) - \frac{200}{\pi}\sum_{n=1}^{\infty}\frac{(-1)^n}{n}e^{-n^2\pi^2 t}\sin\left(\frac{n\pi x}{100}\right)$$

Problem 7-3 習題

1. 試解 $4\dfrac{\partial^2 u}{\partial x^2} = \dfrac{\partial^2 u}{\partial t^2}$ ，邊界條件：$u_x(0,\,t) = 0,\ u_x(1,\,t) = 0$

    初始條件：$u(x,\,0) = e^{-x},\ u_t(x,\,0) = 0$

2. 試解 $\dfrac{\partial u}{\partial t} = 4\dfrac{\partial^2 u}{\partial t^2}$ ，邊界條件：$u(0,\,t) = 0,\ u(2,\,t) = 0$

    初始條件：$u(x,\,0) = f(x) = \begin{cases} x & ,0 \le x \le 1 \\ 2 - x & ,1 \le x \le 2 \end{cases}$

3. 若 $\begin{cases} \dfrac{\partial^2 u}{\partial x^2} + \dfrac{\partial^2 u}{\partial y^2} = 0 & ,\text{當}\,x^2 + y^2 < 1 \\ u(x,\,y) = y^3 & ,\text{當}\,x^2 + y^2 = 1 \end{cases}$ 試利用分離變數法求 $u(x,\,y)$

4. 利用拉氏變換法解 $\dfrac{\partial u}{\partial t} = \dfrac{\partial^2 u}{\partial x^2},\ 0 < x < 1,\ t > 0$

    邊界條件：$u(0,\,t) = u(1,\,t) = 0$

    初始條件：$u(x,\,0) = \sin 2\pi x$

5. 有一半無限長之輸電線，其電感及電導可忽略不計，在電源端輸送電壓

    $E(0,\,t) = \begin{cases} E_0 & ,0 < t < T \\ 0 & ,t > T \end{cases}$ 試求輸電線上任一點的電壓 $E(x,\,t)$

8

數值分析

本章大綱

8-1 誤差

數值方法是利用有限的數目之數字，進行有限次數的步驟從事計數，而其所得之數值只是未知精確值的近似值而已，通常在實驗數據的取得，工程上數值運算在應用計算機計算數值的時候，往往以近似值替代精確值，例如，經常以 1.41421 表 $\sqrt{2}$。不過，以 1.41421 當做 $\sqrt{2}$ 的近似值，同樣地 1.414 當做 $\sqrt{2}$ 的近似值未嘗不可，以 1 當做 $\sqrt{2}$ 的近似值好像也可以(只是我們感覺到似乎有些不妥當)。那麼，我們根據什麼來取捨呢？我們要以 a* 表的 a 的近似值時，若能表達兩者間的誤差 a*−a 的範圍，那麼，以 a* 表的 a 的近似值是否妥當，便可有所取捨，例如，以 1.41421 表 $\sqrt{2}$ 的近似值其誤差低於 0.00001 比以 1.414 當做 $\sqrt{2}$ 的近似值其誤差低於 0.001 可信度高，通常誤差有來自實驗的誤差，有來自演算過程中過早停止所產生的誤差也有捨入的誤差。

一個正確值為 a，其近似值 a* 則 $a - a^* = p$ 稱為實際誤差它經常是未知。若以一個十分小的正數 E_p 來表示 a* 與正確值 a 的誤差界限即 $a^* - E_p \leq a \leq a^* + E_p$，則 E_p 稱為絕對誤差，那麼 $E_r = \dfrac{E_p}{a}$ 則為相對誤差，$100E_r\%$ 則為百分誤差。

在實際問題的計算中，由於連續的計算步驟，要嚴格將絕對誤差一一加以計算是不太可能，因此實用上，常將近似值另以有效數字表示。

一近似值所寫的每位數目字，除了以定小數點位置之 0 外，每一位數字 0, 1, 2,···,9 均有準確的意義，而最後之一位數至多只有 $\dfrac{1}{2}$ 單位的不準確，如此寫出的數字，即為有效數字。

例如，0.00376 有效數字為 3、7、6 係表示近似值 0.00376(±0.000005)而稱此數準確至三位有效數字。

423905 有效數字為 4、2、3、9、0、5 係表示近似值 423905(±0.5)因此有六位有效數字

423900 有效數字為 4、2、3、9、0、0 有六位有效數字

423900×10^1 有效數字為 4、2、3、9、0 係表示近似值 423900(±5)

1.28×10^4 有效數字為 1、2、8 係表示近似值 12800(±50)

8-2 非線性方程式的數值解法

1. 半區間法

方程式 $f(x)=0$ 例如 $x^4-x-3=0$，$e^x-x+1=0$ 等等，沒有可利用的公式來求其解答，因此有半區間法，內插法、牛頓法等被應用求其解的近似值。

若函數 $y=f(x)$ 的圖形與 x 軸的交點為 $(x_0, 0)$ 則 $f(x_0)=0$ 即表 x_0 為方程式 $f(x)=0$ 之實數根，假如 $f(x)$ 為一連續函數，且 $f(a)f(b)<0$ 即表 $(a, f(a))$，$(b, f(b))$ 在 x 軸的兩側，因此方程式 $f(x)=0$ 至少有一根介於 a 與 b 之間，再令 $c=\dfrac{a+b}{2}$，若 $f(a)f(c)<0$ 則其根介於 a 與 c 之間，若 $f(c)f(b)<0$ 則其根介於 c 與 b 之間，半區間法便利用此性質，重複演算求出實數根的近似值。

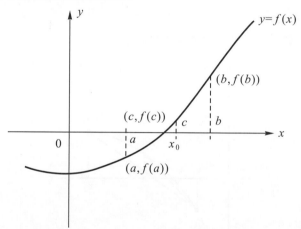

範例 1　EXAMPLE

利用半區間法，求 $x^4-x-3=0$ 之根的近似值。

解 令　　$f(x)=x^4-x-3$

∵ $f(1)=-3<0$，$f(2)=11>0$

取　　$c_1=1.5$，$f(1.5)=0.5625>0$

取　　$c_2=\dfrac{1+1.5}{2}=1.25$

疊代次數	a	b	$f(a)$	$f(b)$	c	$f(c)$
1	1	2	-3	11	1.5	0.5625
2	1	1.5	-3	0.5625	1.25	-1.8086
3	1.25	1.5	-1.8086	0.5625	1.375	-0.8005
4	1.375	1.5	-0.8005	0.5625	1.4375	-0.1675
5	1.4375	1.5	-0.1675	0.5625	1.46875	0.1849
6	1.4375	1.46875	-0.1675	0.1849	1.453125	0.0056
7	1.4375	1.453125	-0.1675	0.0056	1.4403125	-0.1368
⋮	⋮	⋮	⋮	⋮	⋮	⋮

重複的演算方程式的根大約 1.44

2. 線性內插法(假位法)

利用弦線段來逐漸接近 $f(x)$ 之曲線如圖示。

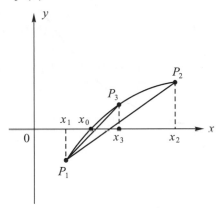

若 x_0 爲 $f(x)=0$ 之根，且 $x_1 < x_0 < x_2$，$(f(x_1)f(x_2)<0)$ 弦 $\overline{P_1P_2}$ 與 x 軸交於 x_3 由相似三角形，邊長關係得

$$\frac{x_3-x_1}{|f(x_1)|}=\frac{x_2-x_3}{|f(x_2)|} \Rightarrow \frac{x_3-x_1}{-f(x_1)}=\frac{x_2-x_3}{f(x_2)}$$

$$x_3 = x_2 - \frac{f(x_2)}{(f(x_2)-f(x_1))}(x_2-x_1)$$

以 P_1 爲固定中心，$P_2, P_3, P_4, \cdots$ 均在 x 軸的另一側，弦 $\overline{P_1P_2}$，$\overline{P_1P_3}$，$\overline{P_1P_4}$ 均與 x 軸相交。

因此可得一疊代公式

$$x_{n+1} = x_n - \frac{f(x_n)}{(f(x_n) - f(x_1))}(x_n - x_1)$$

則　　　　　$x_3,\ x_4,\ x_5,\ \cdots \to x_0$

若上圖中以 P_2 為固定中心，因 $P_2,\ P_3,\ \cdots$ 皆在同側，弦 $\overline{P_2 P_3}$ 不能與 x 軸相交，x_0 便求不出。

因此在 x_0 附近若 $f''(x) < 0$ 則 P_1 應選在 $f(x) < 0$ 的一邊。

若 $f''(x) > 0$ 則 P_1 應選在 $f(x) > 0$ 的一邊。

範例 2　EXAMPLE

利用假位法求 $x^3 + x^2 - 3x - 3 = 0$ 之根。

解　令　　　　$f(x) = x^3 + x^2 - 3x - 3$

$\because f(1) = -4$，$f(2) = 3$

$f''(x) = 6x + 2$ 在 $(1, 2)$ 間 $f''(x) > 0$

取 P_1 為 $(2, f(2))$ 由假位法得

$$x_{n+1} = x_n - \frac{f(x_n)}{(f(x_n) - f(2))}(x_n - 2)$$

疊代次數	x_1	x_2	$f(x_1)$	$f(x_2)$	x_3	$f(x_3)$
1	2	1	3	−4	1.5714	−1.3645
2	2	1.5714	3	−1.3645	1.7045	−0.2478
3	2	1.7054	3	−0.2478	1.7279	−0.0394
4	2	1.7279	3	−0.0394	1.7314	−0.0062
⋮	⋮	⋮	⋮	⋮	⋮	⋮

得方程式的近似值根大約為 1.73

3. 牛頓法則

利用 $f(x)$ 圖形適當切線

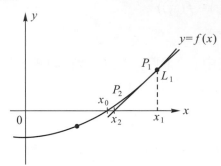

方程式 $f(x) = 0$ 的實根 x_0 附近 x_1 過 $P_1(x_1,\ f(x_1))$ 做切線 L_1

則 $\qquad L_1 : y - f(x_1) = f'(x_1)(x - x_1)$

L_1 與 x 軸交點 $(x_2, 0)$

得 $\qquad x_2 = x_1 - \dfrac{f(x_1)}{f'(x_1)}$

依此類推得

$$x_{n+1} = x_n - \frac{f(x_n)}{f'(x_n)}$$

數列 $x_1,\ x_2,\ x_3,\ \cdots \to x_0$

惟在取 x_1 時儘可能離 x_0 越近，其收斂速度便越快，同時 $f'(x) \neq 0,\ \ f(x_1)f''(x_1) > 0$。

範例 3　　EXAMPLE

試求 $x^3 + x - 7 = 0$ 實根之近似值。

解　令 $\qquad f(x) = x^3 + x - 7 \qquad f'(x) = 3x^2 + 1$

$\qquad\qquad f(1) = -5 < 0 \qquad f(2) = 3 > 0$

取 $x_1 = 2$，由牛頓法則

$$x_{n+1} = x_n - \frac{f(x_n)}{f'(x_n)} = x_n - \frac{x_n^3 + x_n - 7}{3x_n^2 + 1} = \frac{2x_n^3 + 7}{3x_n^2 + 1}$$

$$\therefore x_2 = \frac{23}{13} = 1.7692$$

$$x_3 = \frac{2(1.7692)^3 + 7}{3(1.7692)^2 + 1} = 1.7396$$

$$x_4 = \frac{2(1.7396)^3 + 7}{3(1.7396)^2 + 1} = 1.7392$$

可得方程式實數根大約 1.739

範例 4　EXAMPLE

利用半區間法，假位法及牛頓法則求 $\sqrt{3}$ 的近似值。

解 $\sqrt{3}$ 為方程式 $x^2 - 3 = 0$ 的正根，令 $f(x) = x^2 - 3$

$$\because f(1) = -2 < 0 \text{ , } f(2) = 1 > 0$$

(1)半區間法：

疊代次數	a	b	$f(a)$	$f(b)$	c	$f(c)$
1	1	2	−2	1	1.5	−0.75
2	1.5	2	−0.75	1	1.75	0.0625
3	1.5	1.75	−0.75	0.0625	1.625	−0.3594
4	1.625	1.75	−0.3594	0.0625	1.6875	−0.1523
5	1.6875	1.75	−0.1523	0.0625	1.71875	−0.0459
⋮	⋮	⋮	⋮	⋮	⋮	⋮

重複計算 $\sqrt{3}$ 約為 $1.72\cdots$

(2)假位法：

$$f(x) = x^2 - 3 \text{ , } f''(x) = 2 > 0 \text{ , } f(1) = -2 \text{ , } f(2) = 1$$

令 $P_1(2,\ f(2))$ ，由假位法得 $(n \geq 2)$

$$x_{n+1} = x_n - \frac{f(x_n)}{(f(x_n) - f(2))}(x_n - 2) = x_n - \frac{x_n^2 - 3}{x_n^2 - 4}(x_n - 2) = x_n - \frac{x_n^2 - 3}{x_n + 2} = \frac{2x_n + 3}{x_n + 2}$$

得　　$x_1 = 2,\ x_2 = 1,\ x_3 = 1.6667$

$$x_4 = 1.72727,\ x_5 = 1.7317, \cdots$$

(3)牛頓法則：

$$x_1 = 2$$

$$x_{n+1} = x_n - \frac{f(x_n)}{f'(x_n)} = x_n - \frac{x_n^2 - 3}{2x_n} = \frac{x_n^2 + 3}{2x_n}$$

得　　$x_2 = 1.75,\ x_3 = 1.73214,\ x_4 = 1.73205, \cdots$

8-3 ｜ 有限差分

　　有限差分為數值分析中，各支如插值法、數值微分、數值積分的基礎，假設在 x 軸上取等間距的各點 $x_0,\ x_1 = x_0 + h,\ x_2 = x_0 + 2h,\ x_3 = x_0 + 3h, \cdots$，則其函數值 $f(x_k)$ 以 f_k 表示，那麼 x 的差分 $\Delta x = x_{k+1} - x_k = h$，其對應函數 f 的差分

$$\Delta f_k = f(x_{k+1}) - f(x_k) = f_{k+1} - f_k$$

符號 Δ 稱為差分運號，Δf_k 為 f 的一次差分

$$\begin{aligned}
\Delta^2 f_k &= \Delta(\Delta f_k) = \Delta(f_{k+1} - f_k) \\
&= \Delta f_{k+1} - \Delta f_k = (f(x_{k+2}) - f(x_{k+1})) - (f(x_{k+1}) - f(x_k)) \\
&= f(x_{k+2}) - 2f(x_{k+1}) + f(x_k) = f_{k+2} - 2f_{k+1} + f_k
\end{aligned}$$

則稱為 f 的二次差分

　　f 的三次差分

$$\Delta^3 f_k = \Delta(\Delta^2 f_k) = f_{k+3} - 3f_{k+2} + 3f_{k+1} - f_k$$

例如：$f(x) = x^3,\ x = -3(1)3$ 的差分表如下：

x	$f(x)$	一次差分 Δf	二次差分 $(\Delta^2 f)$	三次差分 $(\Delta^3 f)$	四次差分 $(\Delta^4 f)$
−3	−27				
		19			
−2	−8		−12		
		7		6	
−1	−1		−6		0
		1		6	
0	0		0		0
		1		6	
1	1		6		0
		7		6	
2	8		12		
		19			
3	27				

　　因變數的差分與自變數的差分之比值稱為差商，那麼

$f(x)$ 的一次差商為： $f_{(1)}(x_i, x_j) = \dfrac{f(x_i) - f(x_j)}{x_i - x_j}$

二次差商為： $f_{(2)}(x_i, x_j, x_k) = \dfrac{f_{(1)}(x_i, x_j) - f_{(1)}(x_j, x_k)}{x_i - x_k}$

因此　　　　　　　$f_{(1)}(x_0, x_1) = \dfrac{f(x_1) - f(x_0)}{x_1 - x_0} = \dfrac{\Delta f_0}{h}$

$$f_{(2)}(x_0, x_1, x_2) = \dfrac{\Delta^2 f_0}{2! h^2}$$

$$\vdots$$

$$f_{(n)}(x_0, x_1, x_2, \cdots, x_n) = \dfrac{\Delta^n f_0}{n! h^n}$$

由於 $\dfrac{df(x)}{dx}\Big|_{x_0} = \lim\limits_{h \to 0} \dfrac{f(x_0 + h) - f(x_0)}{h} = \lim\limits_{h \to 0} \dfrac{\Delta f_0}{\Delta x}$ 顯見，微分與差分有極類似的關係，在微分中 n 次多項式的 n 階導數為常數。

n 次多項式 $P_n(x) = a_n x^n + a_{n-1} x^{n-1} + \cdots + a_0$ 的 n 次差分亦同樣為常數，其值為 $n! h^n a_n$。

因此，若在一已知的差分表中，在某一區間內，函數 f 的 n 次差分近似於常數時，我們可以一 n 次多項式 $P_n(x)$ 當做 $f(x)$ 的近似函數。

範例 1　EXAMPLE

試作 $f(x) = \sqrt{x}$, $x = 2.0(0.1)2.6$ 的差分表，並在區間 [2.0, 2.6] 內作一多項式 $P_n(x)$ 當做 $f(x)$ 的近似函數。

 解

x	$f(x)$	Δf	$\Delta^2 f$	$\Delta^3 f$
2.0	1.4142			
		349		
2.1	1.4491		−8	
		341		1
2.2	1.4832		−7	
		334		−1
2.3	1.5166		−8	
		326		1
2.4	1.5492		−7	
		319		2
2.5	1.5811		−5	
		314		
2.6	1.6125			

由上表知二次差分 $\Delta^2 f$ 的為一常數-7，因此可以一二次多項式 $P_2(x) = a_2 x^2 + a_1 x + a_0$ 當做 $f(x)$ 的近似函數，在[2.0, 2.6]的中間點 2.3 處為基準取其函數值 1.5166，一次差分 334，二次差分為-7，重列一差分表當做 $P_2(x)$ 的差分表：

x	$P_2(x)$	ΔP_2	$\Delta^2 P_2$
2.0	1.4143		
		348	
2.1	1.4491		-7
		341	
2.2	1.4832		-7
		334	
2.3	1.5166		-7
		327	
2.4	1.5493		-7
		320	
2.5	1.5813		-7
		313	
2.6	1.6126		

因此　　$2! h^2 a_2 = 2 \times (0.1)^2 \times a_2 = -0.0008$

得　　$a_2 = -0.035$

$\quad\quad P_2(x) = -0.035 x^2 + a_1 x + a_0$

令　　$P_1(x) = a_1 x + a_0 = P_2(x) + 0.035 x^2$

$P_1(x)$ 的一次差分為一常數又

$\quad\quad \Delta P_1 = \Delta P_2 + (0.035)\Delta x^2$

$\quad\quad\quad = 0.0334 + (0.035) \times (0.45) = 0.04915$

又　　$\Delta P_1 = h \times a_1$

$\quad\quad \therefore a_1 = 0.04915 / 0.1 = 0.4915$

最後　　$a_0 = P_1(x) - a_1 x = P_1(x) - 0.4915 x$

$\quad\quad\quad = P_2(x) + 0.035 x^2 - 0.4915 x$

$\quad\quad\quad = 1.5166 + (0.035) \times (2.3)^2 - 0.4915 \times 2.3$

$\quad\quad\quad = 0.5713$

即　　$P_2(x) = -0.035 x^2 + 0.4915 x + 0.5713$

在[2.0, 2.6]內近似於 $f(x)$

1. 利用半區間法求 $e^x - 3x = 0$ 之實根。

2. 利用假位法求 $x^3 + x - 1 = 0$ 之實根。

3. 利用牛頓法則求 $2\sin x = x$ 之實根。

4. 利用牛頓法則求 $\sqrt{2}$ 的近似值。

5. $f(x) = \dfrac{1}{x}$ 試作 $f(x)$, $x = 1(0.1)2$ 的差分表(取至小數點第四位)。

6. 已知某函數 $f(x)$ 的函數值如下，試作其差分表並求一最低次的多項式 $P_n(x)$ 當做 $f(x)$ 的近似函數。

x	$f(x)$	
0	−1	
1	−2	
2	3	
3	20	
4	55	

7. 假設 $(x)^{(n)} = x(x-1)(x-2)\cdots[x-(n-1)]$, $(x)^{(0)} = 1$，試證 $\Delta(x)^{(n)} = n\Delta(x)^{(n-1)}$

8. 設 $P^{(n)}(x) = \displaystyle\sum_{i=0}^{n} a_i(x)^{(i)}$，則 $a_i = \Delta^i P^{(n)}(0) / i!$

8-4 內插法數值微分

　　函數 $y = f(x)$ 在等間距 h 的函數值表中，對於 $f(x_0 + rh)$, $(0 < r < 1)$ 的值可利用直線內插法，$f(x_0 + rh) = f(x_0) + r\Delta f_0$ 亦可利用拋物線內插法或格雷葛-牛頓內插法求其近似值。

　　所謂拋物線內插法，係利用有一拋物線 $y = ax^2 + bx + c = P_2(x)$ 通過 $(x_0, f(x_0))$, $(x_1, f(x_1))$, $(x_2, f(x_2))$ 三點以 $P_2(x)$ 做為 $f(x)$ 的近似值。

因此　　　　$f(x_0 + rh) \approx P_2(x) = f_0 + r\Delta f_0 + \dfrac{r(r-1)}{2!}\Delta^2 f_0$

若利用更高次多項式，可得更準確的近似值，因此 n 次多項式 $P_n(x)$ 能滿足 $P_n(x_0) = f_0$，$P_n(x_1) = f_1, \cdots, P_n(x_n) = f_n$ 格雷葛-牛頓向前差分內插公式則為

$$f(x_0 + rh) \approx P_n(x)$$

$$= f_0 + r\Delta f_0 + \frac{r(r-1)}{2!}\Delta^2 f_0 + \cdots + \frac{r(r-1)\cdots(r-n+1)}{n!}\Delta^n f_0$$

範例 1　　EXAMPLE

由下表所列數值求 $f(1.07) = ?$

x	$f(x)$	Δf	$\Delta^2 f$	$\Delta^3 f$
1.00	1.00000			
		0.257625		
1.05	1.257625		0.01575	
		0.273375		0.00075
1.10	1.531000		0.01650	
		0.289875		0.00075
1.15	1.820875		0.01725	
		0.307125		
1.20	2.128000			

解　(1) 利用直線內插法：

$$f(1.07) = f\left(1.05 + \frac{2}{5}0.05\right) = f_0 + r\Delta f_0 = 1.257625 + \frac{2}{5} \times (0.273375) = 1.366975$$

(2) 利用拋物線內插法：

$$f(1.07) = f\left(1.05 + \frac{2}{5}0.05\right) = f_0 + r\Delta f_0 + \frac{r(r-1)}{2!}\Delta^2 f_0$$

$$= 1.257625 + \frac{2}{5} \times (0.273375) + \frac{\frac{2}{5} \times \left(-\frac{3}{5}\right)}{2} \times 0.01650$$

$$= 1.364995$$

(3) 利用格雷葛-牛頓內插法：

$$f(1.07) = f\left(1.05 + \frac{2}{5}0.05\right)$$

$$= f_0 + r\Delta f_0 + \frac{r(r-1)}{2!}\Delta^2 f_0 + \frac{r(r-1)(r-2)}{3!}\Delta^3 f_0$$

$$= 1.257625 + \frac{2}{5}(0.273375) + \frac{\frac{2}{5}\left(-\frac{3}{5}\right)}{2} \times 0.01650$$

$$+ \frac{\frac{2}{5}\left(-\frac{3}{5}\right)\left(-\frac{8}{5}\right)}{6} \times 0.00075$$

$$= 1.364995 + 0.000048 = 1.365043$$

在函數值的差分表中，基於格雷葛-牛頓內插法

$$f(x_0 + rh) = f_0 + r\Delta f_0 + \frac{r(r-1)}{2!}\Delta^2 f_0 + \frac{r(r-1)(r-2)}{3!}\Delta^3 f_0 + \cdots$$

則

$$\frac{d}{dr}f(x_0 + rh) = \Delta f_0 + \frac{2r-1}{2}\Delta^2 f_0 + \frac{3r^2 - 6r + 2}{6}\Delta^3 f_0 + \cdots$$

得

$$hf'(x_0 + rh) = \Delta f_0 + \frac{2r-1}{2}\Delta^2 f_0 + \frac{3r^2 - 6r + 2}{6}\Delta^3 f_0 + \cdots$$

$r = 0$ 代入可得 f 在 x_0 處的數值微分公式為

$$\therefore f'(x_0) = \frac{1}{h}\left[\Delta f_0 - \frac{1}{2}\Delta^2 f_0 + \frac{1}{3}\Delta^3 f_0 - \frac{1}{4}\Delta^4 f_0 + \cdots\right]$$

再對 r 求導數得

$$f''(x_0) = \frac{1}{h^2}\left[\Delta^2 f_0 - \Delta^3 f_0 + \frac{11}{12}\Delta^4 f_0 - \cdots\right]$$

$$f'''(x_0) = \frac{1}{h^3}\left[\Delta^3 f_0 - \frac{3}{2}\Delta^4 f_0 + \cdots\right]$$

範例 2　EXAMPLE

試根據下列數值求 $f'(2.5)$

x	$f(x)$	Δf	$\Delta^2 f$
2.50	1.58114		
		0.01573	
2.55	1.59687		−0.00015
		0.01558	
2.60	1.61245		−0.00015
		0.01543	
2.65	1.62788		

解

$$f'(2.5) = \frac{1}{h}\left[\Delta f_0 - \frac{1}{2}\Delta^2 f_0\right] = \frac{1}{0.05}\left[0.01573 - \frac{1}{2}(-0.00015)\right] = 0.3160$$

8-5 │ 數值積分

求定積分 $\int_a^b f(x)dx$ 的最好方法就是尋找 $f(x)$ 的反導函數 $F(x)$，那麼，$\int_a^b f(x)dx = F(b) - F(a)$，然而許多連續函數 $f(x)$ 的反導函數並不容易找得到，這時候只好利用數值方法來計算 $\int_a^b f(x)dx$ 的近似值。

矩形積分法、梯形積分法及辛普森法則為三種經常使用的數值積分法。

1. 矩形積分法

$$\int_a^b f(x)dx \approx [f(x_1) + f(x_2) + \cdots + f(x_n)]h \quad \left(h = \frac{b-a}{n} \right)$$

如下圖，其中 $f(x_k)h$ 表斜線的矩形面積，由於圖形中 $\int_a^b f(x)dx$ 表曲線 $y = f(x)$ 之下 x 軸以上在 $x = a$ 與 $x = b$ 間之區域面積利用矩形面積和做為區域面積之近似值，故稱此法為矩形積分法。

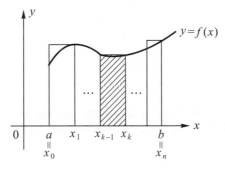

2. 梯形積分法

$$\int_a^b f(x)dx \approx \left[\frac{f(a) + f(x_1)}{2} \right]h + \left[\frac{f(x_1) + f(x_2)}{2} \right]h + \cdots + \left[\frac{f(x_{n-1}) + f(b)}{2} \right]h$$

$$y = f(x) = \left[\frac{1}{2}f(a) + f(x_1) + f(x_2) + \cdots + f(x_{n-1}) + \frac{1}{2}f(b) \right]h$$

如下圖，其中 $\left[\dfrac{f(x_{k-1}) + f(x_k)}{2} \right]h$ 表斜線部份的梯形面積。

從圖形狀況比較，顯然梯形積分法較矩形積分法較為可靠，下面例題正可說明此性質。

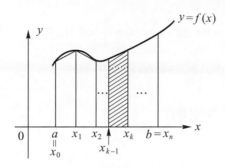

範例 1　　EXAMPLE

利用矩形積分法及梯形積分法求 $\int_0^1 \dfrac{1}{1+x^2}\,dx$ 的近似值($n=4$)。

 解

$$\begin{cases} h = \dfrac{b-a}{n} = \dfrac{1-0}{4} = \dfrac{1}{4} \\[2mm] x_k = a + k(\Delta x) = 0 + k\left(\dfrac{1}{4}\right) = \dfrac{k}{4} \end{cases}$$

①矩形積分法

$$\int_0^1 \dfrac{1}{1+x^2}\,dx \approx [f(x_1) + f(x_2) + f(x_3) + f(x_4)]h$$

$$= \left[f\left(\dfrac{1}{4}\right) + f\left(\dfrac{2}{4}\right) + f\left(\dfrac{3}{4}\right) + f(1) \right] \times \dfrac{1}{4}$$

$$= \left[\dfrac{1}{1+\left(\dfrac{2}{4}\right)^2} + \dfrac{1}{1+\left(\dfrac{2}{4}\right)^2} + \dfrac{1}{1+\left(\dfrac{3}{4}\right)^2} + \dfrac{1}{1+1^2} \right] \times \dfrac{1}{4}$$

$$= 0.7203$$

②梯形積分法

$$\int_0^1 \dfrac{1}{1+x^2}\,dx$$

$$\approx \left[\dfrac{1}{2}f(0) + f\left(\dfrac{1}{4}\right) + f\left(\dfrac{2}{4}\right) + f\left(\dfrac{3}{4}\right) + \dfrac{1}{2}f(1) \right] \times \dfrac{1}{4}$$

$$= \left[\dfrac{1}{2} \times \dfrac{1}{1+0^2} + \dfrac{1}{1+\left(\dfrac{1}{4}\right)^2} + \dfrac{1}{1+\left(\dfrac{2}{4}\right)^2} + \dfrac{1}{1+\left(\dfrac{3}{4}\right)^2} + \dfrac{1}{2} \times \dfrac{1}{1+1^2} \right] \times \dfrac{1}{4}$$

$$= 0.7828$$

事實上，$\displaystyle\int_0^1 \frac{1}{1+x^2}dx = \tan^{-1}1 - \tan^{-1}0 = \frac{\pi}{4} \approx 0.7854$

由此可見，梯形積分法較矩形積分法可靠。

3. 拋物線積分法(辛普森法則)

因為 $P_2(x) = ax^2 + bx + c$

具有下列性質：

$$\int_{x_0}^{x_2} P_2(x)dx = \frac{x_2 - x_0}{6}[P_2(x_0) + 4P_2(x_1) + P_2(x_2)]$$

$$x_1 = \frac{x_1 + x_2}{2}$$

若將$[a, b]$細分為 $2n$ 等分，則通過 $A_0(x_0,\ f(x_0))$, $A_1(x_1,\ f(x_1))$, $A_2(x_2,\ f(x_2))$ 可做一拋物線 $y = ax^2 + bx + c$，即 $y = P_2(x)$

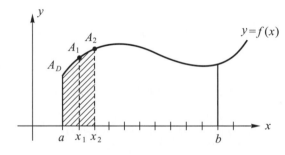

則拋物線下在 $x = a$ 與 $x = x_2$ 間的斜線面積為

$$\int_{x_0}^{x_2} P_2(x)dx = \frac{x_2 - x_0}{6}[P_2(x_0) + 4P_2(x_1) + P_2(x_2)]$$

$$= \frac{h}{3}[f(x_0) + 4f(x_1) + f(x_2)]$$

$$h = \frac{b-a}{2n}$$

因此 $\displaystyle\int_a^b f(x)dx = \int_{x_0}^{x_2} f(x)dx + \int_{x_2}^{x_4} f(x)dx + \cdots + \int_{x_{2n-2}}^{x_{2n}} f(x)dx$

$$\approx \frac{h}{3}[f(x_0) + 4f(x_1) + f(x_2)] + \frac{h}{3}[f(x_2) + 4f(x_3) + f(x_4)]$$

$$+ \cdots + \frac{h}{3}[f(x_{2n-2}) + 4f(x_{2n-1}) + f(x_{2n})]$$

$$= \frac{h}{3}[f(x_0) + 4f(x_1) + 2f(x_2) + 4f(x_3) + \cdots + 4f(x_{2n-1}) + f(x_{2n})]$$

此積分法即為辛普森法則。

範例 2　　EXAMPLE

利用辛普森法則求 $\int_0^1 \dfrac{1}{1+x^2} dx$ 的近似值($n = 4$)。

(解)

$$\int_0^1 \frac{1}{1+x^2} dx$$

$$\approx \frac{h}{3}[f(x_0) + 4f(x_1) + 2f(x_2) + 4f(x_3) + f(x_4)]$$

$$= \frac{1}{12}\left[f(0) + 4f\left(\frac{1}{4}\right) + 2f\left(\frac{2}{4}\right) + 4f\left(\frac{3}{4}\right) + f(1)\right]$$

$$= \frac{1}{12} \times \left[\frac{1}{1+0} + 4 \times \frac{1}{1+\left(\frac{1}{4}\right)^2} + 2 \times \frac{1}{1+\left(\frac{2}{4}\right)^2} + 4 \times \frac{1}{1+\left(\frac{3}{4}\right)^2} + \frac{1}{1+1^2}\right]$$

$$\approx 0.7854$$

8-6 | 常微分方程式的數值解法

1. 尤拉法

對於首階微分方程式 $y' = f(x, y)$, $y(x_0) = y_0$ 的數值解法，係利用一多邊形來逐漸接近 $y(x)$ 的曲線。

如下圖 $P_0(x_0, y(x_0))$ 過 P_0 之切線 $\overrightarrow{P_0Q_1}$ 斜線 $y'(x_0, y(x_0)) = f(x_0, y_0)$，利用疊代程序過 P_1 的切線斜率應為 $y'(x_1, y(x_1))$ 唯 $y(x_1) = ?$ 因此 P_1 位置未知，而以 $Q_1(x_1, y_1)$ 取代 P_1 則切線斜率為 $f(x_1, y_1)$ 如此折線 $P_0 Q_1 Q_2$ 用以取代曲線 $P_0 P_1 P_2$ 如此而得 $y = y(x)$ 的近似解。

$$\because P_0(x_0, y_0), \; m_{P_0Q_1} = y'(x_0, y_0) = f(x_0, y_0)$$

$$\therefore Q_1(x_1, y_1), \quad (y_1 = y_0 + hf(x_0, y_0))$$

$$Q_1(x_1, y_1), \; m_{Q_1Q_2} = y'(x_1, y_1) = f(x_1, y_1)$$

得　　　$Q_2(x_2, y_2), \quad y_2 = y_1 + hf(x_1, y_1)$

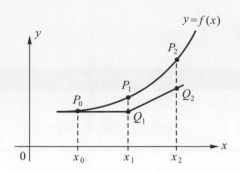

因此得一疊代法則，$y_{n+1} = y_n + hf(x_n, y_n)$ 便可求微分式之近似解，惟雖然 h 可選任意小的數值，但因誤差仍逐步累積，因此 y_n 的誤差必是愈來愈大。

範例 1　　EXAMPLE

應用尤拉法解 $y' = x + y,\ y(0) = 0$。

解 取 $h = 0.1$，則 $y_{n+1} = y_n + hf(x_n, y_n)$，即 $y_{n+1} = y_n + 0.1 \times (x_n + y_n)$

如表

n	x_n	y_n	$0.1 \times (x_n + y_n)$	y_{n+1}
0	0	0	0	0
1	0.1	0	0.01	0.01
2	0.2	0.01	0.021	0.031
3	0.3	0.031	0.0321	0.0631
4	0.4	0.0631	0.04631	0.10941

2. 倫格-庫塔(Runge-Kutta)法

一種更為精確，也最為實用的方法仍倫格-庫塔法這是經過很複離的演算過程而得結果為：

令
$$A_n = hf(x_n,\ y_n)$$
$$B_n = hf\left(x_n + \frac{h}{2},\ y_n + \frac{A_n}{2}\right)$$
$$C_n = hf\left(x_n + \frac{h}{2},\ y_n + \frac{B_n}{2}\right)$$
$$D_n = hf\left(x_{n+1},\ y_n + C_n\right)$$

則
$$y_{n+1} = y_n + \frac{1}{6}(A_n + 2B_n + 2C_n + D_n)$$

範例 2　　EXAMPLE

試解 $y' = x^2 + y$, $y(0) = -1$。

解　令 $h = 0.1$

則　　$A_0 = 0.1 \times f(0, -1) = -0.1$

$B_0 = 0.1 \times f\left(0.05, -1 + \dfrac{-0.1}{2}\right) = -0.1048$

$C_0 = 0.1 \times f\left(0.05, -1 + \dfrac{(-0.1048)}{2}\right) = -0.1050$

$D_0 = 0.1 \times f(0.1, -1 + (-0.1050)) = -0.1095$

$\therefore y_1 = (-1) + \dfrac{1}{6}[-0.1 + 2(-0.1048) + 2(-0.1050) + (-0.1095)] = -1.1048$

$A_1 = 0.1 \times f(0.1, -1.1048) = -0.1095$

$B_1 = 0.1 \times f\left(0.1 + 0.05, -1.1048 + \dfrac{(-0.1095)}{2}\right) = -0.1137$

$C_1 = 0.1 \times f\left(0.1 + 0.05, -1.1048 + \dfrac{(-0.1137)}{2}\right) = -0.1139$

$D_1 = 0.1 \times f(0.1, -1.1048 + (-0.1139)) = -0.1179$

$\therefore y_2 = (-1.1048) + \dfrac{1}{6}[-0.1095 + 2(-0.1137) + 2(-0.1139) + (-0.11791)]$

$\qquad = -1.2186$

依此類推……

對於二階微分方程式 $y'' = f(x, y, y')$, $y(x_0) = y_0$, $y'(x_0) = y'_0$

由泰勒級數

得　$\begin{cases} y(x+h) = y(x) + hy'(x) + \dfrac{h^2}{2!}y''(x) + \dfrac{h^3}{3!}y'''(x) + \cdots \\[2mm] y'(x+h) = y'(x) + hy''(x) + \dfrac{h^2}{2!}y'''(x) + \dfrac{h^3}{3!}y^{(4)}(x) + \cdots \end{cases}$

若忽略 $y'''(x)$ 以上各階導數項得

$$y(x+h) \approx y(x) + hy'(x) + \dfrac{h^2}{2!}y''(x)$$

及 $\quad y'(x+h) \approx y'(x) + hy''(x)$

依據上式關係得尤拉法如下：

令 $\quad y_0'' = f(x_0,\ y_0,\ y_0')$

$$y_1 = y_0 + hy_0' + \frac{h^2}{2!}y_0''$$

及 $\quad y_1' = y_0' + hy_0''$

再進一步得

$$y_1'' = f(x_1,\ y_1,\ y_1')$$

$$y_2 \approx y_1 + hy_1' + \frac{h^2}{2!}y_1''$$

及 $\quad y_2' \approx y_1' + hy_1''$

依此類推，使得 y 之近似解。

而倫格-庫塔法仍然先計算四項輔助值

$$A_n = \frac{1}{2}hf(x_n,\ y_n,\ y_n')$$

$$B_n = \frac{1}{2}hf\left(x_n + \frac{h}{2},\ y_n + B_n,\ y_n' + A_n\right)$$

$$C_n = \frac{1}{2}hf\left(x_n + \frac{h}{2},\ y_n + \beta_n,\ y_n' + B_n\right)$$

$$D_n = \frac{1}{2}hf\left(x_n + \frac{h}{2},\ y_n + \delta,\ y_n' + 2C_n\right)$$

其中 $\quad \beta_n = \frac{1}{2}h\left(y_n' + \frac{1}{2}A_n\right),\ \delta_n = h(y_n' + C_n)$

可得 $\quad y_{n+1} = y_n + h\left[y_n' + \frac{1}{3}(A_n + B_n + C_n)\right]$

$$y_{n+1}' = y_n' + \frac{1}{3}(A_n + 2B_n + 2C_n + D_n)$$

 **8-6 習題**

1. 若 $\ln 9 = 2.1972,\ \ln 9.5 = 2.2513,\ \ln 10 = 2.3026$，試利用直線內插法及拋物線內插法求 $\ln 9.2$ 的近似值。

2. 試作 $f(x)$ 在 $x = -3(1)3$ 的差分表，並利用格雷葛-牛頓內插法，求 $f(-0.5)$ 並求 $f'(-1)$

x	$f(x)$
−3	−27
−2	−8
−1	−1
0	0
1	1
2	8
3	27

3. 試利用矩形積分法求 $\int_1^2 \frac{1}{x}$ 的近似值$(n=10)$

4. 試利用梯形積分法求 $\int_0^3 \sqrt{x^2+1}\,dx$ 的近似值$(n=6)$

5. 利用辛普森積分法求 $\int_0^1 \sqrt{1-x^2}\,dx$ 的近似值$(n=4)$

6. 利用偏格-庫塔法解 $y' = x + y,\ y(0) = 0$

8-7 線性聯立方程式的數值解法(疊代法)

聯立方程式

$$\begin{cases} a_{11}x_1 + a_{12}x_2 + \cdots + a_{1n}x_n = b_1 \\ a_{21}x_1 + a_{22}x_2 + \cdots + a_{2n}x_n = b_2 \\ \quad\quad\quad\vdots \\ a_{n1}x_1 + a_{n2}x_2 + \cdots + a_{nn}x_n = b_n \end{cases}$$

通常利用高斯消去法或克蘭默法則求其解，不過對於變數數目太多，計算太麻煩，我們亦可利用疊代法來求近似解，先將聯立方程組改寫為

$$\begin{cases} x_1 = \dfrac{1}{a_{11}}(b_1 - a_{12}x_2 - \cdots - a_{1n}x_n) \\ x_2 = \dfrac{1}{a_{22}}(b_2 - a_{21}x_1 - \cdots - a_{2n}x_n) \\ \quad\vdots \\ x_n = \dfrac{1}{a_{nn}}(b_n - a_{n1}x_1 - a_{n2}x_2 - \cdots - a_{n(n-1)}x_{n-1}) \end{cases}$$

先猜測各未知數解為 $x_1^{(0)}, x_2^{(0)}, \cdots, x_n^{(0)}$ 代入上式的第一式解出 $x_1^{(1)}$ 再以 $x_1^{(1)}, x_2^{(0)}, \cdots, x_n^{(0)}$ 代入第二式解出 $x_2^{(1)}, \cdots$ 得 $x_1^{(1)}, x_2^{(1)}, \cdots, x_n^{(1)}$ 依此類推以求出近似解。惟此法所定的 a_{ii} 必須較其他各係數大否則不但收斂慢，甚至不能收斂。

範例 1　EXAMPLE

解 $\begin{cases} x_1 - 0.25x_2 - 0.25x_3 = 0.50 \\ -0.25x_1 + x_2 - 0.25x_4 = 0.50 \\ -0.25x_1 + x_3 - 0.25x_4 = 0.25 \\ -0.25x_2 - 0.25x_3 + x_4 = 0.25 \end{cases}$。

解 原式化為 $\begin{cases} x_1 = 0.25x_2 + 0.25x_3 + 0.50 \\ x_2 = 0.25x_1 + 0.25x_4 + 0.50 \\ x_3 = 0.25x_1 + 0.25x_4 + 0.25 \\ x_4 = 0.25x_2 + 0.25x_3 + 0.25 \end{cases}$

以 $x_1^{(0)} = 1,\ x_2^{(0)} = 1,\ x_3^{(0)} = 1,\ x_4^{(0)} = 1$，代入

$$x_1^{(1)} = 0.25x_2^{(0)} + 0.25x_3^{(0)} + 0.50 = 1.00$$
$$x_2^{(1)} = 0.25x_1^{(1)} + 0.25x_4^{(0)} + 0.50 = 1.00$$
$$x_3^{(1)} = 0.25x_1^{(1)} + 0.25x_4^{(0)} + 0.25 = 0.75$$
$$x_4^{(1)} = 0.25x_2^{(1)} + 0.25x_3^{(1)} + 0.25 = 0.6875$$
$$x_1^{(2)} = 0.25x_2^{(1)} + 0.25x_3^{(1)} + 0.50 = 0.9375$$
$$x_2^{(2)} = 0.25x_1^{(2)} + 0.25x_4^{(1)} + 0.50 = 0.9063$$
$$x_3^{(2)} = 0.25x_1^{(2)} + 0.25x_4^{(1)} + 0.25 = 0.6563$$
$$x_4^{(2)} = 0.25x_2^{(2)} + 0.25x_3^{(2)} + 0.25 = 0.6407$$

依此類推……

其正確解答應為：$x_1 = x_2 = 0.875,\ x_3 = x_4 = 0.625$

8-8 最小二乘方

在曲線配合中，已知 n 個點坐標 $(x_1, y_1), (x_2, y_2),\cdots,(x_n, y_n)$ 需決定一函數 $f(x)$ 使 $f(x)$ 的圖形通過這 n 個點，通常 $f(x)$ 並不容易求得，因此往往以一多項式函數來配合它。

但是點 $(x_1, y_1), (x_2, y_2),\cdots,(x_n, y_n)$ 的 $y_1, y_2,\cdots,y_n$ 經常是一項實驗所得的數據，而在實驗性質中，以直線來配合比曲線配合更可靠有用，更有利於預測其他數值 x 所得之實驗結果。

高斯的最小二乘方法係以直係 $L: y = a + bx$ 來配已知點 $(x_1, y_1), (x_2, y_2),\cdots,(x_n, y_n)$ 使得各點到此直線之距離之平方和成為最小。(其中距離係指沿 y 軸方向度量)，則距離平方和為

$$q = \sum_{j=1}^{n}(y_j - a - bx_j)^2$$

當 q 成為最小時得

$$\begin{cases} \dfrac{\partial q}{\partial a} = -2\sum_{j=1}^{n}(y_j - a - bx_j) = 0 \\ \dfrac{\partial q}{\partial b} = -2\sum_{j=1}^{n}(y_j - a - bx_j)x_j = 0 \end{cases}$$

$$\Rightarrow \begin{cases} na + b\sum_{j=1}^{n}x_j = \sum_{j=1}^{n}y_j \\ a\sum_{j=1}^{n}x_j + b\sum_{j=1}^{n}x_j^2 = \sum_{j=1}^{n}x_j y_j \end{cases} \quad \text{(正規方程式)}$$

解此方程式 a, b。

範例 1　EXAMPLE

利用最小二乘方，試求配合(−1.0, 1.000), (−0.1, 1.099), (0.2, 0.808), (1.0, 1.000)的一直線方程式。

解　　　　$\sum_{j=1}^{n} x_j = (-1.0) + (-0.1) + 0.2 + 1.0 = 0.1$

$$\sum_{j=1}^{n} x_j^2 = 2.05$$

$$\sum_{j=1}^{n} y_j = 1.000 + 1.099 + 0.808 + 1.000 = 3.907$$

$$\sum_{j=1}^{n} x_j y_j = 0.0517$$

得正規方程式

$$\begin{cases} 4a + 0.10b = 3.907 \\ 0.1a + 2.05b = 0.0517 \end{cases}$$

得　　　$a = 0.9773,\ b = -0.0224$

則所求直線為

$$y = 0.9773 - 0.0224x$$

範例 2　EXAMPLE

利用最小二乘方，試求配合(−1, −1), (0, 0), (2, 0), (3, 2), (4, 4)的拋物線 $y = ax^2 + bx + c$。

解　各點到拋物線 $y = ax^2 + bx + c$ 沿 y 軸方向的距離之平方和為

$$q = \sum_{j=1}^{n} (y_j - (ax_j^2 + bx_j + c))^2$$

當 q 成為最小時

$$\begin{cases} \dfrac{\partial q}{\partial a} = 2\sum_{j=1}^{n} [y_j - (ax_j^2 + bx_j + c)](-x_j^2) = 0 \\[2mm] \dfrac{\partial q}{\partial b} = 2\sum_{j=1}^{n} [y_j - (ax_j^2 + bx_j + c)](-x_j) = 0 \\[2mm] \dfrac{\partial q}{\partial c} = 2\sum_{j=1}^{n} [y_j - (ax_j^2 + bx_j + c)](-1) = 0 \end{cases}$$

$$\begin{cases} a\sum_{j=1}^{n} x_j^4 + b\sum_{j=1}^{n} x_j^3 + c\sum_{j=1}^{n} x_j^2 = \sum_{j=1}^{n} y_j x_j^2 \\ a\sum_{j=1}^{n} x_j^3 + b\sum_{j=1}^{n} x_j^2 + c\sum_{j=1}^{n} x_j = \sum_{j=1}^{n} y_j x_j \\ a\sum_{j=1}^{n} x_j^2 + b\sum_{j=1}^{n} x_j + nc = \sum_{j=1}^{n} y_j \end{cases}$$

即

代入得
$$\begin{cases} 354a + 98b + 30c = 81 \\ 98a + 30b + 8c = 23 \\ 30a + 8b + 5c = 5 \end{cases}$$

$$a = \frac{249}{1232} \quad b = \frac{300}{1232} \quad c = \frac{1932}{1232}$$

所求為
$$y = \frac{249}{1232}x^2 + \frac{300}{1232}x + \frac{1932}{1232}$$

Problem 8-8 習題

1. 試以疊代法解方程式組，並由 $x_1^{(0)} = 1,\ x_2^{(0)} = 1,\ x_3^{(0)} = 1$ 開始

   ① $\begin{cases} x_1 - 19x_2 - 3x_3 = 17 \\ 25x_1 + 8x_2 - x_3 = -9 \\ 3x_1 + x_2 + 16x_3 = 11 \end{cases}$

   ② $\begin{cases} 4x_1 + x_2 = 8 \\ 5x_2 + x_3 = 7 \\ x_1 + 3x_3 = 6 \end{cases}$

2. 試利用最小二乘方法，求配合下列各點的直線方程式

   ① $(-1, 2), (4, 3), (6, 7), (10, 4)$

   ② $(0, 3), (1, 1), (2, 0), (4, 1), (6, 4)$

3. 試利用最小二乘方法求配合 $(0, 3),\ (1, 1),\ (2, 0),\ (4, 1),\ (6, 4)$ 的拋物線 $y = ax^2 + bx + c$

國家圖書館出版品預行編目資料

工程數學 / 蔡繁仁, 張太山, 陳昆助 編著. –
五版. -- 新北市：全華圖書，2022.01
　　面　；　公分
　ISBN 978-626-328-061-8(平裝)
　1. 工程數學
440.11　　　　　　　　　　111000536

工程數學

作者 / 蔡繁仁、張太山、陳昆助

發行人 / 陳本源

執行編輯 / 饒家綺

封面設計 / 戴巧耘

出版者 / 全華圖書股份有限公司

郵政帳號 / 0100836-1 號

印刷者 / 宏懋打字印刷股份有限公司

圖書編號 / 0267204

五版一刷 / 2022 年 01 月

定價 / 新台幣 500 元

ISBN / 978-626-328-061-8

全華圖書 / www.chwa.com.tw

全華網路書店 Open Tech / www.opentech.com.tw

若您對本書有任何問題，歡迎來信指導 book@chwa.com.tw

臺北總公司(北區營業處)
地址：23671 新北市土城區忠義路 21 號
電話：(02) 2262-5666
傳真：(02) 6637-3695、6637-3696

南區營業處
地址：80769 高雄市三民區應安街 12 號
電話：(07) 381-1377
傳真：(07) 862-5562

中區營業處
地址：40256 臺中市南區樹義一巷 26 號
電話：(04) 2261-8485
傳真：(04) 3600-9806(高中職)
　　　 (04) 3601-8600(大專)

歡迎加入 全華會員

● 會員享優惠
會員享購書折扣、紅利積點、生日禮金、不定期優惠活動…等。

● 如何加入會員
掃 QRcode 或填妥讀者回函卡直接傳真 (02) 2262-0900 或寄回，將由專人協助登入會員資料，待收到 E-MAIL 通知後即可成為會員。

如何購買 全華書籍

1. 網路購書
全華網路書店「http://www.opentech.com.tw」，加入會員購書更便利，並享有紅利積點回饋等各式優惠。

2. 實體門市
歡迎至全華門市（新北市土城區忠義路 21 號）或各大書局選購。

3. 來電訂購
(1) 訂購專線：(02) 2262-5666 轉 321-324
(2) 傳真專線：(02) 6637-3696
(3) 郵局劃撥（帳號：0100836-1　戶名：全華圖書股份有限公司）
※ 購書未滿 990 元者，酌收運費 80 元。

OpenTech 全華網路書店 .com.tw

全華網路書店 www.opentech.com.tw
E-mail: service@chwa.com.tw

※ 本會員制如有變更則以最新修訂制度為準，造成不便請見諒。

讀者回函卡 （請由此處剪下）

掃 QRcode 線上填寫 ▶▶▶

姓名：

電話：（　　）　　　　　　手機：

生日：西元　　　　年　　　月　　　日　　性別：□男 □女

e-mail：　　　　　　　　　　　（必填）

註：數字零，請用 Φ 表示，數字1與英文L請加註並書寫端正，謝謝。

通訊處：□□□□□

學歷：□高中・職 □專科 □大學 □碩士 □博士

職業：□工程師 □教師 □學生 □軍・公 □其他

學校/公司：　　　　　　　　科系/部門：

需求書類：

□A. 電子 □B. 電機 □C. 資訊 □D. 機械 □E. 汽車 □F. 工管 □G. 土木 □H. 化工 □I. 設計

□J. 商管 □K. 日文 □L. 美容 □M. 休閒 □N. 餐飲 □O. 其他

本次購買圖書為：　　　　　　　　書號：

您對本書的評價：

封面設計：□非常滿意 □滿意 □尚可 □需改善，請說明

內容表達：□非常滿意 □滿意 □尚可 □需改善，請說明

版面編排：□非常滿意 □滿意 □尚可 □需改善，請說明

印刷品質：□非常滿意 □滿意 □尚可 □需改善，請說明

書籍定價：□非常滿意 □滿意 □尚可 □需改善，請說明

整體評價：請說明

您在何處購買本書？

□書局 □網路書店 □書展 □團購 □其他

您購買本書的原因？（可複選）

□個人需要 □公司採購 □親友推薦 □老師指定用書 □其他

您希望全華以何種方式提供出版訊息及特惠活動？

□電子報 □DM □廣告 （媒體名稱　　　　　　　）

您是否上過全華網路書店？（www.opentech.com.tw）

□是 □否 您的建議

您希望全華出版哪方面書籍？

您希望全華加強哪些服務？

感謝您提供寶貴意見，全華將秉持服務的熱忱，出版更多好書，以饗讀者。

填寫日期：　　　/　　　/

2020.09 修訂

親愛的讀者：

感謝您對全華圖書的支持與愛護，雖然我們很慎重的處理每一本書，但恐仍有疏漏之處，若您發現本書有任何錯誤，請填寫於勘誤表內寄回，我們將於再版時修正，您的批評與指教是我們進步的原動力，謝謝！

全華圖書 敬上

勘 誤 表

書　號	頁　數	行　數	書　名	作　者
			錯誤或不當之詞句	建議修改之詞句

我有話要說： （其它之批評與建議，如封面、編排、內容、印刷品質等...）